普通高等教育软件工程"十二五"规划教材

12th Five-Year Plan Textbooks of Software Engineering

软件工程
——软件建模与文档写作

龙浩 王文乐 刘金 戴莉萍 ◎ 编著

Software Engineering

人民邮电出版社
北京

图书在版编目（C I P）数据

软件工程 : 软件建模与文档写作 / 龙浩等编著. -- 北京 : 人民邮电出版社, 2016.8（2022.11重印）
普通高等教育软件工程“十二五”规划教材
ISBN 978-7-115-43024-3

Ⅰ. ①软… Ⅱ. ①龙… Ⅲ. ①软件工程－高等学校－教材 Ⅳ. ①TP311.5

中国版本图书馆CIP数据核字(2016)第185739号

内 容 提 要

本书根据现有软件工程教学和项目开发中存在的问题，结合软件工程的最新发展，以及目前软件工程教学的需要，围绕软件工程的三大要素——过程、方法和工具，以软件过程为引领，介绍软件开发工具和方法在不同软件开发阶段的建模和文档撰写。通过案例，以对比的方式，介绍结构化思想和面向对象思想在各个开发阶段中模型的体现，并在其中贯穿介绍了最新的软件工程应用技术。本书内容包括软件开发过程、软件建模工具、项目前期、需求分析、总体设计、详细设计与实现、软件测试、结构化开发案例、面向对象开发案例、综合实验等。在本书最后，介绍了安全设计、设计模式和 UML 语言等内容。

本书强调软件工程的理论与实践相结合，以软件开发过程为引导，介绍软件开发工具的使用和开发方法的应用。全书语言简练、通俗易懂，采用案例教学方法，注重培养软件项目实际建模能力和文档的写作能力，具有很强的实用性和可操作性。书中例题与习题丰富，便于教学和自学。

本书可作为高等院校计算机专业或信息类相关专业本科生软件工程相关课程的教材，也可作为高等职业技术学校信息类专业软件工程教材，也可供软件项目开发人员阅读参考。

◆ 编　　著　龙　浩　王文乐　刘　金　戴莉萍
责任编辑　刘　博
责任印制　沈　蓉　彭志环

◆ 人民邮电出版社出版发行　　北京市丰台区成寿寺路 11 号
邮编　100164　　电子邮件　315@ptpress.com.cn
网址　http://www.ptpress.com.cn
北京天宇星印刷厂印刷

◆ 开本：787×1092　1/16
印张：21.25　　　　2016 年 8 月第 1 版
字数：589 千字　　　2022 年 11 月北京第 11 次印刷

定价：49.80 元

读者服务热线：(010)81055256　印装质量热线：(010)81055316
反盗版热线：(010)81055315

前 言

"软件工程"是高等院校计算机和软件工程专业教学计划中的一门主干课程，具有知识点众多、内容更新快、课程实践性强等特点。在教学中我们发现，如何将软件工程以及其他先导课程中涉及的众多知识点串接起来，方便广大学生理解和在实际软件项目开发中应用，是老师和学生都感到头痛的问题；而在实际软件项目，尤其是大中型软件项目的开发中，发现如何有效地把有关的软件工程思想、技术、方法和工具应用到具体项目中，是困扰多数软件开发企业或开发团队的问题。

高质量的软件产品，必须从管理和技术两方面着手，既要有良好的组织管理措施，也要有合理的技术措施（方法、工具和过程）。这要求开发团队必须强调设计合理恰当的软件开发过程，并在开发过程不同阶段使用合理的方法和工具。这不仅有利于管理者有效地组织和安排各项任务，也能够帮助开发人员理清各个阶段的目的和任务。合理的开发过程设计，一旦应用到软件开发企业的后续项目中，有利于提升软件开发企业的能力，最终提高软件项目的开发质量。

软件项目开发的各阶段必须获得规范合理的技术文档，可视化的模型则是技术文档的最重要内容。软件项目的可视化模型和规范化的软件文档，既有利于开发团队成员加深理解软件开发过程设计的必要性，也让他们更好地理解不同的开发工具、开发过程中各阶段的开发技术所体现出来的开发思想，保证开发团队始终用同一种开发思想来组织整个开发过程，最终达到在规定的时限和成本范围内，为客户提供高质量的软件系统。

为更好地配合"卓越工程师计划"，本书在内容组织上做了精心的安排。采用理论+案例的方法，以对比的方式介绍软件项目开发过程各个阶段的建模和文档编写。一方面，理论知识的介绍，方便初学者了解和掌握软件工程的有关基本概念、原理、方法，把有关的工具、技术、模型和具体的开发阶段活动结合起来，不同开发阶段中结构化思想和面向对象思想的对比应用，加深读者对软件工程的认识；另一方面，理论与实践（实际项目）的紧密结合，贯穿整个开发过程的案例，使得开发人员能够以本书为模板，直接进行实际开发项目的建模和文档撰写。

本教材基于作者多年来从事软件工程课程教学和实际软件项目开发实践的经验，特别是收集了学生的反馈和软件开发团队的需求，借鉴目前软件工程教材的优缺点并考虑到学生的学习特点而编著。本书的主要特色包括以下 3 个方面。

（1）理论与实践相结合

以案例贯穿全教材。考虑到信息管理系统涉及的软件工程知识点最多最全面，开发过程最容易标准化，本书以图书馆管理系统为教学案例。案例源于已实际开发的项目，通过案例介绍软件项目开发过程不同阶段的文档撰写和建模，并将涉及的软件工程概念、方法、技术等有关知识点串接起来。

（2）突出组织逻辑和增加趣味性

目前的国内教材和国外经典教材，普遍侧重于概念原理的介绍，介绍的内容过于理论性，内容安排上过于求全，而对具体项目中相关的软件工程思想如何应用关注过少。本书重点不在于面面俱到地介绍软件工程有关的方法、原理、技术、工具，而是有针对性地以瀑布过程模型和 RUP 模型为基础，设计了一个新型的开发过程模型，介绍了贯穿于该软件开发过程模型不同阶段的标准化的文档撰写和规范的可视模型构建。本书以直观、易于理解的可视化模型对看起来繁琐、细碎的软件工程知识点进行组织，方便读者的理解和这些知识点在软件开发不同阶段中的实际应用，让读者真正理解软件工程的"过程、方法和工具"三要素。

（3）增加软件产业热门和急需的技术知识

增加"项目前期"一章内容，强调从现实系统出发，进行软件项目的现状分析，并以此作为需求收集和后续需求分析的基础和信息来源，从而彻底解决困扰学生和开发人员"如何进行需求分析"这个大问题；将 MVC 设计思想、三层架构设计、设计模式、组件技术等新知识融合到软件开发过程中，有利于开阔学生的视野并为他们就业做好准备，也有利于其他读者将相关实践与软件工程理论结合。

本书将解决以下问题。

- 真正可行的软件项目开发过程应包含哪些主要环节？各个环节要解决的主要问题是什么？
- 软件开发过程模型、软件能力成熟度模型对于软件项目、软件企业的开发活动标准化有什么意义？
- 结构化方法、目前流行的面向对象方法和组件方法，具有什么特征？
- 软件开发过程的每个阶段应该撰写什么样的文档，建立什么模型？结构化思想和面向对象思想分别是如何在这些模型中体现的？
- 结构化方法下软件开发过程的前后阶段之间模型是如何衔接的？面向对象方法下软件开发过程的前后阶段之间模型是如何衔接的？
- 不同开发阶段的软件文档规范和建模标准是什么？常用的软件开发工具和编码规范有哪些？

本书主要内容包括软件开发过程（第 1 章）、软件开发工具（第 2 章）、项目前期（第 3 章）、软件需求（第 4 章）、概要设计（第 5 章）、详细设计和编码（第 6 章）、软件测试（第 7 章）、毕业论文系统——面向过程方法（第 8 章）、在线毕业论文系统——面向对象方法（第 9 章）。其中：第 8 章（面向过程方法的毕业论文系统）从现实系统的现状分析开始，介绍了需求分析、总体设计、详细设计各个阶段的结构化建模如何应用到系统开发中；第 9 章（面向对象方法的在线毕业论文系统）从现状分析出发，介绍了需求分析、总体设计、详细设计各个阶段的面向对象建模如何应用到实际系统开发中。本书在第 10 章给出了某电器生产公司中有关物料/半成品/成品管理的所有表单，希望学习者按照本书介绍的软件开发过程，采用结构化方法或面向对象方法，进行该生产企业仓库管理系统的建模和文档撰写。本书的三个附录，包括安全设计、设计模式、UML 语言，也能给读者提供很好的项目设计和知识点参考。

本书适合普通本科院校和职业院校软件工程专业学生作为软件工程课程的辅助教材使用，同时也可作为开发人员的参考指南。教师在进行教学内容组织时，"软件工程"课程可以先安排软件工程基本概念和结构化开发这部分内容的教学，在教学时间富余的情况下再进行面向对象开发的教学；"面向对象分析与设计"课程可以直接安排面向对象这部分内容的教学。

本书由龙浩博士主编，参与编写的成员包括王文乐、刘金、戴莉萍。本书是编写组成员对软件工程理论知识和大量软件项目开发实践经验的积累结果。研究生赵瑛承担了部分文字录入校对工作，郝志新、莫耀林、孙胜男、孙鸿杰等同学承担了部分文字录入工作，在此一并表示感谢。
因时间仓促，可能存在不妥之处，欢迎指正。联系邮箱：hhlong2010@hotmail.com。

目 录

第1章 软件开发过程

人类社会已经跨入21世纪，计算机技术已经渗入社会生活的各个领域，作为计算机系统重要组成部分的软件已经成为社会经济的重要产业，也是影响社会发展的重要技术领域之一。为了快速有效地开发出用户需要的软件产品，必须以工程化的方法指导软件的开发。软件工程强调软件开发组织必须设计符合项目和开发团队本身实际的开发过程，并通过良好的开发过程对项目活动进行组织管理，并采用合适的方法、技术和工具来保证软件系统的质量。

1.1 软件工程概述

1.1.1 软件工程的发展历程

计算机系统由硬件、软件两部分组成。早期的计算机硬件购置成本高昂，整个系统主要以硬件为主，软件费用只占整个系统总费用很小的比例。随着集成电路制造技术的提升和计算机应用范围的扩大，硬件成本急剧降低，到20世纪90年代的时候，软件费用已经上升到了系统总费用的80%以上。

早期的计算机系统应用面狭窄，主要用于任务相对单一的科学或工程计算。由于要解决的问题相对简单，因此软件往往等同于程序，开发软件也就是编写程序。程序的编写者和使用者往往是同一个（一组）领域专家，主要使用低级语言（机器语言、汇编语言）直接面对机器编写程序代码。由于程序规模小，编写容易，既没有什么系统性的方法和指导思想，对软件开发工作也没有任何管理，是一种“个体化”的手工开发，软件成功与否完全依赖于开发人员的技能和经验。这一时期的软件开发成果除了程序清单之外，基本没有其他文档资料。

从20世纪60年代中期到70年代中期，是计算机系统发展的第二代。在这期间计算机技术有了很大发展。多道程序、多用户概念开始出现并变得普及，操作系统、数据库技术、高级编程语言也陆续出现了。软件应用范围与系统功能的增多促使软件产品数量急剧膨胀，软件也变得更加复杂。“软件作坊”是这段时期的主要软件开发组织方式，由于“软件作坊”基本还是采用早期的个体化开发方法，使得开发出来的软件依然广泛存在难以维护、不可复用的问题，出现了所谓的“软件危机”。

“软件工程”概念的提出（1968年），标志计算机系统发展到第三代。从此，人们考虑用工程化的概念、原理、技术和方法来开发和维护软件，避免软件危机带来的问题。因而“软件工厂”成为软件开发的主要组织方式。在这一时期，结构化的工程方法获得了广泛应用，并已成为了一种成熟的软件工程方法学；而自20世纪90年代起，面向对象的工程方法，也已被应用于软件开发之中。此外，许多软件企业采用工程化的原理、技术和工具实施软件产品开发，以适应软件产业化发展的需要。软件也由单纯的程序发展成为了包括程序、数据、文档等诸多要素集合的软件产品。图 1-1 描述了软件构成。

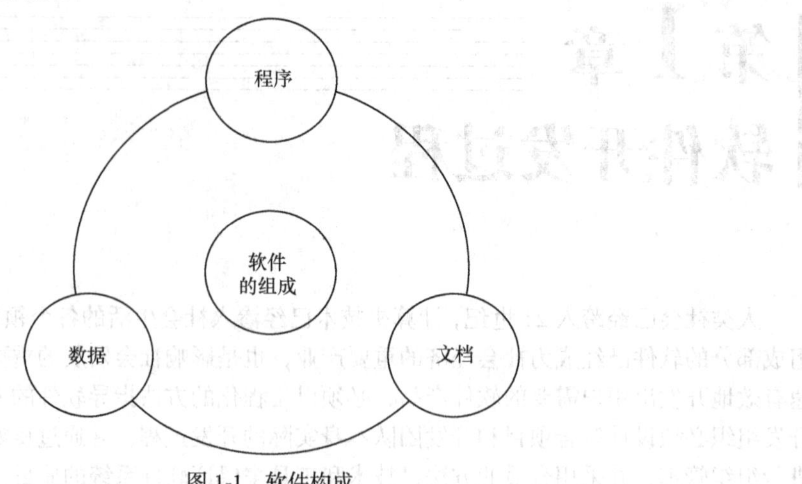

图 1-1　软件构成

1.1.2　软件的特征和分类

软件是人类思维的产物，它极大地扩充了计算机硬件的功能，是计算机系统中的重要逻辑成分。因此，软件具有与硬件完全不同的特征。

（1）软件的开发运行必须依赖于特定的计算机系统环境，比如硬件、网络配置和支撑软件等；

（2）软件是由开发或工程化而形成的，而不是传统意义上的制造产生的。具有复杂性、不可见性和易变性，难以处理；

（3）软件复制非常简单，软件不会“磨损”；

（4）大多数软件是定制的，绝大部分的软件都是新的，而且是不断变换的。

在计算机系统中往往需要许多不同的软件协同工作，可以从多个不同的角度来划分软件的类别。按功能可将软件划分为系统软件、支撑软件、应用软件；按工作方式将软件划分为实时处理软件、分时处理软件、交互式软件、批处理软件；按规模将软件划分为微型软件、小型软件、中型软件、大型软件；按服务对象将软件划分为通用软件、定制软件；按照软件是否分布式布置分为单机软件、网络软件。下面是一些软件类别的概要描述。

系统软件：系统软件是一种为其他程序服务的程序。其中的一些系统软件（如操作系统、驱动程序和通信程序等）实现对计算机系统资源的管理，是其他软件工作的基础，而其他的系统应用（如编译器、编辑器和文件管理程序）则用以支持开发人员、应用人员的基础性工作。它们均具有以下特点：与计算机硬件频繁交互，需要精细调度、资源共享及灵活的进程管理的并发操作，复杂的数据结构，多外部接口。

实时软件：管理、分析、控制现实世界中发生的事件的程序称为实时软件。实时软件的组成通常包括：一个数据收集部件，负责从外部环境获取和格式化信息；一个分析部件，负责将信息转换成应用时所需要的形式；一个控制/输出部件，负责响应外部环境；一个负责协调其他各部件的管理部件。实时系统有较严格的时间响应要求（一般从 1 毫秒到 1 分钟）否则可能带来灾难性的后果。

商业软件：商业信息处理是最大的软件应用领域。具体的“系统”（如工资表、帐目支付和接收、存货清单等）均可归为管理信息系统（MIS）软件，它们可以访问一个或多个包含商业信息的大型数据库。该领域的应用将已有的现实手工数据重新构造，变换成一种能够辅助商业操作或管理决策的形式。辅助商业操作的通常称为交互式事务性操作软件（也称 OLTP，Online Transaction Processing，在线事务处理系统），管理决策的通常称为支持系统（也称为 OLAP，Online Analyze Processing，在线分析处理系统）。

工程和科学计算软件：工程和科学计算软件的特征是能够方便地进行"数值计算或分析"。此类应用涵盖面很广，但目前工程和科学计算软件已不仅限于传统的数值算法。计算机辅助设计、系统仿真和其他交互应用已经开始具有实时软件和系统软件的特征。

嵌入式软件：目前的智能化产品非常常见，嵌入式软件驻留在只读内存中，用于控制这些智能产品。嵌入式软件往往执行很有限但专职的功能（如微波炉的按钮控制），或是提供比较强大的功能及控制能力（如汽车中的数字控制，包括燃料控制、仪表板显示，刹车系统等）。

个人计算机软件：安装在计算机上以支持个人应用的软件，包括字处理、电子表格、计算机图形、多媒体、娱乐、数据库管理、个人及商业金融应用、外部网络或数据库访问等。

人工智能软件：人工智能（AI）软件利用非数值算法去解决复杂的问题，这些问题不能通过计算或直接分析得到答案。如基于知识的专家系统、模式识别（图像或声音）软件、定理证明程序和游戏软件。

1.1.3 软件危机

软件危机就是人们在开发和维护软件时遇到一系列的问题，如不能按时完成开发任务、开发经费超支、软件质量无法保证、开发工作效率低下等。具体体现在以下方面。

（1）软件开发进度难以预测，软件开发成本难以控制

软件产品不能在预算范围内、按照计划完成，拖延工期几个月甚至几年的现象并不罕见；投资一再追加，最终实际成本往往比预算成本高出一个数量级。而为了赶进度和节约成本所采取的一些权宜之计又往往损害了软件产品的质量，降低了软件开发组织的信誉，从而不可避免地会引起用户的不满。

（2）用户对产品功能难以满足

开发人员和用户之间很难充分有效地沟通，往往是软件开发人员不能真正了解用户的需求，而用户又不了解计算机求解问题的模式和能力。在双方互不充分了解的情况下，就仓促上阵设计系统、匆忙着手编写程序，这种"闭门造车"的开发方式必然导致最终的产品不符合用户的实际需要。

（3）软件产品质量无法保证

开发团队缺少完善的软件质量评价体系和科学的软件测试规程，最终的软件产品存在很多缺陷和错误，而它们往往是造成重大事故的隐患。

（4）软件产品难以维护

软件产品本质上是开发人员的代码化的逻辑思维活动，他人难以替代。除非是开发者本人，否则很难及时检测、排除系统故障。为使系统适应新的硬件环境，或根据用户的需要在原系统中增加一些新的功能，又有可能增加系统中的错误。

（5）软件缺少适当的文档资料

文档资料是软件必不可少的重要组成部分。实际上，软件的文档资料是开发组织和用户之间权利和义务的合同书，是系统管理者、总体设计者向开发人员下达的任务书，是系统维护人员的技术指导手册，是用户的操作说明书。缺乏必要的文档资料或者文档资料不合格，将给软件开发和维护带来许多严重的困难和问题。

软件危机的出现和日益严重的趋势暴露了软件产业在早期发展过程中存在的各种问题，本质上这是由于人们对软件产品的认识不足以及对软件开发的内在规律理解的偏差造成的。概括起来说，软件危机的原因有以下 8 点。

① 从事软件开发的人员对这个产业认识不充分、缺乏经验；

② 缺乏统一的、标准化的开发过程设计，缺乏规范化的方法论进行指导；

③ 忽视软件开发前期的需求分析；

④ 文档资料不齐全、不准确；

⑤ 忽视测试的重要性；

⑥ 没有完善的质量保证体系；

⑦ 开发团队内部交流不顺畅、不充分；

⑧ 不重视维护，或由于以上原因造成维护工作的困难。

1.1.4 软件工程概念和基本原则

软件工程是人们为了应对软件危机，以借鉴传统工程的原则、方法，以提高质量、降低成本、控制工期为目的地指导计算机软件的开发和维护。软件工程有两方面的含义：一方面，软件工程是指导计算机软件开发和维护工程的学科；另一方面，它是人们把经过时间考验而证明正确有效的管理技术和当前能够得到的最好的技术方法结合起来，经济地开发出高质量的软件并有效地维护它。

1993 年 IEEE 给出了软件工程的全面定义。即软件工程是：①把系统化的、规范的、可度量的途径应用于软件开发、运行和维护的过程，也就是把工程化方法应用于软件中；②研究系统化的、规模化的、可度量的途径。

以工程化的形式组织软件的开发和维护，应能够保证达到以下目标。

① 开发成本控制在预计的合理范围之内；

② 开发周期能够控制在预计的合理时间范围之内；

③ 软件的功能和性能能够满足用户需求；

④ 软件具有较高的质量；

⑤ 软件具有较高的可靠性；

⑥ 软件产品易于移植、维护、升级和使用。

简而言之，就是按时、按质开发用户需要的软件产品。那么到底如何进行软件的开发，才可视为真正的工程化软件开发呢？自从软件工程提出以来，很多该领域的专家学者提出很多关于软件工程的准则或“信条”。著名软件工程专家 Barry W.Beohm 综合这些专家学者的意见并总结 TRW 公司多年开发软件的经验，提出软件工程的七条基本原则。

（1）用分阶段的生命周期计划严格管理。这条基本原理要求把软件生命周期划分为若干个阶段，并制订相应的切实可行的计划，然后严格按照计划对软件的开发和维护工作进行管理。

（2）坚持进行阶段评审。在每个阶段都进行严格的评审，以尽早发现软件开发过程中所犯的错误。

（3）实行严格的产品控制。不能随意对软件进行修改，必要的修改必须按照严格的规程进行评审，获得批准后才能实施修改。

（4）采用现代程序设计技术。采用先进的开发技术来提高开发和维护效率、降低开发中可能出现的错误，提高软件产品质量。

（5）结果应能够清楚地审查。根据软件开发项目的总目标和完成期限，规定开发组织的责任和产品标准，从而使得所得到的结果能够清楚地审查。

（6）开发小组的人员应小而精。小的开发小组，可以降低交流成本，精练的开发人员可以极大地提高开发效率，并显著地降低错误。

（7）承认不断改进软件工程实践的必要性。积极主动地采用新的软件技术，注意不断总结经验，对于促进软件产品的质量也有莫大的效果。

这七条软件工程的基本原理是互相独立的，彼此不能替代，它们共同确保软件产品质量和开发效率，是缺一不可的、完备的最小集合。

1.2　软件生命周期

同任何事物一样，一个软件产品或软件系统也要经历一个包含孕育、诞生、成长、成熟、衰亡等阶段的生存过程，称为软件生命周期。通常把整个软件生存周期划分为若干阶段，使得每个阶段有明确的任务，使规模大、结构复杂和管理复杂的软件开发变得容易控制和管理。概括地说，软件生命周期包含软件定义、软件开发、软件运行维护三个时期，并可以进一步细分为可行性研究、项目计划、需求分析、概要设计、详细设计、编码实现与单元测试、系统集成测试、系统确认验证、系统运行与维护等几个阶段。这是软件生命周期的基本构架，在实际软件项目开发中，应该根据所开发软件的规模、种类，软件开发机构的习惯做法，以及采用的技术方法等，对各阶段进行必要的合并、分解或补充。

1.2.1　软件定义期

软件定义是软件项目的早期阶段，主要由软件系统分析人员和用户合作，针对有待开发的软件系统进行分析、规划和规格描述，确定软件是什么，为今后的软件开发做准备。这个时期往往需要分阶段地进行以下 4 项工作。

（1）软件任务立项

软件项目往往开始于任务立项，并需要针对项目的名称、性质、目标、意义和规模等做出回答，以此获得对准备着手开发的软件系统的最高层描述。

（2）项目可行性分析

在软件任务立项报告被批准以后，接着需要进行项目可行性分析。可行性分析是针对准备进行的软件项目进行的可行性风险评估。因此，需要对准备开发的软件系统提出高层模型，并根据高层模型的特征，从技术可行性、经济可行性和操作可行性这三个方面，对项目做出是否值得往下进行的回答，由此决定项目是否继续进行下去。

（3）制定项目计划

在确定项目可以进行以后，接着需要针对项目的开展，从人员、组织、进度、资金、设备等多个方面进行合理的规划，并制定项目开发计划。

（4）软件需求分析

软件需求分析是软件规格描述的具体化与细节化，是软件定义时期需要达到的目标。需求分析要求以用户需求为基本依据，从功能、性能、数据、操作等多个方面，对软件系统给出完整、准确、具体的描述，用于确定软件规格。

在软件项目进行过程中，需求分析是从软件定义到软件开发的最关键步骤，其结论不仅是今后软件开发的基本依据，同时也是今后用户对软件产品进行验收的基本依据。

1.2.2　软件开发期

在对软件规格完成定义以后，接着可以在此基础上对软件实施开发，并由此制作出软件产品。

这个时期需要分阶段地完成以下 5 项工作。

（1）软件概要设计

概要设计（也称总体设计）是针对软件系统的结构设计，用于从总体上对软件给出设计说明。软件开发团队有开发人员、高层管理者、安装配置人员、运行维护人员、软件系统实际操作者（用户），不同的人员对于软件构成有不同的观察角度，所关心的软件系统构成元素有所不同。开发人员关心软件系统的构造、接口、全局数据结构和数据环境等，高层管理者关心系统的构造，安装配置人员、运行维护人员关心硬件系统和相关软件配置，软件实际操作者关心功能模块结构。概要设计的结果将成为详细设计与系统集成的基本依据。

对开发人员而言，结构化方法下，模块是概要设计时构造软件的基本元素，因此，概要设计中软件也就主要体现在模块的构成与模块接口这两个方面上。面向对象方法下，对象是概要设计时构建软件的基本元素，因此概要设计时软件主要体现在对象的原型——类设计上。概要设计时并不需要说明模块/类方法的内部细节，但是需要进行全部的有关它们构造的定义，包括功能特征、数据特征和接口等。对于模块，需要给出模块名、输入输出参数和要实现的功能描述；对于类，需要给出类名、属性名和数据类型、方法名称、方法的输入输出参数和方法的功能描述。

在进行概要设计时，模块/类的独立性是一个有关质量的重要技术性指标，可以使用模块的内聚、耦合这两个定性参数对模块独立性进行度量。

（2）软件详细设计

设计工作的第二步是详细设计，它以概要设计为依据，用于确定软件结构中每个模块的内部细节，为编写程序提供最直接的依据。详细设计需要从实现每个模块功能的程序算法和模块内部的局部数据结构等细节内容上给出设计说明。

（3）编码和单元测试

编码是对软件的实现，一般由程序员完成，并以获得源程序基本模块为目标。编码必须按照“详细设计说明书”的要求逐个模块地实现。在基于软件工程的软件开发过程中，编码往往只是一项语言转译工作，即把详细设计中的算法描述语言转译成某种适当的高级程序设计语言或汇编语言。

为了方便程序调试，针对基本模块的单元测试也往往和编码结合在一起进行。单元测试也以详细设计结果为依据，用于检验每个基本模块在功能、算法与数据结构上是否符合设计要求。

（4）系统集成测试

所谓系统集成也就是根据概要设计中的软件结构，把经过测试的模块，按照某种选定的集成策略，例如渐增集成策略，将系统组装起来。在组装过程中，需要对整个系统进行集成测试，以确保系统在技术上符合设计要求，在应用上满足需求规格要求。

（5）系统确认验证

在完成对系统的集成之后，接着还要对系统进行确认验证。系统确认验证需要以用户为主体，以需求规格说明书中对软件的定义为依据，由此对软件的各项规格进行逐项的确认，以确保已经完成的软件系统与需求规格的一致性。为了方便用户在系统确认期间能够积极参与，也为了系统在以后的运行过程中能够被用户正确使用，这个时期往往还需要以一定的方式对用户进行必要的培训。

在完成对软件的验收之后，软件系统可以交付用户使用，并对项目进行总结。

1.2.3 软件运行与维护期

软件系统的运行是一个比较长久的过程，跟软件开发机构有关的主要任务是对系统进行经常性的有效维护。软件的维护过程，也就是修正软件错误，完善软件功能，由此使软件不断进化升级的过程，以使系统更加持久地满足用户的需要。因此，对软件的维护也可以看成为对软件的再一次开发。在这个时期，对软件的维护主要涉及三个方面的任务，即改正性维护、适应性维护和完善性维护。

1.3　软件开发过程模型

随着软件的规模和复杂性不断增大，以开发人员的经验和技术来保证软件产品质量，单纯对结果进行检验以评估软件系统质量已经成为不可能的任务。更多情况下，必须将质量保证的观点贯穿于整个软件开发过程。这要求软件开发必须从管理和技术两方面着手，既要有良好的技术措施（方法、工具和过程），又要有必要的组织管理措施。从技术角度来说，过程设计是影响软件产品质量的决定性因素，方法和工具只有在合理设计的开发过程中，才能发挥最大功效。软件过程模型是人们在软件开发实践中总结出来的，适用于具有某一类特征项目的标准开发过程。软件开发模型提供了一个框架并把必要活动映射在这个框架中，包括主要的开发阶段、各个阶段要完成的主要任务和活动、各个阶段的输入输出。

常见的软件开发过程模型很多，包括瀑布模型、演化模型（包括原型模型、增量模型和螺旋模型）、喷泉模型、RUP 过程等。在实践中，软件项目开发团队必须依据拟开发项目的特点以及对用户需求的把握程度，选择某一开发过程模型做一定的剪裁，设计出适合具体项目的软件开发过程。

1.3.1　瀑布模型

瀑布模型（也称线性顺序模型）诞生于 20 世纪 70 年代，是最早出现并获得最广泛应用的软件过程模型。瀑布模型中的“瀑布”意味着过程中的开发活动是严格线形的，就像山顶倾泻下来的水，逐级下落。瀑布模型的过程如图 1-2 所示。

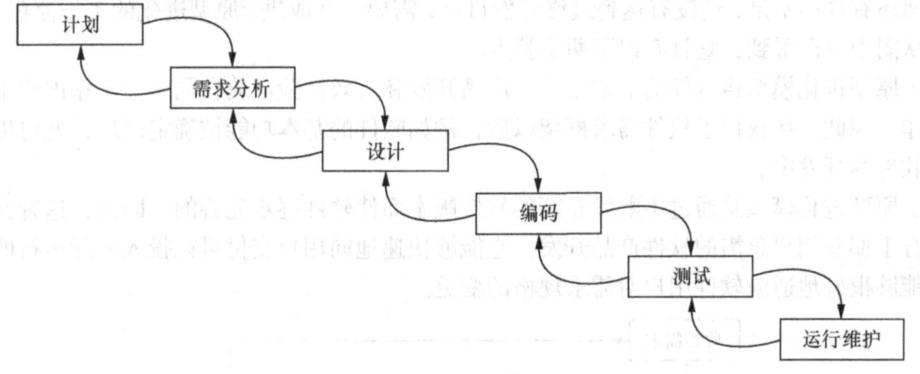

图 1-2　瀑布模型

瀑布模型是一种基于里程碑的、阶段性的过程模型，它所提供的是里程碑式的软件开发工作流程，文档是瀑布模型中每个阶段的成果体现，模型的回溯性很差。因此，瀑布模型要求项目严格按规程推进，瀑布模型从上至下按顺序进行的几个阶段有固定的衔接次序，瀑布模型中的阶段只能逐级到达，不能跨越。每个阶段都有明确的任务，都需要产生确定的成果。并且前一阶段输出的成果被作为后一阶段的输入条件，在某个阶段的工作任务已经完成，并准备进入到下一个阶段之前，需要针对这个阶段的文档进行严格的评审，直到确认以后才能启动下一阶段的工作。

瀑布模型必须等到所有开发工作全部做完以后才能获得可以交付的软件产品，它适用于具有以下特征的项目。

① 需求稳定、变化很小且开发人员能够一次性获取全部需求的项目；

② 软件开发人员具有丰富经验，对于应用领域非常熟悉；

③ 软件项目本身的风险很低。

例如，瀑布模型可以用于编译系统、操作系统、财务会计系统、企事业单位的事务管理系统等项目的开发。瀑布模型的优点在于阶段性强，易于对项目进行管理；缺点在于灵活性差，并不支持对软件系统进行快速创建，对于一些急于交付的软件系统的开发，瀑布模型有操作上的不便。

1.3.2 原型模型

1. 快速原型方法

快速原型方法是原型模型在软件分析、设计阶段的应用，用来解决用户对软件系统在需求上的模糊认识，或用来试探某种设计是否能够获得预期结果。快速原型方法具有以下特点。

（1）快速原型用来获取用户需求，或是用来试探设计是否有效。一旦需求或设计确定，原型就将被抛弃。因此，快速原型要求快速构建、容易修改，以节约原型创建成本、加快开发速度。快速原型往往采用一些快速生成工具创建，例如 4GL 语言。Visual Basic、Delphi 等基于组件的可视化开发工具是非常有效的快速原型创建工具，也被应用于原型创建和进化。

（2）快速原型是暂时使用的，因此并不要求完整。它往往针对某个局部问题建立专门原型，如界面原型、工作流原型、查询原型等。

（3）快速原型不能贯穿软件的整个生命周期，它需要和其他的过程模型相结合才能产生作用。例如，在瀑布模型中应用快速原型，以解决瀑布模型在需求分析时期存在的不足。

2. 原型进化模型

原型进化对开发过程的考虑是，针对有待开发的软件系统，先开发一个原型系统给用户使用，然后根据用户使用情况的意见反馈，对原型系统不断修改，使它逐步接近并最终到达开发目标。原型进化所要创建的原型则是一个今后将要投入应用的系统，只是所创建的原型系统在功能、性能等方面还有许多不足，还没有达到最终开发目标，需要不断改进。原型进化的工作流程如图 1-3 所示。从图中可以看到，它具有以下两个特点。

（1）原型进化模型将软件的需求定义、产品开发和有效性验证放在同一个工作进程中交替或并行运作。因此，在获得了软件需求框架以后，例如软件的基本功能被确定以后，就可以直接进入到对软件的开发中。

（2）原型进化模型是通过不断发布新的软件版本而使软件逐步完善的，因此，这种开发模式特别适合于那些用户急需的软件产品开发。它能够快速地向用户交付可以投入实际运行的软件成果，并能够很好地适应软件用户对需求规格的变更。

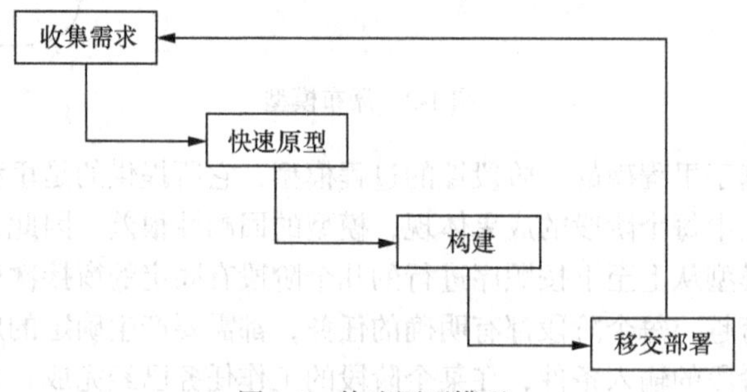

图 1-3　快速原型模型

原型模型适用于具有以下特征的软件项目开发。

① 对现有软件产品进行升级或功能完善；

② 开发人员和用户交流困难，需求获取困难；

③ 开发人员对技术熟悉或把握性不大；

④ 具有支持快速开发的工具。

原型进化模型的优点在于灵活性好，简单快速，能够适应软件需求的中途变更；缺点在于需要额外的花费来构造原型，且缺乏有效的管理规程，软件版本的快速变更还可能损伤软件的内部结构，使其缺乏整体性和稳定性。

1.3.3　增量模型

瀑布模型较难适应用户的需求变更，开发速度慢。但是，瀑布模型提供了一套工程化的里程碑管理模式，能够有效保证软件质量，并使得软件容易维护。相反地，原型进化模型则可以使对软件需求的详细定义延迟到软件实现时进行，并能够使软件开发进程加速。但是，原型进化模型不便于工业化流程管理，也不利于软件结构的优化，并可能使得软件难以理解和维护。基于以上因素的考虑，增量模型对这两种模型的优点进行了结合。

增量模型在整体上按照瀑布模型的流程实施项目开发，以方便对项目的管理；但在软件的实际创建中，则将软件系统按功能分解为许多增量构件，并以构件为单位逐个地创建与交付，直到全部增量构件创建完毕，并都被集成到系统之中交付用户使用。

如同原型进化模型一样，增量模型逐步地向用户交付软件产品，但不同于原型进化模型的是，增量模型在开发过程中所交付的不是完整的新版软件，而只是新增加的构件。

图 1-4 所示是增量模型的工作流程，它被分成以下 3 个阶段。

（1）在系统开发的前期阶段，为了确保系统具有优良的结构，仍需要针对整个系统进行需求分析和概要设计，需要确定系统的基于增量构件的需求框架，并以需求框架中构件的组成及关系为依据，完成对软件系统的体系结构设计。

（2）在完成软件体系结构设计之后，可以进行增量构件的开发。这个时候，需要对构件进行需求细化，然后进行设计、编码测试和有效性验证。

（3）在完成了对某个增量构件的开发之后，需要将该构件集成到系统中去，并对已经发生了改变的系统重新进行有效性验证，然后再继续下一个增量构件的开发。

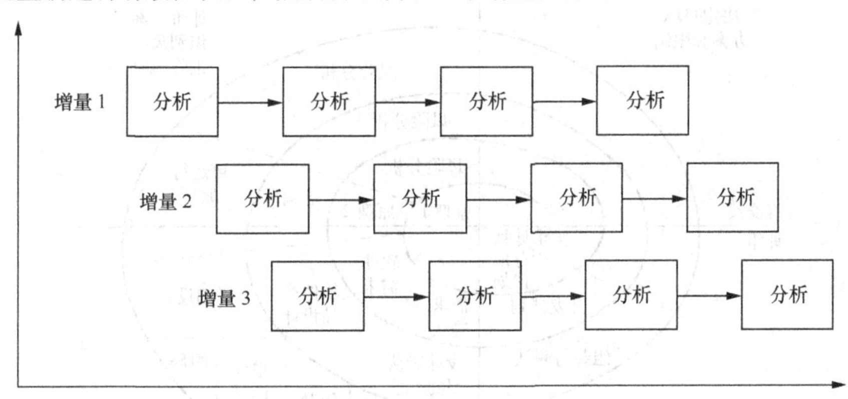

图 1-4　增量模型

增量模型具有以下特点。

（1）开发初期的需求定义可以是大概的描述，只是用来确定软件的基本结构，而对于需求的细节性描述，则可以延迟到增量构件开发时进行，以增量构件为单位逐个地进行需求补充。

（2）可以灵活安排增量构件的开发顺序，并逐个实现和交付使用。这不仅有利于用户尽早地用上系统，而且用户在以增量方式使用系统的过程中，还能够获得对软件系统后续构件的需求经验。

（3）软件系统是逐渐扩展的，因此，开发者可以通过对诸多构件的开发，逐步积累开发经验，从总体上降低软件项目的技术风险，还有利于技术复用。

（4）核心增量构件具有最高优先权，将会被最先交付，而随着后续构件不断被集成进系统，这个核心构件将会受到最多次数的测试从而具有最高的可靠性。

增量模型主要适用于有以下特点的项目。

① 待开发系统能够被模块化；

② 软件产品可以分批次交付；

③ 软件开发人员对应用领域不熟悉，或一次性开发的难度很大；

④ 项目管理人员把握全局的水平很高。

比较瀑布模型、原型进化模型，增量模型具有非常显著的优越性。但是，增量模型对软件设计有更高的技术要求，特别是对软件体系结构，要求它具有很好的开放性与稳定性，能够顺利地实现构件的集成。在把每个新的构件集成到已建软件系统的结构中的时候，一般要求这个新增的构件应该尽量少地改变原来已建的软件结构。因此增量构件要求具有相当好的功能独立性，其接口应该简单，以方便集成时与系统的连接。

1.3.4 螺旋模型

软件开发过程中存在许多方面的风险。例如，软件设计时遇到了很难克服的技术难题，开发成本超出了先期预算，软件产品不能按期交付，用户对所交付的软件不满意等。由于软件风险可能在不同程度上损害软件开发过程，并由此影响软件产品质量，因此，在软件开发过程中需要及时地识别风险，有效地分析风险，并能够采取适当措施消除或减少风险的危害。螺旋模型既是一种引入了风险分析与规避机制的过程模型，又是瀑布模型、快速原型方法和风险分析方法的有机结合。

图 1-5 所示是螺旋模型的工作流程图。它用螺旋线表示软件项目的进行情况，其中，螺旋线中的每个回路表示软件过程的一个阶段。最里面的回路与项目可行性有关，接下来的一个回路与软件需求定义有关，而再下一个回路则与软件系统设计有关，以此类推。

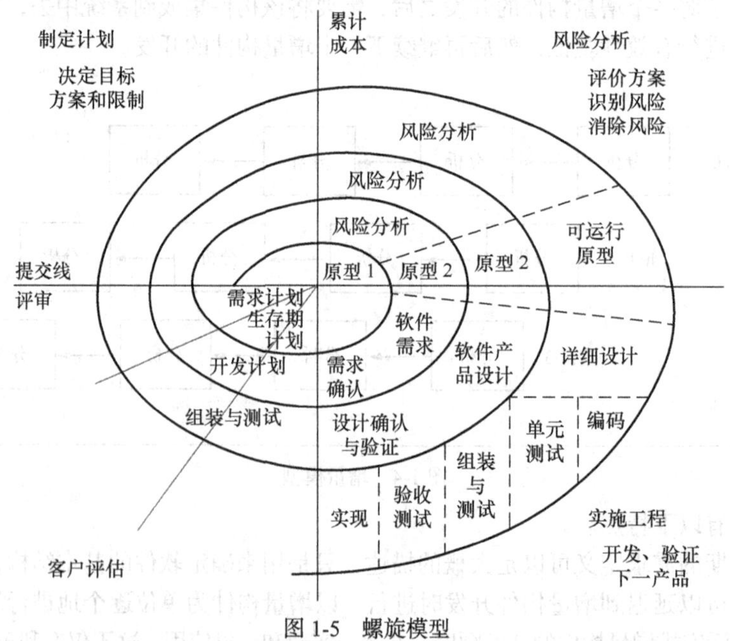

图 1-5 螺旋模型

螺旋线中的每个回路都被分成为 4 个部分。

（1）目标设置：确定项目的阶段性目标，分析项目风险。

（2）风险评估：对风险进行详细的评估分析，并确定适当的风险规避措施。

（3）开发软件：根据对风险的认识，决定采用合适的软件开发模型，实施软件开发。

（4）制订计划：对项目进行阶段评审，制定项目下一个阶段的工作计划。

对软件项目进行风险分析也是需要费用的，假如项目风险分析费用过高，甚至超过项目开发费用，将得不偿失。实际上，只有较大型的项目才有较高的风险，才有进行各个阶段详细风险分析的必要。因此，螺旋模型主要应用于大型软件项目之中。

1.3.5 喷泉模型

喷泉模型是专门针对面向对象软件开发方法而提出的。“喷泉”一词用于形象地表达面向对象软件开发过程中的迭代和无缝过渡。在面向对象方法中，对象既是对现实问题中实体的抽象，也是构造软件系统的基本元素。因此，建立对象模型在面向对象方法中，既可以用于分析，也可以用于设计，而且分析阶段所获得的对象框架模型可以无缝过渡到设计阶段，以作为软件实现的依据。

喷泉模型的过程方法所考虑的是，基于面向对象方法所带来的便利，对软件的分析、设计和实现按照迭代的方式交替进行，并通过进化的方式，使软件分阶段逐渐完整、逐步求精。例如，第一阶段软件开发的目标可以是软件的基本功能；第二阶段可以是在第一阶段建立的软件的基础上，对软件进行进一步的完善，并实现软件的主要功能；第三阶段则是在第二阶段的基础上，对软件进行更加完整的开发，并以实现软件全部功能作为创建目标。应该说，喷泉模型能够较有效地平衡软件系统的近期需求与远期规划，因此能够较好地满足用户在软件应用上的发展需要。喷泉模型的过程如图 1-6 所示。

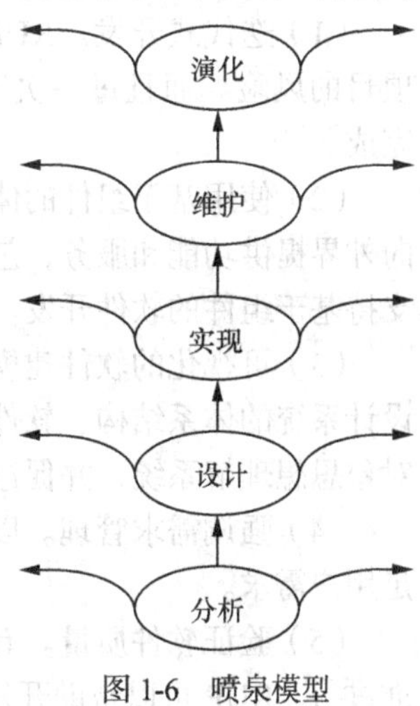

图 1-6 喷泉模型

1.3.6 统一软件开发过程（RUP）

统一软件开发过程（Rational Unified Process，RUP）是 Rational 公司提出的基于 UML 的一种面向对象软件开发过程模型。它解决了螺旋模型的可操作性问题，采用迭代和增量的开发策略，以用例为驱动，集成了多种软件开发过程模型的特点。RUP 模型如图 1-7 所示。

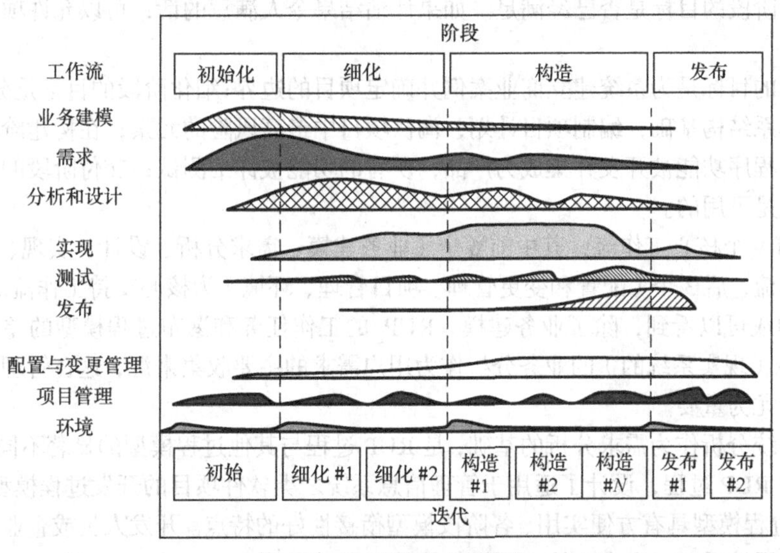

图 1-7 RUP 开发过程模型

RUP 的目标是在可预见的日程和预算控制下，确保满足最终用户需求的高质量软件的产生。RUP 的特点如下。

（1）RUP 是一个可剪裁定制的软件开发过程模型。任何开发团队或开发企业都可以以 RUP 为基础，设计适用自身和项目特点的开发过程。

（2）RUP 为如何适用 UML 提供了指导，强调建立和维护模型，而不是侧重于产生大量的书面文档。

（3）RUP 能够有效提高开发效率。使用 RUP，开发团队可共享统一语言、过程和开发软件的模型视图。

RUP 吸收了许多在实践中已经证明的软件开发实践经验，这些最佳工程实践经验包括以下内容。

（1）迭代式开发。RUP 支持迭代的过程，把开发的风险分散到每一次迭代中，大大降低了项目的风险。而且每一次迭代都产生一个可执行的版本，频繁的状态检查也可以确保项目按时完成。

（2）使用基于组件的体系结构。组件是实现明确功能的二进制模块或子系统，以接口的方式向外界提供功能和服务，它直观、便于理解，设计灵活、可修改，能够更好地保证软件重用。RUP 支持基于组件的软件开发。

（3）可视化的软件建模。UML 是可视化建模的基础。可视化建模可以方便地捕获系统需求，设计系统的体系结构、软件组件的结构和行为。方便分析人员、设计人员、实现人员一致以面向对象思想理解系统，并促进沟通。

（4）强调需求管理。以用例和用例描述驱动软件设计、实现和测试，保证最终的软件系统满足用户需求。

（5）验证软件质量。有效的质量控制应人人有责，贯穿于过程的所有活动中，按照客观的标准进行。RUP 可以帮助开发人员计划、设计、实现、执行和评估软件测试活动，实现对系统可靠性需求、功能需求、性能需求的检查。

（6）严格控制软件变化。软件的变化是不可控制的。RUP 描述了如何跟踪、控制需求变更，以确保软件能够成功迭代地开发。

RUP 中的软件开发生命周期在时间上被分解为四个顺序的阶段，分别是：初始、细化、构造和交付。每个阶段都允许多次迭代，并结束于一个主要的里程碑，在每个阶段的结尾执行一次评估以确定这个阶段的目标是否已经满足。如果评估结果令人满意的话，可以允许项目进入下一个阶段。

初始阶段的目标是为系统建立商业案例并确定项目的边界；细化阶段的目标是分析问题领域，建立健全的体系结构基础，编制项目计划，淘汰项目中最高风险的元素；在构建阶段，所有剩余的构件和应用程序功能被开发并集成为产品，所有的功能被详细测试；交付阶段的重点是确保软件对最终用户是可用的。

RUP 中有 9 个核心工作流，其中前 6 个（业务建模、需求分析、设计、实现、测试、发布）核心过程工作流，后 3 个（配置和变更管理、项目管理、环境）为核心支持工作流。从 RUP 的核心工作流的构成可以看到，除了业务建模，RUP 的工作任务和瀑布过程模型的差异不大，说明 RUP 更强调以（现实系统的）的业务分析作为用户需求的主要收集来源，这在管理信息系统之类的软件项目中尤为重要。

以现实系统分析作为需求分析的基础，是 RUP 过程与其他过程模型的显著不同。本书结合瀑布过程模型和 RUP 过程，设计了适用于管理信息系统之类软件项目的开发过程模型（具体见 1.6 节），设计的过程模型具有方便实用、各阶段模型衔接性好的特点。开发人员或企业也可以此过程模型为基础，设计适用于自身和特定项目的软件开发过程。

1.4　软件企业过程能力评价模型

软件开发团队通常需要对过程模型进行改造、裁剪，以实现对项目开发活动的组织和软件质量控制。在软件开发企业级，也需要稳定和规范的开发过程，作为衡量和评价其软件开发能力和项目开发质量的基准。软件工程研究所（SEI）提出了一个五级别的过程成熟度综合模型，可以很好地衡量和评价一个软件开发组织的软件过程能力，即所达到的过程成熟度。该模型定义了在不同的过程成熟度级别上所需要的关键活动，其定义如下。

第一级：初始级。软件过程的特征是无序的，有时甚至是混乱的。几乎没有过程定义，成功完全取决于个人的能力。任何软件开发组织，无论管理如何不规范、开发活动如何不标准、有无开发文档，都具有这一级的能力。

第二级：可重复级。建立了基本的项目管理过程，能够追踪费用、进度和功能。有适当的必要的过程规范，使得未来项目可以重现以前类似项目的成功。只有那些能够将成功项目经验用于未来项目的企业才具有二级能力。

第三级：定义级。用于管理和工程活动的软件过程已经文档化、标准化，并与整个组织的软件过程相集成。所有项目都使用文档化的、组织认可的过程来开发和维护软件。本级包含了第二级的所有特征。具有第三级能力的开发企业已经将过往项目的成功经验标准化，并用于未来项目。

第四级：管理级。软件过程和产品质量的详细度量数据被收集，通过这些度量数据，软件过程和产品能够被定量地理解和控制。本级包含了第三级的所有特征。拥有该级能力的企业能够对项目活动进行定量估算、控制，因此能够按时按成本按质量地保证项目开发。

第五级：优化级。通过定量的反馈，进行不断的过程改进，这些反馈来自于过程或通过测试新的想法和技术而得到。本级包含了第四级的所有特征。拥有第五级能力的企业能够将新的技术、方法、工具无缝嵌入到企业标准中，企业能够很好地适应社会技术经济环境，自主成长。

EI 定义的这五个级别是根据 SEI 基于 CMM 的评估调查表得到的反馈而产生的结果。调查表的结果被精确化而得到单个的数字等级，表示了一个组织的过程成熟度。SEI 将关键过程区域（KPA）与每一个成熟度级别联系起来。KPA 描述了要达到某一特定级别必须满足的软件工程功能（如软件项目计划，需求管理），每一个 KPA 均通过标识下列特征来描述。

① 目标——KPA 要达到的总体目的。

② 约定——要求（组织必须遵守的）。这些要求是要达到目标就必须满足的，或是提供了是否实现目标的考察标准。

③ 能力——使得组织能够满足约定要求的那些事物（组织的或技术的）。

④ 活动——为了完成 KPA 的功能所需要的特定任务。

⑤ 监控实现的方法——活动在实现过程中被监控的方式。

⑥ 验证实现的方法——KPA 的活动能够被验证的方式。成熟度模型中定义了 18 个 KPA（每一个都用上述的结构来描述），它们映射到过程成熟度的不同级别。下面给出了在每个过程成熟度级别上应该实现的 KPA（注意 KPA 是叠加的。例如，过程成熟度第三级包含了第二级的所有 KPA 加上第三级特有的 KPA）。

过程成熟度第二级：

- 软件配置管理
- 软件质量保证
- 软件子合同管理

- 软件项目追踪和查错
- 软件项目计划
- 需求管理

过程成熟度第三级:

- 详细复审
- 组内协调
- 软件产品工程
- 集成的软件管理
- 培训程序
- 组织的过程定义
- 组织的过程焦点

过程成熟度第四级:

- 软件质量管理
- 定量的过程管理
- 过程成熟度第五级
- 过程变化管理
- 技术变化管理
- 错误预防

每一个 KPA 都由一组用于满足其目标的关键行为来定义。这些关键行为是在一个关键过程区域完全建立之前必须完成的策略、规程和活动。SEI 定义了关键指示器:“那些关键行为或关键行为的构件,能够很好地判定一个关键过程区域的目标是否达到”。用于评估的问题被设计来探查关键指示器的存在(或缺少)。

1.5 软件开发技术

1.5.1 结构化技术

结构化方法是一种传统的软件开发方法,它是由结构化分析、结构化设计和结构化编程三部分有机组合而成的。结构化思想强调以数据为中心,自顶向下、逐步细化进行问题的求解(或项目的开发)。结构化方法最先应用在编码实现阶段(结构化实现,Structured Programming,SP),并逐步向设计阶段(结构化设计,Structured Design,SD)、需求分析阶段(结构化分析,Structured Analysis,SA)扩展。

结构化方法学是一个以数据为中心的思想体系,它的基本要点是自顶向下、逐步求精、模块化设计、结构化编码。通过把一个复杂问题的求解过程分阶段进行,而且这种分解是自顶向下,逐层分解,使得每个阶段处理的问题都控制在人们容易理解和处理的范围内。

在业务分析时,用业务流程描述业务操作过程,业务流程中的台账就是业务操作的数据,逐步细化的业务流程和业务流程中的台账体现出结构化思想;在需求分析过程,以逐步细化的数据流图(DFD)和数据字典为主要表达手段描述拟开发系统。通过逐步细化数据流图中的加工,对相应的数据做细化,并将它们分离开来。数据流图中的数据流以及逐步细化的数据流图都体现出结构化思想。

结构化设计以模块化为基点,以信息隐蔽化、局部化和保持模块独立为准则。概要设计(也称总体设计）时，以需求分析的数据流图和数据字典作为输入，得到软件系统的基本框架，包括系统功能结构（用功能结构图描述）、软件系统结构（用系统流程图描述）、软件模块结构（用 IPO 图描述）和数据库（用 ER 图、数据库逻辑结构、数据库物理结构描述），其中反映数据流向的系统流程图、逐步细化的 IPO 图和数据库设计中的结构化思想都体现得很明显；详细设计是明确系统内部的实现细节，每个过程（或函数）都有输入输出数据和处理指令，处理指令采用三种基本的程序结构（顺序、选择、循环）描述。结构化实现采用结构化的高级编程语言，将详细设计编码为模块。

从结构化方法在分析、设计和程序编码阶段的应用可以看到，结构化方法和人类思维的方式是不一致的。在业务分析阶段，业务流程中的操作和台账紧密联系；在需求分析阶段，加工和数据也是相互密切关联，捆绑在一起；在概要设计阶段，设计人员分别将数据和操作分开，分别进行软件系统的模块和数据设计；而在详细设计阶段，又必须将数据和操作密切关联起来，设计软件系统的基本单元--过程（或函数）。这种与人类思维不完全一致的方式，导致生产出来的软件系统的可读性、可理解性、可复用性不高。

1.5.2　面向对象技术

面向对象方法是近 20 年来出现并繁荣的一种新的软件开发方法，它是由面向对象分析（Object-Oriented　Analysis，OOA）、面向对象设计（Object-Oriented Design，OOD）和面向对象编程（Object-Oriented Programming，OOP）三部分有机组合而成的。

和结构化方法一样，面向对象方法也是最先应用在编码实现阶段，并逐步向设计阶段、需求分析阶段扩展。正如我们所知的一样，现实世界是由对象来构成的。面向对象方法主张从客观世界固有的事物出发来构造系统，提倡用人类在现实生活中常用的思维方法来认识、理解和描述客观事物，强调最终建立的系统能够映射问题域，也就是说，系统中的对象以及对象之间的关系能够如实地反映问题域中固有事物及其关系。

面向对象的基本概念包括对象、类、消息等。

对象：对象是要研究的任何事物。从一本书到一家图书馆，单的整数到整数列庞大的数据库、极其复杂的自动化工厂、航天飞机都可看作对象，它不仅能表示有形的实体，也能表示无形的（抽象的）规则、计划或事件。对象由数据（描述事物的属性）和作用于数据的操作（体现事物的行为）构成一独立整体。从程序设计者来看，对象是一个程序模块，从用户来看，对象为他们提供所希望的行为。在对内的操作通常称为方法。一个对象请求另一对象为其服务的方式是通过发送消息。

类：类是对象的模板。即类是对一组有相同数据和相同操作的对象的定义，一个类所包含的方法和数据描述一组对象的共同行为和属性。类是在对象之上的抽象，对象则是类的具体化，是类的实例。类可有其子类，也可有其他类，形成类层次结构。

消息：消息是对象之间进行通信的一种规格说明，一般由三部分组成：接收消息的对象、消息名及实际变元。

面向对象技术的基本特征是封装、继承、多态。

封装性：封装是一种信息隐蔽技术，它体现于类的说明，是对象的重要特性。封装使数据和加工该数据的方法（函数）封装为一个整体，以实现独立性很强的模块，使得用户只能见到对象的外特性（对象能接受哪些消息，具有那些处理能力），而对象的内特性（保存内部状态的私有数据和实现加工能力的算法）对用户是隐蔽的。封装的目的在于把对象的设计者和对象者的使用分开，使用者不必知晓行为实现的细节，只需用设计者提供的消息来访问该对象。

继承性：继承性是子类自动共享父类之间数据和方法的机制。它由类的派生功能体现。一个类直接继承其它类的全部描述，同时可修改和扩充。继承具有传达性。继承分为单继承（一个子类只有一父类）和多重继承（一个类有多个父类）。类的对象是各自封闭的，如果没继承性机制，则类对象中数据、方法就会出现大量重复。继承不仅支持系统的可重用性，而且还促进系统的可扩充性。

多态性：对象根据所接收的消息而做出动作。同一消息为不同的对象接收时可产生完全不同的行动，这种现象称为多态性。利用多态性用户可发送一个通用的信息，而将所有的实现细节都留给接收消息的对象自行决定，如是，同一消息即可调用不同的方法。例如，Print 消息被发送给一图或表时调用的打印方法与将同样的 Print 消息发送给一正文文件而调用的打印方法会完全不同。多态性的实现受到继承性的支持，利用类继承的层次关系，把具有通用功能的协议存放在类层次中尽可能高的地方，而将实现这一功能的不同方法置于较低层次，这样，在这些低层次上生成的对象就能给通用消息以不同的响应。在 OOP 中可通过在派生类中重定义基类函数（定义为重载函数或虚函数）来实现多态性。

综上可知，在面向对象方法中，对象和传递消息分别表现事物及事物间相互联系的概念。类和继承是适应人们一般思维方式的描述范式，方法是允许作用于该类对象上的各种操作。这种对象、类、消息和方法的程序设计范式的基本点在于对象的封装性和类的继承性。通过封装能将对象的定义和对象的实现分开，通过继承能体现类与类之间的关系，以及由此带来的动态联编和实体的多态性，从而构成了面向对象的基本特征。

面向对象思想强调以对象为中心，迭代式进行问题的求解（或项目的开发）。面向对象的封装、继承、多态特征能够很好地支持迭代式开发。在编程时，直观上看程序员编码时主要是一些类，但为什么不能称为“面向类”而称为“面向对象”开发技术？这是因为编码的各种类，假如不实例化，是不能参与到主程序中，无法提供实际的功能的。同样可以把这个思想推广到设计、分析阶段。

在面向对象的业务分析过程中，使用业务用例模型来进行业务分析，每个业务用例就是“业务用例类”的一个对象；在面向对象的分析过程中，重点是找到和描述问题领域的对象或概念，并以用例模型来描述需求模型，每个用例就是“用例类”的一个对象。在面向对象的设计过程中，重点是定义软件对象，以及它们如何协作来满足需求，用以类图为主的设计模型来表达拟开发软件，每个类就是“类”这种类的一个对象。最后在编程的时候，用面向对象的高级语言来描述细节，这些设计的类会有具体的实现——对象。

由于面向对象的方法恰好可以使得人们按照世界本来的面目来建立问题域的模型，设计出尽可能自然地表现求解方法的软件，能直接表现人求解问题的思维路径（即求解问题的方法），从而使得整个软件的开发过程中都保持完全一致的思维方式。因此开发的软件不仅容易被人理解，而且易于维护和修改，从而会保证软件的可靠性和可维护性，并能提高公共问题域中的软件模块和模块重用的可靠性。

1.5.3 组件技术

从软件开发工程化以来，软件复用就是开发人员考虑的大问题，并产生了一些比较常用的软件复用方法。结构化开发方法下，软件复用方法是建立实现基本通用功能的“源程序”的函数库或“二进制”的 API 库，不同的软件可以调用它们。在面向对象方法下，软件复用则可以通过建立类模块来实现。由于类的继承性特征，因此，基于类的复用效果比结构化方法要好。面向对象技术可以视为一种“源语言”级别的面向对象复用技术，即在进行复用时，必须能够访问到基类的源代码，这意味着被复用的代码和扩充代码必须采用同一开发语言。

组件技术是近年才发展起来的一种“二进制”（在 Java 平台上是字节码）面向对象复用技术。

组件可以被看作为一个盒子，它里面封装了多个称为组件类的类模块。组件比类更大、更抽象，其中包含了更多的功能，更具有通用性，更加有利于复用。由于组件对象和调用者通常不在同一个进程空间，甚至不在同一台计算设备上（最简单的情况下，组件对象和调用者是在同一个进程空间），因此调用者不能像“源语言”级的面向对象技术一样，让调用者直接操作组件对象，因此组件对象都是以“接口”的形式把功能暴露出来，供调用者调用。

为了提高组件的管理和应用，各种各样的“容器”被开发出来以实现组件的统一管理。比如在Windwos平台上，可以用“组件服务”（“控制面板-〉管理工具-〉组件服务”）来集中管理计算机系统内或网络中其他计算机上的组件；在Java平台上，应用服务器（Application Server，例如Jboss、Weblogic、Websphere等等）用Servlet容器、EJB容器等等来对Servlet组件和EJB组件进行集中管理。当组件没有放置在容器中时，每个组件必须自己负责解决安全、共享、完整性等等普遍性问题，因此能够不放置在容器中的组件必定比较复杂、庞大；当组件放置在容器中时，每个组件只要按照容器的规范进行设计开发，就可以方便地放置在容器内，由容器提供统一的安全、共享、事务等服务。这就像文件系统下的文件和数据库管理系统中的表数据一样，文件系统下的每个文件必须自己负责安全、共享、完整性等问题，而数据库中的表数据，由数据库管理系统集中解决数据的安全、共享、完整性等问题。

与一般软件不同，组件具有自包容性、平台/语言独立性、重用性、可定制性和互操作性等特点。

（1）自包容性。每个组件是模块相对独立，功能相对完整的程序单元；组件通过一些标准或自定义的应用接口将自身功能暴露出来，供使用者使用。

（2）平台/语言独立性。只要遵循组件技术的规范，开发人员就可以用任何方便的语言去实现组件，客户程序或其他组件也可以按照其标准使用组件提供的服务，且客户和组件任何一方的版本更新都不会导致兼容性问题。

（3）重用性。用户也可以很方便地在对组件进行功能扩充。由于组件已经二进制化，复用代码可以选择任意编程语言。

（4）可定制性。通过某些给定的标准接口，允许用户设置和调整组件的参数和属性。

（5）互操作性。组件之间的严格统一的连接标准，实现组件之间、组件与用户程序之间的互操作。这种互操作是在目标代码级上的，与具体的开发语言无关。

组件技术将面向对象特征和分布式（物理或逻辑的）结合起来，是分布式计算和Web服务的基础。由于组件技术的出现，软件开发的方式有了很大变化，可以把软件开发的内容分成若干个层次，将每个层次封装成一个个的组件。在构建应用系统时，把这些单个的组件组装起来就成为一个系统，就像用零件组装机器一样。可以事先按照需求设计出不同组件，在构建应用系统时根据自己的应用需要选择需要的组件。可以看出，组件技术能够极大地提高软件的可维护性和可重用性，并且更具有工程特性，更能适应软件按工业流程生产的需求。目前主要的组件技术有OGM组织的CORBA，Microsoft平台上的COM/DCOM/COM+/.net，Java平台上的J2EE/JavaBeans/SOA。

1. CORBA

公共对象请求代理体系结构（Common Object Request Broker Architecture，CORBA）是一种紧密耦合的跨平台分布式组件技术，支持运行在Windows、LINUX、Unix等操作系统上。CORBA是最早而且最权威的组件标准，它由对象管理组（Object Management Group，OMG）所制定，1991年10月推出1.0版，1996年8月推出2.0，2002年7月推出3.0，2004年3月推出CORBA 3.0.3版。CORBA是一种独立于语言的分布式对象模型，其核心是ORB（Object Request Broker，对象请求代理），对象的接口用IDL描述，在各个对象之间采用因特网ORB交互协议（Internet Inter-ORB

Protocal，IIOP）进行通信。图 1-8 所示是 CORBA 的体系结构图。

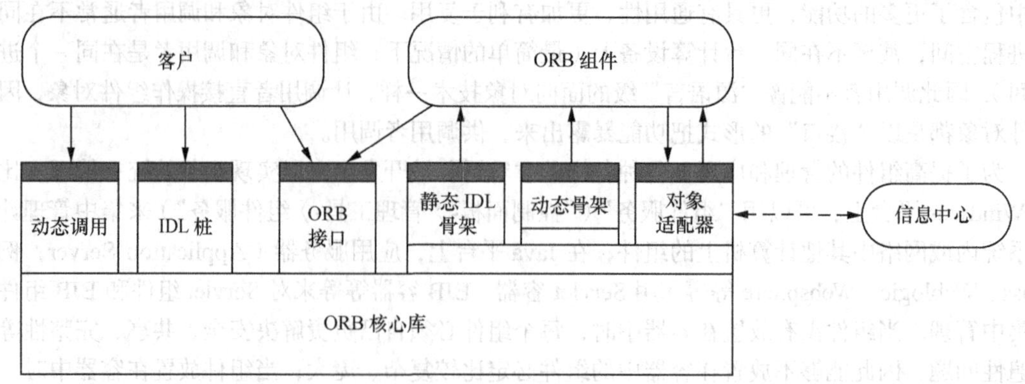

图 1-8 CORBA 的体系结构图

图 1-8 的具体解释如下。

（1）无论是客户还是开发的 CORBA 组件，都可以通过 ORB 接口调用 ORB 核心库提供的各种标准功能。

（2）开发的 CORBA 组件，可以用静态骨架或动态骨架的方式进行编译。静态编译时，产生骨架和 IDL 桩，IDL 桩应分发给期望以静态方式直接调用组件功能的客户，骨架必须和组件一起分发到服务器上；动态编译时，只生成动态骨架，动态骨架可以发布到组件信息中心，客户可以在无须知道任何组件信息的情况下，通过动态调用接口通过访问组件信息中心得到组件信息，并由 ORB 核心库通过对象适配器来创建组件对象并调用组件功能。

（3）客户可以用静态或动态方式调用 CORBA 组件的功能。当客户拥有组件的 IDL 桩时，以静态方式，使用 IDL 桩规定的格式直接调用组件功能，远端的 CORBA 组件对象以静态 IDL 骨架接受并解释客户发来的请求，执行对应的功能后返回客户；如果没有组件的 IDL 桩，则客户可通过动态调用方式，通过 CORBA 标准的动态调用接口，访问组件信息中心和核心库，由 ORB 核心库通过对象适配器来创建组件对象，远端的 CORBA 组件对象以动态骨架接受并解释客户发来的请求，执行对应的功能后返回客户。

（4）当客户以静态方式调用 CORBA 组件功能时，由于需要拥有组件的 IDL 桩，因此系统不灵活；但由于双方发送的请求和接受的消息能够直接理解，因此执行速度快。当客户以动态方式调用 CORBA 组件功能时，由于不需要拥有组件的 IDL 桩，因此程序灵活；但由于双方发送的请求和接受的消息不能直接理解，因此执行速度慢。

2. COM/DCOM/COM+ /.NET

COM/DCOM/COM+ /.NET 是 Windows 平台上的紧密耦合组件技术，它具有语言中立、位置透明、支持网络等特点。当组件另外支持与用户的交互时，通常称为 ActiveX 控件，当组件只能在后台运行时，则称为 COM/DCOM/COM+ /.NET 组件。

（1）组件对象模型（Component Object Model，COM）

COM 是微软公司于 1993 年提出的一种组件技术。COM 首先是一种组件规范，定义了组件对象如何与其使用者通过二进制接口标准进行交互。微软在 Windows 平台上也开发了相应的 COM 标准库供用户使用，是一种具体的实现。COM 标准库由若干 API 函数构成，包括用于 COM 程序的创建、服务的定位等。此外，COM 还包括永久存储、绰号（moniker 智能命名/标记）和统一数据转移（UDT = Uniform Data Transfer）三个核心的操作系统部件。

COM 接口（interface）是组件之间互相通信（调用）的纽带，接口可以理解为一组功能的定义，实现相同接口的组件必然具有相类似（但具体实现可能不同）的功能，这样允许用户通过接口去搜索需要的组件并进行调用。COM 为所有组件定义了一个共同的父接口 IUnknown。所有组件期望暴露在外、供客户搜索或调用的接口，必须继承 IUnknown 接口。COM 采用自己的 IDL 来描述组件的接口，支持多接口解决版本兼容问题。

COM 用 GUID 对计算机和网络环境下组件、接口、组件类进行标识，分别称为组件标识、接口标识（IID）、组件类标识（CLSID），GUID 是一个 128 位整数（16 字节）。当使用 MFC 开发 COM 组件时，通常（自动）为每个组件补充相应的类工厂（Class Factory）组件，如图 1-9 所示。

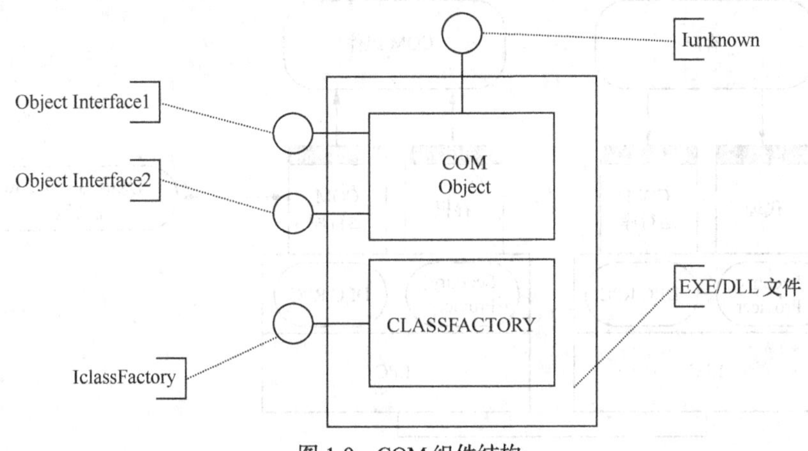

图 1-9　COM 组件结构

在 COM 模型中，COM 客户程序通过调用 COM 库函数 CoCreateInstance，并将 CLSID 作为参数，可以创建实例化的组件对象（事实上标准 COM 库在创建组件类前，自动创建了对应的类工厂，并通过类工厂对象创建了 COM 组件对象，返回组件接口供客户使用）；客户程序也可以通过调用 CoGetClassObject 库函数，并将 CLSID 作为参数，先创建类工厂（Class Factory）对象并获得类工厂对象的 IClassFactory 接口指针，客户再通过调用类工厂对象的 IClassFactory 接口提供的方法，可以最终创建实例化的组件对象。

COM 组件有两种进程模型：进程内组件和进程外组件。当客户和组件在同一进程内时，客户程序和 COM 组件对象的生存期是相同的。

当客户与 COM 组件与客户运行在不同的进程空间时，客户程序和 COM 组件对象的生存期会存在差异，COM 组件对象的生存是由标准 COM 库进行管理的。当组件和客户处于不同进程空间时，由于客户和本地进程外组件运行在不同的进程空间，所以客户程序对组件对象的调用，并不是直接进行的，而是用到了操作系统支持的一些跨进程通信方法，主要有分布式计算环境（Distributed Computing Environment，DCE），远程过程调用（Remote Procedure Call，RPC）和本地过程调用（Local Procedure Calls，LPC）。

图 1-10 所示是客户与进程内组件和进程外组件的通信模型。图 1-10 的具体解释如下。

① 开发的 COM 组件，可以用静态或动态的方式进行编译。静态编译时会同时产生代理和存根，代理必须分发给期望以静态方式直接调用组件功能的客户，存根必须和组件本身一起分发到服务器上；动态编译时不产生代理和存根，只产生标准格式的组件信息条目，组件信息条目可以注册到组件信息中心。

② 客户可以用静态或动态方式调用组件的功能。当客户拥有组件的代理代码时，可以以静态方式、使用代理规定的格式直接调用组件功能，远端的 CORBA 组件对通过存根接受并解释客户发来的请求，执行对应的功能后返回客户；如果没有组件的代理，则客户可动态调用组件，客户在无须知道任何组件信息的情况下，通过 COM 运行库访问组件信息中心得到组件信息，并运行

库创建组件对象并调用组件功能。组件对象以标准方式接受并解释客户发来的请求，执行对应的功能后返回客户。

③ 当客户以静态方式调用 COM 组件功能时，由于需要拥有组件的代理，因此系统不灵活；但由于双方发送的请求和接受的消息能够直接理解，因此执行速度快。当客户以动态方式调用 COM 组件功能时，由于不需要拥有组件的代理，因此程序灵活；但由于双方发送的请求和接受的消息不能直接理解，因此执行速度慢。

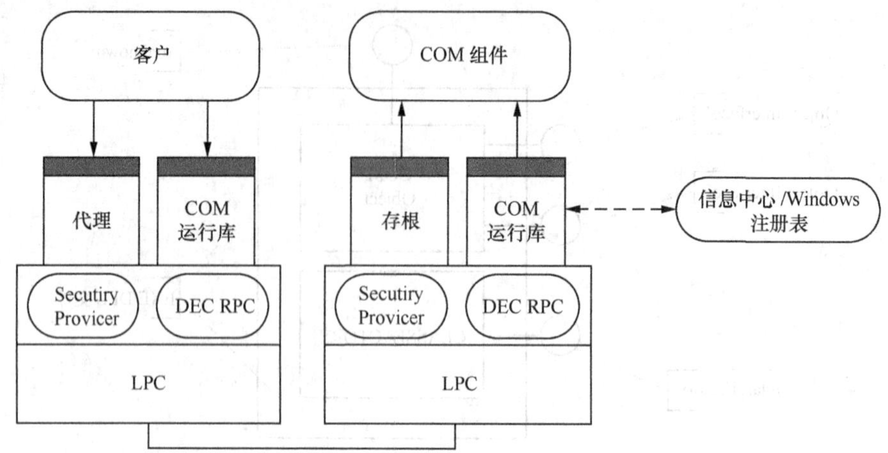

图 1-10　客户与本地（进程内及进程外）组件的通信

由于 COM 具有进程透明性，实际开发客户程序时，客户不必考虑调用传递的细节，无论是进程内组件还是进程外组件，都只需按照普通函数方式进行调用即可。

（2）分布式 COM（Distributed COM，DCOM）

DCOM 是 COM 的网络化。DCOM 将 COM 的进程透明性扩展为位置透明性，形成分布式的组件对象模型。为了将组件服务延伸到网络，DCOM 建立在自已的网络协议上，并通过服务控制管理器（Service Control Manager，SCM）来创建远程对象。图 1-11 所示是网络客户与异地机器上的组件通信的模型。

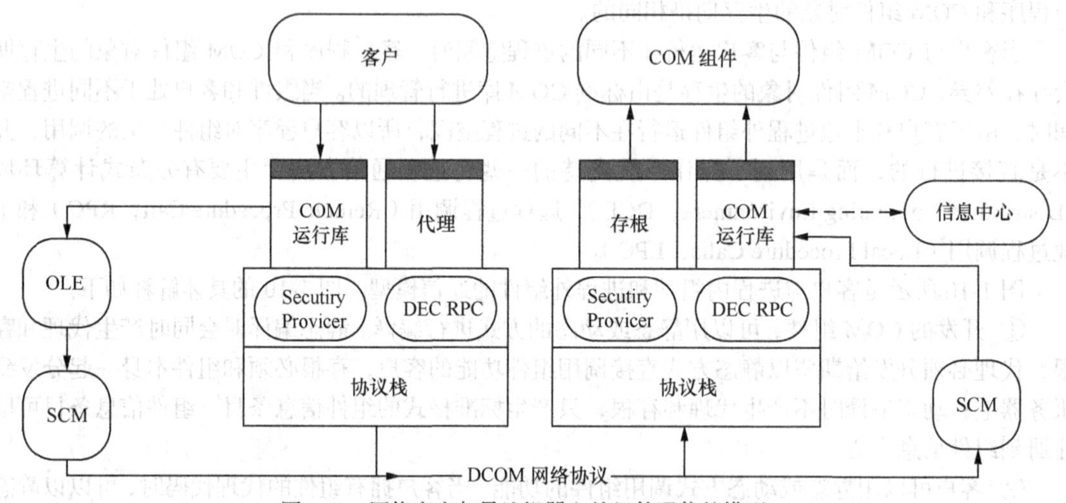

图 1-11　网络客户与异地机器上的组件通信的模型。

（3）COM+

软件系统开发中有大量的通用功能，如事务、安全等机制，如果为单独每个组件开发这些通用功能，任务繁重且没有必要。COM+将 COM 组件技术和微软事务服务器（Microsoft Transaction Server，MTS）技术结合在一起，是 COM 组件的容器。COM+是一个面向应用的高级 COM 运行环境，它在 COM 基础上实现了许多面向企业应用的分布式应用程序所需要通用服务。图 1-12 所示是一个基于 Web 的微软组件系统的配置模型。

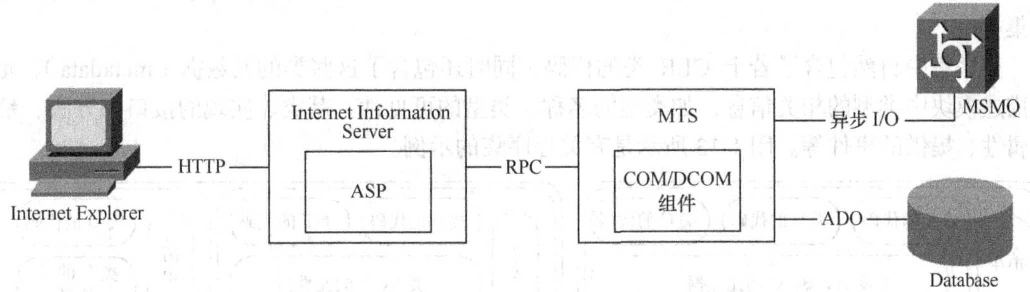

图 1-12 基于 WEB 的微软组件编程模型

其中，客户机上的 IE 通过 HTTP 与微软的因特网服务器（Internet Information Server，IIS）交换信息；网页由动态服务器网页（Active Server Page，ASP）文件描述；业务功能由 MTS 中的组件完成；信息和数据由微软信息队列服务器（Microsoft Message Queue Server，MSMQ）和数据库存储；组件通过微软的关系数据库访问组件（ActiveX Data Objects，ADO）范围数据库中的数据，通过异步 IO 访问 MSMQ 中的消息。

COM/DCOM/COM+组件技术用作支持平台技术存在诸多问题，且缺乏可行的解决方案，这些问题包括下面的内容。

① 没有统一的信息交换格式，调用者不知道如何对它进行调用。目前的 COM 交换格式有两个——接口语言定义（Interface Definition Language，IDL）和类型库（Type LiBrary，TLB），但是这两种格式并不是同构的，与 COM 技术本身无关，其中也没有哪种格式是权威的或标准的。

② 约定的描述格式缺乏扩展性。IDL 是基于文本的，极少随组件部署，通常只有 C++程序员才会使用。TLB 在扩展性方面存在缺陷，而且 VB 很难操作 TLB/MTS，这最终导致了 TLB 的没落。

③ 缺乏对组件彼此依赖性的描述。没有办法来解析 COM 组件（或者其约定的定义）和组件之间的关联，这可能无法保证它的正确运行。因此部署基于 COM 基础上的应用程序，很难确定它需要哪些 DLL，也不能确定所需要的是哪个版本的组件，这让对版本问题的诊断变得极其复杂。

④ 组件的约定是基于类型描述的，所采用的类型系统是 C++的可移植子集。就底层技术而言，COM 组件约定，最终只是在内存中形成堆栈结构的协议，没有（按组件所要求的那样来）描述语义内容；而 COM 对组件的约定是物理的（二进制约定）。它要求，每个方法都具有精确的虚函数表 vtable 偏移量，每个被传递的参数在堆栈规则中都有明确的偏移量，对象引用采用接口指针的明确格式，使用规定的分配器进行被调用这内存分配。

⑤ 二进制的物理约定，过度关心细节，使 COM 难于使用和开发。尤其在针对 COM 组件的版本控制问题上，物理性约定所产生的问题就更大了。这使得 COM 组件，难以进行语义修改和版本升级。

COM 组件的约定定义的精确性，产生了高效的代码，但这却是以难以接受的不可靠性和开发使用及扩展升级的困难与复杂性为代价的。COM 不可避免地走向没落。

（4）.NET

公共语言运行时库（Common Language Runtime，CLR）是.NET 的核心，它解决了 COM 组

件模型中存在的主要问题，可以视为是COM技术的继承和发展。程序集是CLR中的组件，它是一种功能上不可分割的逻辑单元，由一个或多个模块（module，DLL或EXE文件）组成。大多数程序集就是一个DLL，所以程序集也被称为“托管DLL”。

每个程序集中有一个程序清单（manifest），它包含了程序集内所有模块和其他文件的信息（如程序集的名称、版本号、文化和语言，程序集包含的所有文件列表，程序集所依赖的其他程序集等）。

程序集中自然包含了若干CLR类的代码，同时还包含了这些类的元数据（metadata）。元数据描述模块中类型的相关信息，如类型的名称、类型的可见性、基类、实现的接口和方法、暴露的属性、提供的事件等。图1-13所示是有关程序集的示例。

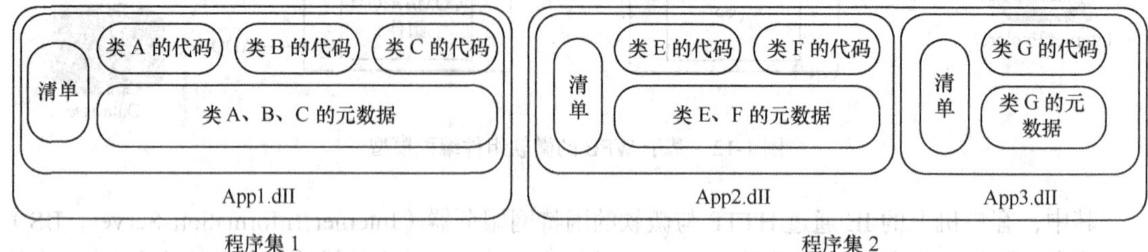

图1-13　程序集示例

与COM平台一样，CLR也注意组件间的约定，而且这些约定也是基于类型的（注意，组件技术里的类型是广义的，除了包括字符、布尔、整数和浮点数等基本数据类型之外，还包括类、结构、接口、串、数组、枚举、委托[delegate，指向方法和函数的安全指针，用于事件处理和回调]等高级结构类型）。与COM相比，CLR解决了前面提到的各种COM问题，它的组件技术有了质的飞跃。CLR与COM相比，具有如下不同点。

① 不同点1：约定的描述（元数据）。CLR有完全规范的格式来描述组件之间的约定——元数据（metadata）。CLR的元数据是机器可读的，其格式是公开的、国际标准化的、完全规范的。CLR还提供了读写元数据的实用工具，使用者不需要了解元数据的底层文件格式。

CLR通过定制（本身就是强类型的）特性（attribute），使其元数据可以达到清晰容易的可扩展性。CLR元数据中还包括组件的依赖关系和版本信息，从而允许使用新技术来处理版本控制问题。另外，CLR元数据的存在是强制性的，部署或加载组件都必须访问元数据。因此，构建基于CLR的基础架构和各种工具，显然要比COM容易的多。

② 不同点2：约定的类别（逻辑结构）。在CLR中，约定被描述为类型的逻辑结构，而不是物理的二进制格式。

在CLR的约定中，并没有暗示访问字段和方法的精确代码顺序。所以，在考虑虚方法布局、堆栈规则、对齐方式及参数传递方式时，CLR具有极大的灵活性。CLR是通过名字和签名来引用字段与方法，而不是偏移量。这样，CLR就避免了困扰COM的声明顺序问题，组件成员的实际地址/偏移量，需要等到运行时在类型被加载及初始化时，才能够确定。另外，CLR版本的改变，也不会带来组件的重新编译。

③ 不同点3：公共中间语言（Common Intermediate Language，CIL）。实现数据表示形式和方法地址的虚拟化，需要延时对约定的物理方面（如方法表和字段偏移量等）的解析，这就要求组件中不含具体的机器代码。基于CLR的组件，通过采用CIL而实现了这一要求。

CIL是一组与处理器无关的指令集，它具有抽象能力——将与机器代码密切关联的物理数据的表示形式抽象出来。CIL使用的操作码在访问字段和调用方法时，不再使用绝对地址和偏移量，而是利用元数据进行基于名字和签名的引用。

CIL 会在（第一次被）执行前被翻译成本地的机器语言，CLR 执行的是由 CIL 生成的本地代码。而 CLR 在 CIL 被翻译成本机代码之前，是不会解析其物理绑定的细节的。由于翻译工作是在部署机器上进行的，所以，组件所需的外部类型定义，将与部署机器上的某个类型匹配，而不是开发者的机器。这极大减少了跨组件约定的不可靠性，同时又不会降低代码的运行性能。

另外，由于 CIL 到机器代码的翻译，发生在部署的机器上。所以，任何用到的待定处理器布局或对齐规则，都将与（代码将在其上面运行的）目标处理器架构相匹配。现在，软件正面临着一次重大的处理器迁移，即从 IA-32/Pentium 和 AMD32 架构向 IA-64/Itanium 和 AMD64 架构的发展。对于这次升级，CLR 显得尤为重要。

鉴于 COM 技术已经存在并被使用多年，有大量现存的资源，程序员和用户也不可能一下子就全部完全转换到.NET 环境。因此，微软公司也允许在 CLR 环境中继续使用 COM/DCOM/COM+。但是鉴于 CLR 组件所具有的无比优越性，.NET 的 CLR 终将取代 COM 技术。

3. J2EE/JavaBeans/SOA

Sun 公司于 1997 年在 Java 的 JDK 1.1 中引入了 JavaBean 组件技术，后来又于 2000 年随 J2EE 引入服务器端的组件技术 EJB（Enterprise JavaBeans）和网页编程工具 JSP。至此，Java 成为了一种功能完备的分布式计算环境。图 1-14 所示是基于 Web 应用的 Java 应用编程模型。

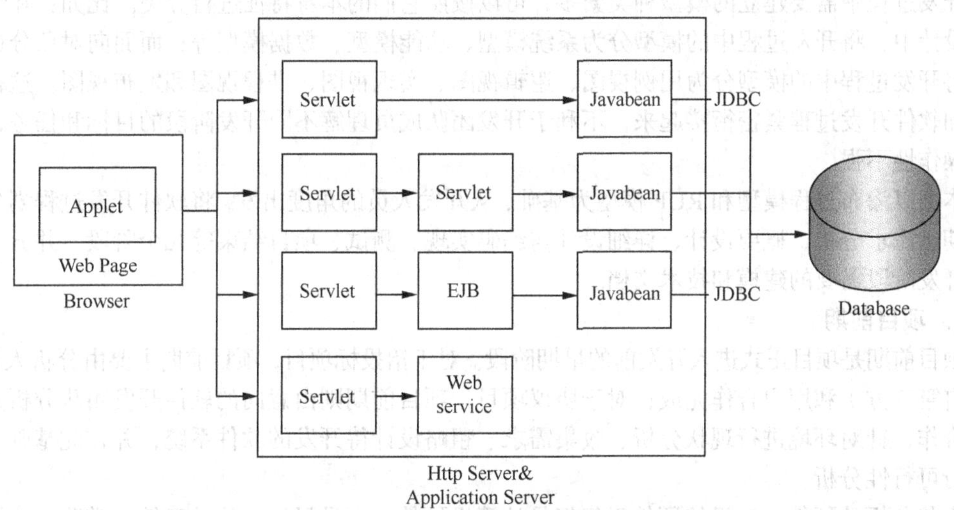

图 1-14 基于 Web 的 JavaBean 应用编程模型

从图 1-14 可以看到，JavaBean（包括 Applet、Servlet、JavaBean、EJB）是一种可复用的平台独立的软件组件。开发者可以在软件构造器工具（如网页构造器、可视化应用程序构造器、GUI 设计器、服务器应用程序构造器等）中对 Applet 直接进行可视化操作。

Servlet 是用 Java 编写的服务器端程序。其主要功能在于交互式地浏览和修改数据，生成动态 Web 内容。Servlet 通常是由 Servlet 容器统一管理，Servlet 容器的作用是负责处理客户请求，当客户请求来到时，Servlet 容器获取请求，然后调用某个 Servlet，并把 Servlet 的执行结果返回给客户。在特定情况下，Servlet 也可以承担业务逻辑处理。

EJB 是专用于开发企业级的服务器端应用程序的 Java Bean 组件。EJB 可以分为会话 bean（维护会话）、实体 bean（处理事务）和消息 bean（提供异步消息机制）等三种类型。由于 EJB 是由 EJB 容器统一管理的，因此只要按照 EJB 规范进行开发，实现最基本的业务功能即可，而把一些通用的安全、事务、消息等功能交给容器来处理，可以极大简化 EJB 的开发。EJB 的接口采用标准的 IDL 定义，在各个 EJB 之间采用 RMI（Remote Method Invocation 远程方法调用）进行通信。

Javabean 通常对应于数据库表的实体类的实现，而对数据库的访问，采用的则是 JDBC（Java DataBase Connection，Java 数据库连接）。

Web service 是一个平台独立、语言独立、低耦合、自包含、基于可编程的 Web 的应用程序，可使用开放的 XML 标准来描述、发布、发现、协调和配置这些应用程序，用于开发分布式的互操作的应用程序。Web Service 技术基于一些常规的产业标准以及已有的一些技术，诸如标准通用标记语言下的子集 XML、HTTP，能使得运行在不同机器上的不同应用无须借助附加的、专门的第三方软件或硬件，就可相互交换数据或集成。这些标准的应用，同样也减少了应用接口的花费，使得应用也很容易部署，为大规模业务流程的集成提供了一个通用机制。

1.6 软件开发过程的建模与文档

管理信息系统是目前应用最为广泛的一类计算机软件系统，由于开发过程中涉及的有关软件工程知识最全面，需要构建的模型最多，开发过程最容易标准化，本书将以管理信息系统的开发为基础，介绍软件开发过程中的建模和文档撰写。

开发过程中需要建立的模型种类繁多，可以按照它们的本身特征进行分类。比如：在结构化分析设计中，将开发过程中的模型分为系统模型、功能模型、数据模型等；而面向对象分析设计中，将开发过程中的模型分为用例视图、逻辑视图、实现视图、进程视图和发布视图。这种分类没有和软件开发过程紧密衔接起来，不利于开发团队成员理解不同开发阶段的目标和任务，实际的可操作性不强。

本书以瀑布过程模型和 RUP 模型为基础，从开发人员的角度出发，将软件开发过程划分为项目前期、需求分析、概要设计、详细设计与编码实现、测试、项目结束等几个阶段。并分别介绍不同开发阶段需要的建模和技术文档。

1. 项目前期

项目前期是项目正式进入开发前的早期阶段。对于招投标项目，项目前期主要由分析人员（可能来自第三方）和用户合作完成；对于协议项目，项目前期则由意向的软件开发团队分析人员与用户合作，针对环境进行现状分析、收集需求、粗略设计待开发的软件系统，并在此基础上对项目进行可行性分析。

现状分析从硬件（这里的硬件不仅仅是计算机硬件，而是目标单位的建筑、道路、房屋、设施等等，如果有信息化基础，则还需要包括现有的硬件设施）和软件（这里的软件不仅仅是计算机软件，而是目标单位的内部部门构成、岗位职责、业务处理的流程、各种规章制度等等，如果有信息化的基础，则需要包括现有软件框架）两个方面着手。从软件开发的角度，现状分析需要关注目标单位的硬件（建筑布局和网络硬件设施）和软件（组织构成、岗位职责和业务处理的流程、现有软件的总体结构）。

软件分析主要包括组织机构分析和业务流程分析。开发管理信息系统的目的，大多是为了替代人工系统或已有的软件系统，实现事务处理的更新和自动化。即使是完全创新型的事务系统，也必须设计合理的组织结构和成熟稳定的业务流程。进行目标系统的现状分析，不仅有助于分析设计人员深入了解项目目标单位信息化建设状况、目标单位的组织构成和事务处理内部细节，也有助于协助用户收集（功能性）需求。对于组织机构设置或职能混乱的用户单位，还必须邀请领域专家进行合理的机构调整和业务流程优化。

组织机构分析的结果，应该以组织机构图的方式呈现；业务流程分析的结果，应该以业务流程图的方式呈现，每个业务流程有一个单独的业务流程图。如果采用面向对象方法进行现状分析，可以用一个总括的业务用例图来描述所有业务，每个业务就是一个业务用例，每个业务用例有一个单独的业务流程图。

各种需求的收集，主要来源于现状分析。通过与用户合作，了解用户期望实现业务流程的自动化环节，以及其他的一些非功能性需求或约束条件。需求收集中的功能需求，更是直接来源于业务分析的结果，功能性需求可以用功能结构图的方式呈现，其他需求以文字的方式呈现。

粗略设计是对准备开发的软件系统提出高层模型。高层模型通常包括描述软件系统抽象构成的体系结构图、描述硬件设施和网络构成的网络拓扑图（结构化方法）、描述系统软件构成的系统流程图（结构化方法）/组件图（面向对象方法）、描述功能需求收集结果的功能结构图、描述未来系统配置的系统架构图（结构化方法或面向对象方法）/构件图（面向对象方法）。由于粗略设计往往不是以精确的需求分析结果为基础，因此允许存在些许遗漏、错误。

可行性分析是针对准备进行的软件项目进行的可行性风险评估。因此，并根据高层模型的特征，从技术可行性、经济可行性和操作可行性等几个方面，对项目做出是否值得往下进行的回答，由此决定项目是否继续进行下去。

项目前期的技术文档，主要包括“需求说明书”“技术应答书”“软件任务立项报告”“可行性研究报告”。“需求说明书”主要按条目罗列用户关于未来软件系统的功能性和非功能性需求；“技术应答书”主要按条目罗列用户关心的技术问题以及未来拟应对的策略；“软件任务立项报告”主要针对项目的名称、性质、目标、意义和规模等做出回答，呈现现状分析的结果，并在文档中给出对准备着手开发的软件系统的粗略设计结果，包括软件系统体系结构图、描述网络构成的网络拓扑图、系统流程图（结构化方法）/构件图（面向对象方法），以及需求收集结果的功能结构图。“可行性研究报告”除了涵盖“软件任务立项报告”的内容之外，还有增加可行性分析的相关信息。

2. 需求分析

需求分析是软件开发的最关键步骤，其结论不仅是今后软件开发的基本依据，同时也是今后用户对软件产品进行验收的基本依据。需求分析要求以用户需求为基本依据，从功能、性能、数据、操作等多个方面，对软件系统给出完整、准确、具体的描述，用于确定软件规格。

软件需求分析是应以项目前期的工作（尤其是现状分析的结果）为基础，是软件规格描述的具体化与细节化。其结果以数据流+数据字典（结构化方法）、用例模型（面向对象方法，包括描述所有用例的用例图和每个用例的流程图）呈现。在某些场合，面向对象方法可以在需求分析阶段建立反映问题域数据信息的类模型（也称分析类或实体类）。需求分析的结果以“软件需求规格说明书”的文档形式提交。

“软件需求规格说明书”主要由以下 6 部分组成。

（1）引言，包括编写目的、背景说明、术语定义及参考资料等。

（2）概述主要功能、约束条件或特殊需求。

（3）数据流图与数据字典（结构化方法）、用例模型（面向对象方法）。

（4）用户接口、硬件接口及软件接口。

（5）性能需求、属性等。

（6）其他需求，如数据库、操作及故障处理等。

3. 概要设计

在完成软件规格描述后，接着可以按照“软件需求规格说明书”的要求对软件实施开发，针对软件系统进行结构设计，从总体上对软件的构造、接口、全局数据结构和数据环境等给出设计说明。

概要设计是在项目前期和需求分析阶段的成果基础上进行的，而软件系统的总体框架往往在项目前期结束、需求分析开始前就已经确定，有关网络构成的硬件建设往往会分发给特定的团队组织实施，因此在概要设计阶段，无需再建模反映软件系统总体框架的体系结构图、反映网络硬件构成的网络拓扑图。

另一方面，概要设计是在需求分析的基础上进行的，与项目前期的粗略设计是从空白建立起来不同，因此概要设计不允许有遗落或错误。概要设计必须以需求分析的结果为基础，因此除了要建立反映软件系统功能的功能结构图，结构化方法下还要有反映系统构成的系统流程图、反映软件模块规范的 IPO 图，面向对象方法下则有反映系统构成的构件图、反映软件规范的类图，此外还有和问题域有关的 ER 模型、数据逻辑模型和物理模型。

采用结构化方法进行概要设计时，模块的独立性是一个有关质量的重要技术性指标，可以使用模块的内聚、耦合这两个定性参数对模块独立性进行度量；采用面向对象方法进行概要设计时，应以设计模式对设计结果进行规范。对于这样有利于提高软件系统的可读性、可理解性、可扩展性和可重用性。假如采用的是关系型数据库管理系统对数据进行管理，则在概念模型（ER 模型）转化为逻辑模型时（关系型数据库下，就是表、视图的结构），需要对数据进行必要的规范化，在检索效率和存储效率之间进行平衡。

概要设计的结果以“概要设计说明书”的形式提交书面报告，其结果将成为详细设计与系统集成的基本依据。概要设计说明书应包括的主要内容如下。

（1）目的、背景、定义和参考资料；

（2）总体设计；

（3）接口设计；

（4）数据结构设计；

（5）系统出错处理设计。

4. 软件的详细设计和实现

详细设计以概要设计为依据，结构化方法下主要用于确定软件结构中每个模块的内部细节，面向对象方法下则是确定类方法的内部细节，为编写程序提供最直接的依据。详细设计需要从实现每个模块/类方法功能的程序算法和模块内部的局部数据结构等细节内容上给出设计说明，详细设计的结果通常以程序流程图的结果呈现，并以“详细设计说明书”的形式提交书面报告。“详细设计说明书”应包括的主要内容如下。

（1）目的、背景、定义和参考资料；

（2）程序系统的结构；

（3）每个程序模块的设计说明。

编码是对软件的实现，一般由程序员完成，并以获得源程序基本模块为目标。编码必须按照“详细设计说明书”的要求逐个模块地实现。软件开发过程中的编码往往只是一项语言转译工作，即把详细设计中的算法描述语言转译成某种适当的高级程序设计语言或汇编语言。

5. 测试

测试包括单元测试、集成测试、验证测试等等。针对基本模块的单元测试“详细设计说明书”为依据，用于检验每个基本模块在功能、算法与数据结构上是否符合设计要求。系统集成测试也就是根据概要设计中的软件结构，把经过测试的模块，按照某种选定的集成策略，例如渐增集成策略，将系统组装起来。在组装过程中，需要对整个系统进行集成测试，以确保系统在技术上符合设计要求，在应用上满足需求规格要求。系统确认验证需要以用户为主体，以需求规格说明书中对软件的定义为依据，由此对软件的各项规格进行逐项地确认，以确保已经完成的软件系统与需求规格的一致性。为了方便用户在系统确认期间能够积极参入，也为了系统在以后的运行过程中能够被用户正确使用，这个时期往往还需要以一定的方式对用户进行必要的培训。测试阶段的主要任务是设计测试用例并执行测试，并以“测试计划”和“测试报告”的形式提交书面报告。

6. 项目结束

在完成对软件的验收之后，软件系统可以交付用户使用，并需要以“项目开发总结报告”的书面形式对项目进行总结。“项目开发总结报告”的主要内容如下。

（1）目的、背景、定义和参考资料；

（2）实际开发结果；

（3）开发工作评价；

（4）经验教训。

采用结构化方法或面向对象方法进行软件开发，各开发阶段需要建立的模型和撰写的文档如下表所示。

软件开发过程中的建模和文档

	结构化方法模型	面向对象方法模型	文档
项目前期	组织机构图、业务流程图； 软件系统体系结构图、网络拓扑图、系统架构图、系统流程图、功能结构图	组织机构图、业务用例图+业务流程图； 软件系统体系结构图、网络拓扑图、系统架构图/配置图、构件（组件）图、功能结构图	需求说明书 技术应答书 软件任务立项报告 可行性研究报告
需求分析	数据流图 数据字典	用例图+用例流程图 分析类图	需求规格说明书
概要设计	功能结构图 IPO 图 系统流程图 ER 模型	功能结构图 类图（活动图、状态图、时序图、协作图） 构件图 ER 模型	概要设计规格说明书
详细设计和实现	程序流程图	程序流程图	详细设计规格说明书
测试			测试计划 测试总结
项目结束			项目开发总结

1.7 本 章 小 结

本章首先对计算机软件工程学做了一个简短的概述，通过回顾计算机系统发展简史和软件危机的出现，说明软件工程学出现、发展和完善的必然，介绍了目前软件的常见分类以及软件工程的基本概念和思想，介绍了软件生命周期中的阶段构成以及各阶段应完成的任务。

软件工程强调的是以高质量的软件过程来保证高质量的软件产品。软件过程模型规定了把生命周期划分成的各个阶段以及各个阶段的执行顺序，本章介绍了几类典型的软件生命周期模型，包括按部就班的瀑布模型、逐步增加的增量模型、风险驱动的螺旋模型、快速原型模型、不断迭代的喷泉模型和 RUP 过程模型。瀑布模型历史悠久、广为人知，它的优势在于它是规范的、文档驱动的过程模型；RUP 过程模型则特别强调通过业务分析获取需求。

软件过程模型是对某些项目进行开发过程设计的基础，软件企业过程能力评价模型则是对软件开发企业的过程进行评价的基础，按照软件开发企业对过程的复用能力和程度，可分为五级：初始级、可重复级、已定义级、已管理级、优化级。

软件开发方法是保证软件开发的另一个重要因素，本章介绍了最主要的几种开发方法，包括结构化方法、面向对象方法和组件技术。并对目前流行的一些组件实施平台做了介绍。

管理信息系统是目前应用最广泛、开发过程中涉及的有关软件工程知识最全面、需要构建的模型最多、开发过程最容易标准化的一类计算机软件系统。本书结合瀑布模型和 RUP 过程模型，以瀑布过程模型为基础，从开发人员的角度出发，将软件开发过程划分为项目前期、需求分析、概要设计、详细设计与编码实现、测试、项目结束等 6 个阶段。并分别介绍采用结构化方法和面向对象方法时，不同开发阶段需要的建模和技术文档。需要注意的是，为保持整个开发团队思维的无缝衔接，我们特别强调，应始终以同一种软件开发的方法论贯穿项目的整个开发过程。绝对不允许在项目开发的某个阶段采用结构化方法，建立结构化模型，却在其他阶段采用面向对象方法，建立面向对象模型。

习　题

1. 什么是软件?什么是软件工程?

2. 软件生命周期包括哪几个阶段，各个阶段都要进行哪些工作?

3. 软件开发过程模型对于软件开发企业有什么作用，主要有哪些软件开发过程？请简要描述每种开发过程模型的特点。

4. 将瀑布过程模型和 RUP 开发过程结合在一起有什么好处?

5. 什么是软件企业过程能力评价模型，如何用自己的话来理解和描述不同级别的过程能力模型?

6. 结构化技术和面向对象技术各有什么特点，如何在软件开发过程中体现?

7. 什么是组件技术?

8. 本书建议的开发过程分为哪些阶段，每个阶段所需要完成的文档和文档中包含的主要模型有哪些?

第2章 软件建模工具

软件过程是一个为建造高质量软件所需完成任务的框架，包括了形成软件产品的一系列步骤。它是一套关于项目的阶段、状态、方法、技术和开发、维护软件的人员以及相关 Artifacts（计划、文档、模型、编码、测试、手册等）的框架。在软件开发过程中，选择适当的软件工具进行自动化和半自动化的开发，可以极大地简化开发工作（包括软件分析设计、测试、维护）、提高软件生产率和改善软件的质量。一般软件工具分为六类：模拟工具、开发工具、测试和评估工具、运行和维护工具、性能质量工具和程序设计支持工具。工具既有支持单个任务的工具，也有囊括生命周期全过程或部分过程的工具。按照工具在软件开发过程承担的任务，可以把它们分为六类：软件需求工具（包括需求建模工具和需求追踪工具）、软件设计工具（用于创建和检查软件设计）、软件构造工具（包括程序编辑器、编译器和代码生成器、解释器和调试器等）、软件测试工具（包括测试生成器、测试执行框架、测试评价工具、测试管理工具和性能分析工具）、软件维护工具（包括可视化工具和重构工具）、软件配置管理工具。

本章介绍软件开发过程中从项目前期到详细设计中各个阶段都需要用到的一些常用的建模工具。与软件工程相关的常用工具软件有很多，本章详细介绍主要用于结构化方法建模的 Microsoft Office Visio、面向对象方法建模的 Rational Rose 及 StarUML 等工具的基本特点、基本操作及其软件工程建模示例，并在最后对比这三种工具的特点。

2.1 Visio 工具

2.1.1 Visio 简介

Visio 是一款便于商务和 IT 专业人员就复杂信息、系统和流程进行可视化处理、分析和交流的专业商用矢量绘图软件，其提供了大量的矢量图形基本素材，帮助用户绘制各种流程图、结构图或软件开发模型，可以促进了解系统和流程，深入了解复杂信息并利用这些知识做出更好的业务决策。

使用 Visio，软件开发人员能够进行项目前期阶段的组织建模（组织结构图）和业务建模（业务流程图），粗略设计软件系统体系（体系结构图）、硬件配置（网络拓扑图）、系统框架（系统架构图）、系统组成（系统流程图）、功能结构（功能结构图），可以绘制需求分析阶段的分析模型（数据流图），总体设计阶段的系统组成（系统流程图）、功能结构（功能结构图）、软件模块构成（IPO 图）、数据构成（ER 模型），还可用于描述详细设计阶段的模块细节（程序流程图）。

1991 年，美国 Visio 公司推出了 Visio 的前身 Shapeware 软件，用于各种商业图表的制作。Shapeware 创造性地提供了一种积木堆积的方式，允许用户将各种矢量图形堆积到一起，构成矢量流程图或结构图。

1992 年，Visio 公司正式将 Shapeware 更名为 Visio，对软件进行大幅优化，并引入了图形对象的概念，允许用户更方便地控制各种矢量图形，以数据的方式定义图形的属性。截至 1999 年，Visio 已发展成为办公领域最著名的图标制作软件，先后推出了 Visio 1.0 ~ 5.0、Visio 2000 等多个版本。

2000 年，微软公司收购了 Visio 公司，同时获得了 Visio 的全部代码和版权。从此 Visio 成为微软 Office 办公软件套装中的重要组件，随 Office 软件版本升级一并更新，发布了 Visio 2003、Visio 2007 等一系列版本。

Visio 2013 是 Visio 软件的最新版本。在该版本中，提供了与 Office 2013 统一的界面风格，并同时发布 32 位和 64 位双版本，增强了与 Windows 操作系统的兼容性，提高了软件运行的效率。如图 2-1 所示是 Visio2013 软件的启动界面。

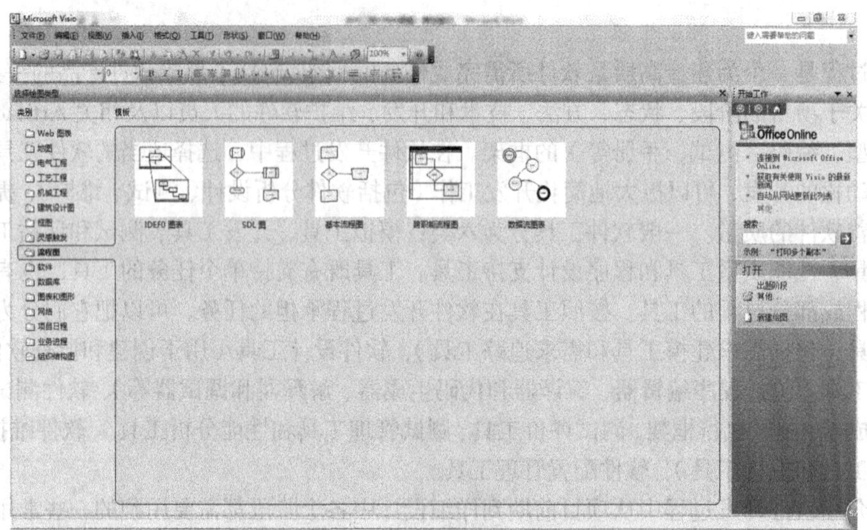

图 2-1　Visio 软件的启动界面

Visio 2013 与 Office 2013 系列软件中的界面一样简洁，便于用户操作。Visio 2013 软件的基本界面和 Word 2013、Excel 2013 等软件的界面类似，其界面如图 2-2 所示。

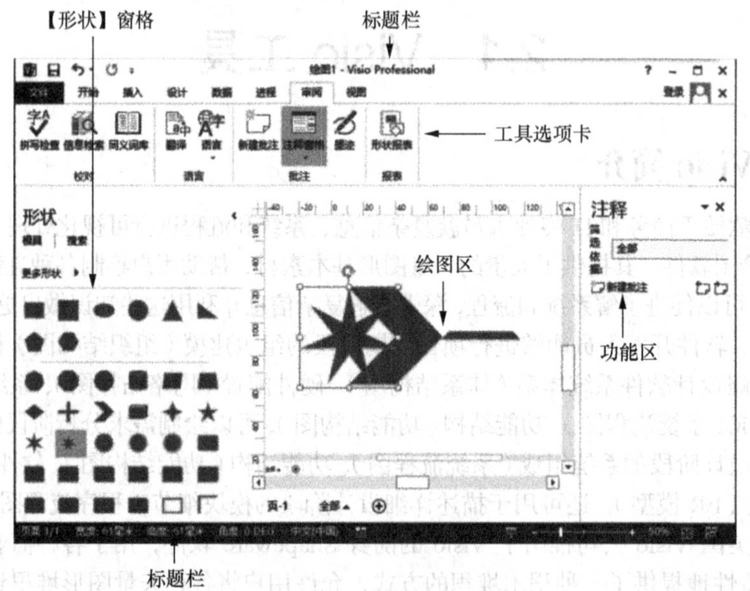

图 2-2　软件界面

如图 2-2 所示，Visio 软件的界面主要由 6 部分组成，其作用如下。

（1）标题栏由 Visio 标志、快速访问工具栏、窗口管理按钮 3 个部分组成；其中，快速访问工具栏是 Visio 提供的一组快捷按钮。窗口管理按钮提供了 4 种按钮供用户操作 Visio 窗口。

（2）工具选项卡是一组重要的按钮栏，其提供了多种按钮，允许用户切换功能区及应用 Visio 中的各种工具。主要包括"开始""插入""设计""数据""进程""审阅""视图"等选项卡。选项卡中的工具通常按组的方式排列，各组之间以分隔线的方式隔开。例如，"开始"选项卡就包括了"剪贴板""字体""段落""工具""形状格式""排列"和"编辑"等组。

（3）功能区中提供了 Visio 软件的各种基本工具。单击工具选项卡中的特定按钮，即可切换功能区中的内容。

（4）"形状"窗格，在使用 Visio 的模板功能创建 Visio 绘图之后，会自动打开"形状"窗格，并在该窗格中提供各种模具组供用户选择，可将其拖动添加到 Visio 绘图中。

（5）绘图窗格是 Visio 中最重要的窗格，在其中提供了标尺、绘图页以及网格等工具，允许用户在绘图页上绘制各种图形，并使用标尺来规范图形的尺寸；在绘图窗格的底部，还提供了页标签的功能，允许用户为一个 Visio 绘图创建多个绘图页，并设置绘图页的名称。

（6）状态栏的作用是显示绘图页或其上各种对象的状态，以供用户参考和编辑。

2.1.2　Visio 2013 基本操作

1. 模板的选择

根据不同业务的需要，选择适合的模板，如图 2-3 所示。

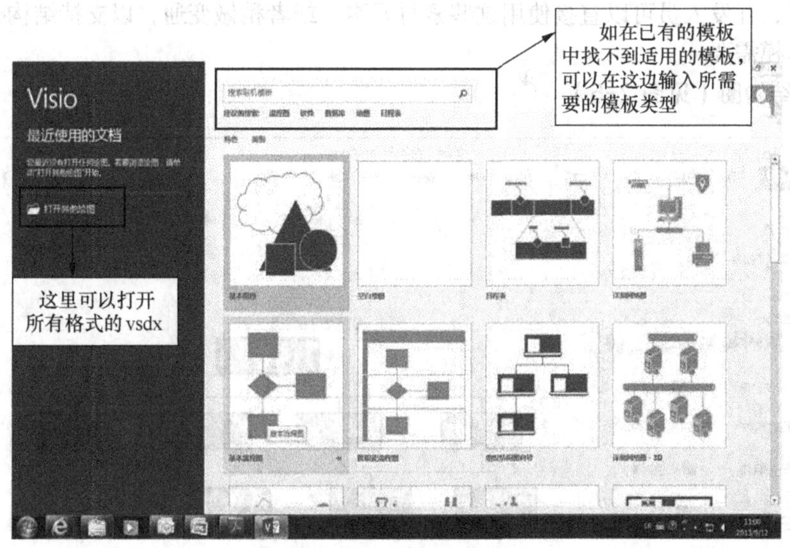

图 2-3　模板选择窗口

2. 图形的绘制

选择相应的模板后，单击"创建"，然后就会弹出图 2-4 所示的操作界面。

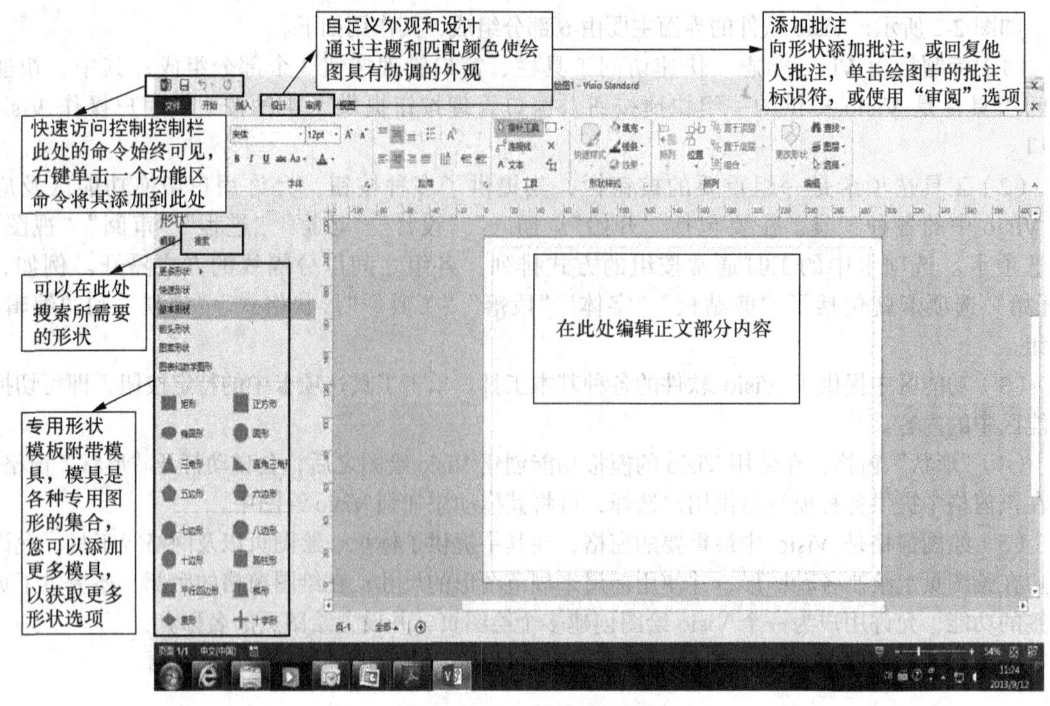

图 2-4　Visio 软件操作界面

2.1.3　Visio 2013 建模示例

在软件开发中，Microsoft Office Visio 主要用于结构化方法下的建模。Visio 提供了大量的基本素材和元素，开发人员可以直接使用这些素材元素，或者稍做变通，以支持结构化方法下各个开发阶段的建模需要。

1. 组织结构图（见图 2-5）

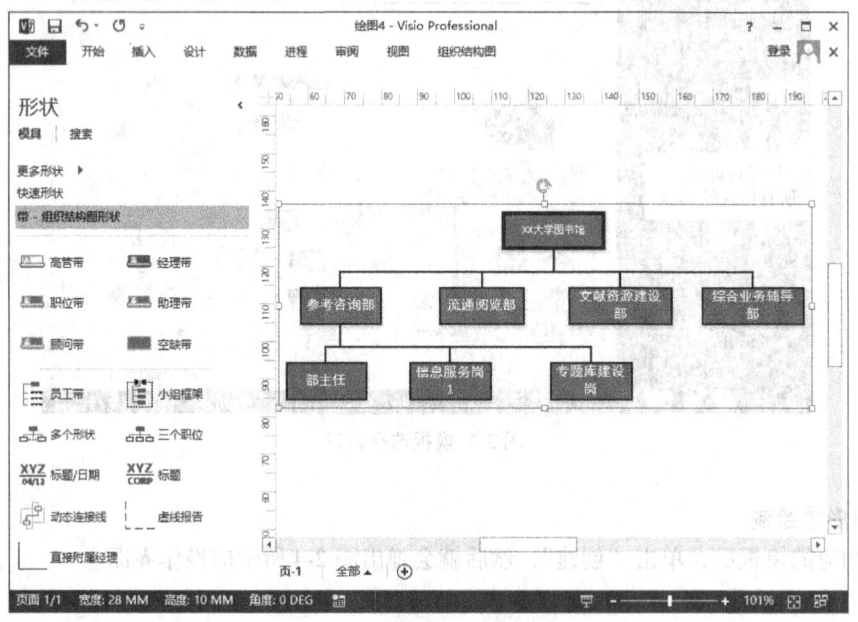

图 2-5　Visio 绘制组织结构图

在项目前期，组织结构图用于描述目标单位的组织岗位构成，为后续的业务分析打下基础。

需要注意的是，Visio 提供的组织结构图基本形式，通常都是体现上层元素对下层元素的领导、管理关系，与本书要求的组织结构图应体现组织机构的包含关系有一定的差异，需要进行一定的改进，以体现组织机构的包含关系，才能够更好地用于组织分析的结果描述。

面向对象方法的 Rational Rose 及 StarUML 工具，没有提供相应元素进行组织结构的描述，此时可以借助 Visio 进行组织结构描述。

2. **业务流程图（见图 2-6）**

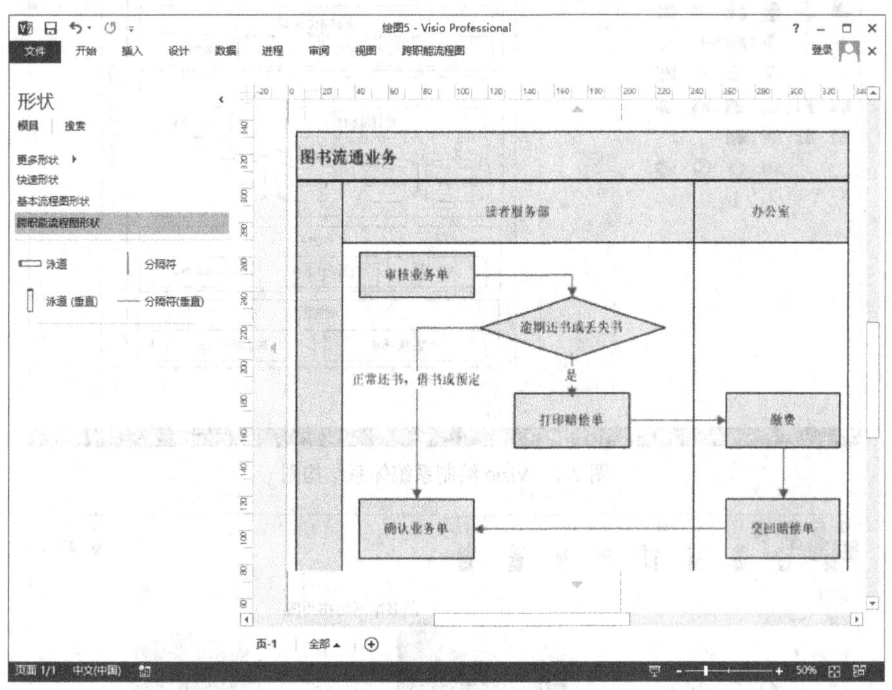

图 2-6　Visio 绘制业务流程图

项目前期业务分析的结果，以业务流程图的形式进行描述。业务流程将是后续粗略设计以及需求分析阶段进行需求分析的基础。

Visio 提供的业务流程图有多种，其中的“跨职能流程图”样式，能够最好地满足结构化业务建模的需要。跨职能流程图有横向、纵向两种方式，为方便用户直观观察和理解，建议选择纵向的跨职能流程图描述业务分析的结果。

3. **软件系统体系结构图（见图 2-7）**

在项目前期的粗略设计阶段，体系结构图反映目标系统的抽象构成及构成部分之间的相互关系，这些构成既包括硬件网络，也包括软件。

Visio 没有提供专门的体系结构图样式，可借助其中的“基本框图”和“基本流程图”元素，进行系统的体系结构描述。

面向对象工具 Rational Rose 及 StarUML，没有提供专门模型来支持体系结构图的绘制，此时可以借助 Visio 进行系统体系结构图的描述。

4. **网络拓扑图（见图 2-8）**

在项目前期的粗略设计阶段，网络拓扑图反映目标系统的硬件网络构成和它们之间的连接方式。Visio 提供了各种丰富的网络节点元素，方便开发人员绘制直观的网络拓扑图。

面向对象方法的 Rational Rose 及 StarUML 工具，提供的配置图元素很少，往往不足以全面完整地描述复杂系统中的硬件设施及网络配置，此时可以借助 Visio 进行系统的网络拓扑结构描述。

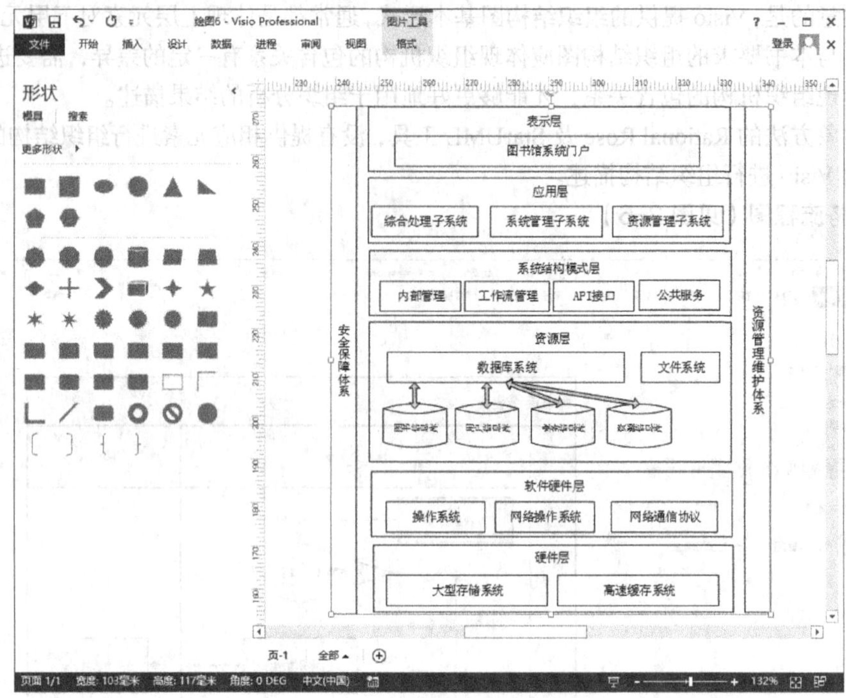

图 2-7　Visio 绘制系统体系结构图

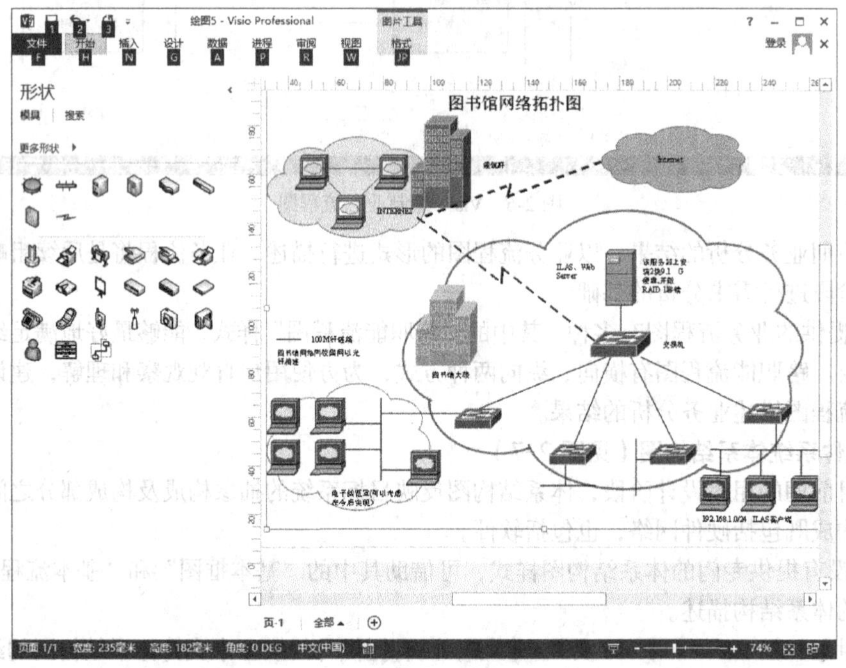

图 2-8　Visio 绘制网络拓扑图

5. 系统架构图（见图 2-9）

在项目前期的粗略设计阶段，系统架构图体现软件部件之间的联系和部件的布局。

Visio 也没有提供专门模型来支持系统架构图的绘制，此时可以借助 Visio“基本框图”“基本流程图”中的部分元素，进行系统结构图的描述。

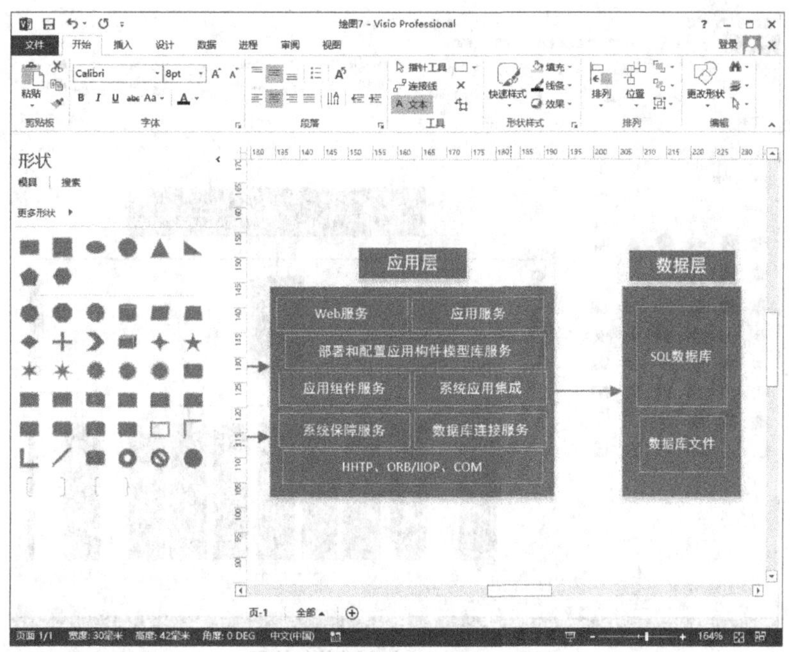

图 2-9　Visio 绘制系统架构图

6. 系统流程图（见图 2-10）

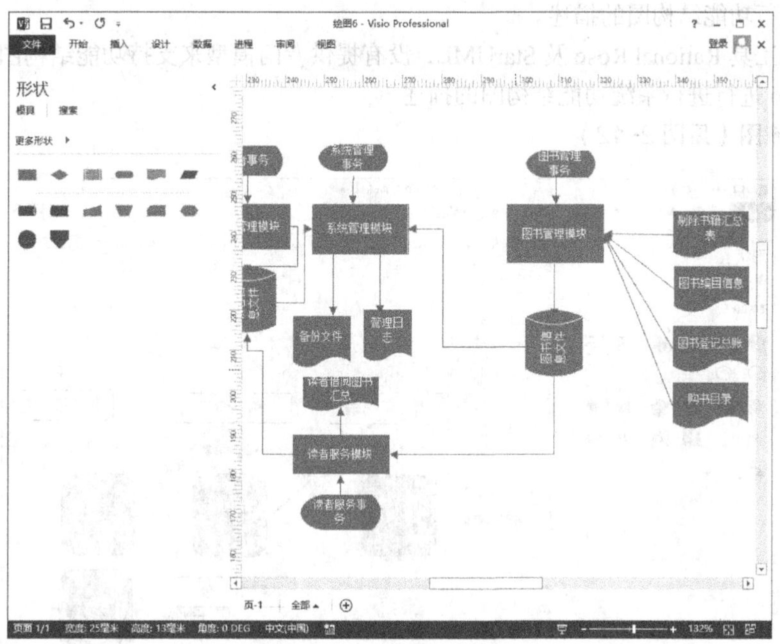

图 2-10　Visio 绘制系统流程图

在项目前期的粗略设计和总体设计阶段，系统流程图是结构化方法下描述系统物理构成的模型。

Visio 没有提供专门的系统流程图样式，可借助其中的“基本框图”、“基本流程图”、“网络拓扑图”部分元素，组合在一起进行系统流程图的描述。

7. 功能结构图（见图 2-11）

在项目前期的粗略设计和总体设计阶段，功能结构图从用户角度反映目标系统的整体构成，也是体现一种包含关系。

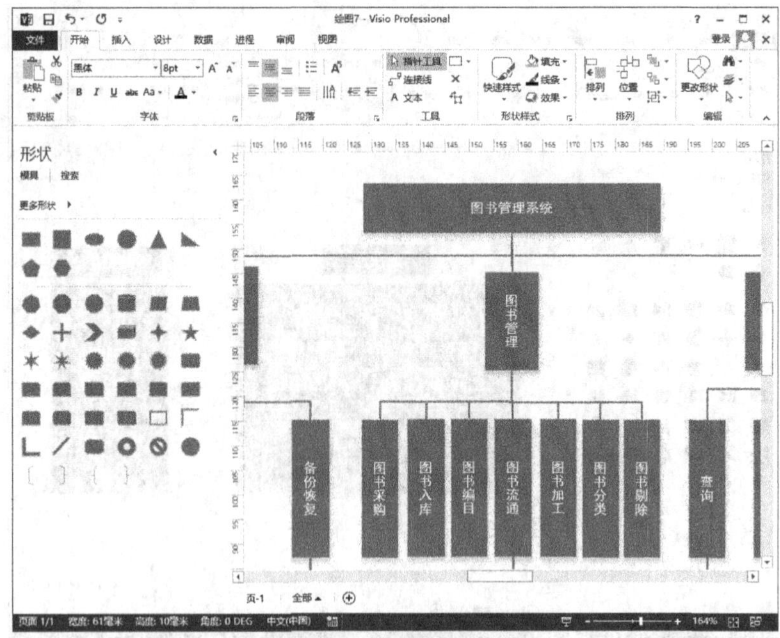

图 2-11　Visio 绘制功能结构图

Visio 没有提供专门的系统流程图样式，可借助其中的“基本框图”、“基本流程图”部分元素，组合在一起进行功能结构图的描述。

面向对象工具 Rational Rose 及 StarUML，没有提供专门模型来支持功能结构图的绘制，此时可以借助 Visio 进行进行系统功能结构图的描述。

8. **数据流图（见图 2-12）**

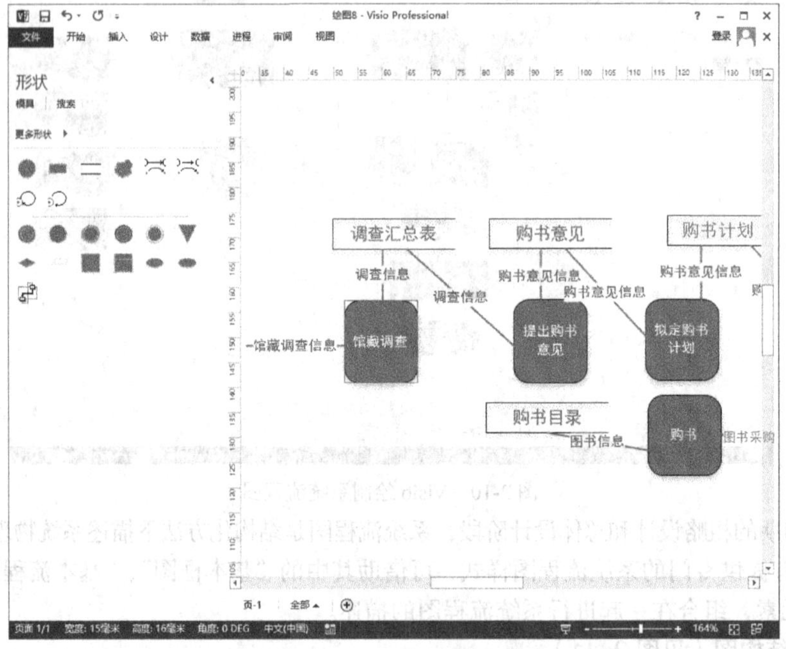

图 2-12　Visio 绘制数据流图

在需求分析阶段，数据流图是结构化方法下需求模型的主要构成部分。通常绘制数据流图逐步细化、逐步精化的一个过程。

Visio 提供了专门的“数据流图表”样式，支持系统数据流图的的描述。

9. IPO 图（见图 2-13）

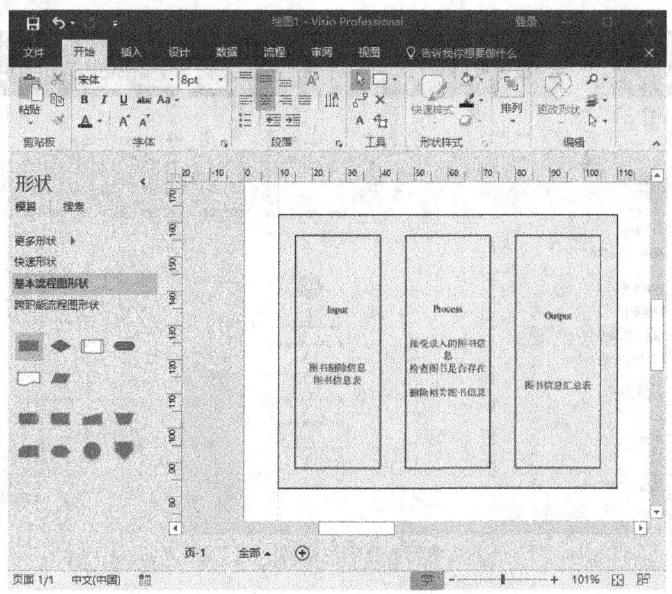

图 2-13 Visio 绘制 IPO 图

在总体设计阶段，IPO 图从软件角度描述了目标系统的构成，通常绘制 IPO 图是逐步细化、逐步精化的一个过程。

Visio 没有提供专门的 IPO 图，开发人员可借助其中的“基本框图”、“基本流程图”部分元素，组合在一起进行 IPO 图的描述。

10. ER 模型（见图 2-14）

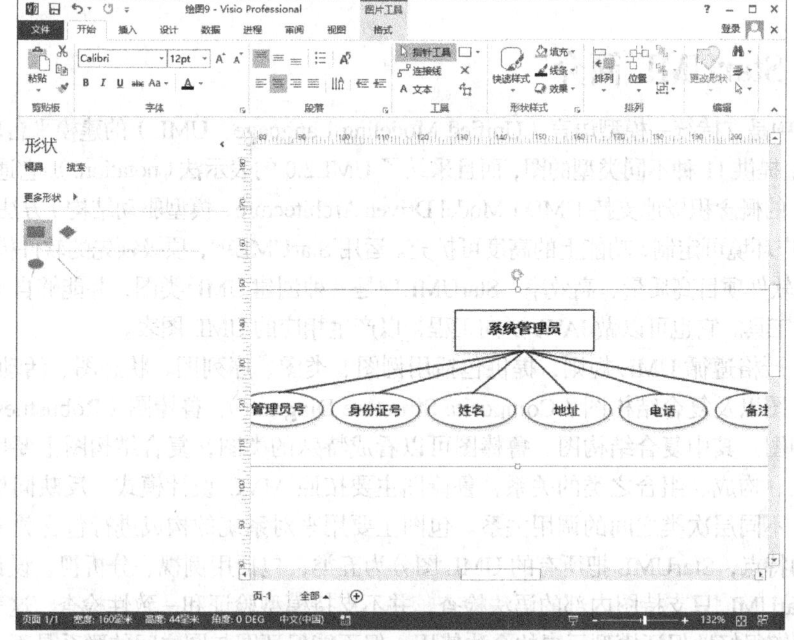

图 2-14 Visio 绘制 E-R 模型

在总体设计阶段，ER 模型用于描述数据的概念模型。

Visio 提供了专门的“数据库模型图”样式，支持系统的实体关系模型描述。

11. 程序流程图（见图 2-15）

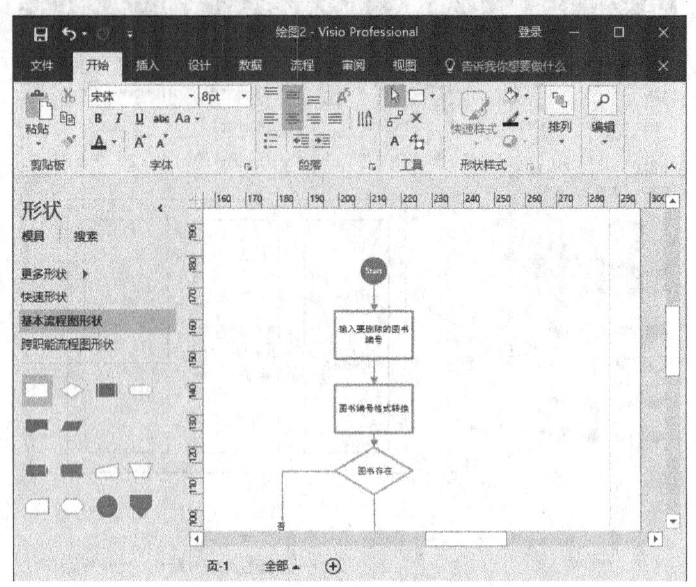

图 2-15 Visio 绘制程序流程图模型

在项目的详细设计阶段，程序流程图描述各个模块的算法实现细节。Visio 没有提供专门的“程序流程图”样式，可以用基本流程图进行模块算法的详细描述。

2.2 StarUML

2.2.1 StarUML 简介

StarUML™是支持统一模型语言（Unified Modeling Language，UML）的建模平台软件。它基于 UML1.4 版本，提供 11 种不同类型的图，而且采纳了 UML2.0 的表示法（notation.）。它通过支持 UML 轮廓（profile）的概念积极地支持 UMD（Model Driven Architecture，模型驱动结构）方法。StarUML™特点在于，用户环境可定制，功能上的高度可扩充。运用 StarUML™，顶级领先的软件模型工具之一，可以保证您的软件项目高质量、高效率。StarUML™是一种创建 UML 类图，并能够自动生成 Java 的“stub code” 的工具。它也可以做 JAVA 逆向工程，以产生相应的 UML 图表。

StarUML 严格遵循 UML 规则，提供包括用例图、类图、序列图、状态图、活动图、协作图、组件图、部署图以及复合结构图（Composite Structure Diagram）、鲁棒图（Robustness Diagram）、包图等十一种图。其中复合结构图、鲁棒图可以看成特殊的类图，复合结构图主要用于反映类之间继承、抽象、构成、组合之类的关系，鲁棒图主要按照 MVC 设计模式，反映同层次类中的抽象继承关系、不同层次类之间的调用关系。包图主要用来对系统的构成进行包含关系的描述。

根据图的特点，StarUML 把所有的 UML 图分为五类，包括用例视、分析视、设计视、实现视和发布视。StarUML 只支持图内部的语法检查，并不支持模型验证和一致性检查，这表明在各种图内部，工具能够很好地保证模型元素的合法使用，但不能保证图与图之间的联系是否合法正确。

StarUML 的缺陷是不支持业务建模，当进行管理信息系统等事务处理软件的时候，可以借助 Rational rose 进行业务分析和建模工作。

2.2.2　StarUML 基本操作

（1）启动。StarUML 安装成功以后就可以启动该程序。启动后的软件界面如图 2-16 所示。

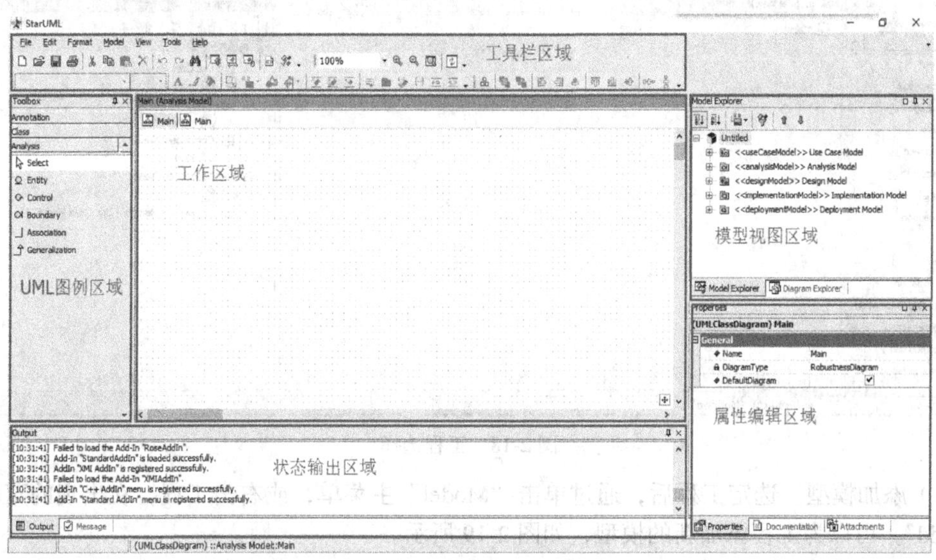

图 2-16　StarUML 软件界面

（2）添加新工程。启动后，一个名叫 New Project By Approach 的对话框会弹出。用户可以选择“4+1View Model”“Default Approach”“Rational Approach”“UML Component Approach”“Empty Project”等五种不同的模型组织形式，建议选择以开发过程不同阶段的角度对模型进行组织的“Rational Approach”，并且按下“确定”，如图 2-17 所示。

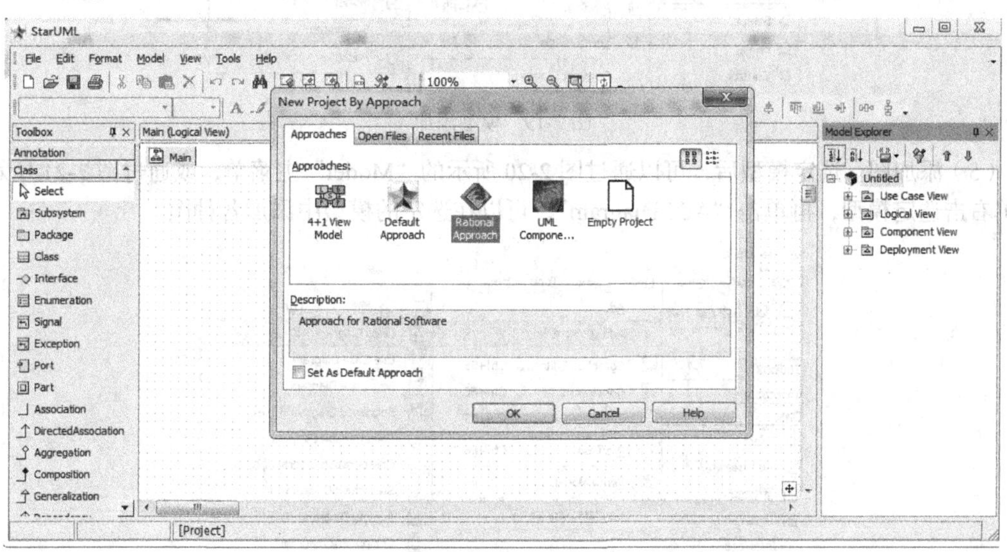

图 2-17　添加新工程

建立一个名为“Untitled”的新工程，该工程以“Rational Approach”的模型组织形式对模型进行组织，工程由四个视图组成，分别是“Use Case”“View Logical”“View Component”“View

Deployment View”。

（3）选择工程。在窗口右边的“Model Explorer”框中选定“Untitled”工程，如图 2-18 所示。

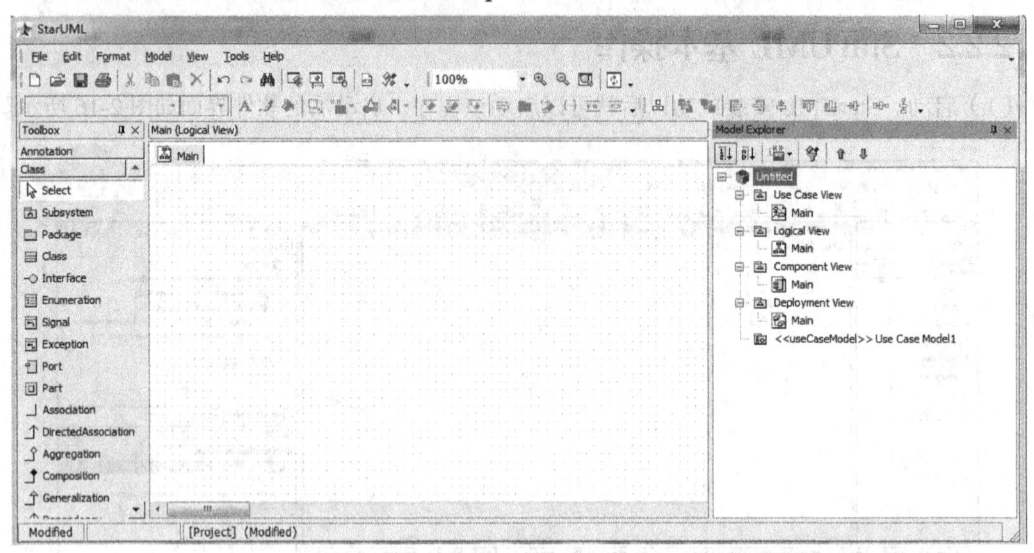

图 2-18 工程选择

（4）添加模型。选定工程后，通过单击“Model”主菜单，或右击工程，在出现的菜单中单击“Add”，可以为工程添加新的模型，如图 2-19 所示。

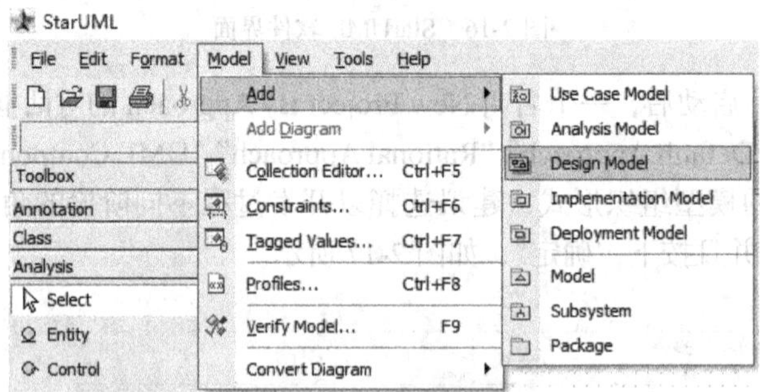

图 2-19 模型添加

（5）添加图。选定模型后，可以通过图 2-20 所示的“Model”主菜单，或通过图 2-21 所示的菜单右击选定模型，再单击“Add Diagram”，可以在选定的模型中添加各种图。

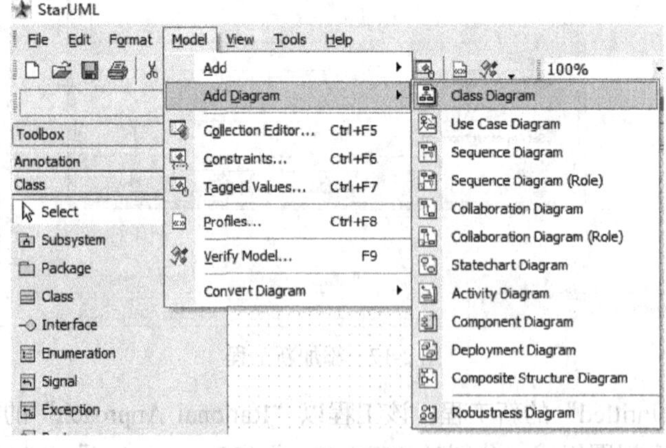

图 2-20 通过菜单添加图

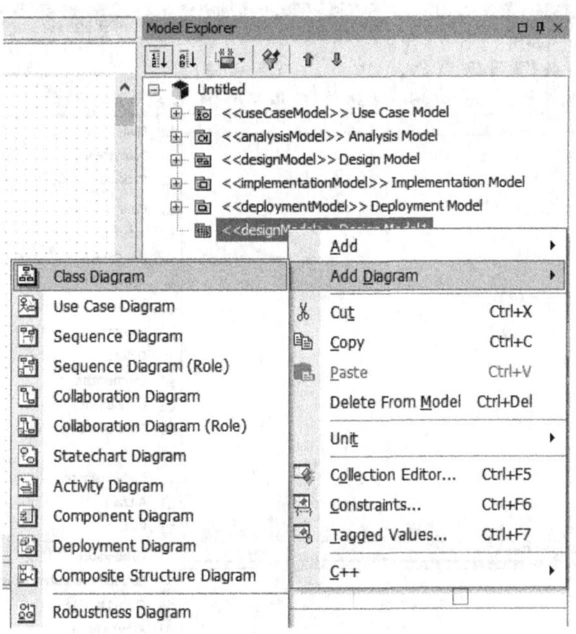

图 2-21　通过 Model Explorer 添加图

（6）添加元素。选定图后，可以左图 2-22 中通过“Model”主菜单，或左图 2-23 中通过右击选定模型，单击“Add”按钮，可以在选定的图中添加各种元素。

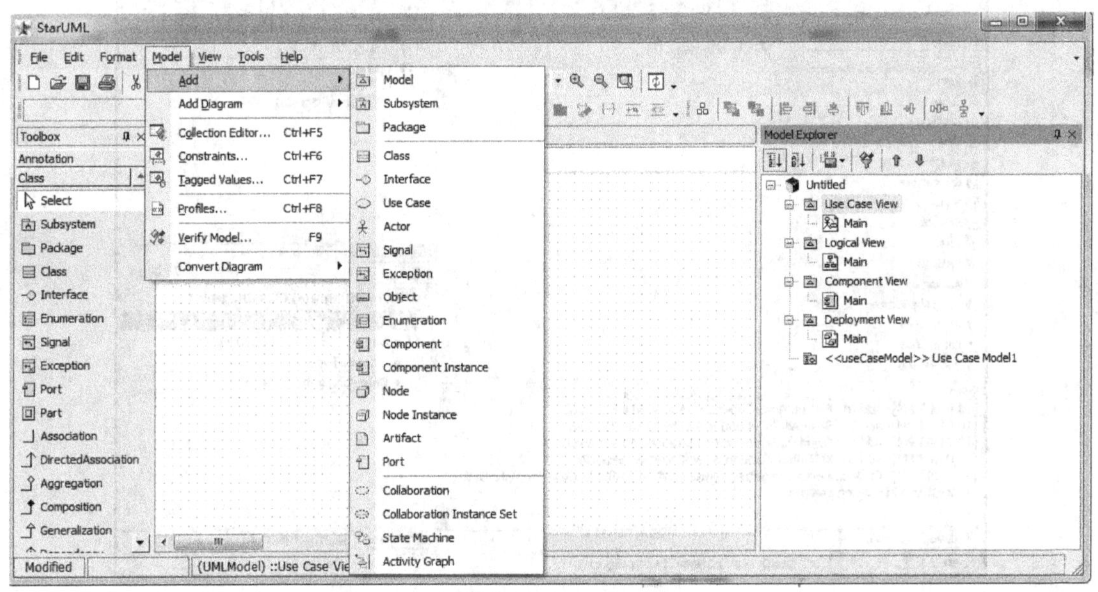

图 2-22　通过菜单添加元素

（7）保存工程。建立好各种模型、图之后，可以立即就保存工程，这样在出现问题的时候，您就不会丢失信息。从“File”菜单中选择“Save”，并选择一个地方以保存工程，如图 2-24 所示。

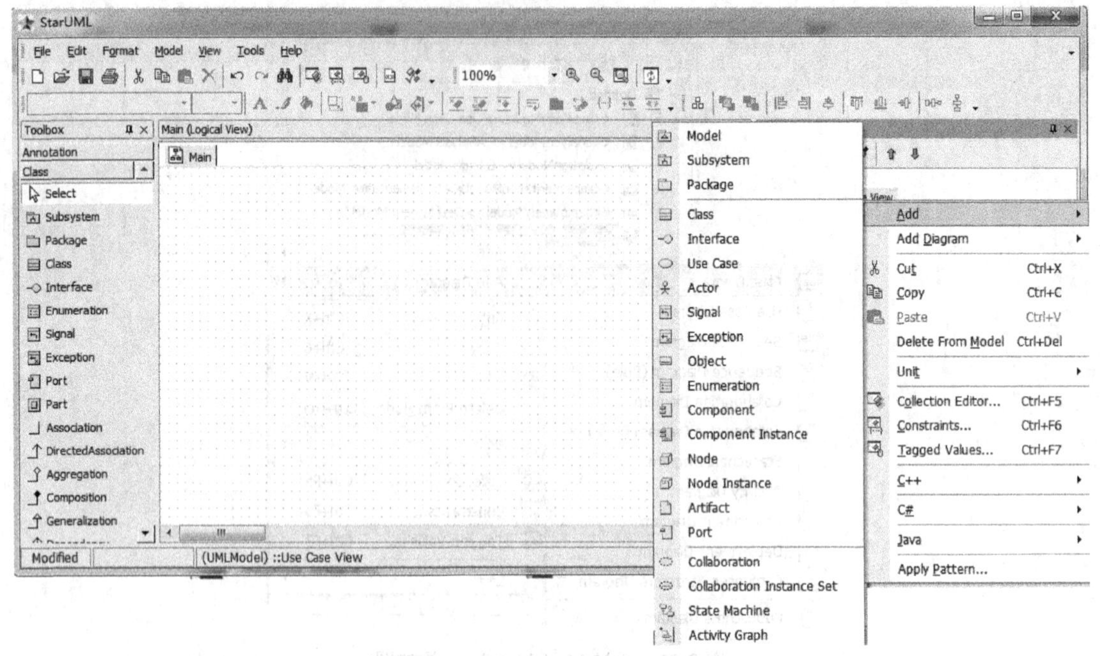

图 2-23　通过 Model Explorer 添加元素

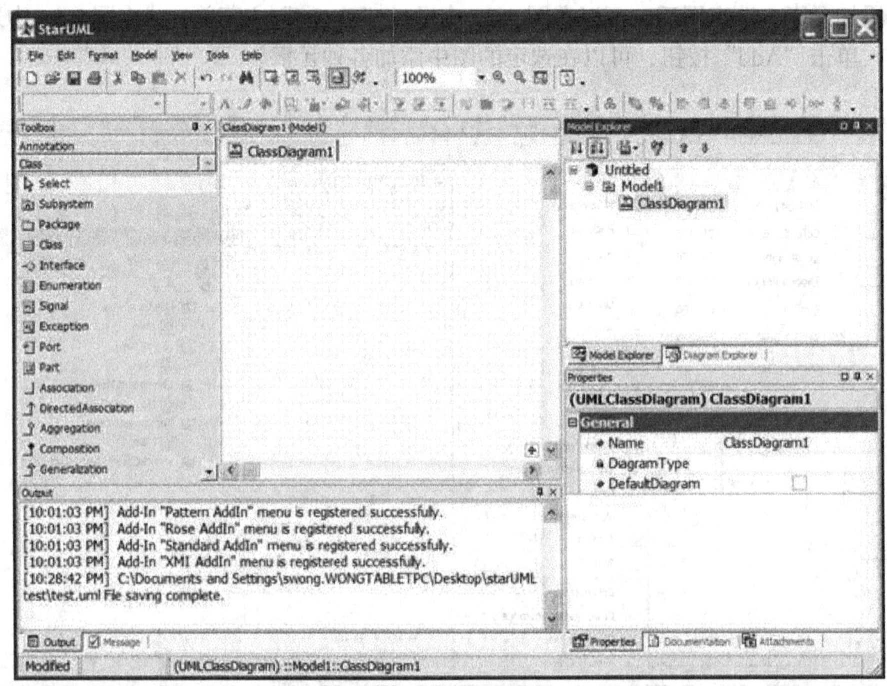

图 2-24　保存后的模型

2.2.3　StarUML 建模示例

1. 用例图（见图 2-25）

StarUML 提供用例图来支持需求建模。通常所有用例建立在一张用例图中，当系统规模庞大时，可以分别用包图来进行分割组织。通常每个用例还应该用活动图描述其过程细节。

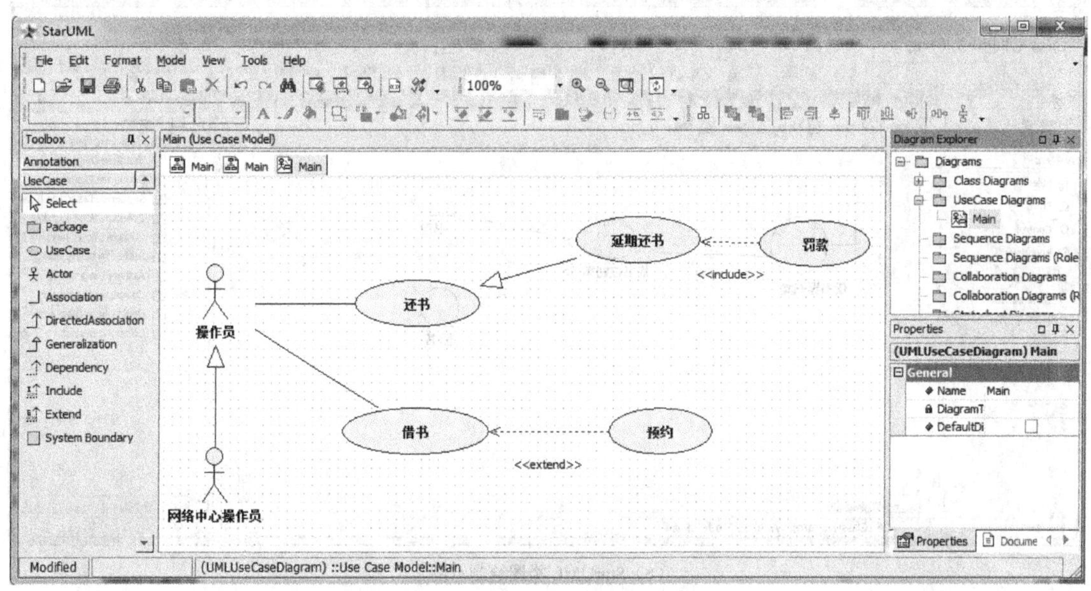

图 2-25　StarUML 用例图绘制示例

需求分析阶段用例图是需求分析模型的主要构成部分。

2. 类图

StarUML 类图包括（普通的）类图、复合结构图、鲁棒图，复合结构图、鲁棒图是特殊形式的类图。图 2-26（a）的类图以复合结构图的格式绘制，图 2-26（b）的类图以鲁棒图的格式绘制。

复合结构图可以用于需求分析阶段的分析类/实体类描述，鲁棒图可以用于设计阶段的三层类图描述。开发人员也可以（普通的）类图为基础，进行不同形式的类图绘制。

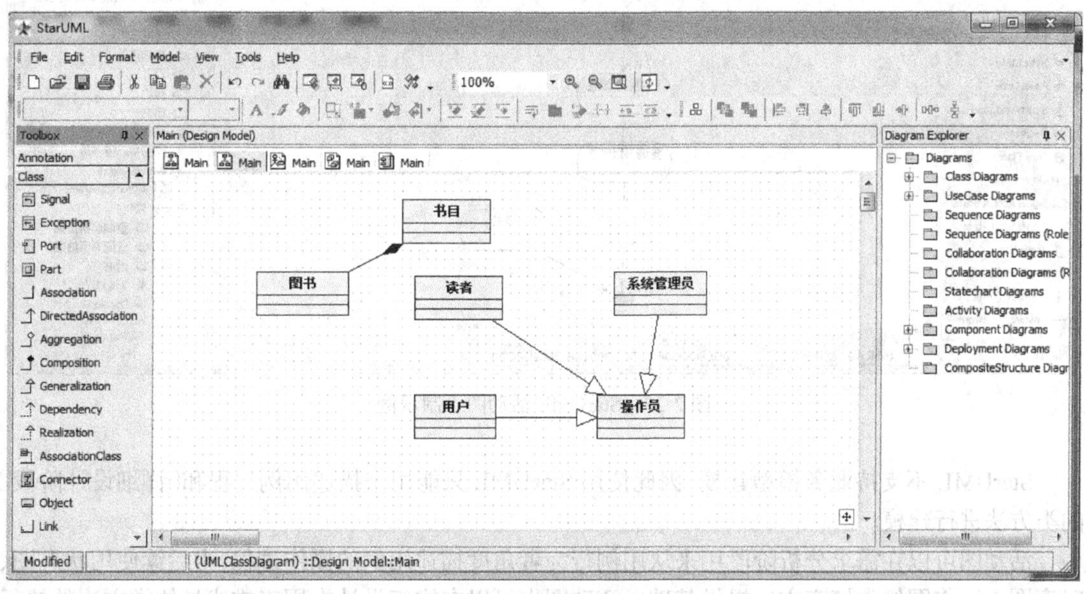

（a）StarUML 类图绘制示例

图 2-26

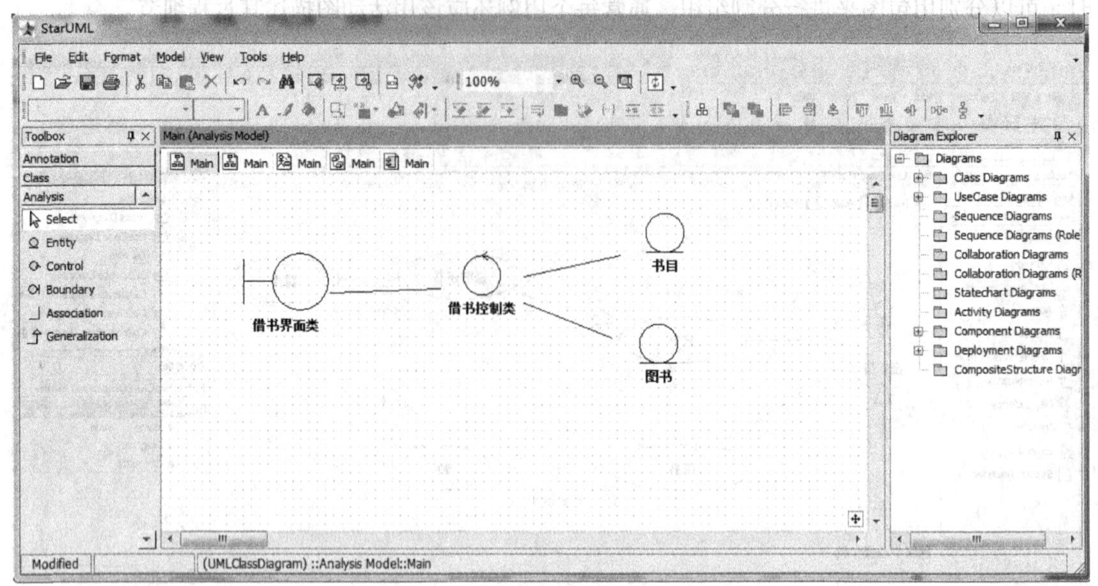

（b）StarUML 类图绘制示例

图 2-26（续）

3. 活动图（见图 2-27）

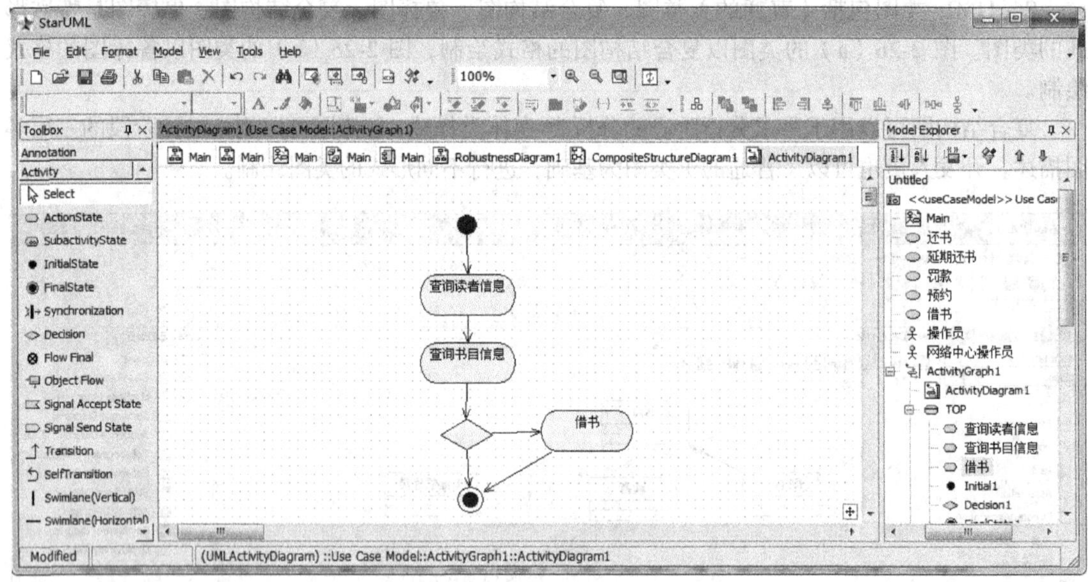

图 2-27　StarUML 活动图绘制示例

StarUML 不支持业务模型建模，因此使用 StarUML 只能用来描述用例过程和（详细设计阶段）的类方法进行建模。

活动图可以在需求分析阶段用来从用例行为者角度描述用例的操作过程，为后续使用状态图、时序图、协作图给类填充方法提供基础；活动图也可以在详细设计中用来描述具体类方法的执行过程，在业务分析时也可以用来描述业务用例的活动过程。

4. 状态图（见图2-28）

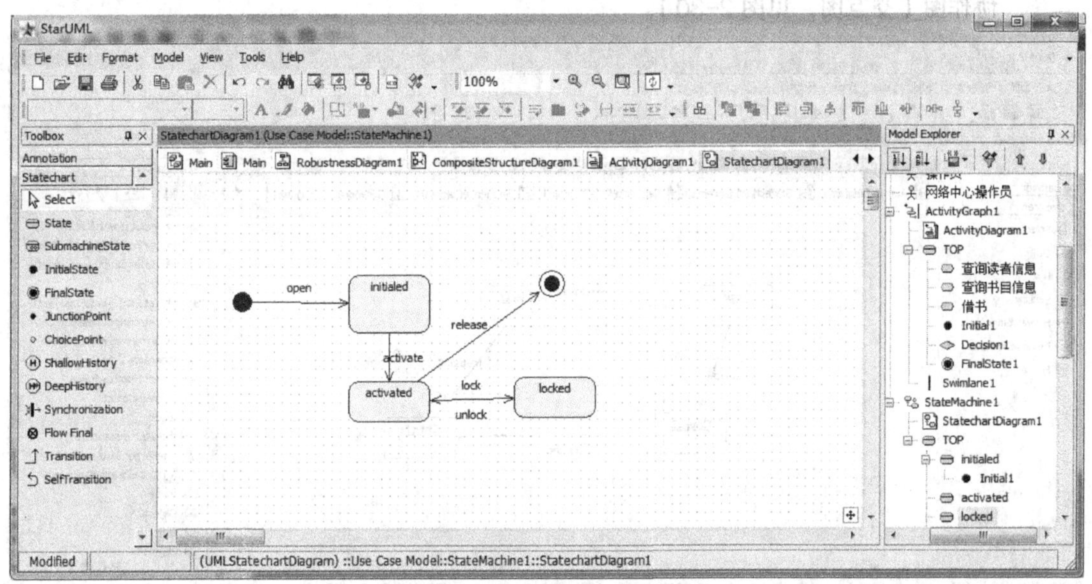

图2-28 StarUML状态图绘制示例

通常状态多的重要类对象才会用StarUML的状态图来描述。状态图反映一个对象在其生命期内经历的各个状态的顺序。

状态图用来在设计阶段帮助找出类图中类的方法，每个状态图中的事件，实际上就是相应类的一个方法。

5. 序列图（时序图，见图2-29）

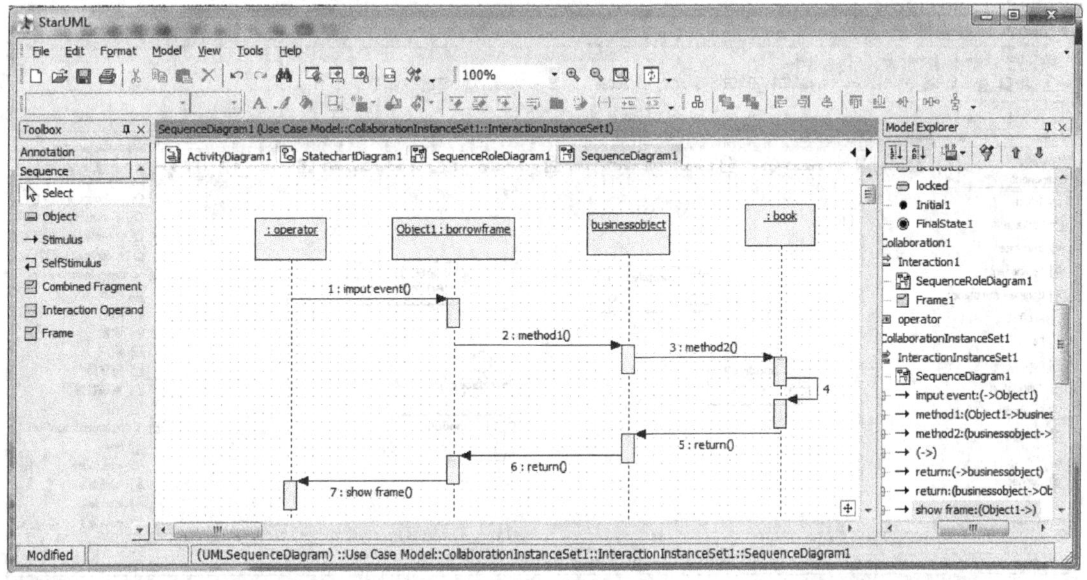

图2-29 StarUML序列图绘制示例

StarUML使用序列图来显示某个用例中参与交互的对象的某个交互场景（全部场景可以由活动图进行描述），这个交互场景中的事件是按时间顺序排列的。

设计阶段，时序图是用例活动图的一个场景，可以很好地帮助开发人员找出类的方法。

6. 协作图（交互图，见图 2-30）

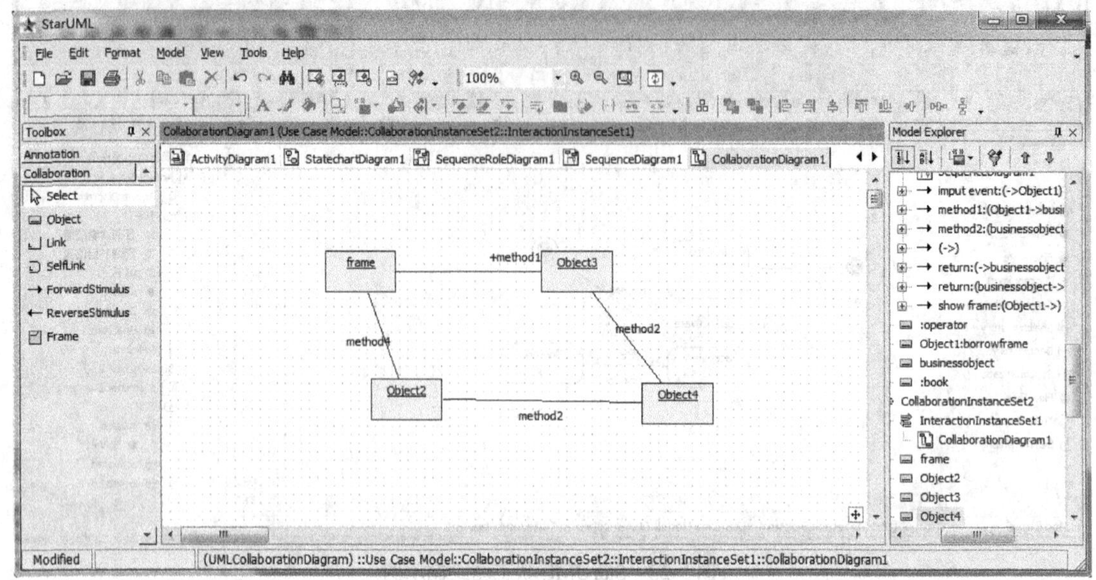

图 2-30　StarUML 协作图绘制示例

StarUML 使用协作图全面反映一组对象之间的协作关系，对象之间的事件交互顺序关系不再一目了然，除非对事件进行编号；当协作图反映多个场景下对象之间的交互事件时，将无法进行编号，此时协作图只能单纯反映类对象之间的调用关系了。

设计阶段，协作图全面反映各种类之间的调用关系。

7. 组件图（见图 2-31）

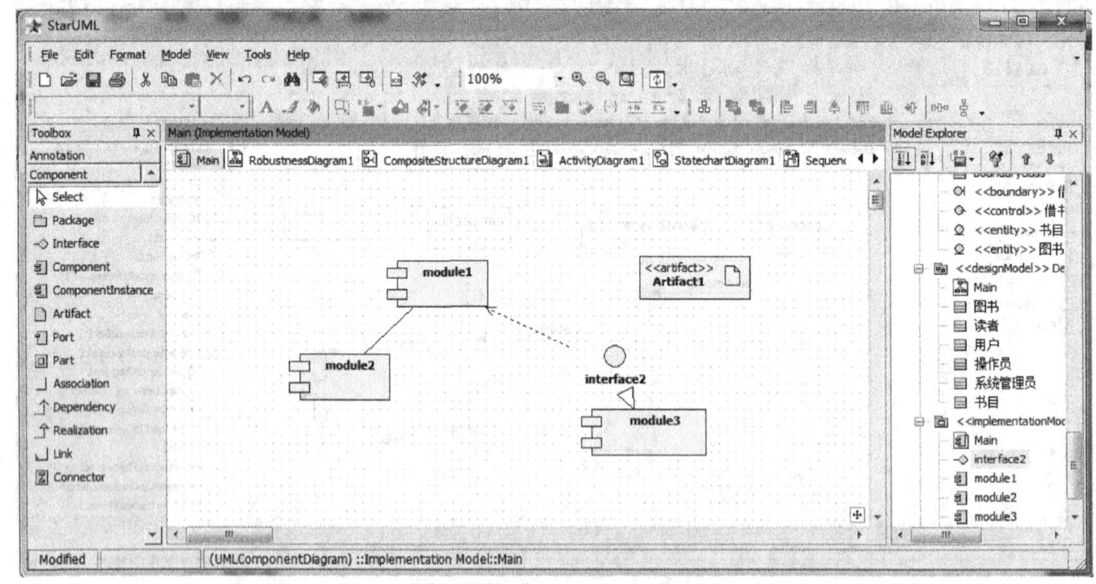

图 2-31　StarUML 组件图绘制示例

StarUML 使用使用组件图编译后系统构成（由组件为单位），组件指系统中的可分配实现单元。

在系统设计和系统配置阶段，配置图描述系统的物理构成。

8. 部署图（见图 2-32）

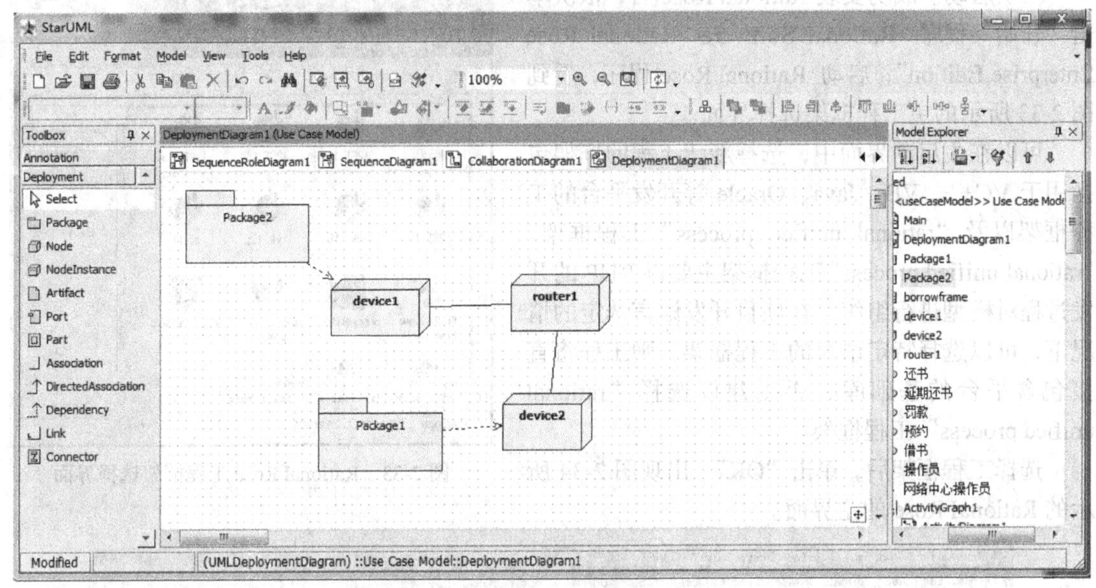

图 2-32　StarUML 部署图绘制示例

StarUML 使用部署图显示运行时系统结构的实现图。

在设计阶段和配置阶段，从部署图中可以了解到软件和硬件组件之间的物理关系以及处理节点的组件分布情况。

2.3　Rational Rose

2.3.1　Rational Rose 简介

Rational Rose 是基于 UML 的面向对象可视化建模工具，可以用来进行软件系统的面向对象业务分析、需求分析与设计，是当前最流行的可视化软件开发工具之一。Rational Rose 和现有的各种建模环境和开发环境（数据建模，Web 开发，Visual Studio 和 C++）很好地结合起来，支持灵活性需求、快捷方便沟通的一种迭代式开发解决方案。

与 StarUML 一样，严格遵循 UML 规则，提供包括业务用例图、用例图、类图、序列图、状态图、活动图、协作图、组件图、部署图以及包图等十种图。根据各种图自身的特点，Rational Rose 把所有的 UML 图分为四类，包括用例视图、逻辑视图、实现视图和发布视图。

- 用例视图：只关心系统的高级功能，不关心系统的具体实现细节。
- 逻辑视图：关注系统实现什么功能、以及如何实现这些功能。
- 构件视图：可看出系统实现的物理结构。
- 部署视图：关心系统的实际部署情况。

Rational Rose 支持图内部的语法检查，也支持模型验证和一致性检查，利用这一点，开发人员可以实现连贯一致的软件开发。

2.3.2 Rational Rose 基本操作

（1）启动。成功安装 Rational Rose 后，依次单击“开始->程序->Rational Software->Rational Rose Enterprise Edition”，启动 Rational Rose 程序，看到图 2-33 所示的主工程框架选择界面。

可以在主启动界面中，选择新建工程的框架包括用于 VC++、VB、Java、Oracle 等开发平台的工程框架以及“rational unified process”工程框架。“rational unified process”工程框架主要以 RUP 的开发过程对模型进行组织。在项目开发语言选定的情况下，可以选择特定语言的工程框架，则工程将直接包含平台的基础库，否则建议选择“rational unified process”工程框架。

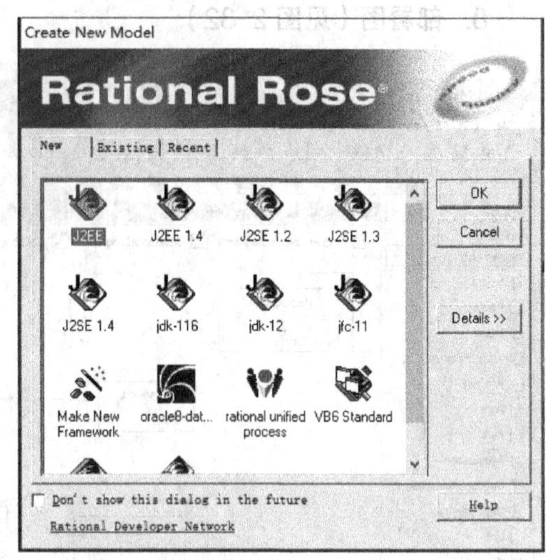

图 2-33 Rational Rose 工程框架选择界面

选择工程框架后，单击“OK”，出现图 2-34 所示的 Rational Rose 的主界面。

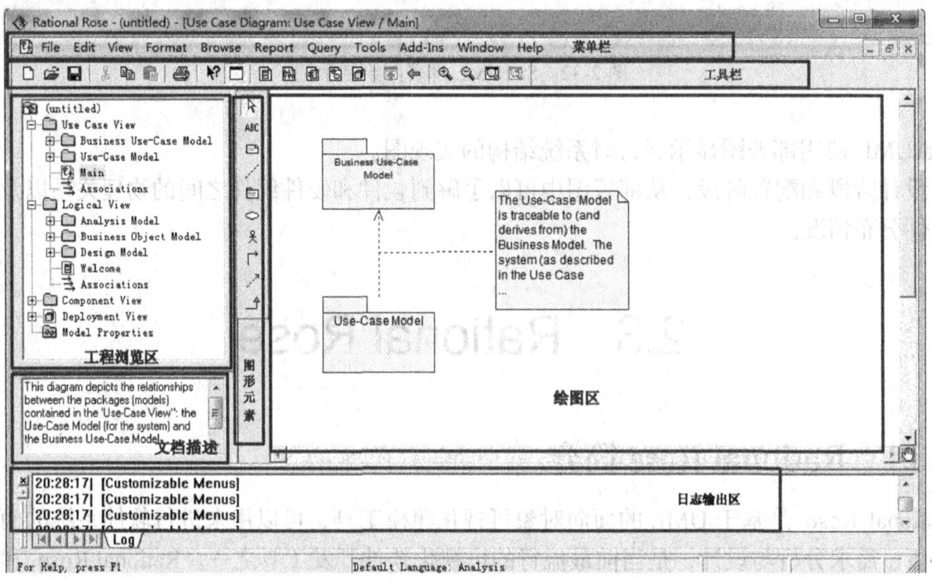

图 2-34 Rational Rose 的主界面

在“rational unified process”工程框架下，每个工程由“Use Case View”“Logical View”“Component View”“Deployment View”等四个视图构成，“Use Case View”由“Business Use Case Model”和“Use Case Model”两种模型组成，“Logical View”由“Analysis Model”“Business Object Model”“Design Model”三种模型组成，“Component View”由“Implementation Model”模型构成，“Deployment View”由配置图构成。

为了方便开发团队人员交流沟通，减少图的冗余，建议开发团队按照开发过程不同阶段的需要对不同模型下的图进行组织。

“Business Use Case Model”包括了业务用例图以及描述每个用例过程的活动图。

“Use Case Model”包括用例图，“Analysis Model”包括描述每个用例的活动图，“Business Object Model”包括描述问题域的系统类，这三个模型合在一起，构成完整的需求分析模型。

“Design Model”包括三层设计类图，并用时序图、状态图、交互图对三层设计类图进行辅助描述。设计过程是迭代进行的，开始的设计类图只有相应的类名，实体类只有属性，每个类的类方法是空白的。通过绘制时序图、状态图、交互图，可以不断给类找到方法并添加到类中，最终得到的设计类图是较为完整的，既包括属性，也包括方法。

（2）创建新的图或图元素对象。从菜单中选择 File→New，或选中标准工具栏中的 New 按钮，或者在工程浏览区中选中某一视图或某一模型，单击鼠标右键，在弹出的快捷菜单中选择 New 命令，可以创建新的图或在图中创建图元素对象，如图 2-35 所示。

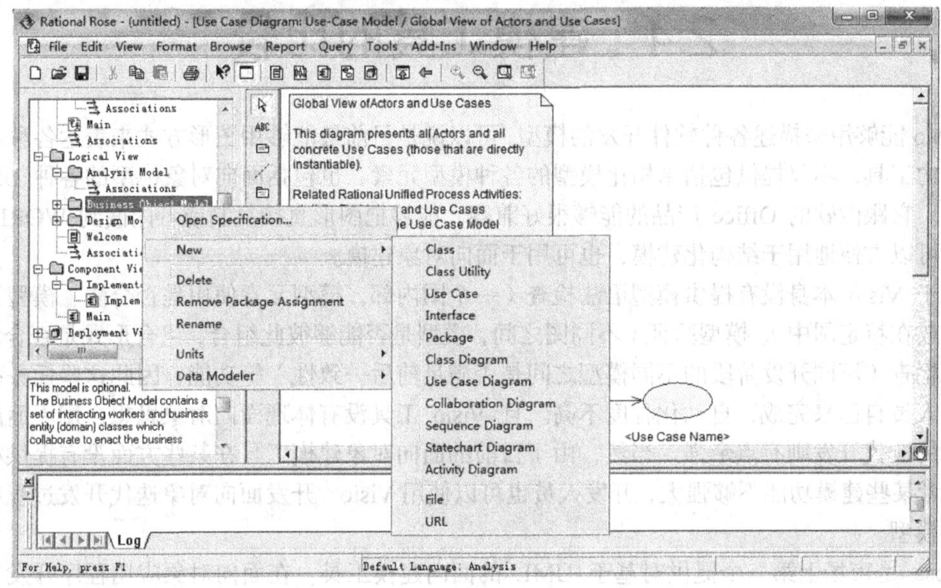

图 2-35　Rational Rose 中创建新图或新的图元素对象

2.3.3 Rational Rose 建模示例

下面给出 Rational Rose 常见图形的建模示例（见图 2-36）。

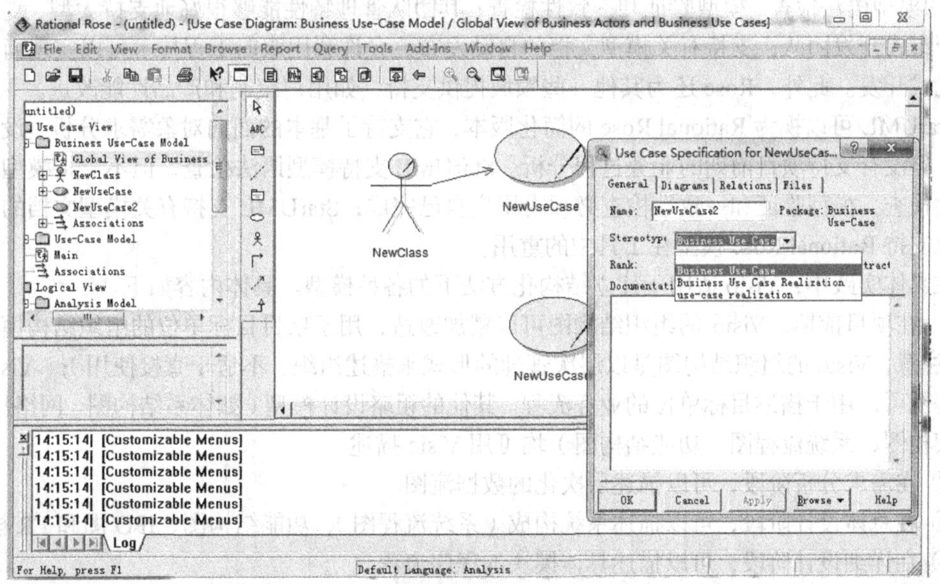

图 2-36　Rational Rose 业务用例图窗口

在 Rational Rose 中，业务用例图本质上是用例图的特例。“Business Use Case Model”，选择“NEW→用例图”，就可以建立业务用例图。选中欲操作的业务用例图，在图中添加角色、用例，并给建立的“用例”和“角色”选择“business use case”和“business actor”版型，把“业务用例”和“业务角色”以不同于用例和角色的外观呈现。

Rational Rose 中其他图的绘制，与 StarUML 中相应图的绘制雷同。具体可参照 Rational Rose 的用户手册。

2.4 建模工具的比较

Visio 能够用来描述各种软件开发的模型，可以说是目前最能够用图形方式来表达各种商业图形用途的工具，不仅提供包括结构化模型的各种模型元素，也包括面向对象模型的各种 UML 模型元素。它跟微软的 Office 产品的能够很好兼容，能够把图形直接复制或者内嵌到 WORD 的文档中。可以方便地用于结构化建模，也可用于面向对象建模。

由于 Visio 本身没有提供模型语法检查（一个图内部，模型元素使用是否合法、模型元素是否能够放在特定图中）、模型验证（不同图之间，模型是否能够彼此组合，组合形式是否合法）和一致性检查（不同开发阶段的不同模型之间是否满足前后一致性）等功能，因此这些任务都只能由开发人员自己来完成，自动化程度不高。且 Visio 工具没有体现面向对象思想，用于面向对象方法下的迭代开发则有点牵强。当然，由于目前的面向对象建模工具在某些方面没有提供相应模型，或者某些建模功能不够强大，开发人员也可以使用 Visio，开发面向对象迭代开发过程中的部分次要模型。

Rose 是市场上第一个提供对基于 UML 的面向建模工具。在面向对象应用程序开发领域，Rational Rose 自推出以来就受到了业界的瞩目，并一直引领着可视化建模工具的发展。越来越多的软件公司和开发团队开始或者已经采用 Rational Rose，用于大型项目开发的分析、建模与设计等方面。

Rational Rose 支持包括业务建模、分析、设计等整个开发过程活动中的复杂系统建模；支持 UML 的模型语法检查、模型验证和一致性检查；其团队管理特性能够很好地支持大型、复杂的项目和分布式开发团队；支持有关模型文档的自动发布；允许利用双向工程技术可以实现面向对象的迭代式开发。此外，Rose 还为其他一些领域提供支持，如用户定制和产品性能改进。

StarUML 可以视为 Rational Rose 的简化版本，它支持了基本的面向对象需求分析、设计模型开发，但没有支持项目前期的业务过程分析。StarUML 支持模型语法检查，但不支持模型验证和一致性检查，模型验证和一致性检查必须由用户自己完成；StarUML 支持有关模型文档的自动发布，也支持 Rational Rose 模型在工具中的重用。

在具体实践中，Visio 适用于建立结构化方法下的各种模型。具体内容如下。

① 在项目前期，Visio 的组织结构图可以稍加改造，用于项目目标单位的组织结构模型构建（必须注意，Visio 的组织结构图是以层次管理的形式来描述组织，不适于直接使用）；Visio 的业务流程图可以用于描述目标单位的业务流程。其他的粗略设计模型（如体系结构图、网络拓扑图、系统架构图、系统流程图、功能结构图）均可用 Visio 描述。

② 在需求分析阶段，可以描述层次化的数据流图。

③ 在总体设计阶段，可以描述系统构成（系统流程图）、功能结构图、IPO 图和 ER 模型。

④ 在详细设计阶段，可以描述具体模块的程序流程。

在具体实践中，StarUML 和 Rational Rose 用于面向对象方法下的各种模型构建，由于面向对象建模工具在模型上不够强大，因此采用面向对象思想进行软件项目开发时，依然需要使用Visio建立一些结构化模型。具体内容如下。

① 在项目前期，对Visio的组织结构图稍加改造，用于项目目标单位的组织结构模型构建；用Rational Rose的业务模型中的业务用例图，建立目标系统概要性的业务服务，用活动图进一步描述每个业务用例的流程；用 Visio 描述系统体系结构；用配置图描述粗略设计的网络拓扑图和系统架构，用Rational Rose的组件图描述系统构成；用Visio描述系统的功能结构图。

② 在需求分析阶段，Rational Rose的用例图、活动图分别描述系统所有用例和用例过程，用类图描述系统中的实体类/分析类。

③ 在总体设计阶段，用三层类图描述系统构成，活动图、状态图、协作图、时序图用于查找类图中的方法；用Visio描述功能结构和ER模型；用组件图描述系统构成。

④ 在详细设计阶段，可以用活动图描述类中方法的程序流程。

2.5 本 章 小 结

文档撰写和模型建立是软件开发过程重要工作内容。本章对软件开发过程中常用的几个模型建模工具进行了介绍。熟练掌握这些建模工具的使用，能够实现开发活动的自动化或半自动化，有效提高开发过程的工作效率。

习 题

1. 简述visio、rational rose和StarUML的应用场景。
2. 请参照互联网上的相关资料，安装这三种软件工程中常用的软件工具，熟悉它们的使用方法。

第3章 项目前期

本章介绍项目前期的主要工作，包括现状分析（含硬件分析、组织分析和业务分析）、需求收集、粗略设计和可行性分析。本章介绍了项目前期开展这些工作的主要内容和原则，并以实例对比介绍了使用结构化方法和面向对象方法进行项目前期工作的思路和模型构建，最后给出项目前期有关文档的描述格式。

3.1 项目前期的主要工作

从项目拟定到正式开始之前，软件团队开发人员必须和用户通力合作，了解问题的性质、工程目标和规模。由于管理信息系统通常都是替代现有的人工系统或软件系统，完成日常性的事务性操作，因此必须在现状分析（包括硬件分析、软件分析（含组织分析、业务分析））的基础上，了解现实系统的运行机制，通过与用户的交流，了解现实系统中需要自动化或改进的环节，并进一步收集用户关于目标系统的其他需求与约束条件，在此基础上进行目标系统的粗略设计，给出大致的未来目标系统的构成框架，针对给出的系统构成框架，从经济、技术、法律、环境等方面进行分析，明确是否存在满足用户需求的可行解。在进行现状分析、需求收集和粗略设计时，建立相关模型并辅以文字描述，能够帮助开发团队和用户更好地理解所做的工作成果，最后就这些活动的结果，结合可行性分析结果，撰写相关的文档。

3.1.1 现状分析

任何企业或事业单位，都是由一定的硬件（建筑、道路、房屋、设施等等，如果该组织有一定的信息化基础，则应该包括信息化的硬件设施——计算机网络）和软件（内部部门构成、岗位构成、岗位职责、业务处理的流程、各种规章制度等等，以及现有的计算机软件系统）构成。软件和硬件相辅相成，缺一不可。硬件是建设目标系统的物质基础；软件是建立目标系统的运行平台。为了开发替代现有的人工系统或旧软件系统的全新信息系统，需要对目标单位进行现状分析。从软件开发的角度，现状分析需要关注目标单位的硬件（建筑布局和网络硬件设施）、软件（组织构成、岗位职责和业务处理的流程、现有软件的系统高层结构）。

1. 硬件分析

假如目标系统完全是从无到有建立，硬件分析是指对目标单位的建筑布局结构进行分析，作为后续粗略设计中网络硬件设计的基础（对于小型目标单位或组织，计算机网络的部署和安装可能会非常简单，此时可以不考虑对其建筑布局进行分析）；如果项目是基于目标单位已经拥有一定的网络和计算机硬件设施进行，计算机网络可以直接沿用现有设施，则硬件分析主要是指对现有网络硬件设施进行分析；如果用户对目标系统有全新的或性能提升的需求，需要基于现有的网络硬件设施进行升级改造，硬件分析包括对目标单位的建筑布局结构、网络硬件设施同时进行分析。

网络硬件分析主要是了解并描述目标单位现有的网络及硬件设施构成、网络连接情况。网络拓扑图是硬件分析的主要工具，网络拓扑是从用户、硬件设计团队的视角，反映现实系统的硬件构成。网络拓扑图主要由节点和链路构成。节点就是网络单元，代表网络系统中的各种数据处理设备、数据通信控制设备和数据终端设备，节点可以有不同的描绘形式。链路是两个节点间的实际存在的通信连线，通常用无箭头线描述。

硬件设施的连接方式主要有星型、环型、总线、分布式、树型、网状和蜂窝状结构。

（1）星型结构

星型结构以中央节点（又称中央转接站，一般是具有较多端口的集线器或交换机）为中心，其他节点（工作站、服务器）通过点到点方式与中央节点相连。网络中任何两个节点的通信都必须经过中央节点控制，中央节点执行集中式通信控制策略，因此又称为集中式网络。图 3-1 所示是通过中央集线器连接起来的一个星型拓扑结构。

星型结构是网络设计中广泛使用的一种拓扑结构。点到点通信使得网络延迟时间较小，个别端设备的故障不会影响网络其他部分，保证了系统的高可靠性、易维护性和高安全性。缺点是中央节点相当复杂，负担沉重，且要求具有极高的可靠性，以免中心节点一旦损坏导致整个系统瘫痪。通常的做法对中央节点采用双机热备份，以提高系统的可靠性。

（2）环型拓扑结构

环形网络的传输媒体把一个个端设备依次串联起来，每个端设备与相邻的端设备构成点到点链路，直到将所有端设备连成环型。图 3-2 所示是一个环型拓扑结构。

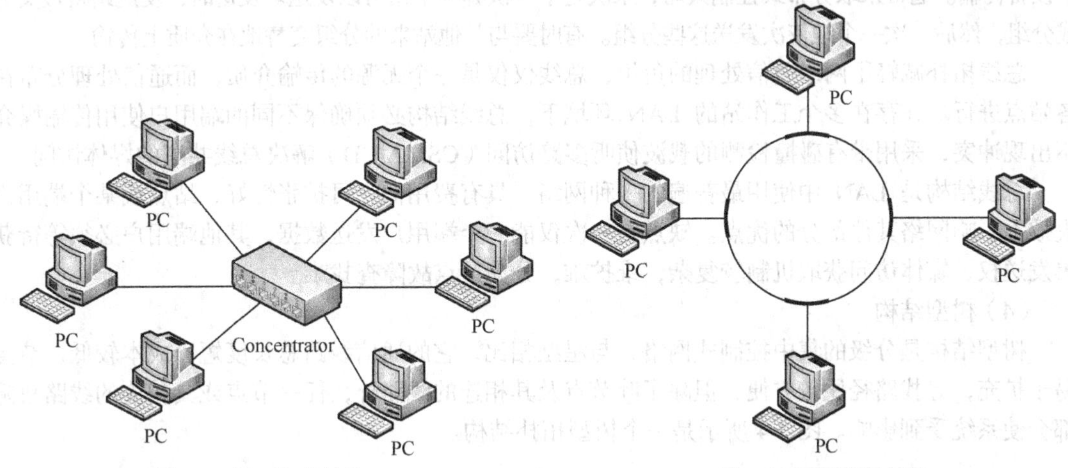

图 3-1　星型拓扑结构　　　　图 3-2　环型拓扑结构

环型拓扑网中信息流是沿着一个方向单向流动的，令牌环是环形网络上传送数据的一种方法。令牌始终在网络中绕环，如果一个端设备需要发送信息，它截取令牌，加入控制、数据信息和目标节点的地址，将令牌转变成一个数据帧并发送出来。数据帧绕着网络循环直到到达预期的目标节点。目标节点接收该令牌并向发起节点返回一个验证消息。在发送节点接到应答后，将释放出一个新的空闲令牌并沿着环发送。这种方法确保在任意时间只有一个端设备发送数据。

结构消除了端设备对中心系统的依赖，在 LAN 中使用较多。环型结构的特点是，两个节点仅有一条道路，故简化了路径选择的控制；环路上各节点都是自举控制，故控制软件简单。缺点是由于信息源在环路中是串行地穿过各个节点，当环中节点过多时，势必影响信息传输速率，使网络的响应时间延长；环路是封闭的，不便于扩充；可靠性低，一个节点故障，将会造成全网瘫痪；维护难，对分支节点故障定位较难。

（3）总线结构

总线结构下各个节点之间通过电缆直接连接，所有的节点共享一条公用的传输链路，其传递方向总是从发送信息的节点开始向两端扩散，因此又称广播式网络。图 3-3 所示是一个总线型拓扑结构。

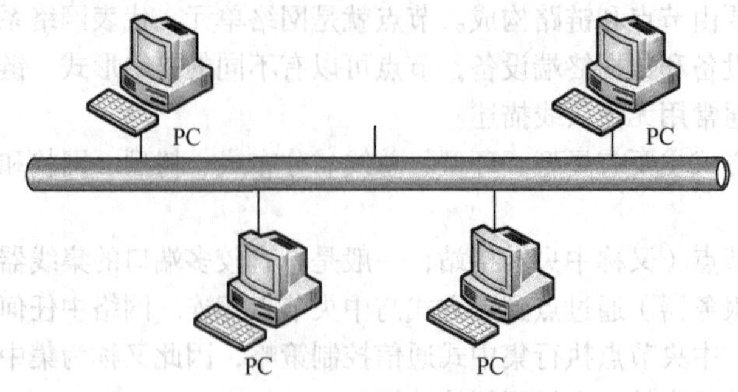

图 3-3　总线拓扑结构

总线网络上每个节点上的网卡均具有收、发功能，其中发送器是将计算机内的并行信息转换成串行信息后广播到总线上，接收器接收总线上的串行信息并转换成并行信息送到 CPU；各节点在接受信息时都进行地址检查，看是否与自己的工作站地址相符，相符则该节点的接收器便接收信息。在总线两端连接有端结器（或终端匹配器），主要与总线进行阻抗匹配，最大限度吸收传送端部的能量，避免信号反射产生不必要的干扰。

总线上各工作站地位平等，无中央节点控制。传输信息通常以基带形式串行传递，一次只能由一个设备传输。通常采取分布式控制策略，来决定下一次哪一个站可以发送。发送时，发送站将报文分成分组，然后一次一个地依次发送这些分组。有时要与其他站来的分组交替地在介质上传输。

总线拓扑减轻了网络通信处理的负担，总线仅仅是一个无源的传输介质，而通信处理分布在各站点进行。在存在多个工作站的 LAN 环境下，总线结构必须确保不同的端用户使用传输媒介不出现冲突，采用带有碰撞检测的载波侦听多路访问（CSMA/CD）解决总线共享的媒体访问。

总线结构是 LAN 中使用最普遍的一种网络，具有费用低、可扩张性好、站点或某个端用户失效不影响网络其他部分的优点。缺点是一次仅能一个端用户发送数据，其他端用户必须等待获得发送权，媒体访问获取机制较复杂，维护难，分支节点故障查找难。

（4）树型结构

树型结构是分级的集中控制式网络，与星型相比，它的通信线路总长度短，成本较低，节点易于扩充，寻找路径比较方便，但除了叶节点及其相连的线路外，任一节点或其相连的线路故障都会使系统受到影响。图 3-4 所示是一个树型拓扑结构。

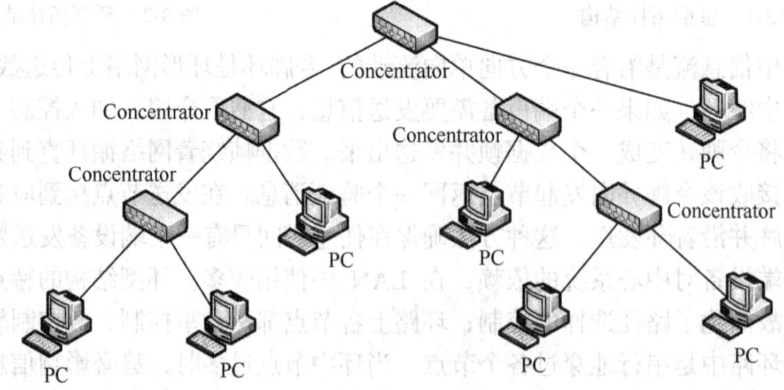

图 3-4　树型拓扑结构

（5）网状拓扑

网状拓扑结构主要指各节点通过传输线互联连接起来，并且每一个节点至少与其他两个节点相连。将多个子网或多个网络连接起来构成网状拓扑结构。在一个子网中，集线器、中继器将多个设备连接起来，而桥接器、路由器及网关则将子网连接起来。图 3-5 所示是一个网状拓扑结构。

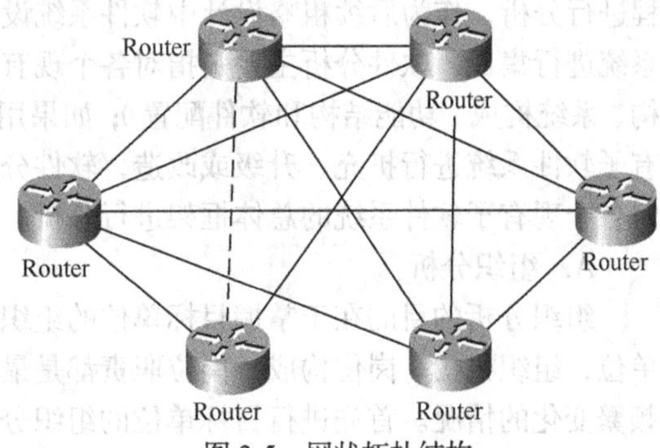

图 3-5　网状拓扑结构

根据组网硬件不同，主要有 3 种网状拓扑。

① 网状网：在大区域内，用无线电通信链路连接一个大型网络时，网状网是最好的拓扑结构。通过路由器与路由器相连，可让网络选择一条最快的路径传送数据。

② 主干网：通过桥接器与路由器把不同的子网或 LAN 连接起来形成单个总线或环型拓扑结构，这种网通常采用光纤做主干线。

③ 星状相连网：利用一些叫做超级集线器的设备将网络连接起来，由于星型结构的特点，网络中任一处的故障都可容易查找并修复。

网状拓扑结构具有较高的可靠性，但其结构复杂，实现起来费用较高，不易管理和维护，不常用于局域网。常用于网络中的联网设备互连。

（6）无线电通信

无线电通信利用电磁波或光波来传输信息，无须敷设缆线。无线电通信包括两个独特的网络：移动网络和无线 LAN 网络。利用 LAN 网，机器可以通过发射机和接收机连接起来；利用移动网，机器可以通过蜂窝式通信系统连接起来。该通信系统由无线电通信部门提供。蜂窝拓扑结构是无线局域网中常用的结构。它以无线传输介质（微波、卫星、红外等）点到点和多点传输为特征，是一种无线网，适用于城市网、校园网、企业网。

（7）混合型

混合型将两种或几种网络拓扑结构混合起来构成的一种网络拓扑结构（或称为杂合型结构）。这种网络拓扑结构同时兼顾了多种网络的优点，解决它们的局限，是实践中使用较多的一种网络结构。图 3-6 所示是一个混合结构网络。

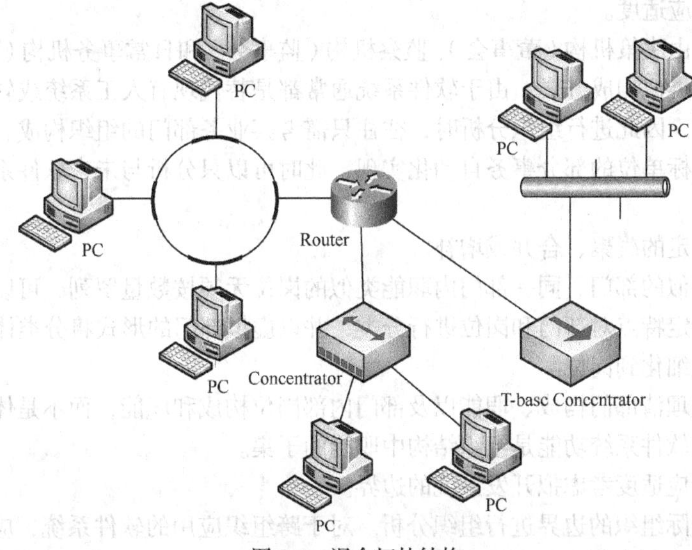

图 3-6　混合拓扑结构

2. 软件分析

假如管理信息系统完全是从无到有建立，软件分析主要是指对目标单位的组织构成和业务流程进行分析，作为后续粗略设计中软件系统设计的基础；如果项目是对目标单位现有多个子软件系统进行集成，软件分析主要是指对各个现有子软件系统的总体框架进行分析（包括系统体系结构、系统构成、功能结构和软件配置）；如果用户对目标系统有全新的需求和性能提升，需要对现有子软件系统进行扩充、升级或改造，软件分析包括对目标单位的组织和业务进行分析，也包括对各个现有子软件系统的总体框架进行分析。

A. 组织分析

组织分析的目的在于掌握目标单位的组织构成、岗位设置和相关职能。对于任何一个企事业单位，组织机构、岗位构成、岗位职责都是最为直观、简单，并且具有相当的稳定性，很少发生频繁变化的情况。首先进行目标单位的组织分析，有利于为系统分析人员进行后续的业务分析打下良好的基础。用模型进行组织分析的直观描述，有利于读者理解。树型的组织结构图是进行组织分析的常用模型。图 3-7 所示是一个大学图书馆的组织结构图（局部）。

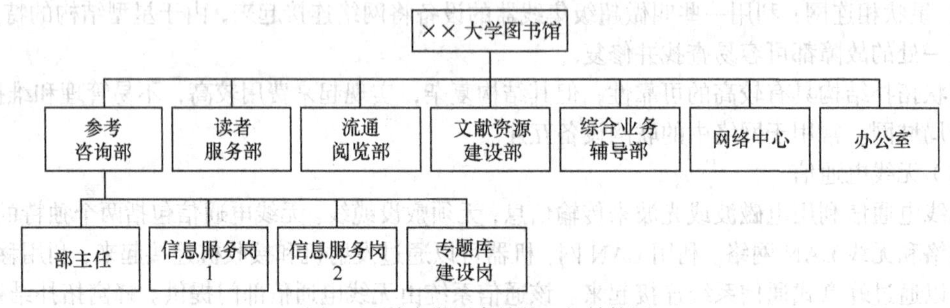

图 3-7 某大学图书馆的组织结构图

进行组织分析建模，应该把握以下原则。

（1）以组合关系反映组织构成。

组织内部存在复杂的业务关系（即管理关系），部门之间、人员之间的数据流、资金流、物质流向非常复杂。组织分析将这些留待业务分析再做考虑，在组织分析阶段，只考虑部门间的组合包含关系。

（2）组织构成应适度。

现代企业往往由决策机构（董事会）、监察机构（监事会）和日常事务机构（业务部门）构成，事业单位一般也有类似构成方式。由于软件系统通常都是替代现有人工系统或软件系统，进行日常性的事务性操作，因此进行组织分析时，往往只需考察业务部门的组织构成。在某些场合下，拟开发项目只是目标单位的部分事务自动化实现，此时可以只分析与未来软件系统相关的部门组织构成。

（3）允许做一定的凝聚、合并或增补。

构成及职能相似的部门、同一部门内职能类似的岗位无须按数量罗列，可以列出代表性部门或岗位；可以按一定特点对部门和岗位进行分类，并以虚拟部门的形式将分类体现出来。

（4）最终必须细化到岗位。

组织分析必须理清部门构成、职能以及部门内部岗位构成和职能，而不是体现特定人员构成情况。最终实现的软件系统功能是组织结构中职能的子集。

（5）组织分析应适度考虑拟开发系统的边界。

不能单纯以实际组织的边界进行组织分析。对于跨组织应用的软件系统，应适度考虑拟开发系统的特点，并以拟开发系统的边界为基础进行组织分析。

B. 业务分析

广义的业务流程，从客户角度出发，认为它是与客户价值的满足相联系的一系列活动。而狭义的业务流程则从实际操作者的角度出发，是为达到特定的价值目标而由不同岗位（人员）分工协作完成的一系列活动。

业务流程中的活动之间有严格的先后顺序限定，活动与活动之间在时间和空间上的转移可以有较大的跨度，但活动的内容、方式、责任等有明确的安排和界定，以使不同活动在不同岗位角色之间进行转手交接成为可能。OLTP（在线事务处理）系统实现就是业务流程的优化与自动化，能够实现对资源的优化、对企业组织机构的优化以及对管理制度的一系列改变。这种优化的目的实际也是企业所追求的目标：降低企业的运营成本，提高对市场需求的响应速度，争取企业利润的最大化。

业务流程具有以下特点。

（1）具有层次性。

这种层次体现在由上至下、由整体到部分、由宏观到微观、由抽象到具体的逻辑关系。业务流程之间的层次关系一定程度上也反映了企业部门之间的层次关系。

（2）合作关系。

不同的业务流程之间以及构成总体的业务流程的各个子流程之间往往存在着形式多样的合作关系。一个业务流程可以为其他的一个或多个并行的业务流程服务，也可能以其他的业务流程的执行为前提。可能某个业务流程是必须经过的，也可能在特定条件下是不必经过的。在组织结构上，同级的多个部门往往会构成业务流程上的合作关系。

（3）构成业务流程的每个活动都有数据的变换或处理，都有信息的反馈，即每个活动都有一个或多个输入，输出一个或多个结果。

无任何数据处理的活动，不是该业务流程的组成部分，不应出现在业务流程图中。业务流程图可以反映数据，也可以不反映。但反映业务流程中的数据处理，有利于后续需求分析工作的开展。

结构化方法下，业务分析主要用业务流程图来描述；面向对象方法下，所有业务通过一个业务用例图进行全面概要的描述，每个业务用例的流程再用活动图进行更详细的描述。

以图书馆的“图书采购”业务为例，图书采购需要图书馆内部的参考咨询部和办公室协同完成该业务。参考咨询部首先进行馆藏调查，在此基础上拟定购书意见报办公室，办公室在参考咨询部的购书意见基础上，拟定购书计划，上报办公室主任审批，将审批结果转交参考咨询部，参考咨询部再进行购书活动。图 3-8 所示是结构化的业务分析模型，图 3-9 所示是面向对象的业务分析模型。

图 3-8（a）中只描述业务活动流转，而未描述业务过程中的表单；图 3-8（b）不仅描述了业务过程中的表单（用带箭头虚线表示业务中的表单流转），还描述了业务活动过程（用带箭头实线表示活动的流转）。当采用结构化方法时，本书推荐使用图 3-8（b）这种形式进行业务流程的描述，有利于后续的需求收集和需求分析。

图 3-9 中只描述了其中一个业务用例（图书采购）的活动流转，且业务流程图未描述业务过程中的表单。本书同样建议进行业务流程的描述时，也考虑活动流转中的表单信息，以便有利于后续的需求分析。

进行现实系统的业务流程建模，通常需要把握以下原则。

（1）以客户为中心。

从客户角度出发，查找对于外部用户的独立服务；对于辅助独立服务（为外部用户服务提供支持的业务），从发起服务的内部操作人员出发；进行业务的描述。

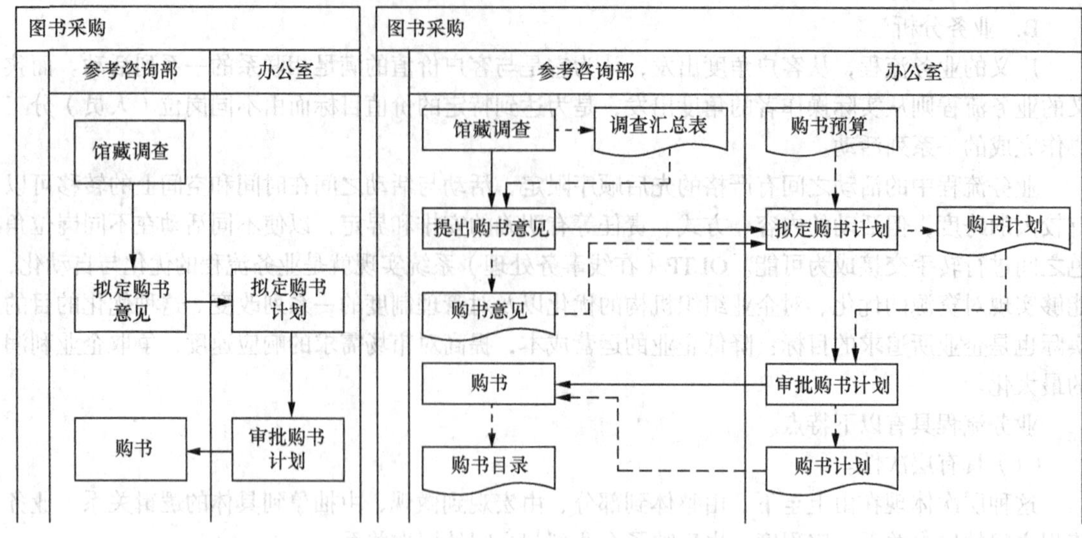

（a）未描述表单的业务过程　　（b）描述表单的业务过程

图 3-8　结构化方法下两种不同形式的业务流程模型

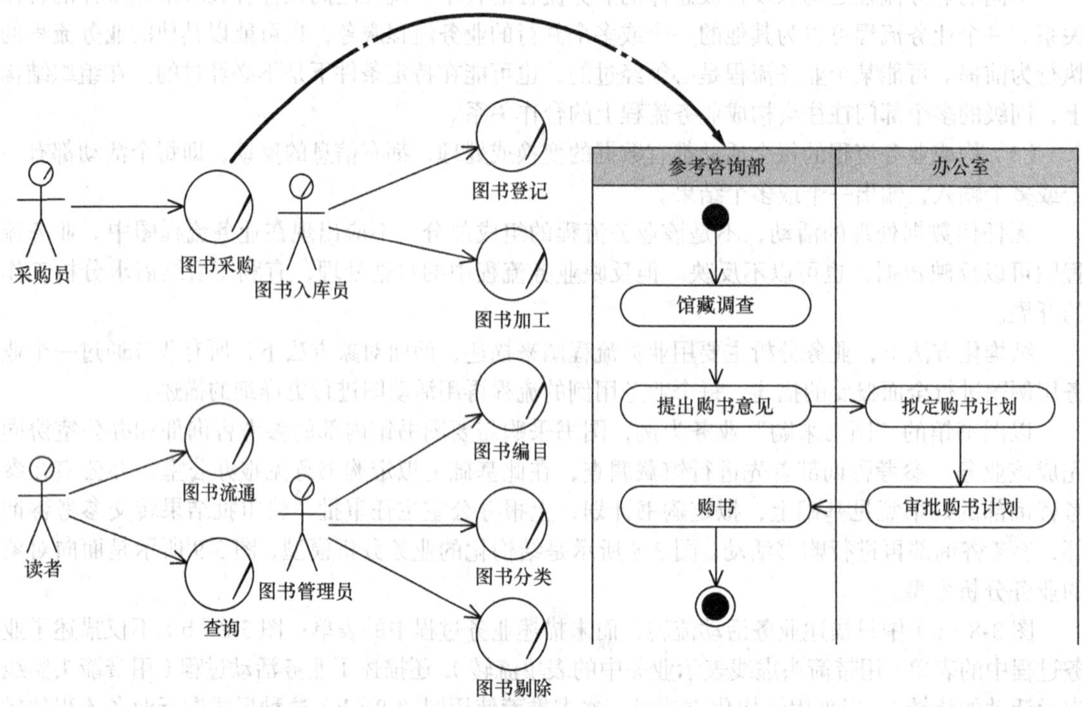

图 3-9　面向对象的业务分析模型

（2）遵循由粗到细的建模步骤。

通常可以先建立主要业务流程的总体运行过程，然后对其中的每项活动进行细化，先建立落实到各个部门的业务过程，最终建立落实到每个具体岗位的子业务流程以及为其服务的辅助业务流程。

（3）以岗位为最基本的构成单位，以岗位职责为最基本活动元素。

每一个岗位都有自己在组织内的清晰职责，在其参与的业务流程中担当一定的角色、承担相对应的活动责任，业务流程只需细化到岗位级的某项独立职能即可终止。在数据库最简单的操作是 INSERT/UPDATE/DELETE/SELECT，保持数据完整性的操作单元是“事务”。具体岗位上的某项独立职能，也是某个具体业务流程的构成成分，对应于数据库的“事务”。进行业务流程建模时，无须考虑比“事务”更细的操作。未来业务流程中的活动，都由完成事务的某个模块（结构化方法）或一组业务对象的方法（面向对象方法）来实现。

（4）建模业务流程，无须考虑流程中可能出现的异常情况和错误。

业务流程中的异常，通常体现为事务内部的操作无法正常完成，将异常交由模块（结构化方法）/类方法（面向对象方法）自己去处理，即在详细设计阶段再去考虑可能出现的异常和错误。否则的话，会导致项目还未开始，考虑的问题过多过细，反而导致项目难以推进。

（5）允许建立可选的业务流程。

业务流程主要由顺序活动构成，但在某些情况下，允许出现选择条件，以及满足选择条件的不同流程分支。但业务流程中最好不应该出现循环，除非业务流程过程状态需要被监控（某些特定的软件系统，如公文管理系统、公务机关的事务处理系统，要求进行业务过程的状态监控，此时可以用包含循环的业务流程图对业务过程进行描述）。

（6）可以在业务流程中反映相关的数据处理和变换。

业务流程中存在大量的数据处理和变换，通过收集原型系统的台账表单，可以更清晰地分析和描述业务流程，并可用台账内容对业务流程正确性进行进一步验证。每一个活动都有数据输入和输出。通常现实中一种台账就对应于一个完整的业务需求。此外，分析台账也可以找出业务流程的不合理之处，可以进行业务流程的调整和优化。

C. 现有软件系统分析

现有软件系统分析是指当项目不是完全从头开始的时候，各个现有子软件系统对未来目标系统有重大影响，必须对现有软件系统的总体框架进行分析，包括各个子系统的系统体系结构、功能结构和软件配置（系统架构），以利于节约用户成本，以最快的速度开发用户需要的软件系统。（系统体系结构、功能结构和软件配置的具体内容，见 3.1.3。）

3.1.2　需求收集

项目前期的需求，是将开发团队收集的软件相关方对于软件的一系列意图、想法转变为软件开发人员所需要的有关软件的技术规格，图 3-10 所示是需求收集涉及的主要内容。需要注意的是，项目前期的需求不是严格的需求分析的产物，可能不完整、不清晰，允许有遗漏，忽略其中大部分细节，开发团队可以在后续工作进行修改和补正。

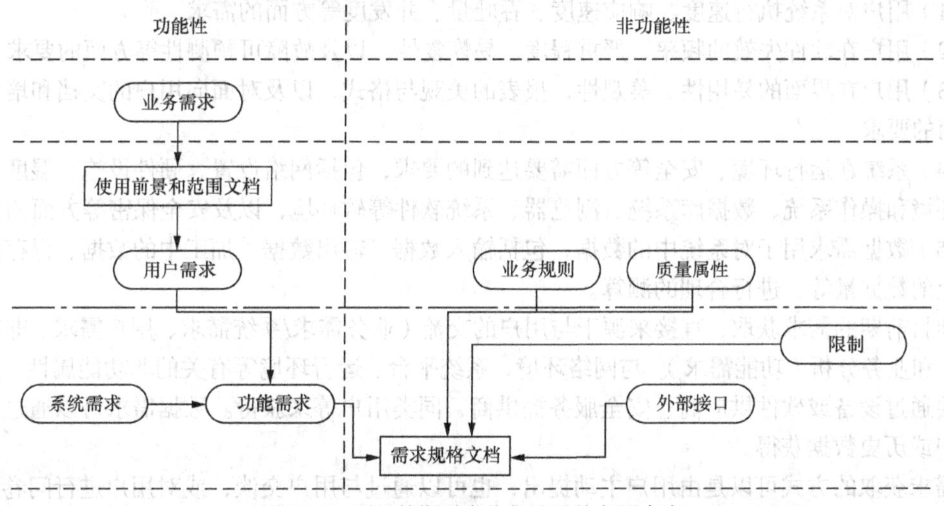

图 3-10　项目前期需求收集涉及的主要内容

软件需求包括 3 个不同的层次——业务需求、用户需求和功能需求，涵盖软硬件的需求则谓系统需求。除此之外，还包括各种非功能需求。

业务需求表示组织或客户高层次的目标。业务需求通常来自项目投资人、购买产品的客户、实际用户的管理者、市场营销部门或产品策划部门。业务需求描述了组织为什么要开发一个系统，即组织希望达到的目标。使用前景和范围文档来记录业务需求。

用户需求描述的是用户的目标，或用户要求系统必须能完成的任务。以及用户对于软件应用的发展期望等。用户需求主要通过调查用户来获得。

功能需求用于说明系统应该做什么，规定开发人员必须在产品中实现的软件功能，用户利用这些功能来完成任务，满足业务需求。功能需求是有关软件系统的最基本的需求表述，涉及软件系统的功能特征、功能边界、输入输出接口、异常处理方法等方面的问题。也就是说，功能需求需要对软件系统的服务能力进行全面的详细的描述。项目前期的功能需求主要来源是业务流程分析，通过与用户交流业务流程中的需要自动化实现的环节，大致可以确定未来系统的功能需求。

实际上，业务需求（系统需求）反映的是高层务虚的目标，如提高工作效率、节约运行成本、降低劳动强度、快捷反映市场变化等等抽象的需求；用户需求则是针对客户而言，软件系统能够为客户做什么，体现为某个完整的业务实现；而功能需求针对的是具体操作人员，能够替代操作人员做什么，体现为特定功能模块。

系统需求用于描述包含多个子系统的产品（即系统）的顶级需求。系统可以只包含软件系统，也可以既包含软件又包含硬件子系统。人也可以是系统的一部分，因此某些系统功能可能要由人来承担。当整个系统既有软件系统，又有硬件系统和人工系统时，用系统需求来替代业务需求。

非功能性需求是关于软件的外界特征的规格表述，主要是对软件性能指标和对质量属性的描述。包括业务规则、质量属性、外部接口、限制等待。

业务规则本身并非软件需求，因为它不属于任何特定软件系统的范围。然而，业务规则常常会限制谁能够执行某些特定功能，或者规定系统为符合相关规则必须实现某些特定功能。有时，功能中特定的质量属性（通过功能实现）也源于业务规则。所以，对某些功能需求进行追溯时，会发现其来源正是一条特定的业务规则。

质量属性对产品的功能描述作了补充，它从不同方面描述了产品的各种特性。这些特性包括可用性、可移植性、完整性、效率和健壮性。外部接口对系统与外部世界的外部界面进行描述，约束是对设计与实现的约束。常见的非功能需求包括以下具体内容。

（1）用户对系统执行速度、响应速度、吞吐量、并发度等方面的需求。

（2）用户在软件失效的频率、严重程度、易恢复性，以及故障可预测性等方面的要求。

（3）用户在界面的易用性、美观性，报表的美观与格式，以及对面向用户的文档和培训资料等方面的要求。

（4）系统在运行环境、安全等方面需要达到的要求，包括网络设置、硬件设施、湿度、温度等硬环境和操作系统、数据库系统、浏览器、系统软件等软环境，以及安全保密等方面的要求。

（5）数据需求用于对系统中的数据，包括输入数据、输出数据、加工中的数据、保存在存储设备上的数据量等，进行合理的测算。

项目前期的需求获取，直接来源于与用户的交流（业务需求/系统需求、用户需求、非功能性需求）和业务分析（功能需求）。与网络环境、系统平台、运行环境等有关的非功能属性，这类需求主要通过设备或软件供应商、安全服务提供商、同类用户等来获得。数据需求可以通过调查同类用户或历史数据获得。

需求获取的方式可以是由用户主动提出，也可以通过与用户交谈，或对用户进行问卷调查、跟班作业、原型系统等方式获取。由于用户对计算机系统认识上的不足，分析人员有义务帮助用户挖掘需求，例如，可以使用启发的方式激发用户的需求想法。如何更有效地获取需求，既是一门技术，也是一门沟通艺术。

需求是用户对软件的合理请求，但并不意味着开发者对用户的无条件顺从，必须建立在开发团队和用户共同讨论、相互协商的基础上。收集到的需求需要以文档的形式提供给用户审查，因此需要使用流畅的自然语言或简洁清晰的直观图表来进行表述，以方便用户的理解与确认。

3.1.3 粗略设计

项目前期往往要给出未来软件系统的大致框架，让开发团队成员对未来软件系统有初步了解。这要求给出未来软件系统初步总体的设计。开发团队成员包括目标单位用户、投资者、系统分析人员、设计人员、编码和测试人员、安装维护人员等等，他们从不同角度关心未来系统的构成。因此应该从不同视图反映系统的初步设计，主要包括体系结构设计、硬件（网络）系统设计、应用系统（包括系统构成、功能结构、软件配置）设计、安全设计、配套设计。

体系结构从用户、高层管理者和系统分析人员的视角，以抽象的角度反映软件系统的构成部件以及部件之间的联系。硬件（网络）系统设计从网络设计、安装维护人员的视图，反映用传输媒体互连起来的各种系统硬件设备的物理布局。应用系统设计从系统管理者、安装维护人员角度反映系统构成，从用户角度反映功能结构，从系统管理者和安装维护人员角度反映软件在不同设备上的安装配置，系统构成、功能结构、安装配置从不同角度反映信息系统的构成。安全设计主要反映安全保障体系的设计。配套设计主要反映机房配套设施的建设安装设计。

体系结构设计、硬件（网络）设计、安全设计、配套设计的依据主要来源于从用户收集的非功能性需求，这些设计一旦获得用户确认，通常在项目前期即稳定不变；应用系统设计（包括系统构成、功能结构、软件配置）的主要依据是组织分析和业务流程分析。通常，项目前期的应用系统设计（包括系统构成、功能结构、软件配置）都是粗略的，不是来源于精确的系统需求分析，因此项目前期的应用系统设计和项目总体设计阶段的设计结果是有差异的，总体设计阶段的设计结果更为准确、精确，符合用户需求和实际情况。

1. 体系结构设计

任何复杂的系统都需要一个体系结构来提供其演化的战略性环境描述。体系结构提供了对组成系统的组件或构造块的描述以及这些组件间复杂的内部关系。软件系统体系结构涉及需求和系统结构，包括软件和硬件，使得软件系统的设计概念可以被有效地表达和交流。

软件体系结构设计通常采用基于纵向分层的结构。基于纵向的分层结构将系统功能和组件分成不同的功能层次，可以按照复杂的程度、抽象的程度、和硬件平台的关系等方面的特性加以分层。软件体系结构应反映构成软件系统的软件构件、软件构件的外部的可见特性及其相互关系。其中，软件外部的可见特性是指软件构件提供的服务、性能、特性、错误处理、共享资源使用等。图 3-11 是常见的领域应用软件的体系结构设计的推荐模板。

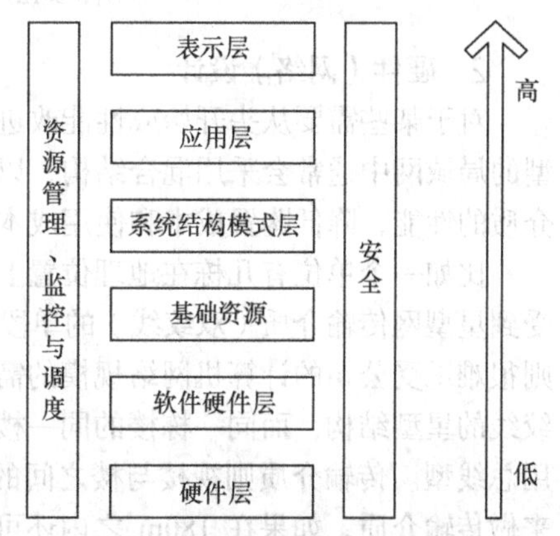

图 3-11 体系结构设计的推荐模版

（1）硬件层是软件实现的物质基础。包括未来系统的主要设备，比如大型机、集群系统、大型存储系统、高速缓存系统、打印机等。

（2）软件硬件层体现软件与硬件的分离。既是对软件实现的最底层描述，也是对硬件实现的控制和操作的描述。比如操作系统、网络操作系统、虚拟机系统、网络通信协议等。

（3）资源层描述了支持应用所需的各种基础资源，

比如文件系统、数据库系统、中间件系统、排队系统等等。

（4）系统结构模式层是资源层之上的软件上层体系结构，它是最高层次的软件结构概念。如J2EE 框架、各种服务器（邮件服务器、网页服务器、文件服务器、打印服务器等等）、分布式事务系统、对象持久化等。

（5）应用层是建立在软件概念之上的领域问题描述。比如与银行有关的业务清算、票据系统，与电子商务有关的支付系统等等。

（6）表示层是面向用户的交互显示。如门户、页面、窗口界面显示等。

安全和系统资源监控调度管理通常横贯系统体系结构的所有层次，表明安全和监控调度管理在任何层都有涉及。

图 3-12 所示是根据推荐模板设计出来的图书馆管理系统体系结构模型。

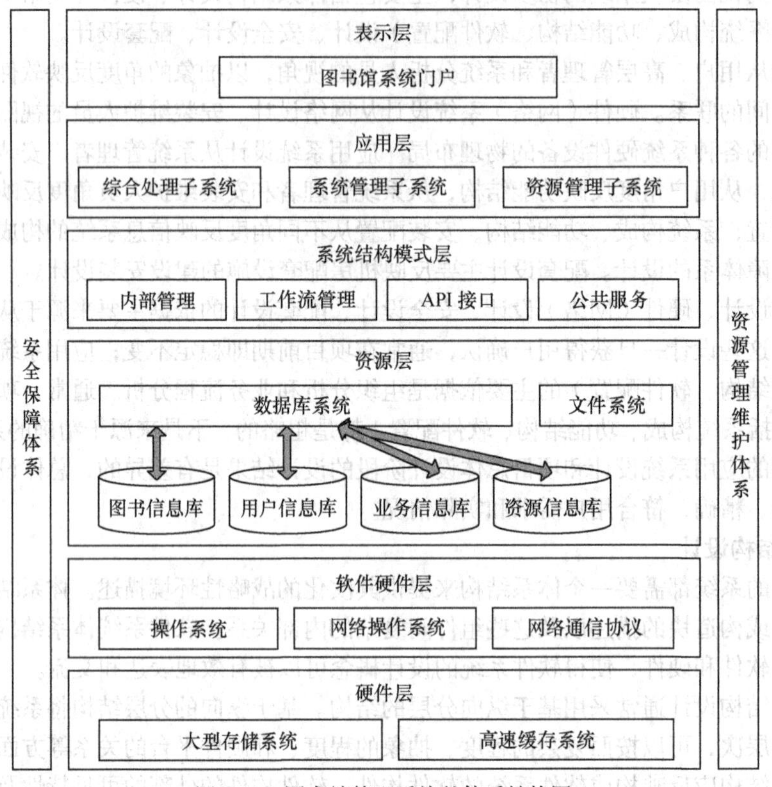

图 3-12　图书馆管理系统的体系结构图

2. 硬件（网络）设计

对于某些需要从头开始或性能改进显著的软件系统，硬件建设是系统建设的重要一环。较大型的局域网中通常会采用混合结构，以充分考虑用户数据传输需求的情况下，发挥各种不同传输介质的性能，降低购置成本和使用成本。

比如一个单位有几栋在地理位置上分布较远的大楼，如果单纯用星型网来组整个局域网，因受到星型网传输介质（双绞线）的单段传输距离限制（100m）很难成功；如果全部采用总线结构则很难承受公司的计算机网络规模的需求。结合这两种拓扑结构，在同一栋楼的不同楼层采用双绞线的星型结构，而同一栋楼的同一楼层内采用同轴电缆的总线型结构，在楼与楼之间也必须采用总线型。传输介质则视楼与楼之间的距离，如果距离较近（500m 以内）可以采用粗同轴电缆来做传输介质，如果在 180m 之内还可以采用细同轴电缆来做传输介质，如果超过 500m 则采用光缆或者粗缆加中继器。

结构化方法下，用网络拓扑图描述系统硬件设施和网络连接；在面向对象方法下，可以用配置图描述系统硬件设施和网络连接，由于配置图往往只提供最简单的元素，可以采用网络拓扑图对硬件设施和网络连接进行描述。

3. 应用系统设计

项目前期的应用系统粗略设计包括系统结构设计、功能结构设计和软件配置设计。

（1）系统结构设计

系统结构设计从项目管理者、高层管理者视图，从物理构成角度反映未来系统的构成。系统结构设计依据业务分析的结果，反映未来软件系统的大致物理构成。一个完整的软件系统，既有执行界面交互和业务处理的程序模块，还有包括数据存储的文件系统或数据库系统，以及信息输出的表格、人工处理过程等等构成元素。

在结构化方法中，采用系统流程图（名为流程，实际上不是流程而是构成）来描绘系统物理模型。系统流程图表达的是软件系统的物理构成以及系统各部件的流动情况，而不是表示对信息进行加工处理的控制过程。各构成部件之间的连接是有向的，反映的是各部件之间的数据流向。

图 3-13 描绘了图书馆管理系统的系统流程图（局部）。从图中可以看到，图书馆系统的系统流程图，反映了四类业务的实现。图书馆管理人员通过“读者事务”进行读者信息管理，输入有关读者事务相关的数据，并用“读者管理模块”实现读者信息的管理，包括账户开通、变更等等工作，“读者管理模块”将读者信息存入“读者信息文件”；系统管理人员通过“系统管理事务”进行系统管理，输入有关系统管理的数据，用“系统管理模块”完成系统管理功能，该模块需要读写“读者信息文件”和“图书信息文件”，并生成“备份文件”和“管理日志”；图书馆管理人员通过“读者服务事务”为读者提供借书、还书服务，该服务由“读者服务模块”完成，读写“读者信息文件”和“图书信息文件”，并可以生成“读者借阅图书汇总”文件；图书馆管理员通过“图书管理事务”完成图书管理工作，用“图书管理模块”完成图书管理，管理人员输入图书管理相关信息，该模块将信息存入“图书信息文件”，并生成“剔除图书汇总表”“图书编目信息”“图书登记总账”和“购书目录”4 个文件。

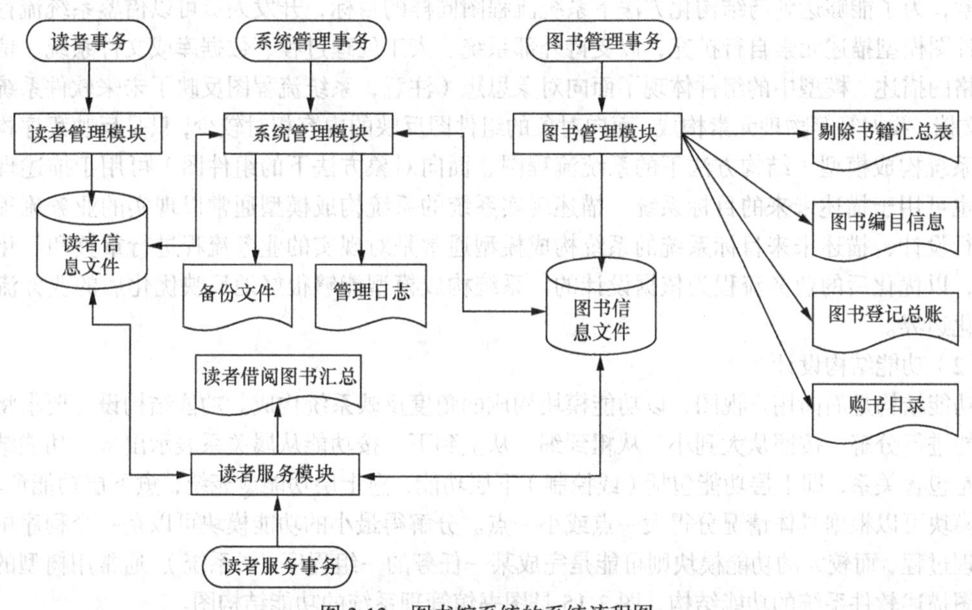

图 3-13　图书馆系统的系统流程图

从图 3-13 可以看到，系统由 4 个交互事务（“读者事务”“系统管理事务”“读者服务事务”和“图书管理事务”）、4 个程序模块（“读者管理模块”“系统管理模块”“读者服务模块”“图书管理模块”）、两个存储（“读者信息文件”和“图书信息文件”）和 6 个文件（“备份文件”和“管理日志”“读者借阅图书汇总”“剔除图书汇总表”、“图书编目信息”“图书登记总账”和“购书目录”）构成，箭头线表示这些系统构成元素之间的数据流向。系统流程图中的构成元素与数据流向体现了 “数据+程序”的结构化思想。

在面向对象方法中，通常采用组件图来描述系统物理模型。广义的组件就是独立于编程语言的二进制面向对象技术，在面向对象方法下，组件也可以描述软件系统设计开发过程中的任何构件。图 3-14 所示是图书馆管理系统的组件图。

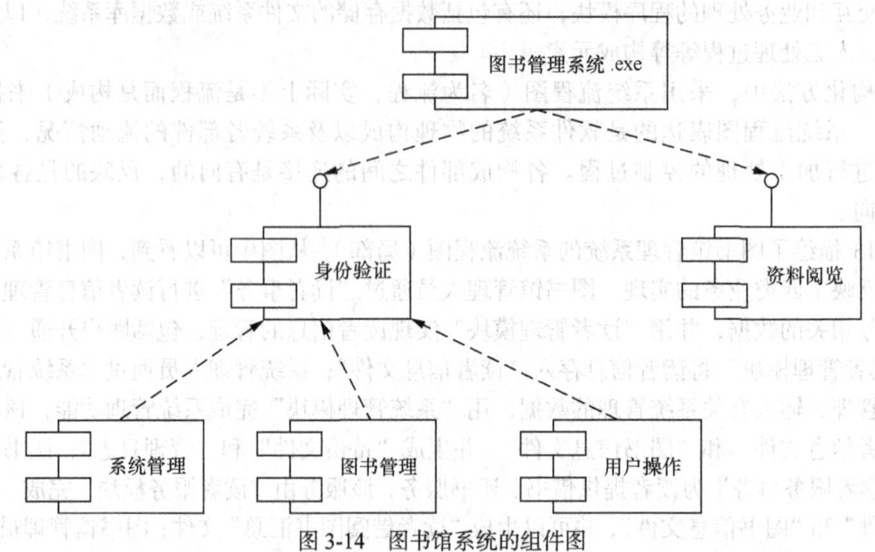

图 3-14 图书馆系统的组件图

需要注意的是，面向对象方法下的标准组件图主要用于描述子系统、软件包、组件等等的构成，没有提供关于外部系统、人工处理过程、数据库或文件系统、信息输出的表格等等的标准描述元素，为了能够达到与结构化方法下系统流程图同样的目标，开发人员可以借鉴系统流程图，对组件图模型描述元素自行扩充，以支持外部系统、人工处理过程、数据库或文件系统、信息输出表格的描述。模型中的组件体现了面向对象思想（注意，系统流程图反映了未来软件系统的程序、文档、数据等等物理元素构成，面向对象的组件图反映的内容相对较少，只是反映程序构成）。

系统构成模型（结构方法下的系统流程图、面向对象方法下的组件图）可用于描述现实系统，也可用于描述未来的目标系统。描述现实系统的系统构成模型通常以现实的业务流程为依据进行设计，描述未来目标系统的系统构成模型通常是对现实的业务流程进行重整和优化设计之后，以优化后的业务流程为依据设计的。系统构成模型能够很好地反映优化后的业务流程的自动化边界。

（2）功能结构设计

功能结构是面向用户视图，以功能模块构成的角度反映系统构成。功能结构设计要求将系统的功能进行分解，按照从大到小，从粗到细，从上到下，按功能从属关系表示出来。功能结构体现的是包含关系，即上层功能包括（或控制）下层功能，愈上层功能愈笼统，愈下层功能愈具体。功能模块可以根据具体情况分得大一点或小一点。分解得最小的功能模块可以是一个程序中的某个处理过程，而较大的功能模块则可能是完成某一任务的一组程序（子系统）。通常用树型的功能结构图描述软件系统的功能结构。图 3-15 是图书馆管理系统的功能结构图。

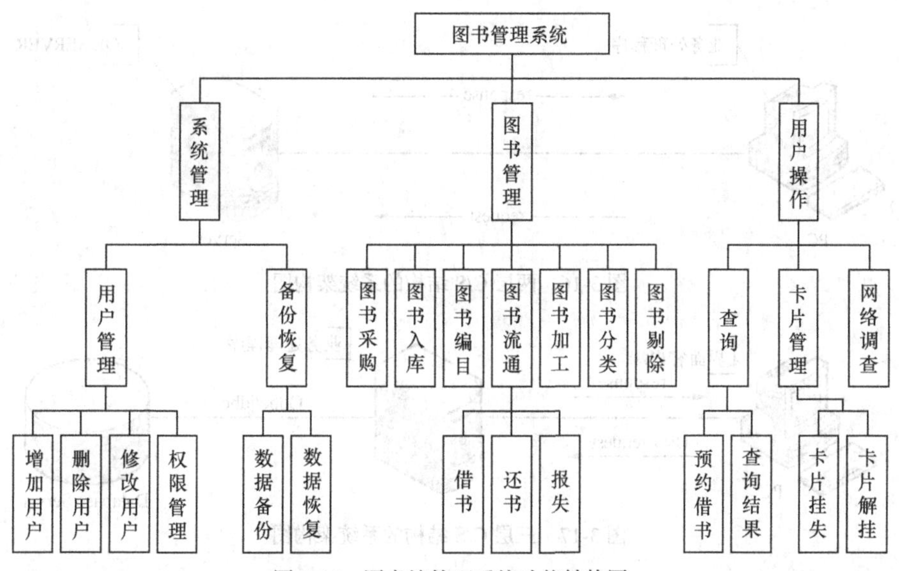

图 3-15　图书馆管理系统功能结构图

需要注意的是，功能结构并不体现结构化思想或面向对象思想，结构化思想或面向对象思想是针对开发人员而言的。但用户只关心系统能够为他做什么，并不关心系统是如何实现的。

（3）系统配置设计/系统架构设计

系统配置设计反映重要软件构件在网络不同硬件系统中的分布配置。结构化方法下，系统配置设计往往用系统架构图描述，在面向对象方法下，系统配置设计可以用系统架构图，也可以用配置图进行描述。配置设计可以直接在网络拓扑图上反映重要软件的配置，也可以忽略网络连接设备，只反映重要软件的配置。如果忽略网络连接设备，则配置设计往往可以构成横向分层的计算模式图描述。按照软件系统计算任务的不同分布，将软件系统划分为以大型机为中心的集中计算模式、以服务器为中心的计算模式。

集中计算模式将软件系统的绝大部分计算任务交由大型机承担，不具备资源的终端通过硬件连线直接连接到主机或终端控制器上，终端只承担简单的结果显示和输入接口功能。

以服务器为中心的计算模式以服务器为中心，PC 机工作站与大型机连接成局域网，它进一步可分为客户机/服务器计算模式（即 C/S 模式）和浏览器/服务器计算模式（即 B/S 模式）。

C/S 模式下前端客户（由微机或工作站承担）主要负责 GUI 用户界面程序和部分业务，用户通过 GUI 界面程序和软件系统交互，可以输入数据、运行服务器上的程序并得到计算结果；后端服务器部分（通常由微机或大型机承担）负责数据存储、管理以及必要的业务应用等负担较重的工作，它接收客户发来的信息、运行服务端功能并将运行结果返回给客户机。根据客服机承担任务的轻重，C/S 模式可进一步分为胖客户机模型和瘦客服机模型。在胖客户机模型下，客服机负责显示、业务处理过程，服务器只负责数据存储和管理；在瘦客户机模型下，客户机只负责显示处理，服务器负责业务处理过程、数据存储与管理。如果将前端显示、业务处理、数据管理和存储分布在不同设施（但也可以分布在相同设施），则构成 3 层 C/S 模式。

3 层 C/S 模式将应用系统的逻辑合理地划分出 3 层，保持了逻辑的相对独立性，有利于提高系统的维护性和扩展性；能够为各层选择相应的平台和应用系统，是在处理负荷能力与处理特征上分别适应各层要求，并具有良好的可升级性和开放性；支持各层的独立并行开发，各层可以选择不同开发语言；中间业务层屏蔽了客户直接访问数据库的权利，整个具有较高的安全性。图 3-16、图 3-17 分别是两层 C/S 结构和三层 C/S 结构的系统配置图（忽略了网络连接设备）。

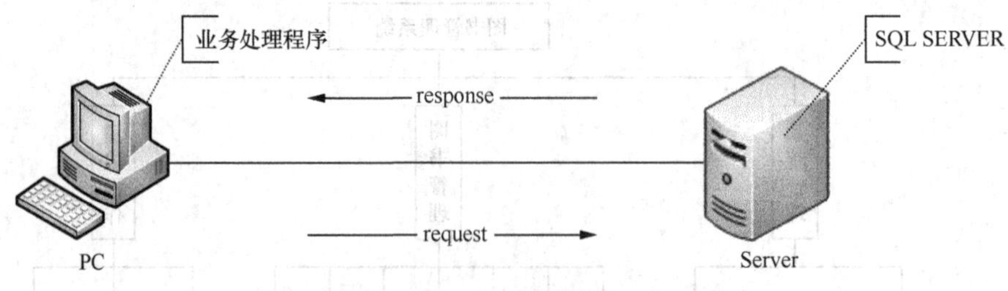

图 3-16　两层 C/S 结构的系统架构图

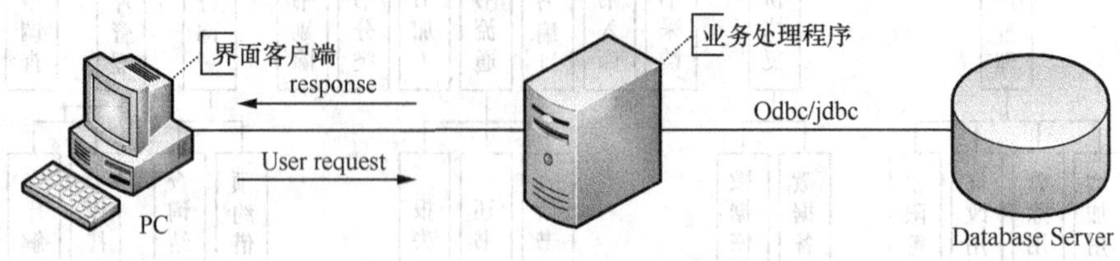

图 3-17　三层 C/S 结构的系统架构图

B/S 模式是指基于浏览器、WWW 服务器、应用服务器（和/或数据库系统）的互联网计算模式，B/S 模式继承和融合了传统 C/S 模式中的网络软、硬件平台和应用，由于无须关心客户机上的维护升级，只需关注服务端的 WWW 服务器、应用服务器（和/或数据库系统），因此具有更加开放、应用开发速度快、生命周期长等特点，应用的安装扩充和系统维护升级更为方便。B/S 结构提供异种机、异种网、异种应用服务联网和统一服务，具有最现实的开放性基础。图 3-18 所示是 B/S 结构图（忽略路由器等网络连接设备）。

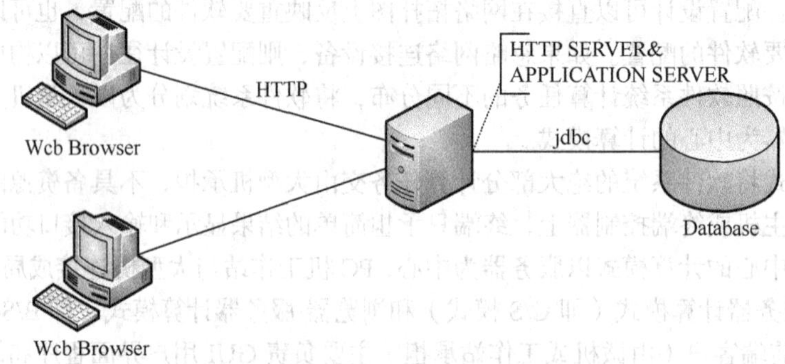

图 3-18　B/S 结构的系统架构图

在某些特别复杂的软件系统中，可能同时存在 C/S 结构和 B/S 结构，呈现一种混合的计算模式结构，图 3-19 所示是一个包含重要网络连接设施的配置图。其中 C/S 结构主要应对内部要求较高业务处理性能的需求，而 B/S 结构主要应对外部信息信息检索和服务。在平台性能（硬件和软件）能够提供足够保证的前提下，建议统一采用 B/S 结构，以降低开发工作量，提高系统可维护性。

系统构成图（结构化思想下的系统流程图，或面向对象思想下的组件图）、功能结构图、配置图（结构化思想下的系统架构图，或面向对象思想下的配置图/系统架构图）从不同角度反映系统的软件部分的构成。系统构成图（流程图或组件图）反映的是系统的全部软件构成，包括程序、API 库、中间件、数据存储（文件系统或数据库）和报表；功能结构图则更为单纯地描述系统软件构成中用户可见的功能（模块）；配置图（系统架构图或配置图）主要反映重要的软件系统或构件在网络硬件环境中的安装配置情况。

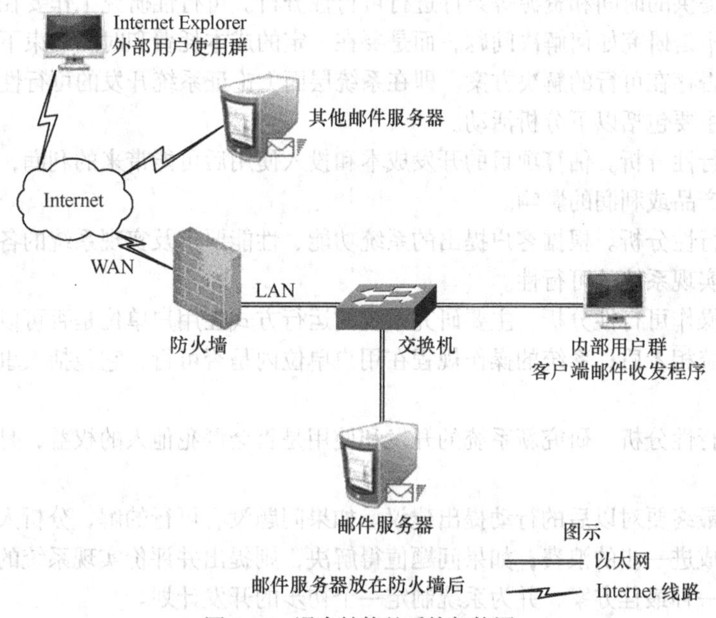

图 3-19　混合结构的系统架构图

4. 安全设计

安全设计主要反映系统安全保障体系的设计。进行系统的安全设计，首先必须拟定安全设计的依据、目标和原则，从管理和技术（包括物理层、网络层、系统层和应用层）两方面进行安全威胁分析。建立对系统提供保护的整体策略集合，即安全体系框架。规划合适的安全域划分，设计合理的安全技术体系和安全管理体系。安全设计的具体内容见附录 1。

5. 配套设计

配套设计主要反映机房配套设施的安装设计。包括供配电规划、UPS 系统规划、综合布线和消防设计。

进行项目前期的粗略设计，应遵循以下一些基本原则。

（1）首先以分层思想进行系统的体系结构设计，给出系统全局的架构。

（2）进行网络硬件拓扑设计，应充分考虑用户前期投资和未来需求，在延续性与适当先进性之间保持平衡。

（3）应用系统粗略设计应从开发人员角度、用户角度、维护管理人员角度出发，分别建立他们所关心的不同模型。即保证有系统构成图、功能结构图和配置图。应用系统粗略设计不关心系统软件构成。

（4）安全设计应全面考虑系统面临的各种威胁，在安全和成本之间进行平衡。

（5）配套设计是粗略设计不可或缺的部分，对于未来系统的良好运行维护关系重大。

（6）粗略设计阶段的体系结构设计、网络拓扑设计、应用系统设计、安全设计和配套设计给出的是从不同角度关于未来目标系统的总体设计。通常系统的体系结构设计、网络拓扑设计、安全设计和配套设计在项目确定后就保持稳定、不再改变。但应用系统设计往往在项目需求分析后，需要根据需求分析结果，进行更准确的总体设计。

3.1.4　可行性分析

开发任何一个基于计算机的系统都会受到时间和资源的限制。因此，项目正式开始之前，必须根据客户可能提供的时间和资源等条件进行可行性分析。可行性研究工作要在粗略设计之后进行。其主要任务不是研究如何解决问题，而是要在一定的成本耗费和时间约束下，研究项目是否值得去解决，是否存在可行的解决方案。即在系统层面上论证系统开发的可行性。

可行性分析主要包括以下分析活动。

（1）经济可行性分析。估算项目的开发成本和投入使用后可能带来的利润，进行成本效益分析，分析对其他产品或利润的影响。

（2）技术可行性分析。根据客户提出的系统功能、性能要求及实现系统的各项约束条件，从技术的角度研究实现系统的可行性。

（3）运行、操作可行性分析。主要研究系统的运行方式在用户单位是否可以有效地实施，是否与原有其他系统相矛盾；系统的操作规程在用户单位内是否可行，它包括人事、科技政策、管理方法等。

（4）法律可行性分析。研究新系统的开发和使用是否会侵犯他人的权益，是否触犯了国家的法律法规。

可行性分析最终要对以后的行动提出建议。如果问题没有可行的解，分析人员应建议停止该项目，以避免造成进一步的浪费；如果问题值得解决，则提出并评价实现系统的各种可行的开发方案，从中选择一种最佳方案，并为系统制定一个初步的开发计划。

3.2 结构化的项目前期实例

某大学图书馆拟开发一个自动化的图书馆管理系统来代替目前完全人工的图书馆事务处理，图书馆是独栋楼宇。由于系统是从空白开始，系统分析师在项目前期，分别进行了现状分析（忽略硬件分析，做了组织分析、业务分析，忽略现存软件系统分析）、需求收集、粗略设计和可行性分析，并形成相应的结果。

3.2.1 组织分析

通过调研，系统分析师了解到图书馆的大致组织情况：图书馆长在主管副校长的领导下主持图书馆的全面管理工作，副馆长和馆长助理协助馆长工作。图书馆包括参考咨询部、读者服务部、流通阅览部、文献资源建设部、综合业务辅导部、网络中心和办公室，此外，该大学设置资源建设委员会和学术委员会来指导、支持图书馆的资源建设和学术建设。

参考咨询部设主任岗 1 个、信息服务岗 2 个和专题库建设岗 1 个，参考咨询部职责和其中各个岗位的职责略。

流通阅览部包括期刊阅览室、过刊阅览室和电子阅览室，设主任岗 1 个，阅览服务岗多个，流通咨询部和其中各个岗位的职责略。

读者服务部（略）

文献资源建设部（略）

综合业务辅导部（略）

网络中心（略）

办公室（略）

系统分析师依据组织分析结果，拟出表 3-1 所示的图书馆组织机构（局部）。从表中可以看到，通过组织机构图和相关文字描述，可以让开发团队和用户明确了解软件系统目标单位的组织构成、岗位构成和相关职能。

表 3-1　某大学图书馆组织机构分析

A　图书馆概况（略）

B　图书馆组织机构图（部分）（见图 3-20）

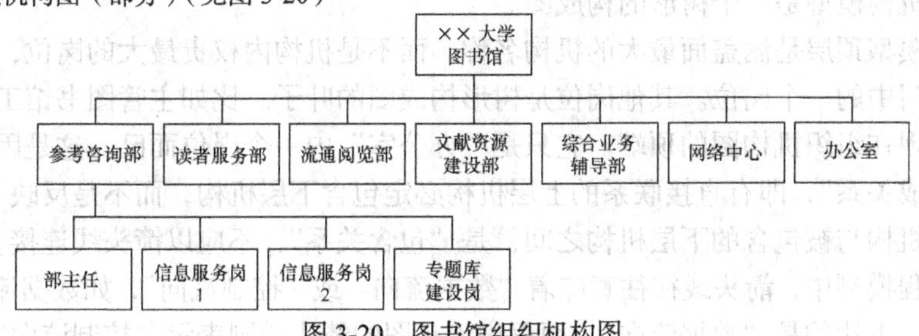

图 3-20　图书馆组织机构图

C　机构职责

C.1　参考咨询部

C.1.1　部门概况

参考咨询部是图书馆为加强学校的文献信息保障能力，拓宽图书馆的信息服务功能设立的部门。主要围绕学校教学科研活动，利用先进的信息服务手段，依靠图书馆丰富的馆藏资源以及良好的馆际协作网络，为校内外用户提供各种咨询服务。包括科技查新、问题咨询、学科服务、情报分析、检索教学与读者培训、电子资源引进、整合及推介、馆际互借与文献传递服务等。

C.1.2　部门职责

（1）负责读者参考咨询和教育部科技查新站的综合管理与协调服务。

（2）负责支持学校教学科研的学科服务，综合协调学科服务工作。

（3）负责支持学校教学科研的情报分析服务，综合协调情报分析服务工作。

（4）负责虚拟网络咨询，并与其他业务部门沟通与协调。

（5）负责文献检索课的教学。

（6）负责组织读者培训和新生入馆教育。

（7）负责电子资源的评估引进、揭示、推介和使用分析。

（8）负责网络资源的搜集整理及导航建设。

（9）负责校内外读者原文索取和馆际互借。

（10）负责图书馆网站内容的维护和更新。

（11）跟踪国内外图书馆的最新发展，负责数字图书馆资源和服务的需求分析。

（12）负责本部门的设备管理和消防安全的相关工作。

C.1.3　部主任岗职责

（1）打开情报服务局面，提供优质的情报服务。

（2）主持本部的业务、行政工作并协助馆党政领导做好本部员工的思想政治工作，对本部工作职责所规定的各项工作任务及其执行结果负全面责任。

（3）规划部门的发展，负责制订本部的工作计划并组织实施。

（4）不断完善本部的岗位责任制，建立与健全各项规章制度；检查本部各项日常工作的执行情况，及时解决出现的问题。

（5）做好本部职工在职培训与职业道德教育工作：制订培训计划、组织培训工作，定期考核效果。

（6）检查、指导本部职工的工作，定期进行考核；定期总结工作；打印统计报表，并向本部职工与馆领导报告。

（7）顾全大局，维护部门团结，搞好部门之间协调工作。

（8）关心群众生活，在力所能及的范围内帮助职工解决实际困难。

（9）完成馆领导交给的其他任务。

C.1.4　信息服务岗 1 职责

……

C.1.5　信息服务岗 2 职责

……

C.1.6　专题库建设岗职责

……

C.2　读者服务部

……

建模组织机构时，应严格遵循建模原则，以保证获得规范、统一的组织机构模型。特别地，应注意以下 5 点。

（1）组织机构模型是一个树形的构成图。

组织机构模型顶层是涵盖面最大的机构名称，而不是机构内权责最大的岗位，权责最大的岗位只是特定部门中的一个岗位。其他岗位是树形构成图的叶子。比如主管图书馆工作的图书馆长岗位，不应出现在组织机构图的顶端。它只是“办公室”内一个岗位而已。这是因为组织机构图必须体现“构成关系”，即有直接联系的上层机构必定包含下层机构，而不是反映“管理关系”。

（2）上层机构与被包含的下层机构之间，是“包含关系”，不应以箭头线连接。

在软件工程模型中，箭头线往往意味着“数据流向”或“控制流向”，如数据流图、系统流程图中的箭头线，表达的是“数据流向”，而程序流程图的箭头线则表示“控制流向”。

（3）无关的机构、岗位无须建模和描述。

由于未来软件系统是对现有系统事务的自动化实现，非事务性机构、岗位都无须描述。比如主管图书馆的副校长，并不参与图书馆日常事务，可以无须进行组织机构分析；再比如支持图书馆决策的图书馆资源管理委员会、支持图书馆学术提升的学术委员会，均与图书馆日常事务无关，无须进行组织机构分析。

（4）可以对职能相似的部门、同一部门内职能类似的岗位进行合并。

假设图书馆内部有职能、构成类似的“期刊阅览部”“过刊阅览部”“电子阅览部”，可以设置一个“阅览部”来描述这 3 个职能构成类似的部门；假设“阅览部”有多个职能类似的“阅览管理员”岗位，可以只列出一个“阅览管理员”岗位。

（5）组织机构模型应辅以文字描述。

组织机构图只是简略描述组织机构构成，对于不同机构的职能、内部构成以及岗位的职能应以更详细的文字进行全面描述。

3.2.2 业务流程分析

表 3-2 是业务流程图的基本元素，主要有泳道、行为、箭头、表单。其中泳道代表组织结构中特定岗位；行为是组织中特定岗位的具体某个职能；实心箭头线表示各个不同职能之间的衔接关系，虚箭头线表示每个职能的数据流入和流出；表单是完成每个职能活动的数据流入和流出。

表 3-2　业务流程图的基本元素

名称	符号	含义
泳道		代表组织结构中特定岗位的责任
行为		岗位的具体某个职能
箭头线	——→	表示活动的顺序关系
虚箭头线	- - - - -→	表示每个职能的数据流入和流出
表单		表示业务活动中的表格、单据

图书馆的客户主要包括读者和图书馆内部人员。业务流程分析应从现实系统的客户角度出发，可以找出图书馆针对读者的服务是其主要业务，包括借还书、读者管理；辅助业务是图书馆为保障主要业务的实施达成而进行的业务活动，辅助业务包括图书采购、图书入库、图书分类、图书编目、图书加工、图书上架、查询、图书剔除等等。表 3-3 是图书馆部分业务的详细流程。

表 3-3　　图书馆部分业务的详细流程

A　图书馆业务

图书馆系统的客户主要包括读者和图书馆内部人员。图书馆主要业务是面对读者的服务，包括读者管理（也称卡片管理）和图书流通业务，读者管理主要是办卡、缴卡、挂失、解挂等等；图书流通业务包括借书、还书、丢失等，这种直接由接待的图书馆员个人处理，流程简单。辅助业务主要面对图书馆内部人员，是为主要业务的完成而提供的服务，包括：图书采购、图书登记、图书分类、图书编目、图书加工、图书剔除等。

1. 卡片管理业务

（1）业务流程图（见图 3-21）

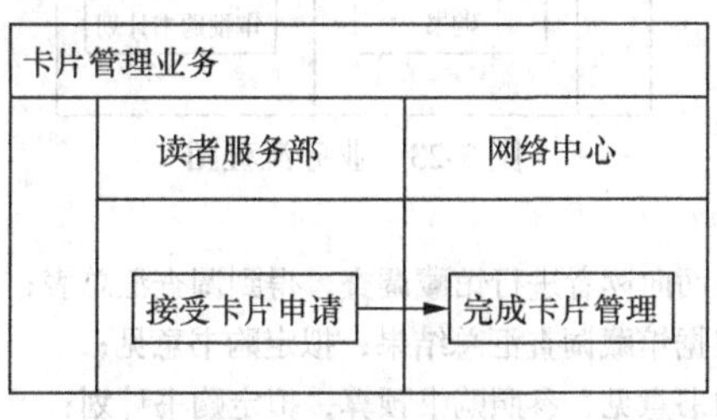

图 3-21　业务流程图

（2）步骤

a）读者服务部接受读者的卡片管理申请（开卡、缴回、挂失、解挂、变更），签署审核意见。

b）网络中心根据审核意见，完成卡片管理。

2. 图书流通业务

（1）业务流程图（见图 3-22）

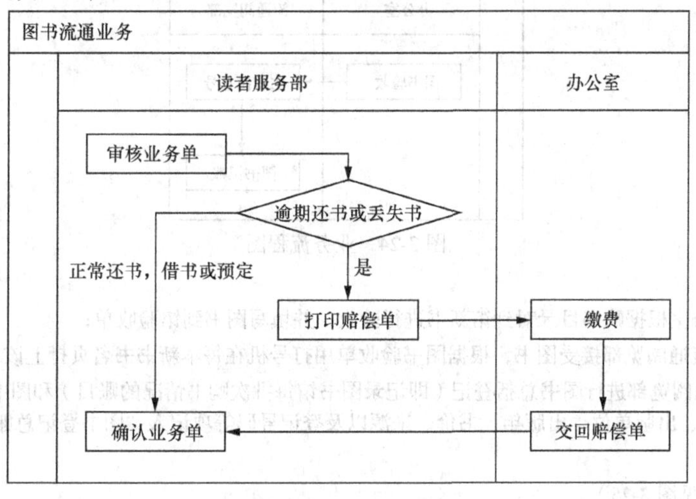

图 3-22　业务流程图

（2）步骤

图书流通业务包括借书、预定、还书和图书报失几种基本形式，步骤基本相同：

a）读者填写业务单（借书单、预定单、还书单或报失单）。管理人员审核。

b）根据不同业务进行不同业务流程选择。

逾期还书或丢失图书。

一、打印赔偿单；

二、读者到办公室缴费；

三、交回确认缴费的赔偿单。

c）确认业务单。

3. 图书采购业务

（1）业务流程图（见图 3-23）

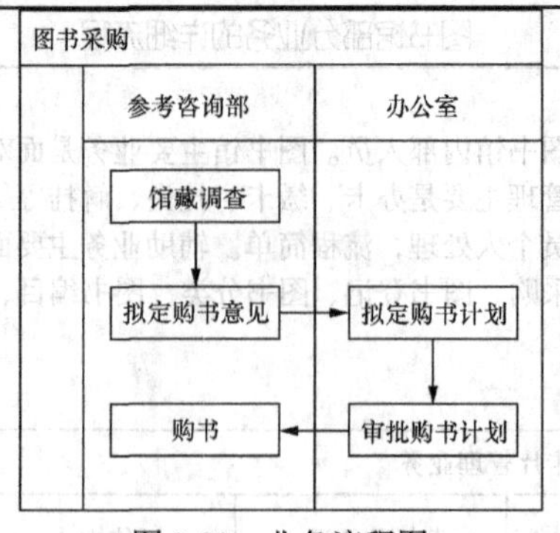

图 3-23　业务流程图

（2）步骤

a）馆藏调查：首先由参考咨询部面向读者进行馆藏调查，得到调查汇总表；

b）提出购书意见：参考咨询部根据馆藏调查汇总结果，拟定购书意见；

c）拟定购书计划：办公室根据购书意见、参照购书预算，拟定购书计划；

d）审批购书计划：馆长审批购书计划；

e）购书：参考咨询部根据购书计划，生成购书目录。

4. 图书登记业务

（1）业务流程图（见图 3-24）

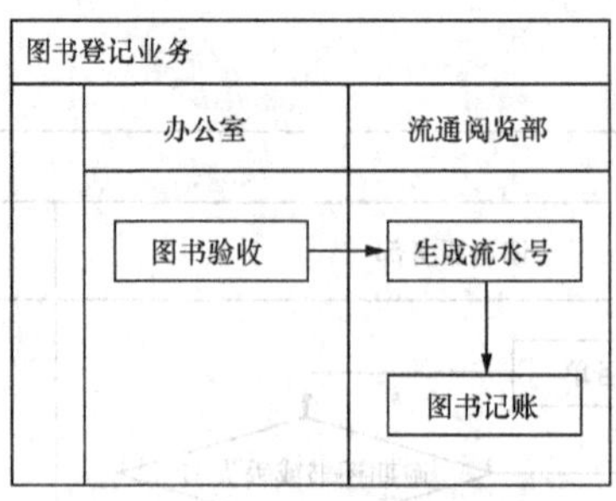

图 3-24　业务流程图

（2）步骤

a）图书验收：办公室根据购书目录对到馆新书进行验收，并填写图书到馆验收单；

b）登记流水号：流通阅览部接受图书，根据图书验收单用打号机在每本新书书名页打上该书的流水号；

c）图书记账：流通阅览部进行图书总括登记（即记录图书馆每批次购书情况的账目）和图书个别登记（即将每册书的书名、著者、出版单位、出版年、书价、来源以及登记号码等项记入“图书登记总账”）。

5. 图书分类业务

（1）业务流程图（见图 3-25）

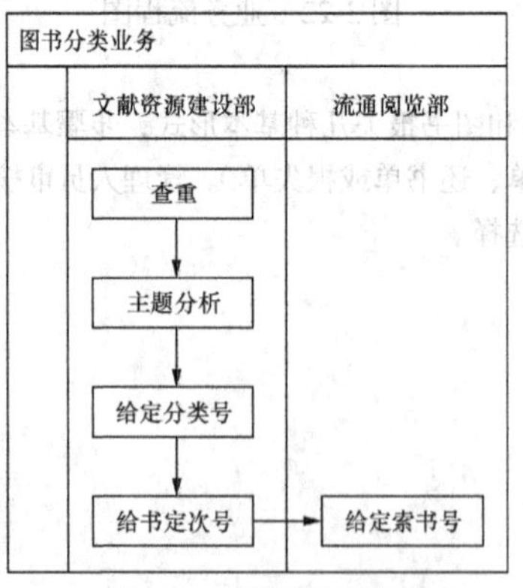

图 3-25　业务流程图

（2）步骤

a）查重：文献资源建设部查明将要分类的文献在本馆以前是否已经收藏并且分编过。

b）主题分析：文献资源建设部对文献的内容或主题进行主题分析。

c）给分类号：文献资源建设部用铅笔工整书写书的分类号（流水号的正下面）。

d）给书定次号：文献资源建设部给书定次号，书次号表示书在同类书中顺序，是对同类书的再区分。

e）给定索书号：流通阅览部给定图书排架号。

6. 图书编目业务

（1）业务流程图（见图 3-26）

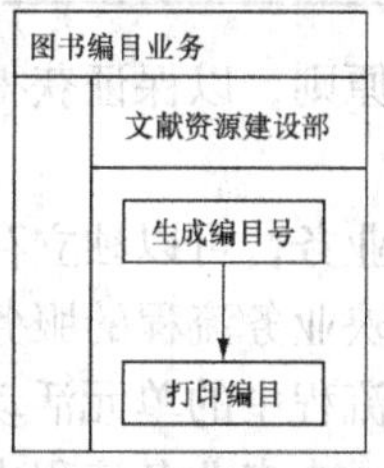

图 3-26 业务流程图

（2）步骤

a）生成编目号：文献资源建设部根据新图书的登记，成批生成编目号；

b）打印编目：文献资源建设部为图书打印编目信息。

7. 图书加工业务

（1）业务流程图（见图 3-27）

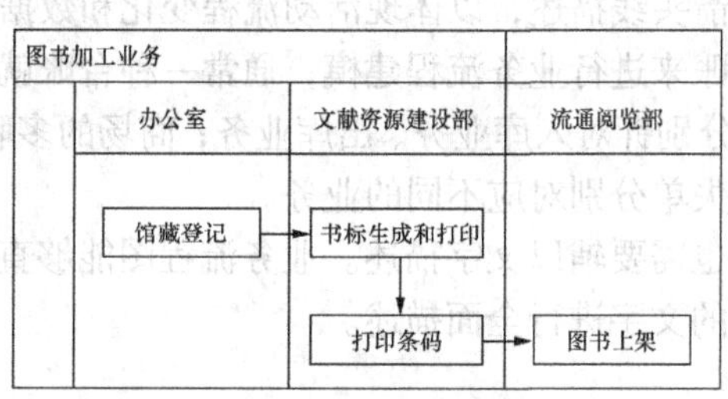

图 3-27 业务流程图

（2）步骤

a）馆藏登记：办公室对图书进行馆藏登记；

b）打印书标：文献资源建设部根据新图书的登记和编目信息，打印书标；

c）打印条码：文献资源建设部为图书打印条码；

d）上架：流通阅览部为图书贴书标、条码、胶带，并安排图书上架。

8. 图书剔除业务

（1）业务流程图（见图 3-28）

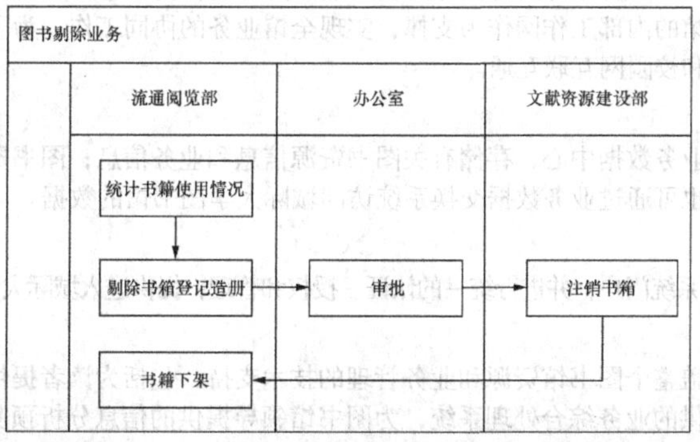

图 3-28 业务流程图

（2）步骤

a）流通阅览部统计书籍使用情况；

b）流通阅览部将需要剔除的书登记造册（含丢失图书的剔除书籍汇总表）；

c）办公室审批；

d）文献资源建设部在图书登记总账中找到这些书，在各书的注销栏中填写注销日期和原因（个别登记账中备注栏内注明）；

e）流通阅览部将需要剔除的书下架。

……

建模业务流程时，应严格遵循建模原则，以保证获得规范、统一的业务流程模型。应特别注意以下 6 点。

（1）每个业务流程都是一个单独的业务，可以独立存在；为每个业务描述单独的流程，流程反映活动的开始到结束，但不能同时反映业务流程的服务对象和业务流程的发起者。

（2）业务流程不能过于细化。业务流程中的单元活动以对应于组织机构模型中特定部门或部门内的岗位职能，最好以岗位职能为宜；未来业务流程中每个需要自动化的单元活动，都由完成事务的某个模块来实现。

（3）流程反映的是正常情况下的活动流转，通常不应出现循环控制结构。业务流程通常只有一个开始活动，一个或多个结束活动，因此当业务存在可选路径时，允许出现条件控制结构。

（4）业务流程可以单纯只反映活动，也可以同时反映流程中的数据变化；活动流转和数据输入输出应分别用不同类型的箭头线描述，以体现活动流程变化和数据转换。

（5）假如依据收集的台账来进行业务流程建模，通常一种台账就是一个完整的业务。如多联的仓库的入库单、出库单就分别针对入库业务、出库业务；商场的多联销售单针对的是销售业务；银行的存款单、取款单、挂失单分别对应不同的业务。

（6）业务流程模型通常也需要辅以文字描述。业务流程图能够直观地描述组织内不同业务活动的流程，但应辅以更详细的文字进行全面描述。

3.2.3 需求收集

项目初期的需求，来源于业务分析、与用户的交流以及合理的测算。表 3-4 是图书馆管理系统的需求。

表 3-4　　图书馆管理系统的需求

A. 图书馆业务对系统建设的需求

（1）对网络建设的需求

由于图书馆业务需要图书馆各个部门协同办理，并能够为校内任何物理位置的读者提供服务，所以需要在图书馆内部有一个覆盖全馆的内部工作网作为支撑，实现全馆业务的协同工作；为了为校园读者提供服务、资源共享，图书馆网络必须和校园网互联互通。

（2）对数据中心的需求

图书馆管理系统建立业务数据中心，存储有关图书资源信息和业务信息；图书资源信息通过业务数据交换系统进行数据交换；读者也可通过业务数据交换系统访问城际大学图书馆的数据。

（3）对门户网站的需求

需要建立统一的图书馆系统门户，并进行统一的认证、授权和管理，提供进入城际大学互联图书馆的统一入口。

（4）对业务系统的需求

业务系统必须提供涵盖整个图书馆资源和业务管理的技术支持，包括为读者提供的资源查询、信息接受系统；为图书馆业务人员提供的业务综合处理系统，为图书馆领导提供的信息分析预测系统，以及与城际大学图书馆的业务接口标准。与城际大学图书馆的业务接口标准与联盟大学间协同制定。

（5）对系统安全的需求

保证系统的安全，一个是要对全系统进行安全域划分，通过安全域划分在加强安全保障的同时解决信息孤岛和安全孤岛问题，保证跨域业务的关联和高效；另一方面，必须保障网络安全。在物理上，从基础建设方面考虑电磁泄漏、恶意的物理破坏、电力中断等方面；为了实现图书馆内部网和校园网以及互联网之间的安全隔离，保证各网之间信息的安全传输，需要提供网络安全可靠的接入服务；在应用层和网络层对网络攻击、病毒传播、非法操作等行为实施防御和监控。随着网络的发展，需要与 PKI 基础设施共同适用，增强网络边界的安全强度。

B. 系统功能和系统需求

（1）系统功能

图书馆系统的功能需求可以按照服务对象的不同进行划分，包括内部人员、系统维护管理人员、读者。每类用户的功能需求如下。

a. 读者。

资料阅览：读者可以通过互联网访问本馆和外馆的资源；

网络挂失及解挂、预约及查询：读者可以通过互联网挂失、解挂借书卡，可以预约借书，并可以通过短信、电话、触摸屏查询结果；

网络调查：可以通过互联网参与图书馆馆藏调查。

b. 内部工作人员。

业务管理：实现图书馆业务的信息化和网络化，相关领导能够随时掌握图书馆业务的实际情况，能够提供图书资料的分析预测；

资源共享：可以实现全馆业务的资源共享，支持跨馆的资源共享，为科研人员提供快速的信息检索；

内部协助：对图书馆的文档、文件实现数字化管理。

c. 系统维护人员。

基础数据导入：能够对积累的历史数据进行批量录入、整理和入库，并提供分类转换等功能；

用户管理：对所有内部人员和读者，根据统一的身份认证，按照不同的权限等级提供信息资源共享和各种信息服务；

系统维护：提供系统监控、配置管理工具，能够及时获取错误信息，排除障碍；

备份恢复：能够按照数据库维护管理计划定期对数据库进行备份，必要时进行有效恢复。

（2）性能需求

根据业务处理量统计，目前全馆每年处理的事项总计约为 200 万次。整个系统应该具有一下基本性能。

a. 网络平台性能。

要求数据传输网络快捷、安全、可扩展。

网络的性能要求如下。

- 非复杂的查询和处理的一般业务响应时间：≤3 秒；
- 系统年平均无故障运行时间：≥99.9%。

b. 系统平台性能。

要求采用通用性好、安全可靠的操作系统和大型数据库系统，保证系统有良好的性能，系统年平均无故障运行时间≥99.9%。

c. 应用支撑平台性能。

要求应用支撑平台为业务应用系统的开发和运行提供技术支撑，并具有灵活的可扩展性和高度的可配置管理性。

d. 应用系统性能

应用系统能够满足用户需求，稳定、可靠、实用。人机界面友好，输出、输入方便，图表生成美观，检索、查询快捷简单。

e. 数据质量。

系统数据应该准确完整，能够满足汇总统计、制表制图、分析计算、模型测算等要求。

（3）数据量预测

系统的信息量估算包括数据存储量测算，网络带宽估算和数据处理量分析三部分。

a. 数据存储量预测。

数据存储量测试是为了在系统设计时保证存储系统能够满足系统的正常运行。目前全馆每年处理的事项总计约为 200 万次。存储量包括以下 4 项内容。

i. 结构化数据存储量。

每件图书馆业务的概要信息平均为 1KB，

结构化数据存储量=200 万 × 1KB=2GB。

ii. 扫描信息存储量。

部分图书馆业务需要扫描信息，该部分占图书馆业务的 10%左右。

每件附加扫描信息约为 1 页，每页 20KB。

扫描信息总量=200 万 × 10% × 1 × 20KB=4GB。

iii. 多媒体信息存储量。

含有多媒体信息的图书馆事项约为总数的 1%%

每条多媒体信息约为 20MB，

多媒体信息总量=200 万*0.001*20MB=56GB，

非结构化信息存储量=4GB+56GB=60GB，

每年的数据存储总量=2GB+60GB=62GB，

冗余量为 0.5（管理等附加信息造成），

每年的信息存储量=62GB*（1+0.5）=91GB。

iv. 5 年的信息存储总量。

按照性能需求联机存储 5 年的数据，

系统的存储容量=5*91GB=455GB。

b. 网络宽带预测

图书馆通过接入校园网并接入互联网。图书馆事项数据都存入本馆数据中心，但非本校的读者也可访问本馆资源。图书馆门户网站数据流量分析主要涉及网站出口带宽的设计，初步计算如下：

用户总数为（M）：50 万人

每个 WEB 页面平均为（K）：100KB

用户处理每个页面的时间为（S）：10 秒

每天用户上网的比例（P1）：5%

每个用户每天上网的时间（H1）：1 小时

用户上网最集中的时间（H2）：0.5 小时

在最集中的时间内上网的用户比例为（P2）：20%

最忙时 WEB 服务器每秒要处理的页面总数为（T）：M × P1×P2×H1×3600/S/(H2×3600)

因而所需的网络带宽为：T × K={50 × 0.05 × 0.2 × 1×3600/10/(0.5×3600)} ×100×8=2Mbit/s。

根据测算的带宽要求，考虑网络带宽的实际利用率，需要 1 条 4M 的专线接入。

c. 数据处理量分析

数据处理量分析是针对系统建设时服务器的选型而做的分析，主要针对计算任务繁重的 WEB 服务器或数据库服务器进行分析。

以数据库服务器为例，进行设备选型时，以国际上通用的 TPC 委员会发布的用于评测在线事务处理业务的 TPC-C 基准为依据，综合考虑图书馆业务复杂性、并发业务数、数据库读写比例、数据库表结构等因素，推算出附和图书馆业务规模的配置方式，同时考虑到系统管理所需消耗的资源，对重要资源保留一定的升级和扩展空间。

具体评估方法如下：

TPM=日峰值业务交易量*峰值时间交易比例*交易复杂比例/（峰值时间*CPU 占用比例）

日峰值业务交易量：2010 年全馆年处理业务量为 200 万次，日平均业务处理量为 200 万/365=5479 件。每个业务的处理流程一般比较简单，平均为 1 ~ 3 个处理环节，以平均取数，日峰值业务交易量是 5479*2=10958。

峰值时间交易比例、每日峰值时间：根据现有图书馆业务实际情况统计，业务处理 80%的交易发生在每日上午 10：00 ~ 12：00 和下午 3：00 ~ 5：00，即峰值时间交易比例为 80%，每日峰值时间为 240 分钟。

交易复杂比例：图书馆业务的交易比较简单，一次需要打开的数据库表一般为 5 ~ 10 个表，取出其相关数据进行操作，根据经验每笔交易操作的复杂度可以设置为 10 ~ 12（相对于 TPC 标准测试）。

CPU 占用比例：实际运行情况表明，一台服务器的 CPU 利用率高于 80%则会产生系统瓶颈，而利用率处于 75%时，则处于最佳利用状态。因此在推算系统性能指标时，考虑系统管理所需的消耗资源以及部分 CPU 余量，设定此值为 75%。

均以平均值取数，TPM=10958*80%*11/（240*75%）=536。
考虑 20%余量，则所需 TPC-C 的值为：TPM=536/（1-20%）=670 万。
考虑到厂商测试的 TPC-C 是在极端优化的情况下产生的，实际性能一般是测试值的 1/2，因此建议单机处理能力 TPC-C 应该达到 670*2=1340。
故图书馆业务系统所用的数据库服务器应选其 TPC-C 值不低于 2000。

目标系统的需求收集，应该包括业务需求、用户需求、功能需求和系统需求，以丰富有效的方式，与客户、领域专家、技术专家进行交流沟通。其中特别要注意以下 4 点。

（1）系统的功能需求，主要来源于用户和组织内不同岗位的业务需要，可以无须罗列具体的功能，这些内容，将在粗略设计中的应用系统设计中做更详细的描述。

（2）与硬件购置有关的数据需求，必须尽量以历史数据为基础，选择合适的方法进行推算。

（3）非功能性需求，是用户对软件质量属性、运行环境、资源约束、外部接口等方面的要求或期望。

（4）用户需求和系统需求通常不要求特定模型进行描述，主要是以文字形式进行描述的。

3.2.4　粗略设计

1. 系统体系结构

体系结构主要以纵向分层的形式反映整个软件系统不同组件和它所依赖的网络硬件设施之间的关联关系。在体系结构中，并不考虑具体的组件构成和设施，而是从抽象角度考虑不同功能层次的组件和硬件设施之间的关联关系。表 3-5 是图书馆管理系统的体系结构描述。

表 3-5　　图书馆管理系统的体系结构

图书馆管理系统系统体系结构分为一个平台（IT 基础设施平台），两个体系（安全保障体系、资源管理维护体系）和四个层次（资源管理层、应用支撑层、业务应用层和表现层）。具体构成如图 3-29 所示。

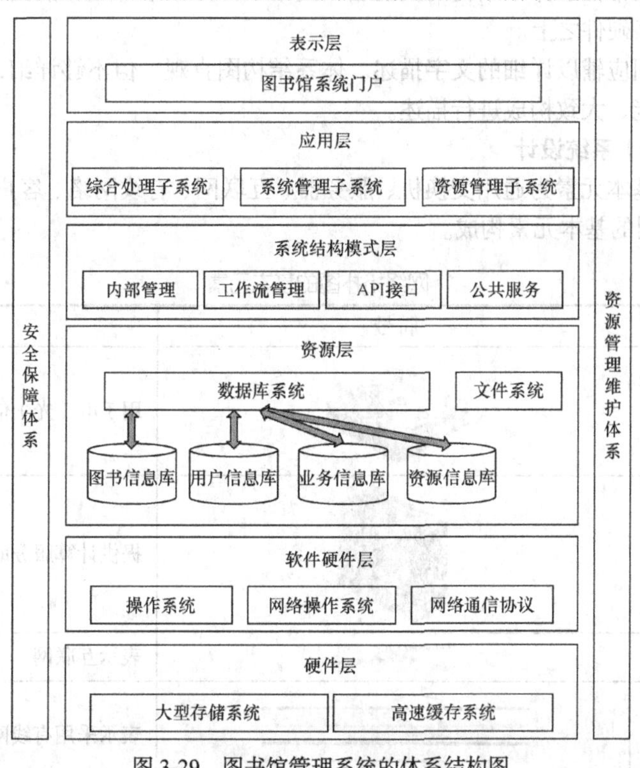

图 3-29　图书馆管理系统的体系结构图

图书馆管理系统系统体系结构图

IT 基础设施平台提供图书馆系统的网络通信和系统服务。服务器、存储设备等基础设施硬件由网络设备连接起来，形成基础网络层，为信息提供数据通道，是各种系统交互的基石。硬件设施配置以相应的系统软件（操作系统、网络管理系统等）构成网络系统层，此层向资源管理层提供数据存储和管理所必需的基础设施。资源管理层一般负责管理存放图书馆系统各类基础数据，通过数据转换、加工、提取和过滤等过程，向应用支撑层提供数据。

应用支撑层包括基础支撑层、应用支撑服务和领域构件三部分。其中基础支撑层作为图书馆系统应用的基础支撑平台，包括应用系统部署、运行和管理的环境及相应规范。应用支撑服务是基础支撑层为图书馆系统应用提供的一组共性和关键的服务。应用支撑服务支持多种事务实现机制，充分考虑基于图书馆应用中事务管理的特性，并提供相应技术实现；支持组件化的开发部署，将应用中的公用功能如配置管理、数据缓存、认证授权、日志管理、工作流等功能以公用组件或公共服务的形式集成到平台中，并提供相关 API 接口来减少系统间的耦合度；具备灵活的开发部署方式，图书馆应用业务逻辑是基于平台之上开发的，各个组件之间相互独立，同时又基于统一的技术规范体系，便于集成或分布式部署。领域构件提供了一种方式去重用设计和代码；领域构件建立在那些不与特定领域相关的、普遍需要的应用支撑服务之上，以满足“垂直”或“图书馆领域”的特定需要和更高层次的复用；在应用方面，面向图书馆系统的应用领域构件提供了快速构建、部署的应用级方案。业务应用层部署统一定制的图书馆业务应用系统，集中运行业务逻辑。各业务系统互相联系，功能互补，在业务系统间支撑大粒度的软件功能复用。如业务数据交换系统为其他业务系统提供横向和纵向的业务数据交换功能；综合业务处理系统为其他业务系统提供业务处理功能；信息分析预测系统利用其他业务系统积累的大量业务数据进行分析和预测。

表现层又称用户访问层，负责与用户交互，接收用户对系统的服务请求，并把业务处理层的结果呈现给用户。安全保障体系、资源管理维护体系贯穿于系统各个层次，保证信息系统符合标准，安全可靠。

绘制体系结构图，应严格遵循建模原则，以保证获得规范、统一的模型。此外应注意以下 4 点。

（1）体系结构图是一种抽象的分层组件功能和关系图，并不反映具体系统的组件构成。

（2）安全保障体系、资源管理维护体系通常贯穿从底层硬件到高层软件组件的各个层次。

（3）应用接口通常位于体系结构的最上层，网络硬件处于最低层，数据存储（文件系统、数据库系统）位于网络硬件之上。

（4）体系结构图应辅以详细的文字描述。体系结构图直观，但不够详细，应以更为详细的文字对系统各层的功能、大致构成进行描述。

2. 硬件（网络）系统设计

网络拓扑图的基本元素为通用交换机、服务器、互联网、有线网络、客户终端、防火墙等等。表 3-6 是网络拓扑图的基本元素构成。

表 3-6　网络拓扑图的基本元素

名称	符号	含义
通用交换机	SWITCH	用于电（光）信号转发的网络设备
服务器		提供计算服务的设备
互联网		表示互联网
有线网络		表示采用有线网络的连接方式

续表

名称	符号	含义
客户终端		表示计算机的显示终端
防火墙		表示信息采用的防护系统

网络硬件描述大致需要购置的主要硬件设施和以及设施之间的连接方式。表 3-7 所示是图书馆管理系统的网络拓扑图描述。

表 3-7　图书馆管理系统的网络拓扑

A　建设原则

网络系统的设计，要从图书馆的实际需要出发，紧紧围绕业务系统的应用需求和发展，采用先进的成熟技术，把握主流技术的发展方向，不仅考虑到近期目标，还要为系统的扩展和发展留有余地。其总体设计遵循如下主要原则。

（1）安全性原则

图书馆信息系统对网络的整体安全性有较高的要求，系统安全建设应同步建设，除了能够在多个层次上实现安全目标，还需要建立完善的安全管理体系。

（2）实用性原则

为了确保用户投资的有效性和信息系统的实用性，针对业务应用的特点来选用设备和技术，并且确定这些技术和设备是成熟的，针对信息流特点采用合适的拓扑结构，使整个系统达到最高的性价比，并尽量简化系统的配置步骤，使其操作易于掌握，不必要求具备高深的专业知识，就能方便地操作使用，且容易维护。

（3）高可靠性原则

系统的可靠性主要是要防止单点故障，即避免因某一点出现故障而对整个系统的正常运行产生影响。我们可以从系统的拓扑结构、线路的连接、选用性能可靠的设备等几个方面考虑，采用各种先进的技术以保证系统的可靠运行。在采用硬件备份、冗余等可靠性技术的基础上，采用相关技术软件技术提高对系统的管理机制、控制手段和事故监控的能力，以保证系统的可靠稳定运行。

（4）高性能、先进性原则

图书馆系统采用的技术要具有先进性，符合当前技术和管理发展的方向，符合技术发展的潮流，能够将整个系统的信息流量维持在一个均衡高效的指标之下，同时确保系统及所用设备的高性能和成熟性，减少系统的风险。

（5）可扩展性及灵活性原则

设计的业务系统不仅要满足当前应用，而且要考虑到以后的系统升级，所以在设计时必须考虑其扩展性和灵活性。除当前设计需含有一定的超前性外，还需保留系统的可扩充性，以利于今后技术和业务的发展。能够根据信息化建设的不断深入发展的需要，方便地扩展系统的覆盖范围，扩大系统容量和提高系统多层次节点的功能。

（6）可维护性原则

图书馆系统是一个复杂的信息系统，包括多种通信标准、接口标准，具有一定的复杂性，所以系统的可维护性和可管理性需要充分考虑，必须建立一个全面的管理解决方案。设备必须采用智能化、可管理的设备，同时采用先进的管理软件，实现先进的分布式管理，管理系统应该具有良好的人机界面，最终能够实现监控、监测整个系统的运行状况，保证在系统出现故障时能够在最短的时间内得到解决。

（7）经济性原则

在进行系统设计时，要充分考虑信息技术的发展方向，在今后的系统扩展中，有效地保护本次系统建设的投资。我们将以较高的性能价格比建设系统，使资金的投入产出比尽可能的大，以较低的成本，较少的人员投入维持系统的运转，提供高效能和高效益。

B　网络拓扑结构

图书馆网络拓扑图如图 3-30 所示。

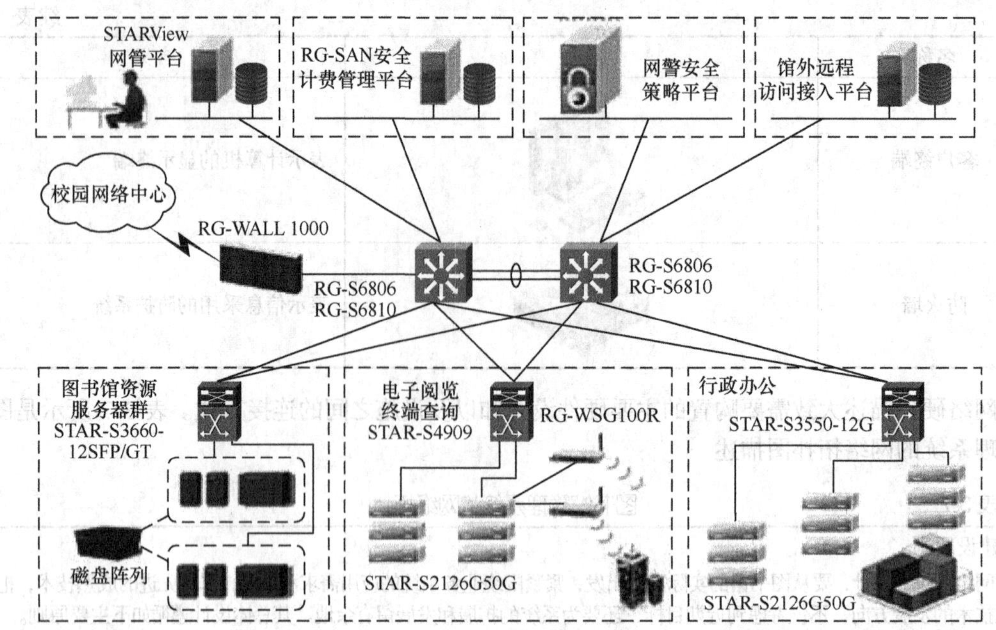

图 3-30　图书馆网络拓扑图

绘制网络拓扑图，应严格遵循建模原则，以保证获得规范、统一的模型。还应注意以下 4 点。

（1）网络拓扑图是重要设备的连接图，不是具体的布线图，不反映实际的网络布线。网络布线可视为硬件的详细设计。

（2）网络拓扑图中尽量用不同外观的节点来描述系统中的重要设备。拓扑图中的连线反映设备之间的连接关系，而不是数据流关系或控制关系，通常以无箭头线描绘。

（3）设备标注可以是具体的设备型号、系统软件或设备功能。

（4）网络构成模型应辅以更详细的文字描述。

3. 应用系统设计

应用系统设计要给出未来目标软件系统的大致框架。包括系统构成、功能构成和系统配置。表 3-8、表 3-9、表 3-10 分别是系统流程图、功能结构图和系统架构图的基本元素。

表 3-8　　系统流程图的主要基本元素

名称	符号	含义
处理		能改变数据值或数据位置的加工或部件
输入/输出		表示输入或输出
连接		指从图的另一部分转来或转到图的另一部分去
数据流向		指明数据流动方向
文档		通常表示打印输出，或表示用打印终端输入数据
磁盘		磁盘输入输出，或者表示存储在磁盘上的文件或数据库

表 3-9　　功能结构图的基本元素

名称	符号	含义
功能	□	代表一个功能或功能模块
连接	——	表示包含关系

系统配置图是用来显示系统中软件和硬件的物理架构。

表 3-10　　图书馆管理系统的应用系统设计

A. 应用系统设计原则

（1）实用性原则

应用系统设计应以满足学校图书馆的业务需求为首要目标，充分考虑图书馆行业信息化建设的现状，避免盲目追求最新技术，造成资金的浪费。

（2）可靠性原则

系统每天需要采集大量数据，并进行处理，任何系统故障都有可能带来不可估量的损失，因此，要求系统具有高度的可靠性，系统设计应采用成熟、稳定、可靠的软件技术，保证系统长期安全运行。

（3）先进性原则

在实用、可靠的前提下，应用系统设计应尽可能地跟踪国内外先进的软件开发平台和软件开发技术，使设计系统能够最大限度地适应技术发展变化的需要，以确保系统的先进性。

（4）安全性原则

应用系统设计应充分考虑信息安全的重要性，具有必要的信息安全保护和信息保密措施，建立可靠的安全保障体系，对非法侵入、非法攻击和计算机网络病毒应具有很强的防范能力，所采用的保护措施应能保证整个系统正常高效地运转。

（5）标准性原则

应用系统设计应严格执行国家有关标准和行业标准，采用的软件平台和软件体系结构，需严格遵循国际标准、国际通用惯例或计算机领域的通用规范。

（6）开放性原则

应用系统设计应采用开放式系统平台，以保证不同厂家的不同产品能够集成到应用系统中来，用更小的投资获得更高的性能，同时降低整个系统的开发和维护成本。

（7）可维护性原则

系统应该具有良好的结构，各个部分应有明确和完整的定义，使局部的修改不影响全局和其他部分的结构和运行，并利用成熟可靠的技术或产品管理系统的各个组成部分和数量庞大的组件。

（8）可扩展性原则

系统设计要考虑到业务未来发展的需要，要尽可能设计简明，各个功能模块间的耦合度要小，便于系统的扩展。对于原有的数据库系统，需要充分考虑兼容性，保证整个系统在实际需要时可以平滑地过渡或升级到新系统。另一方面要考虑与国际惯例接轨及与国内相关信息管理系统的衔接，以确保系统的继承性和可扩展性。

（9）集成性原则

应用系统设计需考虑软硬件系统之间可以方便地实现集成。保证系统用户无须花费过多的精力进行系统平台的集成，而将精力集中到经办业务的整理和系统的实现上，从时间的和进度上促进系统的快速本地化。集成的应用系统要降低系统维护的难度和要求，方便用户日后的应用和管理。

B. 系统构成（图书馆系统流程图如图 3-31 所示）

如图 3-30 所示，该系统流程图描绘了图书馆管理系统的概貌。从图中可以看出，系统由四个服务（“读者事务”“系统管理事务”“读者服务事务”和“图书管理事务”）、四个程序模块（“读者管理模块”“系统管理模块”“读者服务模块”“图书管理模块”）两个存储（“读者信息文件”和“图书信息文件”）和六个文件（“备份文件”和“管理日志”“读者借阅图书汇总”“剔除图书汇总表”“图书编目信息”“图书登记总账”和“购书目录”）构成，连线代表了系统不同元素之间流动的数据。

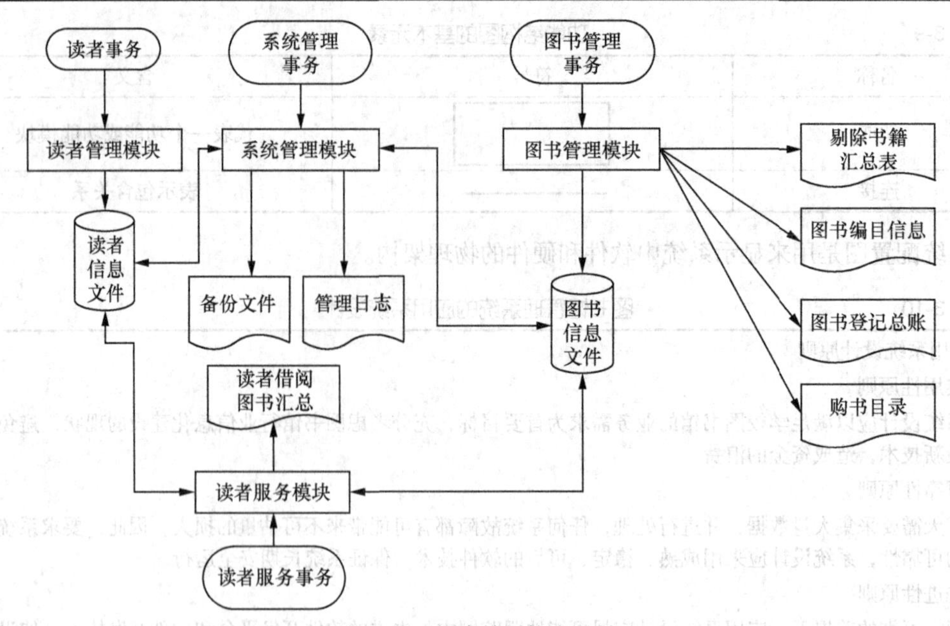

图 3-31　图书馆系统流程图

C. 功能结构（图书馆管理系统功能结构图如图 3-32 所示）

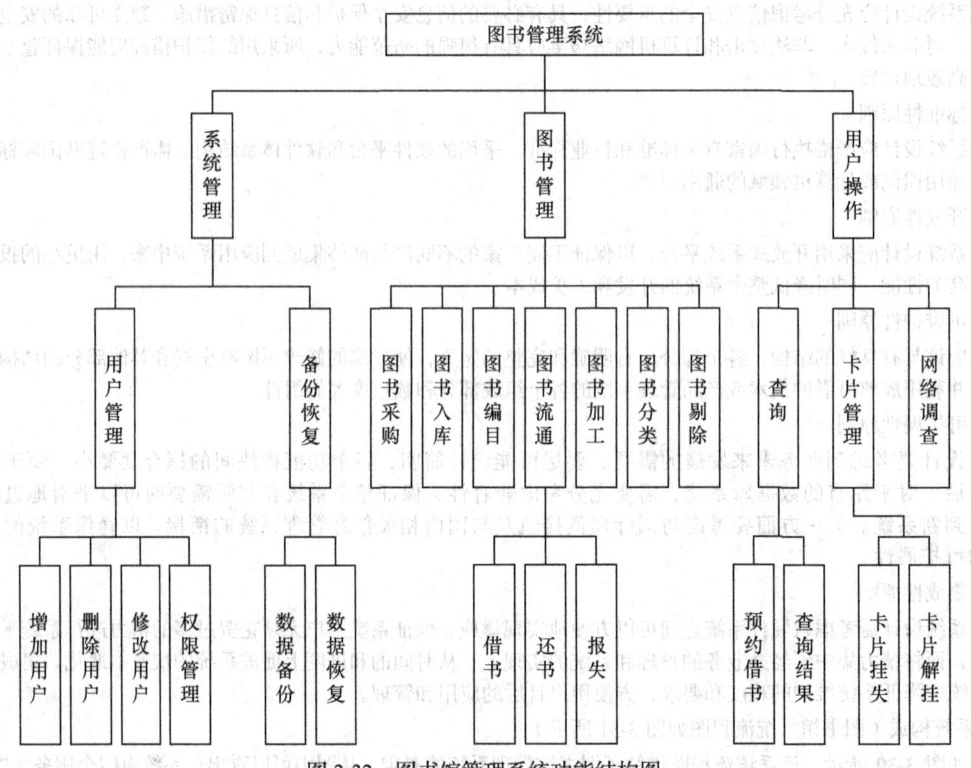

图 3-32　图书馆管理系统功能结构图

由图 3-32 可以看出，图书馆管理系统主要为 3 个模块：系统管理、图书管理、用户操作。

系统管理：该模块的功能主要是用户信息管理以及对系统数据的备份与恢复。图书馆管理系统含有很多数据，对于系统数据可以进行数据备份以及数据恢复。对用户信息的管理包括基本的增、删、查、改，还有对用户权限的管理，不同用户类型有不同的权限，从而实现不同的功能。

图书管理：是对图书的一系列操作，包括图书采购、图书入库、图书编目、图书流通、图书加工、图书分类以及图书剔除。其中图书流图包括借书、还书以及报失。

用户操作：该模块体现了用户可以进行的基本操作，如对卡片的管理（卡片挂失或者解挂）、查询，以及网络调查。其中对卡片的管理指用户可以在图书馆页面进行卡片的自助挂失以及卡片的解挂。此外，用户可以根据自身的需求查询所需的信息，如卡片信息、预约借书信息等。

D. 系统配置（图书馆系统架构图如图3-33）

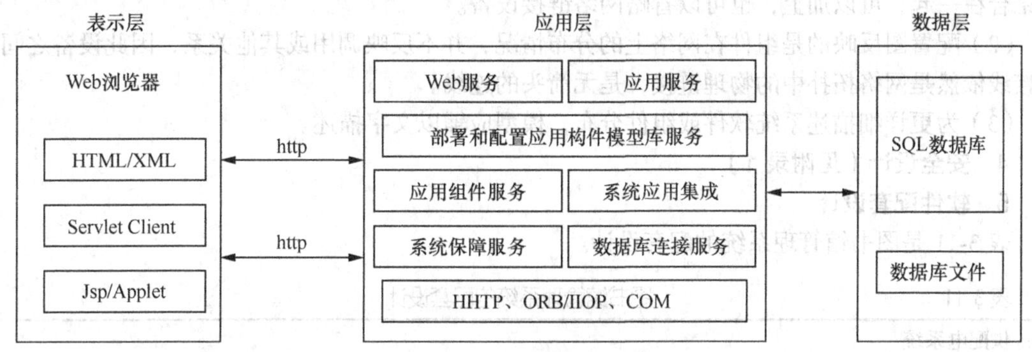

图3-33　图书馆系统架构图

由图所示的是系统架构图，该图由表示层、应用层以及数据层组合。表示层与用户交互，如各种浏览器等。应用层包含Web服务、应用服务、部署和配置应用构件模型服务、应用组件服务、系统保障服务等，一方面根据用户的操作以及脚本的定义向数据库服务器发送数据库请求，一方面接收数据库传递的消息，并转化成如HTML/XML等格式，发送给浏览器。

系统流程图的作用，就是在抽象的黑盒级上描述系统内部的主要构成成份（例如硬设备、程序、文字及各类人工过程等），以及表达信息在各个成份之间流动的情况。绘制系统流程图，应严格遵循建模原则，以保证获得规范、统一的模型。此外，还应注意以下3点。

（1）尽量根据业务流程优化后的新系统的工作流程为依据，绘制系统流程图。习惯上信息在图中从顶向下或从左向右流动。以单个业务出发开始进行绘制，最终汇聚成完整的系统流程图。

（2）复杂系统可以用分层方法来表示系统构成。首先用一张高层次的系统流程图描绘系统总体概貌，表明系统的关键功能；每个关键功能扩展到适当的详细程度，画在单独的一页纸上。

（3）系统流程图应辅以文字描述。必要时可以在图上加注释，注释较多时，应另加文档来进行文字解释。

功能结构模型从系统的功能角度反映系统构成。建模功能结构模型时，应严格遵循建模原则，以保证获得规范、统一的模型。特别地，应注意以下4点。

（1）功能结构图组织机构模型是一个树形的构成图。功能结构图顶层是项目本身，下面是构成系统的子系统、模块、子模块。树型功能结构图的叶子是最小的模块。功能结构图体现的是“构成关系”，即有直接联系的上层模块包含下层模块。（有时候功能结构图用来反映的是上层模块对下层子模块的调用关系，由于系统调用关系更为复杂，建议功能结构图只反映包含关系。）

（2）上层模块与被包含的下层子模块之间，是“包含关系”，不应以箭头线连接。在软件工程模型中，箭头线往往意味着“数据流向”或“控制流向”，反映包含关系的连线，采用无箭头线。

（3）可以对关系密切但又不是包含关系模块进行合并描述。

（4）功能结构图应辅以文字描述。功能结构图只是简略直观地描述系统功能构成，为加深读者印象，对于模块的功能应以更详细的文字进行全面描述。

系统配置模型主要反映重要软件、模块在网络中的分布配置情况。建模系统配置图时，应严格遵循建模原则，以保证获得规范、统一的模型。应注意以下 3 点。

（1）系统配置模型反映的是系统中重要软件在网络上的分布配置情况，因此应该和网络拓扑图结合在一起，可以加上，也可以省略网络链接设备。

（2）配置图反映的是组件在网络上的分布情况，并不反映调用或其他关系，因此设备之间的连接线依然是网络拓扑中的物理链接，是无箭头的连线。

（3）为更详细描述系统软件或组件分布，模型应辅以文字描述。

4. 安全设计（见附录 1）

5. 软件配套设计

表 3-11 是图书馆管理系统的配套设计。

表 3-11　　图书馆管理系统的配套设计

A. 供配电系统

机房的供配电系统是一个综合性配电系统。一般而言，在计算机等主要设备选定之后，计算机机房的供配电系统就可以确定。由于计算机设备的种类不同，型号不同，对供配电系统的要求也不同。大、中型计算机的供配电系统有特殊的要求，小型计算机也有配电标准，微型计算机供配电虽然简单，但也有供配电的要求。如果计算机供配电系统搞不好，不仅大中型计算机的正常工作得不到保证，就连微机也不能正常运行。

计算机机房供配电系统，还要解决保障计算机设备正常运行的其他附属设备的供配电问题。如计算机机房专用精密空调机的供配电，机房一般照明、应急照明、安全消防系统用电等。图书馆信息系统机房供电中断，会造成计算机资料、数据丢失，通信中断，统计数据无法传递，由此可见，保证机房安全可靠供电十分重要。

（1）配电系统概述

根据民用建筑电气设计规范等和实际建设的案例，电气工程系统的设计在计算机系统的地位非常重要。

① 机房连线电源采用三相五线制。

② 机房内用电设备的供电电源均为单相三线制。

③ 机房用电设备、配电线路敷设过流过载两段保护，同时配电系统各级之间有选择性地配合，配电以放射式向用电设备供电。

④ 机房总进线电缆采用铠装电缆，其他配电系统所用线缆均为阻燃聚氯乙烯绝缘导线及电缆，电线管 SC 及金属软管 CP，其中导线选用 ZR-BV-500V 型铜线穿电线管敷设，电缆选用型塑料绝缘铜芯电缆。

（2）配电系统详细设计

① 计算机设备配电系统设计。

计算机机房负载分为主设备负载和辅助设备负载。主设备负载指计算机及网络系统、计算机外部设备及机房监控系统，这部分供配电系统称为“设备供配电系统”，其供电质量要求非常高，设计采用 UPS 不间断电源供电来保证供电的稳定性和可靠性。辅助设备负载指空调设备、动力设备、照明设备、测试设备等，其供配电系统称为“辅助供配电系统”，其供电由市电直接供电。由于这些设备进行数据的实时处理与实时传递，关系重大，所以对电源的质量和可靠性的要求最高。

为保证计算机连续运行，充分发挥 UPS 的作用，本工程电源建议采用三路高压一级供电，用一路备用两路，以保障电源可靠性的要求，同时考虑采用 UPS 不间断电源，各路负载设漏电、过载、短电保护。保证机房安全可靠十分重要，最大限度满足机房计算机设备对供电电源质量的要求。机房总进线电缆由甲方确定。

② 辅助设备动力配电系统。

机房辅助动力设备包括机房专用精密空调系统、机房新风系统、照明、辅助用电等。本次设计中有精密空调，保障机房设备的工作环境。精密空调机均由机房动力配电柜供给，利于空调维护维修等。

③ 机房照明配电系统。机房照明配电系统包括以下内容。

- 正常照明配电系统。

根据实际使用情况及 GB50174-93《电子计算机机房设计规范》，在离地面 0.8 米处，主机房照度不小于 300～

400LX。本设计中主要照明采用照明箱集中控制，即通过嵌入配电箱控制机房照明，局部用翘板式暗开关，墙上安装距地 1.4M。

- 应急照明系统。

为保证工作人员做存盘等紧急处理，计算机机房必须具备应急照明系统。机房内安装应急照明，照度不低于 5LX，并在各出口及机房内设置安全出口灯和疏散指示灯。灯具由 UPS 电源供电，照明断电时，由事故照明自动转换装置供出 UPS 电，点燃事故照明。

- 灯具选择。

灯具选用荧光格栅灯（3×40W）和（3×20W），尺寸分别为 1200mm×300mm，和 600mm×600mm；与吊顶板相配，优良光质，能减少疲劳，保证操作的准确性和提高工作效率，照明灯具不闪光、不炫光、照明度大，光线分布均匀，不直接照射光面，特别是显示设备和控制板离地面 0.8m 处照度不低于 300LX，本机房选用嵌入式荧光灯，达到整齐、美观的效果，不会产生炫光，特别适用此计算机房及网管室。

- 机房配电脑安装。

市电维修插座采用 10A 二、三级插座，UPS 主要大型设备插座采用耦合连接器插座，小型设备插座采用二、三级插座。

低压配电线全部采用符合国家标准的正规厂家生产的阻燃塑料铜芯电缆电线，照明及辅助插座采用镀锌钢管穿塑铜线，通过镀锌钢管敷设到端口，计算机负载配电线路按国际标准并留有余量，其中地线采用黄绿双色线，中线采用兰色线，相线采用红、绿、黄色线，电力干线、照明线路采用吊顶内敷设，A、B、C 三相负荷均供电。

④ 接地系统。

做好机房接地系统的建设是设备和人身的安全需要和设备稳定、可靠工作的需要，特别是做好等电位的措施，对人和设备的安全尤为重要。

本方案设计采用防雷接地，保护接地、工作接地共用联合接地系统，接地电阻不大于 1 欧姆，接地干线分别由大楼两处接地测试板引入，引入时两路各设一套 OBO 之防地电位反击等电位连接，保护器型号为 480，接地干线采用电缆引入机房。接地电阻要求不大于 1 欧姆，电力系统采用 TN-S 系统，接地线与零线分开，室内设置有接地端子箱，安装位置在电缆桥下 100mm 处，使不同设备的接地具有各自本身同一电位。

机房作一环形等电位母排 TMY-30×3（国际铜排），选用镀锌扁铁|（30×3）并与大楼地网相连接，连接至少有两处，机房内所有设备金属外壳及静电地板和金属线槽与等电位母排连接。

为防止感应雷、侧击雷沿电源线进入机房损坏机房内的重要设备，大楼低压总配电屏需设置一级电源防雷装置（甲方自理），以保护服务器等设备的安全工作。

⑤ 机房配电与机房消防报警系统。

当火灾发生时，感烟探测器报警后，火灾控制器发出火警预警声、光报警信号，但此时不启动灭火程序。当同一防护区的感温探测器与感烟探测器同时报警时，控制器发出声光报警信号。在手动或自动启动灭火程序喷淋前，总控制台发出指令，通知人员撤离，并发出联动控制信号，切断机房非消防用电设备的电源供电，如空调机、新风机、排风机、照明、等设备供电电源。上述设备供电与消防系统的联动过程，是采用电源配电柜内相关断路器的分励脱扣做远距离分断，配电柜内相关断路器均装有分励脱扣器和辅助接点。

B. 机房 UPS 电源系统

为保证计算机连续运行，充分发挥 UPS 的作用，计算机机房对市电电源供应采用三路高压一级供电，用一路备用两路，保证计算机可以连续运行（因为蓄电池一般只能维持 10～20 分钟，如遇较长时间停电，则计算机无法运行）。为确保三路供 UPS 最好在三路高压电源之间增加联络，以尽量减少停电时间。在低压做负荷分配时，UPS 电源和旁路电源与其他动力设备不使用同一低压配电柜。 UPS 系统应至少保证关键设备能够运行 4 小时以上。

UPS 基本是由整流器、蓄电池、静态开关等组成。UPS 的本机占地面积并不大，但需配有蓄电池组，则占地面积就要扩大，另外它的自重较大，所以在安排机房时应特别要考虑其重量因素。UPS 因发热量较大，噪音也不小，其本身内部结构紧凑，清洁困难，因此 UPS 机房通风要好，还要注意防尘与隔音。UPS 一般要求市电输入电压在（10%～15%）间浮动，在市电电压波动超出上述要求的地区，应在市电进入 UPS 前，接入交流电子稳压电源。

根据设备量状况，进行 UPS 系统设计，要求包括 4 小时的蓄电池、具备网络管理能力。

C. 综合布线系统

综合布线系统将双绞线和光纤纳入建筑物综合布线系统，建立起一个技术先进的、开放式的智能信息管理系统平台。

本方案按照 3 平米 1 个信息点估算，3 个机房面积一共为 200 平方米，所以共计 67 个信息点。

D. 机房消防

根据有关规范及消防规范的要求，网络主机房应设置气体灭火系统。

根据网络机房的特殊性：机房内是绝对不能采用水进行灭火，即使灭火剂中含少量的水也是不符合规范要求，这是因为主机设备是忌水的，一旦采用水或其他含水的灭火介质，其中存放的精密设备可能虽未被大火损坏，却会被灭火时所大量使用的水所毁坏，其结果与火灾的损失是相同的。因此为保护设备和人员的安全，必须采用高效灭火的洁净气体灭火系统。所谓洁净气体，就是指美国国家防火协会（ NFPA）所制定的标准 NFPA2001 中规定的一系列气态、不导电、易挥发、蒸发后无残留物的洁净药剂所产生的气体。

系统方案选择：选定灭火剂——查取设计灭火浓度——计算设计灭火用量——确定灭火方式——布置灭火管网——选定储存装置的型号、数量。

本方案为七氟丙烷自动灭火系统，共一个防护区，保护对象为网络机房。本系统具有自动、手动及机械应急启动三种控制方式。保护区均设二路独立探测回路，当第一路探测器发出火灾信号时，发出警报，指示火灾发生的部位，提醒工作人员注意；当第二路探测器亦发出火灾信号后，自动灭火控制器开始进入延时阶段（0 ~ 30s 可调），此阶段用于疏散人员（声光报警器等动作）和联动设备的动作（关闭通风空调，防火卷帘门等）。延时过后，向该保护区的驱动瓶发出灭火指令，打开驱动瓶容器阀，然后瓶内氮气打开相应七氟丙烷气瓶，向失火区进行灭火作业。同时报警控制器接收压力信号发生器的反馈信号，控制面板喷放指示灯亮。当报警控制器处于手动状态，报警控制器只发出报警信号，不输出动作信号，由值班人员确认火警后，按下报警控制面板上的应急启动按钮或保护区门口处的紧急启停按钮，即可启动系统喷放七氟丙烷灭火剂。

3.2.5 可行性分析

表 3-12 是图书馆管理系统的可行性分析。从政策可行性、经济可行性、技术可行性、信息基础可信性和人力资源可行性等方面进行了分析，并做了经济效益和社会效益分析。

表 3-12　　图书馆管理系统的可行性分析

A. 可行性分析

（1）政策可行性

以下信息是本项目顺利实施的政策条件。

- 2000 年 5 月，国办发文要求全国加快政府网络化建设。2001 年 4 月份，国务院办公厅制定了《2001 ~ 2005 年政务信息化规划纲要》。
- 中共中央办公厅、国务院办公厅转发《国家信息化领导小组关于我国信息化建设指导意见》的通知（中办发[2002] 17 号）。

（2）经济可行性

目前图书馆信息化已经基本普及，并朝馆际互联户互通的方向发展。建设图书馆信息系统，可以解决图书馆各个业务部门网络互联、信息交换和资源共享的问题，避免资源浪费。此外，可以显著降低工作人员劳动强度，提高工作效率，节省人工费用。预计可以减少人工费用 30% ~ 50%。因此，从经济方面考虑，不但是可行的，而且势在必行。

（3）技术可行性

根据国家关于信息化建设的指导意见，项目建设应该尽量采用国产设备和软件，目前我国的信息化产品的研发和生产能力都大大提高，该项目建设所采用的技术和产品（计算机通信网络、服务器系统、信息安全技术与产品、系统软件和应用支撑软件等）大部分均可以采用国产技术和产品，符合信息化建设的总体目标和要求，同时在国家电子政务试点示范工程以及其他类似项目中国产技术和产品均得到了成功应用，取得了预期的效果，这在技术层面上大大地提高了项目的可行性。

（4）信息化基础可行性

经过多年的努力，图书馆等文化事业的信息化建设取得了长足的发展：一是各种教育文化机构普遍建立了信息化系统，实现了内部业务部门的互联互通，信息化水平不断提高；二是部分已经实现了馆际的互联互通，有些甚至积极开展网上图书借阅、预约等图书馆业务。本校已经建立的校园网，为图书馆信息系统的建设提供了部分网络基础条件，使得这次项目的建设周期和建设费用大大地减少，在客观上提高了项目建设的可行性。

（5）人力资源可行性分析

校园信息化工作经过多年的努力，已取得了一定成绩，建立了后勤、财务等信息子系统。在取得信息化成绩的同时，培养了一支既懂信息技术，又熟悉图书馆业务的专业技术队伍，为本次图书馆信息系统的建设奠定了人力资源基础。

B. 社会效益分析

图书馆是高等院校重要的一个组成部分。图书馆可以丰富师生的课外知识，提高他们的专业技能以及知识水平，还可以在校园中营造良好的文化氛围，不仅是建设高校师生精神文化的关键，对于高校的各项物质和生活文化的建设也起到了非常重要的作用。图书馆信息化工作，为建立图书馆工作新机制提供支持，为最终解决信息查阅提供平台，为维护社会稳定、构建和谐社会提供保证。为此，所带来的直接社会效益：

第一，进一步提高信息检索应用，为师生提供更便利的服务。图书馆信息系统的建立，可以进一步畅通信息渠道，节省师生的时间成本，提高师生对信息需求的满意度。

第二，为图书馆各部门及时掌握师生需求提供服务。图书馆信息系统建立后，师生的信息需求能够及时、准确地传送到图书馆各个业务部门，为图书馆研究师生需要、妥善解决问题、应对和处理特殊需要提供支持。

第三，促进和强化图书馆工作机构的责任。信息系统的建立，将实现图书馆事项的公开透明和跟踪，可以使图书馆工作置于群众监督之下，强化有关部门和岗位人员的工作责任感。

第四，有利于对业务流程和管理方式进行调整和再造，促进工作规范化、统一化、科学化，提高工作的质量和效率。信息系统建立后，将会改变工作的办公方式、业务流程和管理方式，进一步规范工作行为，创新工作机制，整合信息资源，拓宽服务领域，提高各级工作机构的行政能力，大量减少事项的重复和错误，误差控制在5%以内。

C. 经济效益分析

近年来科技发展越来越快，师生对信息的快捷检索要求越来越高。2014 年全校图书借阅 50 万人次，赴外馆做情报检索 0.5 万人次。本项目建成后，可节约成本约 14.8 万元/年。

3.3 面向对象的项目前期实例

3.3.1 组织分析

（同 3.2.1）

3.3.2 业务流程分析

结构化方法下的业务流程分析中，每个业务都用一个业务流程图来描述，能够很好地反映业务工作过程。主要的缺陷在于两点：①没有相应的模型以反映组织向外界提供的所有服务，当组织向外界提供的服务很多时，模型阅读者很难一览全局；②每个业务流程都是从第一个执行岗位开始到最后一个岗位结束的活动流转，没有体现服务对象。

面向对象方法下的业务流程分析，很好地解决了这两个问题。用业务用例图反映现实系统为用户提供的服务。业务用例图从用户的角度描述系统，它汇聚了系统向外界提供的所有服务，由业务用例、业务角色，以及它们之间（业务角色与业务用例、业务角色之间、业务用例之间）的关系组成。一个业务用例图可以反映组织向外界提供的所有服务；而业务用例图中的业务角色就是各个业务流程的服务接受对象。

每个业务用例是从用户角度描述系统向外界提供的一个服务，它将服务描述成一系列跨越多个岗位的事务，这些事务最终满足用户需要。业务角色是接受服务的实体，未来他可能参与和系统的交互，也可能不参与和系统的交互。比如在银行储蓄业务中，当储户在柜台存取款时，储户是业务角色，但并不参与和系统的交互；当储户在 ATM 机存取款时，储户既是业务角色，也参与和系统的交互。在 UML 中，业务角色使用带斜杠的人形符号表示，并且具有唯一性的名称；用例用带斜杠的椭圆表示，且具有唯一的名称。业务角色和业务用例之间使用带箭头的实线连接，由业务角色指向业务用例，表示业务角色发起或获得服务。表 3-13 是业务用例图的基本元素。

表 3-13　业务用例图的基本元素

名称	符号	含义
业务角色		指接受服务的实体或服务的发起者
业务用例		指业务本身
关系	→	表示业务角色发起或获得服务

每个业务用例的细节，可以进一步用活动图进行描述。活动图中的活动是展示整个业务用例的控制流（及其操作数），执行的步骤可以是并发的或顺序的。业务用例的活动图，就对应于结构化方法下的业务流程图。

活动图由实心圆表示的开始节点出发，到外包实心圆的终止节点结束，中间是一系列的圆角矩形表示的动作系列。动作之间用箭头线连接，表示动作的迁移，箭头线上可以附加警戒条件、发送子句或动作表达式。活动图可以根据活动发生位置的不同，划分为若干个矩形区域，每个矩形区称为泳道。

在业务用例的活动图中，泳道对应于某个组织机构的岗位，反映该岗位在业务流程中承担的责任；活动图中的操作，不应过于细化，最好体现为一个完整的事务操作。未来这个操作，将由一组关联业务对象的一些方法来实现。表 3-14 是描述业务用例的活动图的基本元素描述。

表 3-14　是描述业务用例的活动图的基本元素描述

名称	符号	含义
初始节点		表示活动的开始
活动终点		表示活动的结束
活动节点		表示一个活动
转换	→	控制流的转向
分支		表示一个转换进入，有一个或多个转换离开
并发		多个活动同时进行

系统现状分析工作完成，必须以一定的成果描述出来。现状分析结果是可行性分析报告中的重要部分。表 3-15 是图书馆管理系统开发团队在完成现状分析后，对现状分析的结果。

表 3-15　面向对象的现状分析

A. 图书馆业务用例图 图书馆业务用例图如图 3-34 所示：

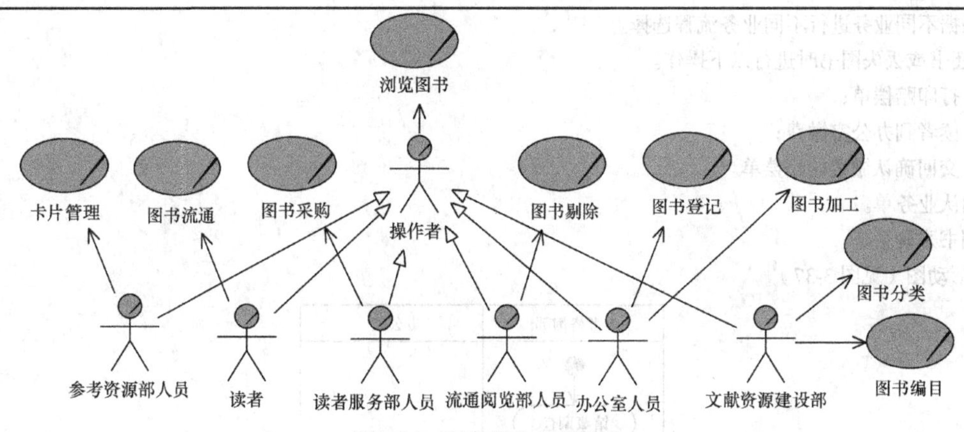

图 3-34　图书馆业务用例图

业务用例图中共有 9 种业务用例，7 种业务角色，“操作者”业务角色是所有业务角色的基类，所有内部人员和读者都进行图书信息的浏览。下面是各个业务用例的描述。

B. 业务用例流程描述

1. 卡片管理业务

（1）活动图（见图 3-35）

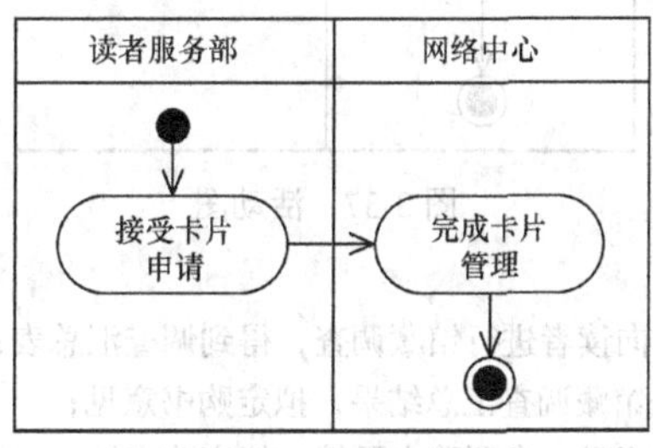

图 3-35　活动图

（2）流程步骤

a）读者服务部接受读者的卡片管理申请（开卡、缴回、挂失、解挂、变更），签署审核意见。

b）网络中心根据审核意见，完成卡片管理。

2. 图书流通业务

（1）活动图（见图 3-36）

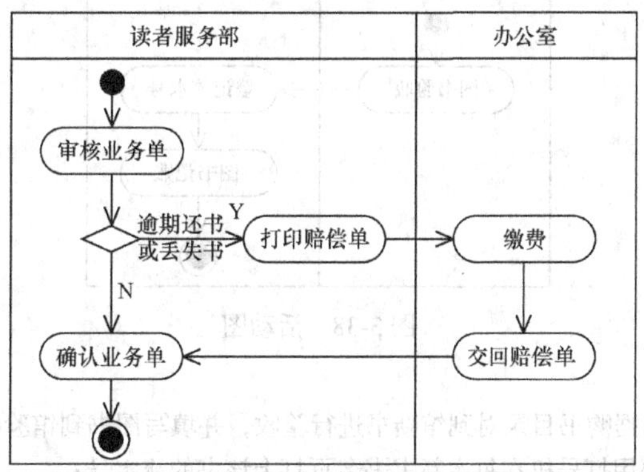

图 3-36　活动图

（2）流程步骤

图书流通业务包括借书、还书和图书报失三种基本形式，步骤基本相同。

a）读者填写业务单（借书单、预定单、还书单或报失单）。管理人员审核。

b）根据不同业务进行不同业务流程选择。

逾期还书或丢失图书时进行以下操作。

（一）打印赔偿单；

（二）读者到办公室缴费；

（三）交回确认缴费的赔偿单。

c）确认业务单。

3. 图书采购业务

（1）活动图（见图 3-37）

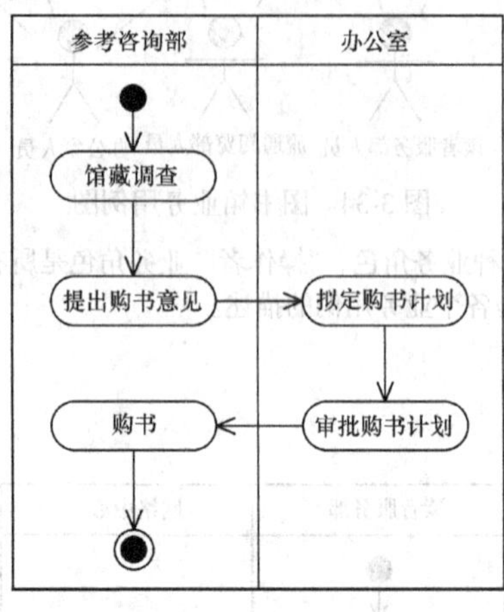

图 3-37 活动图

（2）流程步骤

a）馆藏调查：首先由参考咨询部面向读者进行馆藏调查，得到调查汇总表；

b）提出购书意见：参考咨询部根据馆藏调查汇总结果，拟定购书意见；

c）拟定购书计划：办公室根据购书意见，参照购书预算，拟定购书计划；

d）审批购书计划：馆长审批购书计划；

e）购书：参考咨询部根据购书计划，与书商协商购书，生成购书目录。

4. 图书登记业务用例

（1）活动图（见图 3-38）

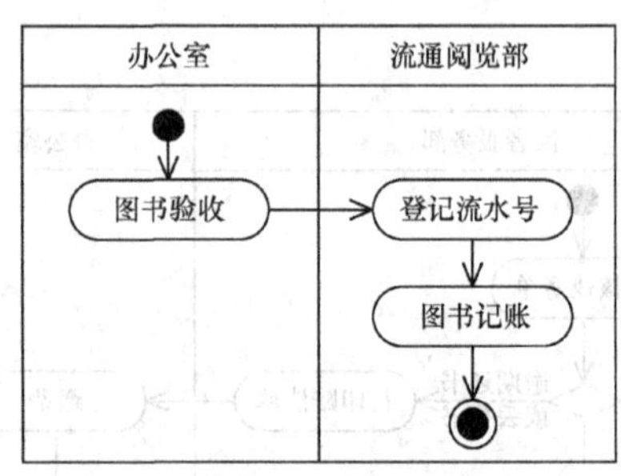

图 3-38 活动图

（2）步骤

a）图书验收：流通阅览部根据购书目录对到馆新书进行验收，并填写图书到馆验收单；

b）登记流水号：流通阅览部用打号机在每本新书书名页打上该书的流水号；

c）图书记账：流通阅览部进行图书总括登记（即记录图书馆每批次购书情况的账目）和图书个别登记（即将每册书的书名、著者、出版单位、出版年、书价、来源以及登记号码等项记入“图书登记总账”）。

5. 图书分类业务

（1）用例活动图（见图 3-39）

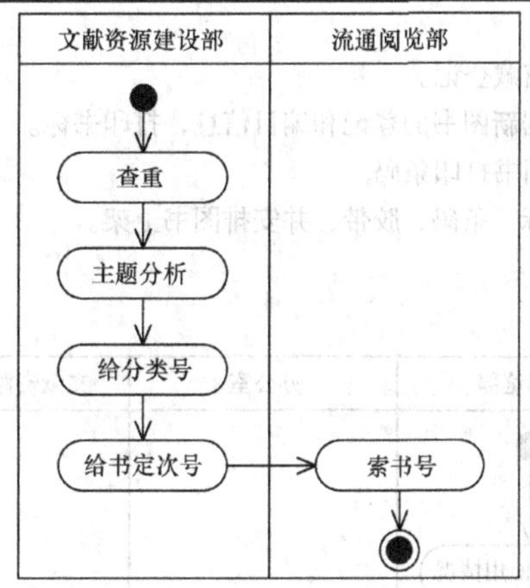

图 3-39　用例活动图

（2）图书分类业务步骤

a）查重：流通阅览部查明将要分类的文献在本馆以前是否已经收藏并且分编过。

b）主题分析：流通阅览部对文献的内容或主题进行主题分析。

c）给分类号：流通阅览部用铅笔工整书写书的分类号（流水号的正下面）。

d）给书定次号：流通阅览部给书定次号，书次号表示书在同类书中顺序，是对同类书的再区分。

e）索书号：流通阅览部给定图书排架号。

6. 图书编目业务用例

（1）活动图（见图 3-40）

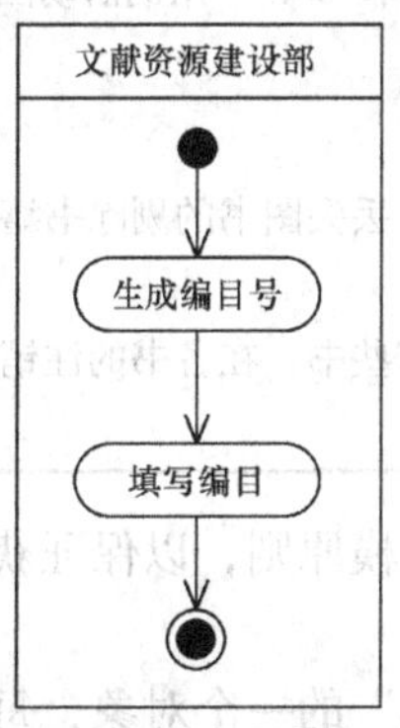

图 3-40　活动图

（2）步骤

a）生成编目号。

b）打印填写编目。

7. 图书加工业务用例

（1）活动图（见图 3-41）

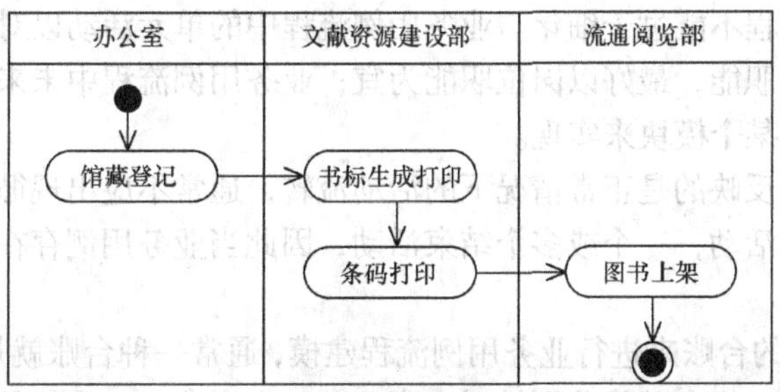

图 3-41　活动图

(2) 图书加工业务步骤

a) 馆藏登记：办公室对图书进行馆藏登记。

b) 打印书标：文献资源建设部根据新图书的登记和编目信息，打印书标。

c) 打印条码：文献资源建设部为图书打印条码。

d) 上架：流通阅览部为图书贴书标、条码、胶带，并安排图书上架。

8. 图书剔除业务

(1) 用例活动图（见图 3-42）

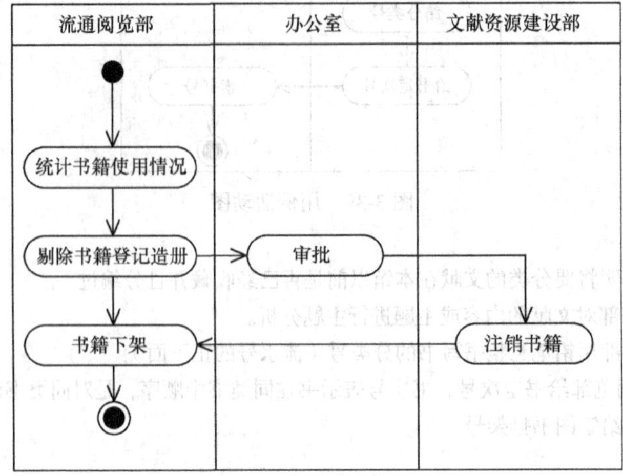

图 3-42 用例活动图

(2) 图书剔除业务步骤

a) 流通阅览部统计书籍使用情况。

b) 流通阅览部将需要剔除的书登记造册（含丢失图书的剔除书籍汇总表）。

c) 办公室审批。

d) 文献资源建设部在图书登记总账中找到这些书，在各书的注销栏中填写注销日期和原因。

e) 流通阅览部将需要剔除的书下架。

建模业务用例模型，应严格遵循建模原则，以保证获得规范、统一的模型。特别地，需要注意以下 7 点。

(1) 每个业务用例是“业务用例类”的一个对象，每个业务角色是“业务角色类”的一个对象，因此业务用例图从理论上来说是一个对象模型，是具体系统的业务呈现。

(2) 业务角色是接受业务服务的对象，可以是人，也可以是硬件设施或外部系统。业务角色可能与拟建的目标系统交互，也可能不与目标系统交互。

(3) 以业务用例图描述整个系统的业务概况；为每个业务用例描述单独的流程，流程反映活动的开始到结束，业务角色是业务流程的服务对象，业务流程中的泳道是业务流程的操作者。

(4) 业务用例的流程不能过于细化。业务用例流程中的单元活动以对应于组织机构模型中特定部门或部门内的岗位职能，最好以岗位职能为宜；业务用例流程中未来每个需要自动化的单元活动，都由完成事务的某个模块来实现。

(5) 业务用例流程反映的是正常情况下的活动流转，通常不应出现循环控制结构。业务用例流程通常只有一个开始活动，一个或多个结束活动，因此当业务用例存在可选路径时，允许出现条件控制结构。

(6) 假如依据收集的台账来进行业务用例流程建模，通常一种台账就是一个完整的业务用例。如多联的仓库的入库单、出库单就分别针对入库业务、出库业务；商场的多联销售单针对的是销售业务；银行的存款单、取款单、挂失单分别对应不同的业务用例。

（7）业务用例模型通常也需要辅以文字描述。业务用例的流程图能够直观地描述组织内不同业务活动的流程，但应辅以更详细的文字进行全面描述。

3.3.3 需求收集（同 3.2.3）

3.3.4 粗略设计

（1）系统体系结构（同 3.2.4 之系统体系结构）。

（2）硬件（网络）系统设计（同 3.2.4 之硬件设计）。

（3）应用系统设计。

面向对象的应用系统设计，同样需要进行系统构成、功能构成和系统配置的设计。在面向对象方法下，系统构成用组件图描述；功能结构图则和结构化方法下的描述一样。系统架构图用面向对象的配置图进行描述。表 3-16 所示是组件图的基本元素，表 3-17 所示是系统配置图的基本元素。表 3-18 所示是面向对象方法下图书馆管理系统的应用系统设计。

表 3-16 组件图基本元素

名称	符号	含义
组件	组件	代表可执行的物理代码模块
接口	接口 ○————	对外提供的可见的操作和属性
依赖	- - - - - - - - - ->	表示组件与组件之间的依赖关系

表 3-17 系统配置图基本元素

名称	符号	含义
节点	节点	指计算机资源的物理元素，可以是硬件也可以是软件系统
组件	组件	代表可执行的物理代码模块
接口	接口 ○————	对外提供的可见的操作和属性
连接	- - - - - - - - - ->	表示系统之间进行交互的通信线路
依赖	- - - - - - - - - ->	表示组件与组件之间的依赖关系

表 3-18 图书馆管理系统的应用系统设计

A. 应用系统设计原则（同 3.2.4 应用系统设计）

B. 系统构成（见图 3-43）

面向对象的组件图反映的是程序构成，组成图书馆管理系统的组件图的程序构成主要包括身份验证、资料阅览、系统管理、图书管理以及用户操作等组件。

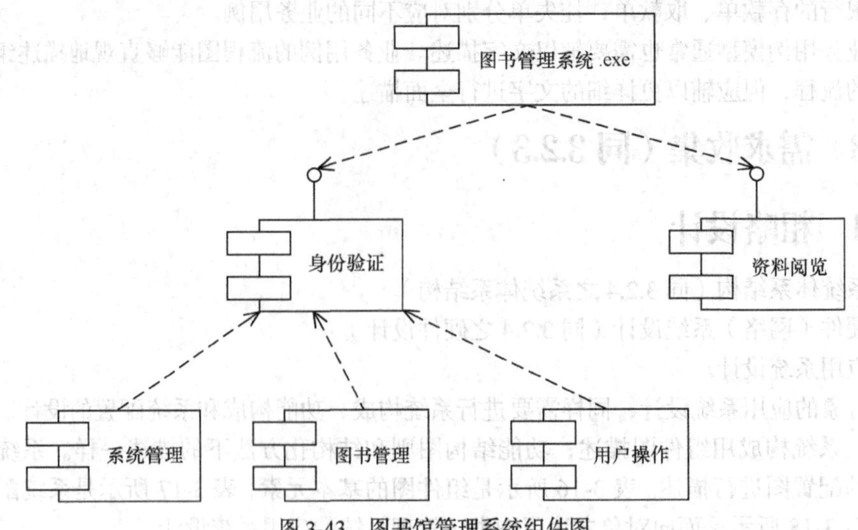

图 3-43　图书馆管理系统组件图

C. 功能结构（同 3.2.4 应用系统设计）

D. 系统配置（见图 3-44）

配置图主要用来说明如何配置系统的软件和硬件，图书馆管理系统的应用服务负责保存整个管理系统的应用程序，数据库是负责数据的管理，此外，还有多个终端，对于不同的用户，有不同的客户端，下图表示了图书馆管理系统的配置图。

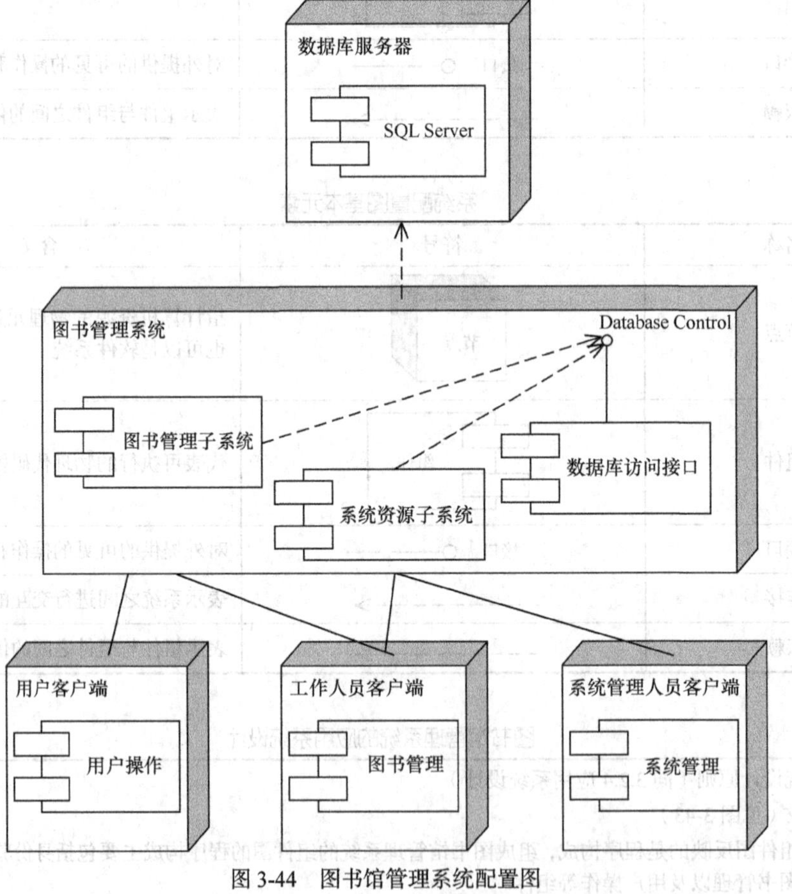

图 3-44　图书馆管理系统配置图

应用系统设计反映未来系统的软件构成，建模时应注意以下 3 点。

① 构件图（组件图）单纯反映未来系统的软件模块构成。

② 配置图反应将来系统的硬件构成，在配置图中也可以加上相应的软件组件配置信息。

③ 无论构件图或配置图，连线均是无箭头线，以反映元素之间的包含关系。

（4）安全设计（见附录 1）

（5）配套设计（同 3.2.4 之配套设计）

3.3.5　可行性分析（同 3.2.5）

3.4　项目前期的文档描述规范

××大学图书馆管理系统可行性研究报告

第 1 章　引言

1.1　目的

编写本可行性研究报告的目的，指出预期的读者。

1.2　背景

列出本项目与其相关软件或硬件项目之间的关系。

1.3　术语定义

列出文当中所用到的专门术语的定义和缩写词的原文。

1.4　参考资料

列出文档所引用的资料、标准和规范。

第 2 章　项目简介

2.1　项目名称

2.2　项目承担单位

2.3　可行性研究报告编制单位

2.4　可行性研究报告编制依据

2.5　项目目标、规模、内容、原则、周期

2.6　总投资及来源

2.7　社会及经济效益分析

2.8　结论和建议

第 3 章　项目建设的必要性和可行性

3.1　现状和差距

一、现状（现状分析内容填充在此）

1. 网络建设情况

2. 机房建设状况

3. 电脑配备情况

4. 业务软件安装、培训和使用情况

5. 计算机专业人员配备情况

6. 互联网网站建设情况

二、差距

3.2　发展趋势

3.3　项目建设的必要性

3.4　项目建设的可行性（可行性分析内容填充在此）

第 4 章　项目承担单位概况（组织分析内容填充在此）

4.1　单位概况
4.2　机构职责
第 5 章　系统需求（需求收集内容填充在此）
5.1　图书馆业务分析
5.2　系统功能需求和性能需求
5.3　信息量预测
第 6 章　总体方案（粗略设计内容填充在此）
6.1　系统体系结构
6.2　设备与软件配置
6.3　计算机网络系统平台
6.4　应用系统设计
6.5　安全保障体系设计
6.6　土建和配套工程
第 7 章　项目的招标方案
第 8 章　环保消防、职业安全卫生和节能
第 9 章　项目开发团队
第 10 章　项目实施进度
第 11 章　总投资估算和资金来源
第 12 章　社会和经济效益分析
第 13 章　结论与建议

3.5　本章小结

项目前期实际上是项目正式开始前的一个粗略的需求分析-总体设计的过程。项目前期必须为后续的软件开发做必要的准备工作。项目前期必须明确系统的目标，分析研究正在运行的系统（手工或待改进的自动化系统），搜集需求，进行新系统的粗略设计和可行性分析，最终撰写相应的文档。

根据现状分析来搜集需求，尤其是功能性需求是本书重点强调的。现状分析包括网络硬件分析、软件分析（包括组织分析、业务分析、现有软件系统分析），通过硬件分析可以大致了解目标单位的硬件设施，通过组织分析和业务分析，可以大致了解目标单位的组织构成、岗位职责和业务流程，现有软件系统分析则可以了解目标单位当前软件系统概况。业务分析的结果是后续需求收集阶段功能需求的来源和需求分析阶段需求分析的基础，其他非功能性需求可以通过与用户、领域专家、技术专家的访谈、调查得到，硬件设施需求可能还要通过数据的估算得到。

根据搜集的需求，可以进行新系统的粗略设计，包括体系结构设计、网络（硬件）设计、应用系统设计（系统构成、功能结构和系统配置）、安全设计和配套设计。对一个目标系统的粗略设计允许多个方案，在后续的可行性分析中对多个方案进行评估和比较，推荐合适的方案。可行性分析要从政治、经济、文化、法律等方面回答目标系统是否可以开发、是否值得开发。

本章以图书馆管理系统为例,分别介绍了采用结构化方法和面向对象方法进行项目前期建模。无论采用结构化方法或面向对象方法，项目前期以及其各个子阶段的目的任务都是一样的，但由于采用的技术不同，导致描述的模型有一定的差别。主要差别体现在两个方面。

（1）结构化方法下，软件分析中的业务分析，用业务流程图来描述，业务流程图体现的还是数据为中心的思想，业务活动处理数据，并转交给下一个活动。缺点在于无法对整个现实系统的

所有业务情况直观简介地描述，如果业务的发起者/服务对象不承担任何业务流程中的活动时，业务流程图无法体现出来；面向对象方法下，用业务用例（business use case）描述一个业务，所有的业务放在一个业务用例图上，对于现实系统的所有业务情况一览无余；每个业务用例的业务角色（business worker）反应业务用例的服务对象或发起者；每个业务用例都用一个流程图进行描述。面向对象的业务用例图和业务用例流程图能够避免结构化方法的缺陷。

（2）结构化方法下，反映系统构成的系统流程图体现数据为中心的思想，各个构成部分之间是数据流；在面向对象方法下，构件图反映系统的构成，体现的是面向对象思想。

本章最后给出了项目前期相关文档的规范。读者可直接参照文档，进行项目前期的文档撰写。

习　题

1. 项目前期，开发团队需要进行那几项工作？
2. 如何进行项目的硬件分析？
3. 如何进行项目的软件分析？
4. 为什么要进行组织分析？组织分析的原则是什么？组织分析的结果如何描述？
5. 什么是业务流程？业务流程有什么特点？
6. 为什么要进行业务分析？业务分析的原则是什么？业务分析的结果如何描述？
7. 进行需求收集时，需要关注那些需求？
8. 项目前期的粗略设计包括什么内容？粗略设计的原则是什么？
9. 可行性分析主要包括哪些内容？
10. 结构化方法下，项目前期需要绘制哪些模型？
11. 面向对象方法下，项目前期需要绘制哪些模型？
12. 结构化方法和面向对象方法下，如何看待不同的模型？

第4章 需求分析

项目开发建议被接受后，进入正式开发阶段。需求分析是软件开发的第一个阶段，它的基本任务是准确回答“系统做什么”的问题，明确未来系统的范围、程度。它完成的质量好坏直接影响后续软件开发活动的质量。

项目前期已经分析了系统环境，粗略了解了用户需求，并给出了未来系统的粗略设计。但是项目前期的主要目的在于项目是否值得开发，因此很多细节被忽略了。但系统最终是不能忽略任何细微环节的。需求分析阶段就是把项目前期忽略的细节加以关注，对目标系统提出完整、准确、清晰、具体的要求。

4.1 需求分析概述

需求分析实现的目标是将软件用户对于软件的一系列意图、想法转变为软件开发人员所需要的有关软件的技术规格，但实际上这具有相当大的难度。一方面，软件开发人员和用户来自不同业务领域，对问题的理解方式、习惯用语都存在差异；另一方面，两者之间的交流也可能存在障碍。此外，用户对需求的描述不全面、不准确，甚至可能会不断变化。因此软件开发人员往往需要建立需求分析模型来描述目标系统，以帮助用户描述需求、挖掘隐藏需求并加以明确。需求分析模型将是未来系统设计的基础。

遵循科学的需求分析步骤可以使需求分析工作更高效。需求分析的步骤一般分为需求获取、需求建模和细化、需求文档化和需求验证。

4.1.1 需求获取

项目经过前期的确认以后，在需求分析阶段获取的需求，与项目前期获取的需求有所不同。对于顶层抽象的业务需求（或系统需求）无需再进行关注，但需要继续关注用户需求、功能性需求和非功能性需求，且应该更为注重细节，强调无歧义、无错误。

1. 需求类别

（1）用户需求

结构化方法下，数据流和数据字典是表达用户需求的常用方法；面向对象方法下，用例模型（包括用例图、场景描述和用例流程图）是表达用户需求的有效途径。用户需求主要以项目前期的业务分析为基础来获得。

（2）功能需求

功能需求用于说明系统应该做什么，是有关软件系统的最基本的需求表述，涉及软件系统的功能特征、功能边界、输入输出接口、异常处理方法等方面的问题。也就是说，功能需求需要对软件系统的服务能力进行全面详细的描述，可以用相对用户需求更细化的用例模型（包括用例图、场景描述和用例流程图）进行描述。功能需求的功能特征可以通过对项目前期业务流程做进一步分析来得到；功能边界、输入输出接口、异常处理方法等其他特征可以通过用户调查等方式得到。

（3）非功能性需求

质量属性对产品的功能描述作了补充，它从不同方面描述了产品的各种特性。这些特性包括可用性、可移植性、完整性、效率和健壮性。

需求分析阶段对于系统的常见非功能需求包括以下具体内容。

- 用户对系统执行速度、响应速度、吞吐量、并发度等方面的需求；
- 用户在软件失效的频率、严重程度、易恢复性，以及故障可预测性等方面的要求；
- 用户在界面的易用性、美观性，报表的美观与格式，以及对面向用户的文档和培训资料等方面的要求。

这类需求主要通过与用户的交流来获得。

2. 需求获取的方式

在需求获取过程中，开发人员可以根据不同的问题和条件，使用不同的方法。获取需求比较常用的方法有以下6种。

（1）访谈用户

访谈用户就是面对面地跟单个用户进行对话。例如，请用户机构高层人员介绍用户的组织结构、业务范围、对软件应用的期望。

（2）开座谈会

当需要对用户机构的诸多部门进行业务活动调查与商讨时，可以考虑采用开一个座谈会的方式。这既有利于节约调查时间，又能使各部门之间就业务问题进行协商，以方便对与软件有关的业务进行合理分配与定位。

（3）问卷调查

问卷调查一般是利用精心设计的调查表去调查用户对软件的看法。当面对一个庞大的用户群体时，可能需要采用问卷调查形式进行用户调查。例如在开发通用软件时，为了获得广大用户对软件的看法，就不得不采取问卷方式。如果调查表设计得合理，这种方法很有效，也易于为用户接受。

（4）跟班作业

跟班作业就是软件分析人员亲身参加用户单位业务工作，由此可直接体验用户的业务活动情况。这种方法可以更加准确地理解用户需求，但比较耗费时间。

（5）收集用户台账资料

软件系统是现实系统的计算机化，与拟开发软件系统有关的现实系统一直在进行并产生结果。台账资料就是现实系统的输入输出，比如仓库必然有入库单、出库单、盘存报告等等。软件分析人员应该认真收集这些台账资料，由此可以更加清楚地认识用户的软件需求。

（6）通过原型完善用户需求

需求原型可用来收集用户需求并挖掘用户的一些潜在需求，帮助用户克服对软件需求的模糊认识，使用户需求能够更加完整地得以表达，并对用户需求进行验证。一般情况下，软件系统中最能够被用户直接感受的那一部分才会构造成为原型，例如，界面、报表或数据查询结果。实际上，界面原型是应用得最广泛的原型。原型往往需要根据用户的评价而不断修正。

4.1.2　需求建模并细化

在获得需求后，开发人员应该建立目标系统的逻辑模型。需求建模的过程，既是开发人员进行逻辑思考的过程，也是开发人员进一步认识现有系统和目标系统的过程。需求分析在项目前期的基础上进行，项目前期的业务分析成果是需求分析的出发点。在结构化方法下，需求分析模型是由数据流图（以及数据字典）来反映；在面向对象方法下，需求分析模型是由用例模型（用例图+用例的流程图）+分析类来反映。

1. 结构化方法分析建模

结构化方法是一种面向数据流并基于“自顶向下，由外而内，逐层分解”思想的需求分析方法，开发人员需要建立目标系统的逻辑模型并逐步细化，进而描绘出满足用户要求的软件系统。

结构化思想下，系统体现为“程序+数据”，目标系统的系统分析逻辑模型由数据流图和数据字典来描述。数据流图是描述系统中数据流的图形工具，是一种用来表示信息流和信息变换过程的图解方法。数据流图中的数据（数据流）以及加工体现了结构化方法中的“程序+数据”思想。通过数据流图，可以把软件看作是由数据流联系的各种功能的组合。为了进一步描述数据流图中的细节，数据字典被用来对数据流图中的加工和数据（数据流）进行补充说明，对数据流中出现的图形元素做出确切的解释。

根据项目前期的业务分析和其他的需求获取方式获得的需求，可以绘制顶层数据流图。系统顶层的数据流图定义系统范围，并描述系统与外界的数据联系，是对系统架构的概括和抽象。逐步细化上层数据流图，可以得到更详细的下层数据流图。底层的数据流图是对系统某个部分的精细描述。

图 4-1（限于篇幅，仅描绘两个业务流程）描述了项目前期的业务分析模型到需求分析的需求模型的映射过程。

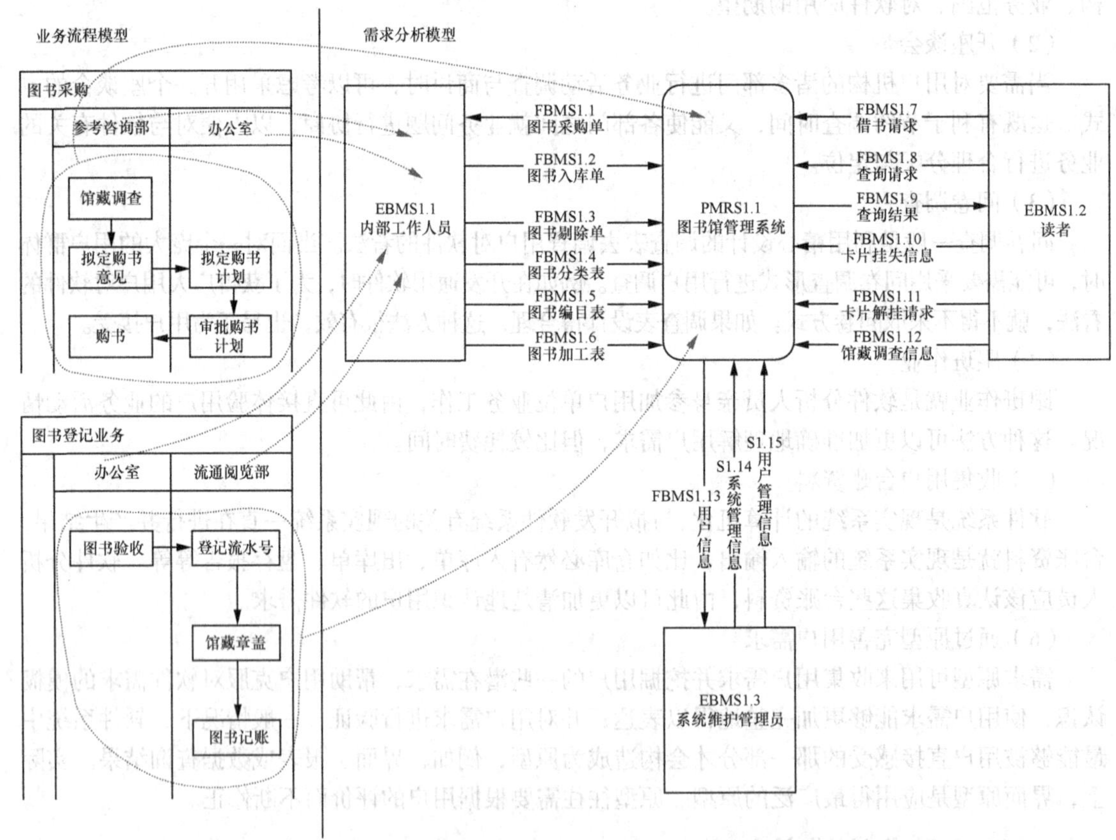

（a）项目前期的业务分析模型到需求分析的需求模型的映射

图 4-1

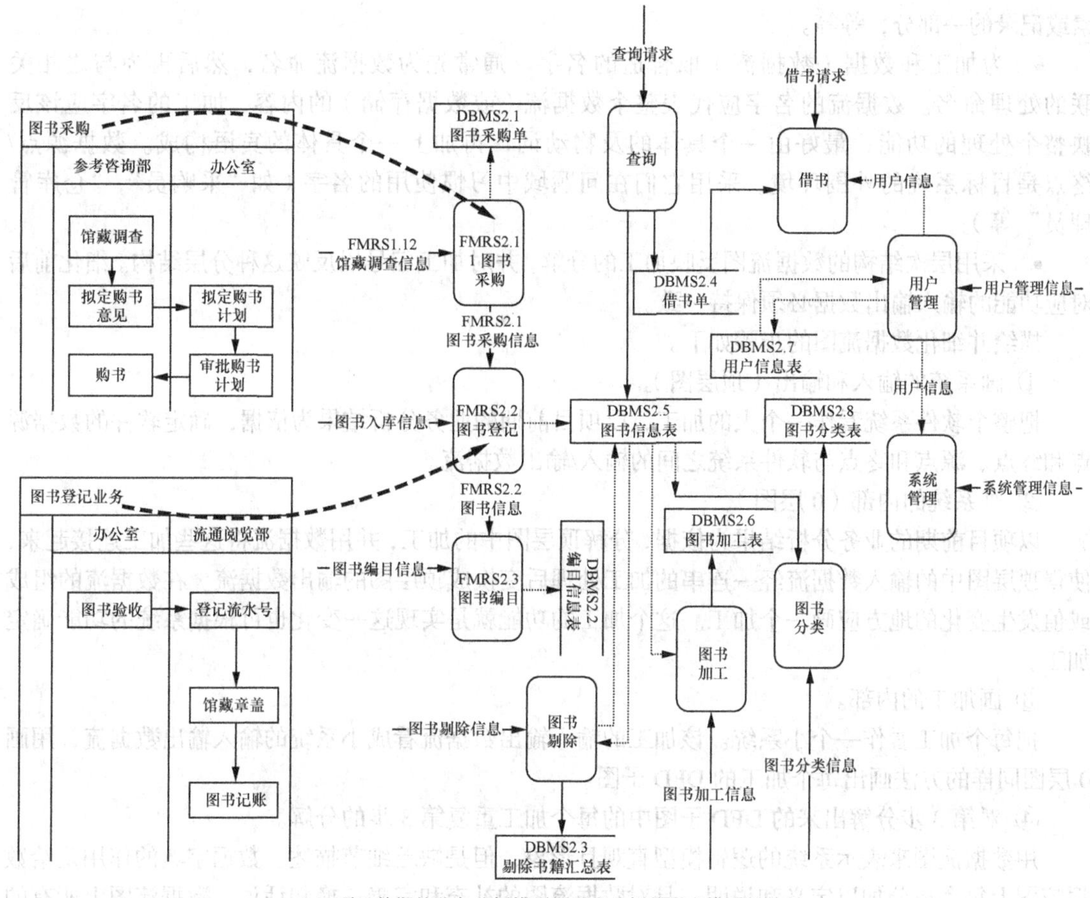

（b）项目前期的业务分析模型到需求分析的需求模型的映射

图 4-1（续）

从图 4-1（a）可以看到，项目前期的所有业务流程图合在一起，可以描绘顶层数据流图。服务对象构成所有外部用户，服务提供者通过系统为外部用户提供服务，构成所有内部用户，再加上系统管理者，构成整个顶层数据流图的外部交互。所有业务流程中的活动，合并在一起构成整个顶层数据流图的管理系统。除此之外，项目前期的业务分析得到的表单/报表用“数据字典”进行描述。

在后续的细化过程中，可以根据业务流程的活动构成细节进一步进行顶层数据流图的细化。从图 4-1（b）可以看到，每个业务流程，映射为 0 层数据流图中的一个加工；后续的业务流程中的活动，可以继续映射为 1 层数据流图中的一个加工。如此不断迭代细化，并根据表单/报表的构成不断进行数据字典的细化。

绘制数据流图，需要注意以下原则。

- 数据流图的要点是描绘“做什么”，而不是“怎么做”。
- 数据流中的箭头表示的数据流向，数据流图中应描绘所有可能的数据流向，而不应该描绘出现某个数据流的条件，即没有选择、循环之类的控制，也不考虑出错处理以及文件打开关闭之类的内部处理。
- 加工并不一定是一个程序，可以代表一系列程序、单个程序或者程序的一个模块，甚至人工处理过程。
- 一个数据存储也并不一定是一个文件，它可以表示一个文件、文件的一部分、数据库的元素或记录的一部分，等等。

- 为加工和数据（数据流）取合适的名字。通常先为数据流命名，然后再为与之相关联的处理命名。数据流的名字应代表整个数据流（或数据存储）的内容，加工的名字应该反映整个处理的功能，最好由一个具体的及物动词，再加上一个具体的宾语构成。数据源点/终点是目标系统的外围环境，采用它们在问题域中习惯使用的名字（如“采购员”，“仓库管理员”等）。
- 采用层次结构的数据流图反映加工的分解，并对加工编号以反映这种分层结构。细化前后对应功能的输入输出数据必须保持一致。

描绘并细化数据流图的步骤如下。

① 画系统的输入和输出（顶层图）。

把整个软件系统看作一个大的加工，以项目前期的业务分析结果为依据，确定软件的数据源点和终点、源点和终点与软件系统之间的输入/输出数据流。

② 画系统的内部（0 层图）

以项目前期的业务分析结果为依据，分解顶层图中的加工，并用数据流将这些加工连接起来，使得顶层图中的输入数据流经一连串的加工处理后变换成顶层图的输出数据流。在数据流的组成或值发生变化的地方应画一个加工。这个加工的功能就是实现这一变化也可根据系统的功能确定加工。

③ 画加工的内部。

把每个加工看作一个小系统。该加工的输入输出数据流看成小系统的输入输出数据流，用画 0 层图同样的方法画出每个加工的 DFD 子图。

④ 对第 3 步分解出来的 DFD 子图中的每个加工重复第 3 步的分解。

用数据流图来表示系统的逻辑模型直观且形象，但是缺乏细节描述。数据字典的作用是给数据流图上每个成分加以定义和说明，是对数据流图的补充和完善。换句话说，数据流图上所有的成分的定义和解释文字集合就是数据字典，而且在数据字典中建立的一组严密一致的定义很有助于改进分析员和用户的通信。

数据字典包含下列 5 类条目：数据流、数据存储、构成数据流或数据存储的数据项、数据加工、外部实体等。其中数据项是数据的最小组成单位，若干个数据项可以组成一个数据结构（数据流或数据存储），数据字典通过对数据项和数据结构的定义来描述数据流、数据存储的逻辑内容。这些条目按照一定的规则组织起来，便构成了数据字典。

数据字典各部分的描述如下。

① 数据项。数据项是不可再分的数据单位，是数据流图中数据结构（数据流、数据存储）中的数据项说明。若干个数据项可以组成一个数据结构。数据项的描述通常包括以下内容：

数据项描述={数据项名，数据项含义说明，别名，数据类型，长度，取值范围，取值含义，与其他数据项的逻辑关系}

其中“取值范围”“与其他数据项的逻辑关系”定义了数据的完整性约束条件，是设计数据检验功能的依据。

② 数据结构。数据结构反映了数据之间的组合关系。一个数据结构可以由若干个数据项组成，也可以由若干个数据结构组成，或由若干个数据项和数据结构混合组成。数据结构是对数据流图中数据流或数据存储的部分块的结构说明。

数据结构的描述通常包括：数据结构描述={数据结构名，含义说明，组成：{数据项或数据结构}}。

③ 数据流。数据流是数据结构在系统内传输的路径。是数据流图中流线数据的说明。

数据流的描述通常包括：数据流描述={数据流名，说明，数据流来源，数据流去向，组成：{数据结构}，平均流量，高峰期流量}

其中“数据流来源”是说明该数据流来自哪个过程，即数据的来源。“数据流去向”是说明该数据流将到哪个过程去，即数据的去向。“平均流量”是指在单位时间（每天、每周、每月等）里的传输次数。“高峰期流量”则是指在高峰时期的数据流量。

④ 数据存储。数据存储是数据结构停留或保存的地方，也是数据流的来源和去向之一。数据存储是数据流图中数据块的存储特性说明。

数据存储的描述通常包括：数据存储描述={数据存储名，说明，编号，流入的数据流，流出的数据流，组成：{数据结构}，数据量，存取方式}

其中“数据量”是指每次存取多少数据，每天（或每小时、每周等）存取几次等信息。“存取方法”包括是批处理，还是联机处理，是检索还是更新，是顺序检索还是随机检索等。

另外“流入的数据流”要指出其来源，“流出的数据流”要指出其去向。

⑤ 处理过程。数据流图中功能块的说明。数据字典中只需要描述处理过程的说明性信息。

处理过程通常包括：处理过程描述={处理过程名，说明，输入：{数据流}，输出：{数据流}，处理：{简要说明}}

其中“简要说明”中主要说明该处理过程的功能及处理要求。功能是指该处理过程用来做什么（而不是怎么做）；处理要求包括处理频度要求，如单位时间里处理多少事务，多少数据量，响应时间要求等，这些处理要求是后面物理设计的输入及性能评价的标准。

2. 面向对象方法分析建模

现实世界是由真实存在的对象构成的，每个对象都有自己特定的特征和行为。面向对象的思想提倡用与现实世界一致的人类思维方式，开发软件系统。它建立在对象概念的基础上，对象由类实例化而来。

面向对象方法下，目标系统的系统分析逻辑模型由用例模型（用例图+用例流程图）+分析类模型构成。用例是系统中的一个功能单元，可以描述为操作者与系统之间的一次交互。每个用例的流程图反映该用例的执行过程。汇集所有用例及其流程的用例模型定义了目标系统范围，并描述系统与外界的交互，是对系统架构的包括概括和抽象。根据项目前期的业务分析，可以建立目标系统的用例模型，通常一个业务用例转换为一到多个用例，每个用例是业务用例中的完整事务。分析类用于描述应用系统的概念结构数据模型，它们主要来源于现实系统中的台账。

图 4-2（限于篇幅，仅描述一个业务用例的映射）描述了从项目前期的业务分析到需求阶段的需求分析的前后映射对应关系。

从图中可以看到，业务用例模型中的业务用例“图书采购”（分别由参考咨询部和办公室协作完成，其中参考咨询部承担“馆藏调查”“提出购书意见”和“购书”3 个活动，办公室则承担“拟定购书计划”“审批购书计划”两个活动），在需求分析阶段，参考咨询部映射为“参考咨询部”角色，参考咨询部承担的馆藏调查、提出购书意见和购书 3 个业务活动分别被映射为“馆藏调查”“提出购书意见”和“购书”等 3 个用例，且“参考咨询部”角色和“馆藏调查”“提出购书意见”和“购书”等 3 个用例是连接在一起的；同样，办公室映射为“办公室”角色，办公室承担的拟定购书计划、审批购书计划两个业务活动映射为“拟定购书计划”“审批购书计划”两个用例，“办公室”角色和“拟定购书计划”“审批购书计划”两个用例是链接在一起的。角色和用例之间的连线表明了角色发起或承担相应用例。（在业务分析时，本书建议业务分析到最低层的岗位，是在需求分析阶段，更有利于映射到角色和用例；此外，可以看到用例之间不再体现先后顺序的关系，这是因为业务分析中已经体现活动之间的先后顺序，因此在需求分析阶段不再考虑这一点。）

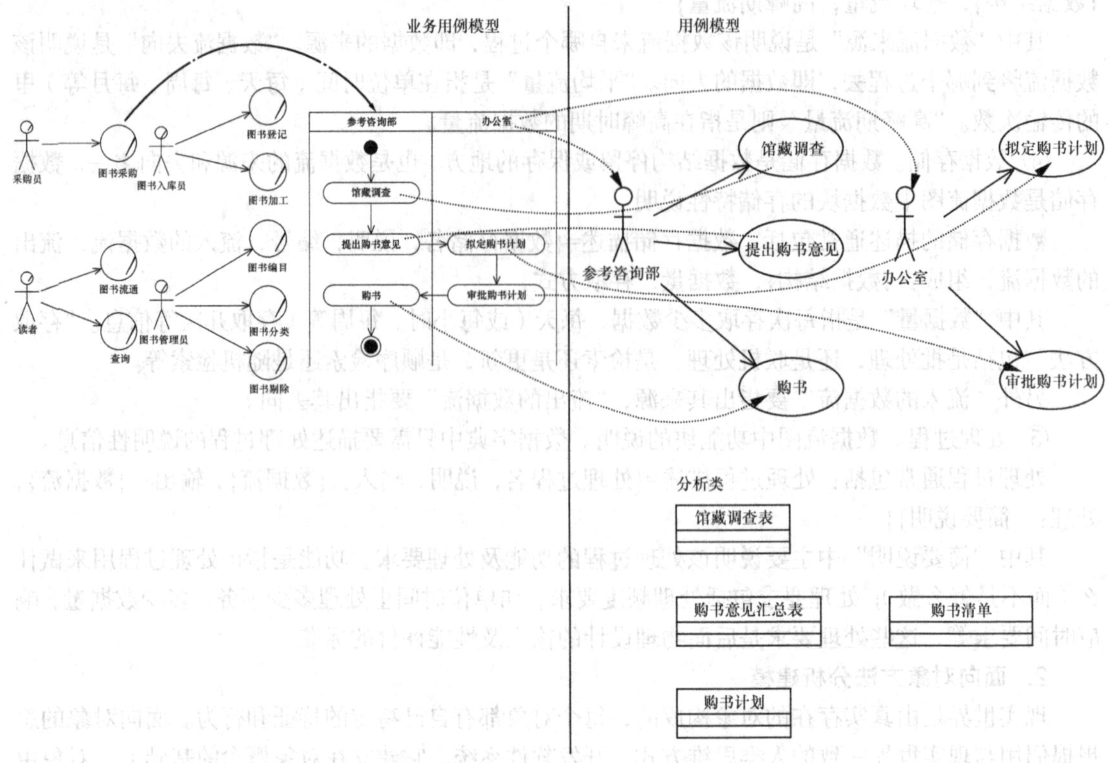

图 4-2　项目前期的业务分析到需求阶段的需求分析的前后对应

从图中还可以看到，在需求分析阶段，还可以将项目前期中业务分析得到的表单/报表用“分析类”进行描述。分析类的类名就是业务分析中的表单/报表名，分析类的属性就是业务分析中的表单/报表中的单个表项。在需求分析阶段，可以暂时不关心“分析类”的属性，只关心其类名和构成（属性和属性类型）即可。

（1）用例建模

用例图从用户的角度描述系统，它汇聚了系统的所有功能，由用例、操作者，以及它们之间（操作者与用例、操作者与操作者、用例与用例）的关系组成。

用例是从用户角度描述系统的行为，它将系统功能描述成一系列的事件，这些事件最终对操作者产生有价值的观测结果。操作者是与系统交互的实体，可能是使用者，也可能是与系统交互的外部系统或基础设施。

在 UML 中，操作者使用人形符号表示，并且具有唯一性的名称；用例用椭圆表示，且具有唯一的名称。操作者和用例之间使用带箭头的实线连接，由操作者指向用例。

操作者与用例之间，是“use”关系；操作者之间可以存在泛化关系，类似的参与者可以组成一个层级结构；用例之间的关系，可能是包含“include”、扩展“extend”，或泛化“generalization”。包含关系用带箭头的虚线表示，由包含用例指向被包含用例，被包含用例是包含用例的必有部分；扩展关系带箭头的虚线表示，由扩展用例指向被扩展用例，被扩展用例是扩展用例的或有部分；泛化关系体现父子关系，用带三角形箭头的实线表示，由子用例指向父用例。

进行用例建模时，有时一些功能需求过于细化，已经可以用具体的类方法来描述，需要抽象化。比如学生管理系统中，用户提出有“用户添加”、“用户删除”、“用户信息修改”功能，这些功能，已经可以用实体类“学生”的方法来描述了，这时应抽象“用户管理”用例，作为后续设计的基础，以便找出类以及类方法。如果以“用户添加”、“用户删除”这样的用例为基础，将很难进行后续设计、实现和测试。

某些情况下，用户可能提出针对特定用例的界面需求。

（2）用例流程

每个用例的细节，可以进一步用活动图进行描述。用例活动图中的活动展示整个用例的活动过程，执行的步骤可以是并发的或顺序的。

活动图由实心圆表示的开始节点出发，终结外包实心圆的终止节点结束，中间是一系列的圆角矩形表示的动作系列。动作之间用箭头线连接，表示动作的迁移，箭头线上可以附加警戒条件、发送子句或动作表达式。用例活动图中可以出现选择条件，以反映用例的可选活动流；但通常不会出现循环。

用例活动图中的操作，应比业务用例中的流程图的操作更细化，但又不应过于细化，最好体现为一个相对独立的数据变换或操作。未来这个操作，将由某个实体对象的方法（如果存在事务嵌套的情况，也可能是业务对象的方法）来实现。

活动图可以根据活动发生位置的不同，划分为若干个矩形区域，每个矩形区称为泳道。从理论上说，在用例的活动图中，泳道应该对应于对象，反映各个对象在用例流程中承担的责任；由于需求分析阶段，类的设计还没有开始，有哪些类对象，不同类对象的责任也是无法分清的。因此，建议用例活动图不用泳道。

（3）分析类

面向对象方法下，可以在需求分析阶段描绘分析类。分析类（或称实体类）用于描述应用系统的概念结构数据模型，表示系统所管理的问题域概念，主要来源于现实系统中的表单或报表。假如业务分析阶段，描述业务流程时加上业务流程的各种表单/报表，则非常有利于获得分析类。分析类最终将演进为 ER 模型，并进一步作为数据库设计的基础。

分析类的相关行为（即其类方法）主要体现为对数据库中对应表的读写，由于不同分析类的数据库读写操作都非常相似。因此在需求分析阶段，可以无须考虑分析类的行为，只需重点考虑分析类的属性。分析类的属性和数据库表中的列密切相关。

对于分析类之间的关系，主要考虑的是现实领域中它们之间的数量关系。即彼此之间的一对一、一对多或多对多关系。这种数量关系，与 ER 图中实体间的数量关系没有本质的差异。

4.1.3　需求文档化

需求获取后要将其描述出来，即将需求文档化。需求文档是后续的软件涉及和测试的重要依据，需求文档应该具有清晰性、无二义性和准确性，并且能够全面和准确地描述用户需求。通常需求分析阶段一般会输出两个文档。

（1）用户需求报告；

（2）软件需求规格说明书（或系统需求规格说明书）。

用户需求报告主要罗列用户提出的各项需求；软件需求规格说明书描述软件的需求，系统需求规格说明书则描述软硬件一体的目标系统，从开发者的角度对目标系统进行描述。对于只需开发软件系统的项目，需求分析阶段只需输出用户需求报告和软件需求规格说明书；对于开发软硬件系统一体的项目，需求分析阶段需要输出用户需求报告和系统需求规格说明书。

4.1.4　需求验证

需求验证是对需求分析的成果进行评估和验证。为了确保需求分析的正确性、一致性、完整性和有效性，提高软件开发的效率，为后续的软件开发做好准备，需求验证的工作非常必要。

在需求验证的过程中，需要对需求阶段的输出文档进行多种检查，比如，一致性检查，完整性检查，和有效性检查，同时需求评审也是在这个阶段进行的。在结构化方法下，数据流图是审查的重点，数据字典和E-R图辅助对数据流图的理解；在面向对象方法下，用例模型是审查重点，分析类辅助对用例模型的理解。

需要注意的是，需求分析往往是一个多次迭代的过程。由于市场环境的易变性以及用户对需求描述的模糊性，需求分析往往很难一步到位。根据项目采用具体的软件开发过程的不同，需求分析可能是软件开发生命周期早期的一项工作，也可能贯穿于整个软件开发周期中，随项目的深入而不断地变化。

4.2 结构化方法的需求分析

结构化方法通常强调“自顶向下，由外而内，逐层细化”的思想。结构化方法的需求分析，以逐步细化的数据流图（Data Flow Diagram，简称DFD）以及数据字典（Data Dictionary，简称DD）进行需求结果描述。

数据流图有4种基本符号：正方形或立方体、圆角矩形或圆形、开口矩形或两条平行线、箭头。数据流图的基本元素见表4-1。

表4-1 数据流图的基本元素

名称	符号	含义
正方形或立方体	或	表示数据的源点或终点
圆角矩形或圆形	或	代表变换数据的处理
开口矩形或两条平行线	或	代表数据存储
箭头		表示数据流

除了上述几种基本符号之外，还有几种附加符号。星号（*）表示数据流之间是“与”关系，即同时存在；加号（+）表示“或”关系；⊕号表示只能从中选一个，即互斥关系。表4-2是数据流图附加符号的含义。

表4-2 数据流图附加符号含义

符号	含义
A、B —* T — C	数据A和B同时输入才能变换成数据C
A — T —* B、C	数据A变换成B和C
A、B —+ T — C	数据A或B，或A和B同时输入变换成数据C

续表

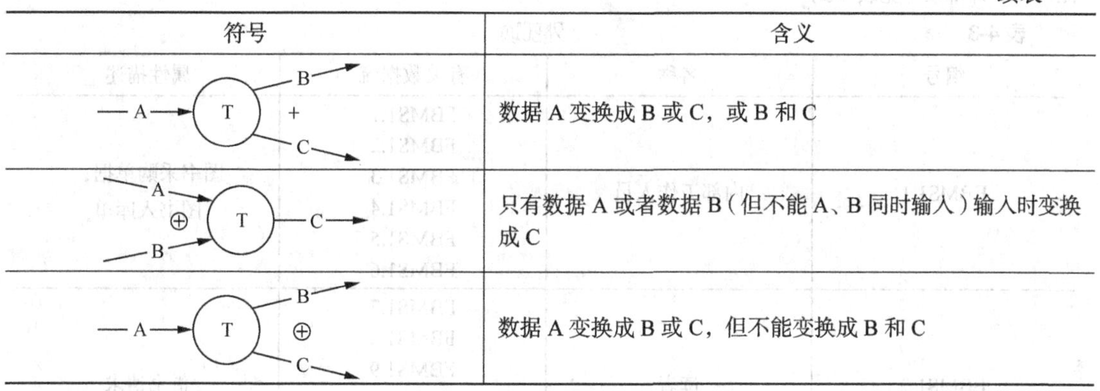

符号	含义
A → T → B + C	数据 A 变换成 B 或 C，或 B 和 C
A ⊕ B → T → C	只有数据 A 或者数据 B（但不能 A、B 同时输入）输入时变换成 C
A → T → B ⊕ C	数据 A 变换成 B 或 C，但不能变换成 B 和 C

在绘制数据流图的过程中，对于大规模的软件系统而言，需要采用多层的数据流图才能将问题描述；而对于中小软件系统而言，采用 3 层的数据流图就可以达到目的。采用数据流图主要描述目标系统作为一个整体与外部用户和数据之间的交互，中层数据流图是对顶层数据流图的细化，描述系统的主要功能模块以及数据在功能模块之间的流动情况，以上数据流图是对中层数据流图的进一步细化，它更关注功能模块内部的数据处理细节。要注意的是，底层数据流图的加工对应于目标系统的最小模块，因此应注意控制抽象层次。

数据字典的作用是对数据流图中的各种成分进行详细说明，作为数据流图的细节补充，和数据流图一起构成完整的系统需求模型。数据字典一般应包括对数据的数据项、数据结构、数据流、数据存储、处理逻辑、外部实体等进行定义和描述。下面以图书馆管理系统为例，介绍部分重要的数据流图和相应的数据字典信息。

A. 图书馆管理系统顶层数据流程图（见图 4-3）

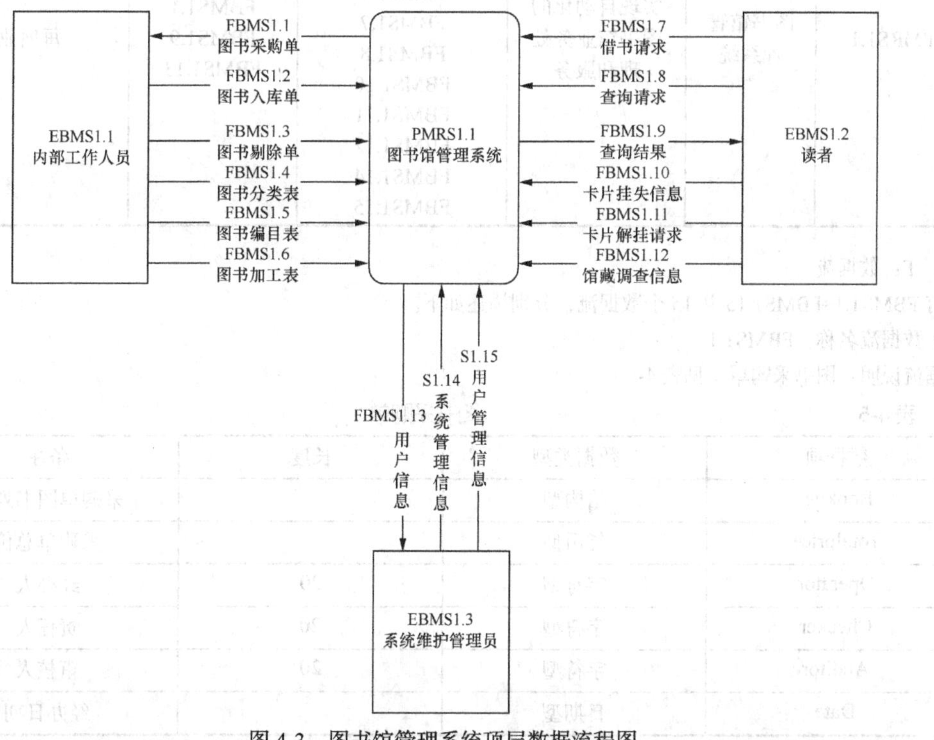

图 4-3　图书馆管理系统顶层数据流程图

A.1　E：外部项（见表 4-3）

表 4-3　外部项

编号	名称	有关数据流	属性描述
EBMS1.1	内部工作人员	FBMS1.1 FBMS1.2 FBMS1.3 FBMS1.4 FBMS1.5 FBMS1.6	图书采购单据； 图书入库单
EBMS1.2	读者	FBMS1.7 FBMS1.8 FBMS1.9 FBMS1.10 FBMS1.11 FBMS1.12	借书请求
EBMS1.3	系统管理员	FBMS1.13 FBMS1.14 FBMS1.15	用户信息

A.2　P：处理逻辑（见表 4-4）

表 4-4　处理逻辑

编号	名称	功能描述	输入	输出	处理频度
PMRS1.1	图书馆管理系统	实现自动化的图书馆业务处理和服务	FBMS1.2 FBMS1.3 FBMS1.4 FBMS1.5 FBMS1.6 FBMS1.7 FBMS1.8 FBMS1.10 FBMS1.11 FBMS1.12 FBMS1.14 FBMS1.15	FBMS1.1 FBMS1.9 FBMS1.13	每项业务

A.3　F：数据流

共有 FBMS1.1~FBMS1.15 共 15 个数据流，分别描述如下。

（1）数据流名称：FBMS1.1

数据流说明：图书采购单（见表 4-5）

表 4-5　图书采购单

数据项	数据类型	长度	备注
Booklist	结构型		采购单图书列表
Totalprice	货币型		采购单总价
Operator	字符型	20	经办人
Checker	字符型	20	责任人
Auditor	字符型	20	审核人
Date	日期型		经办日期

数据项名称：Booklist
数据项说明：图书采购单的图书列表信息（见表 4-6）

表 4-6　图书采购单的图书列表信息

数据项	数据类型	长度	备注
Class-id	字符型	10	图书大类名称
Book-id	字符型	15	图书的 ISDN 编号
Bookname	字符型	30	图书的名称
Publisher	结构型		出版社信息
Authorlist	结构型		作者列表信息
Price	货币型		图书价格

数据项名称：Publisher
数据项说明：出版社信息（见表 4-7）

表 4-7　出版社信息

数据项	数据类型	长度	备注
Publisher-id	字符型	10	出版社标识
Publishername	字符型	15	出版社名称
Publisher-contantor	字符型	30	出版社联系人
Publisher-address	字符型	30	出版社地址
Publisher-telephone	字符型	15	出版社电话
Publisher-memo	字符型	300	出版社备注

数据项名称：Authorlist
数据项说明：图书采购单的每本图书的作者信息（见表 4-8）

表 4-8　图书采购单的每本图书的作者信息

数据项	数据类型	长度	备注
Author-id	字符型	10	作者标识
Author-name	字符型	15	作者名称
Author-address	字符型	30	作者地址
Author-telephone	字符型	30	作者电话
Author-organ	字符型	30	作者单位信息
Author-memo	字符型	300	作者备注

（2）数据流名称：FBMS1.2
数据流说明：图书入库单
……

根据业务分析中得到的所有业务信息，对顶层数据流图进行细化，得到 0 层数据流图。

B. 0层数据流图（见图 4-4）

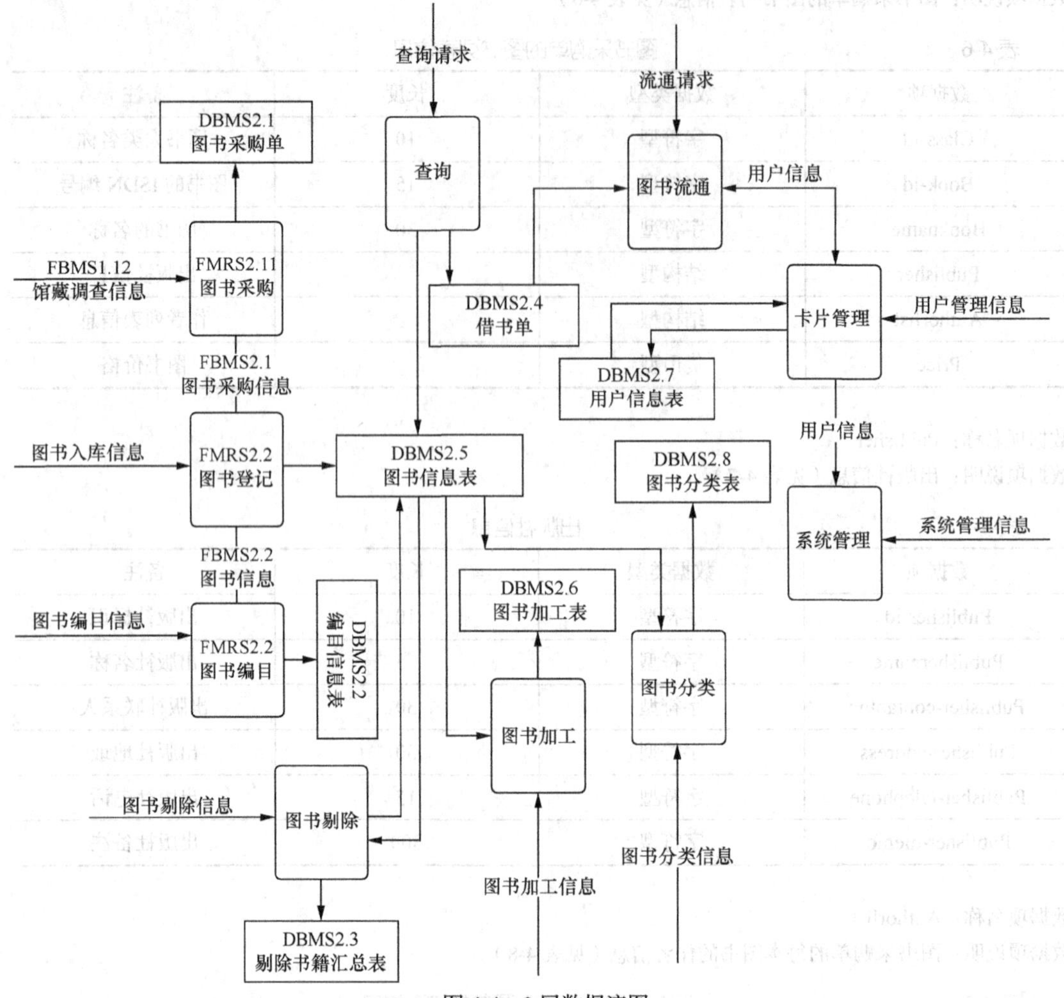

图 4-4　0 层数据流图

B.1　E：外部项（除顶层数据流图中的外部项外，无新的外部项）

B.2　P：处理逻辑（见表 4-9）

表 4-9　处理逻辑

编号	名称	功能描述	输入	输出	处理频度
PMRS2.1	图书采购	实现图书采购业务的自动化处理	FBMS1.12	FBMS2.1 DBMS2.1	每笔业务
PMRS2.2	图书录入	实现图书的信息录入	FBMS2.1	DBMS2.3 FBMS2.2	每笔业务
PMRS2.3	图书编目	图书的编目自动化处理	FBMS2.2	DBMS2.2	每笔业务
……					

B.3　F：数据流

除顶层数据流图中的数据流 FBMS1.1 ~ FBMS1.15 外，新增加了 DMBS2.1~DBMS2.8 共八个数据存储，新增加了数据流 FBMS2.1 等多个数据流。分别描述如下。

（1）数据流名称：FBMS2.1

数据流说明：图书采购信息（同图书采购单）

（2）数据流名称：FBMS2.2

数据流说明：图书信息（见表 4-10）

表 4-10　　图书信息

数据项	数据类型	长度	备注
Class-id	字符型	10	图书大类名称
Book-id	字符型	15	图书的 ISDN 编号
Bookname	字符型	30	图书的名称
Publisher	结构型		出版社信息
Authorlist	结构型		作者列表信息
Price	货币型		图书价格
Abstract	字符型	300	图书摘要

……

（x）数据流名称：DBMS2.1

数据流说明：图书采购表（同图书采购单）

（x+1）数据流名称：DBMS2.2

数据流说明：编目信息表（见表 4-11）

表 4-11　　编目信息表

数据项	数据类型	长度	备注
CIP-Title	结构型		编目标题
CIP-Data	结构型		著录数据
CIP-Index	结构型		检索数据
CIP-MEMO	结构型		其他注记

数据项名称：CIP-Title

数据流说明：编目标题

……

依据业务分析中得到的每个业务流程模型，将每一个需要自动化的业务画出数据流图，以图书采购为例，画出 1 层数据流图。该数据流图是 0 层数据流图中“图书采购”处理的细化；同时给出与之有关的数据字典。

C.“图书采购”的 1 层数据流图（见图 4-5）

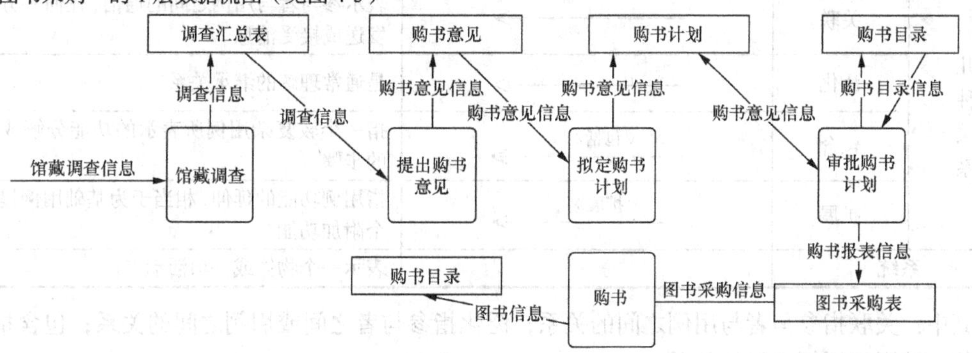

图 4-5　“图书采购”的 1 层数据流图

C.1　E：外部项（除顶层数据流图中的外部项外，无新的外部项）

C.2　P：处理逻辑

……

C.3 F：数据流

……

建模需求分析模型时，应严格遵循建模原则，以保证获得规范、统一的需求分析模型，所以应注意以下 3 点。

（1）应以项目前期的业务分析结果（各个业务的业务流程图）为基础，按照由粗到细、逐步求精、逐步细化的方式进行数据流图的建模；细化的过程应参照业务流程。

（2）数据流图的尺度不应过细，不应出现“××表删除”“××表修改”“××表添加”之类的加工，如果出现，可以适当抽象。

（3）数据字典主要来源于系统中的表单，分析类是未来数据库概念设计模型（ER 图）的基础。每个数据流图都有对应的数据字典条目信息进行描述，数据字典同样遵循由粗到细、逐步求精、逐步细化的方式进行描述。

4.3 面向对象的需求分析

面向对象的需求分析，基于面向对象的思想，以用例模型为基础。开发人员在业务用例的基础上，建立目标系统的用例模型。通常一个业务用例对应于一个或多个用例，取决于该业务用例有多少个独立的完整事务构成。角色是用例的实际操作者，可以从对应业务用例活动图的泳道上找出。除了用用例图对整个系统进行概况描述外，还要有文字的方式对每个用例作详细描述，某些具有复杂过程的用例可以用活动图进行描述。需要注意的是，用例的过程描述是未来用例实现时的实际操作流程。在特定情况下，还可以描述分析类图。

用例图的基本元素如表 4-12 所示。

表 4-12　　用例图的基本元素

名称		符号	含义
参与者（Actor）		（人形符号）	表示与系统进行交互的用户或外部系统，使用系统的对象
用例（Use Case）		（椭圆）用例	指外部可见的系统功能，对系统提供的服务进行描述
几种关系	关联	———→	表示参与者与用例之间的通信，任何一方都可发送或接受消息
	泛化	———▷	是通常理解的继承关系
	包含	《包括》 - - - - →	指一个较复杂用例所表示的功能分解成较小的步骤
	扩展	《扩展》 - - - - →	指用例功能的延伸，相当于为基础用例提供一个附加功能
系统			表示一个物体或一项活动

其中：关联指参与者与用例之间的关系；泛化指参与者之间或用例之间的关系；包含指用例之间的；扩展指用例之间的关系。

以图书馆管理系统为例，进行需求分析，建立对应的模型包括系统用例图、每个系统用例的详细描述（注：如果用例的事件流程复杂，可以用活动图辅助描述用例的事件流），以及分析类（或称实体类）图。假如进行过业务分析，从业务用例的流程出发，找出所有业务用例流程上的泳道命名，对应可以找到所有的用例角色；否则直接找出所有的用例角色。业务用例流程上的泳道内部的活动/事务，对应可以找出相应的用例。

需要特别注意的是，最终的每个用例不应过于细化，应注意是如果用例过于细化已经深入到类方法，应进行恰当反向抽象以方便未来的设计。现有软件开发往往将同一信息的"删除""添加""修改""查询"放在一个页面（或界面）上处理，如果用例模型中出现大量"xx 删除""xx 添加""xx 修改""xx 查询"之类的用例，就表明用例已经过于细化，后续的设计阶段，设计人员将难以根据用例去捕捉设计相应的类。

A. 用例模型（见图 4-6）

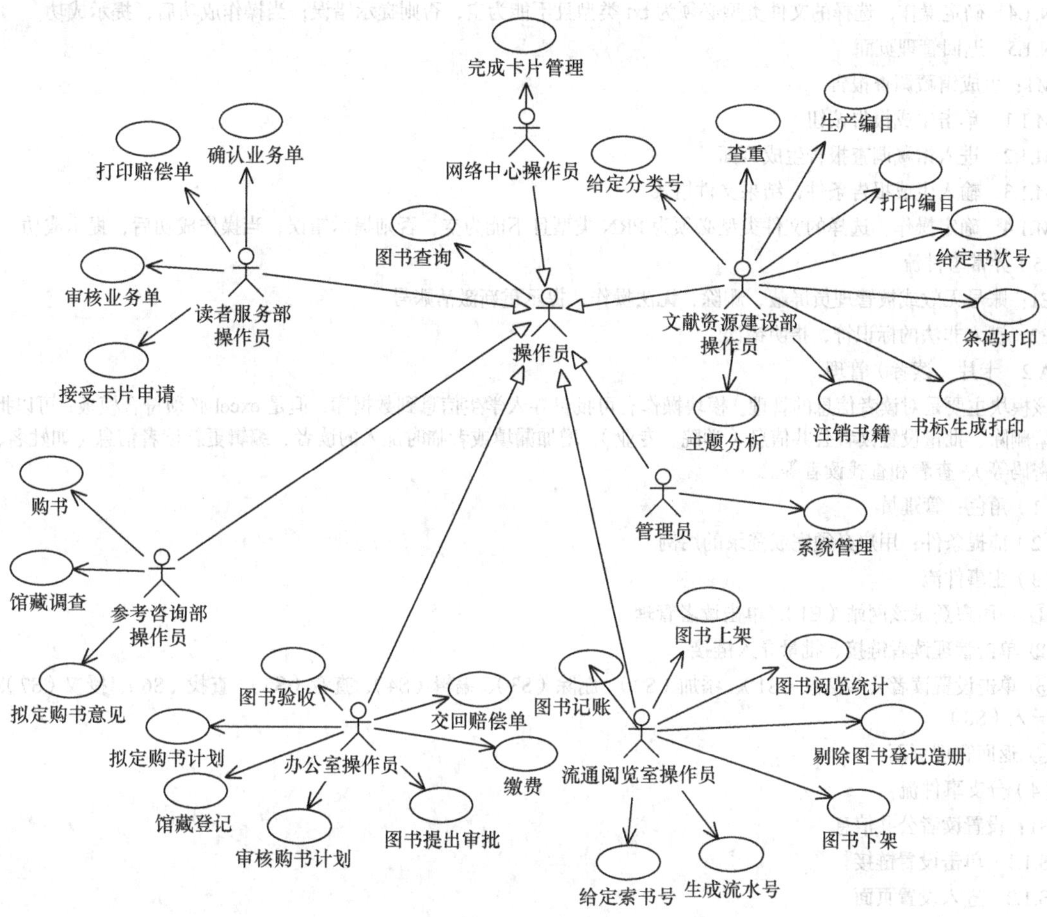

图 4-6　用例模型

A.1　馆藏调查

该模块主要完成馆藏调查信息的收集、整理和报告生成。

（1）角色：参考咨询部人员

（2）前提条件：拥有参考咨询权限的用户

（3）主事件流：

① 当用户登录该网站（E1），单击馆藏调查管理

② 单击查询（S1）、统计（N1）、生成报告（M1）

③ 返回管理页面

（4）分支事件流

S1：查询馆藏调查

S.1.1　单击查询按钮

S.1.2　进入馆藏调查查询页面

S.1.3　输入查询条件

S.1.4　确定操作

S.1.5　返回管理页面

N1：统计馆藏调查

N.1.1　单击统计按钮

N.1.2　进入馆藏调查统计页面

N.1.3　输入统计条件，结果文件格式

N.1.4　确定操作，选择的文件类型必须为 txt 类型且不能为空，否则提示错误；当操作成功后，提示成功

N.1.5　返回管理页面

M1：生成馆藏调查报告

M.1.1　单击生成报告按钮

M.1.2　进入馆藏调查报告生成页面

M.1.3　输入生成报告条件，结果文件格式

M.1.4　确定操作，选择的文件类型必须为 PRN 类型且不能为空，否则提示错误；当操作成功后，提示成功

（5）异常事件流

E1：账号无效或被管理员屏蔽、删除，无法操作，提示重新激活账号

E2：键入非法的标识符，指明错误。

A.2.　卡片（读者）管理

该模块主要是对读者信息的管理。模块操作有可批量导入学生信息到数据库，但是 excel 必须符合模板；可以批量删除、批量设置读者公共信息（学院、专业）、增加漏填或者临时加入的读者、编辑更新读者信息（如姓名、密码等）、查看和查找读者等。

（1）角色：管理员

（2）前提条件：用户必须完成登录的用例

（3）主事件流

① 当用户登录该网站（E1），单击读者管理

② 单击管理读者链接、批量导入链接

③ 单击设置读者公共信息（S1）、添加（S2）、删除（S3）、编辑（S4）、查看（S5）、查找（S6）、授权（S7），导入（S8）

④ 返回管理页面

（4）分支事件流

S1：设置读者公共信息

S.1.1　单击设置链接

S.1.2　进入设置页面

S.1.3　填写数据

S.1.4　确定操作，填写的学院、专业要符合至少 4 个字符，否则提示错误；操作成功后，提示成功

S.1.5　返回管理页面

S2：添加

S.2.1　单击添加链接

S.2.2　进入添加页面

S.2.3　输入数据

S.2.4　确定操作，学号、姓名、密码、学院、专业、年级、班级、届别且分别为 10 位短整型、2~8 个字符、至少 3 个字符、至少 4 个字符、至少 4 个字符、4 位短整型、1 位短整型、4 位短整型，性别默认为男，当其中任一项不符合时、提示错误。当操作成功后，提示成功

3.2.5　返回管理页面

S3：删除

S.3.1　选择学院

S.3.2　单击删除，如果没有选择读者而单击批量删除，提示“请选择要删除的读者”；选择了读者，单击删除后，

提示操作成功

S.3.3 确定删除

S.3.4 返回管理页面

S4：编辑

S.4.1 单击编辑链接

S.4.2 进入编辑页面

S.4.3 输入数据

S.4.4 确定操作，学号不可更改，姓名、密码、学院、专业、年级、班级、届别且分别为 2~8 个字符、至少 3 个字符、至少 4 个字符、至少 4 个字符、4 位短整型、1 位短整型、4 位短整型，性别默认为男，当其中任一项不符合时，提示错误，当操作成功后，提示成功

S.4.5 返回管理页面

S5：查看

S.5.1 单击查看链接

S.5.2 进入结果页面

S.5.3 返回管理页面

S6：查找

S.6.1 输入查询数据

S.6.2 单击查找链接

S.6.3 返回查询结果

S.6.4 确定操作

S.6.5 返回管理页面

S7：授权

S.7.1 单击授权按钮

S.7.2 选择特殊权限

S.7.3 确定授权

S.7.4 返回管理页面

S8：导入

S.8.1 单击浏览按钮

S.8.2 选择 Excel 文件

S.8.3 确定导入，当文件类型不是 xls 类型时，提示“请导入 excel 表格”；没有选择文件直接单击导入，提示“请选择要导入的文件”；选择了导入的 excel 表格，成功导入后，提示操作成功

S.8.4 返回管理页面

（5）异常事件流

E1：账号无效或被管理员屏蔽、删除，无法操作，提示重新激活账号

E2：键入非法的标识符，指明错误

A.3. 管理权限

该模块是对权限组的管理。权限组是权限的集合，相当于角色，而图书馆管理人员是人员，可以将图书馆管理人员分入不同权限组，使其拥有不同的角色，进而拥有不同的操作权限。在该模块中，可以新建组、删除组、给组授权（权限明细参照权限—权限分栏明细）、查看组明细、编辑组（名称、描述）、添加/删除组成员。其中授权、组成员管理为关键操作。授权是给组分配或者撤销权限；组成员管理是给组添加或删除成员。组成员拥有组所拥有的权限。既可以删除组的相应权限使得组成员没有此权限，也可以将对应组员移除出组，使其没有改组中的操作权限。这样，就可以实现权限的灵活控制。

（1）角色：管理员

（2）前提条件：用户必须完成登录的用例

（3）主事件流：

① 当用户登录该网站（E1），单击管理权限组链接（S）

② 进入相应管理页面

③ 单击新建（S1）、删除（S2）、授权（S3）、明细（S4）、编辑（S5）、组成员管理（S6）

④ 返回管理页面

（4）分支事件流

S1：新建

S.1.1　单击新建

S.1.2　进入页面

S.1.3　输入数据

S.1.4　确定操作，需填写的项有组名、组描述且为必填，若未填写提示错误，操作成功后，提示成功

S.1.5　返回管理页面

S2：删除

S.2.1　选择要删除的权限组

S.2.2　单击删除，如果没有选择组而单击批量删除，提示“请选择要删除的组”；选择了组，单击删除后，提示操作成功

S.2.3　返回管理页面

S3：授权

S.3.1　单击授权

S.3.2　进入授权页面

S.3.3　选择要添加（删除）的权限

S.3.4　确定添加（删除），给组添加权限时，需选择要添加的权限，若不选提示错误，选择后，单击添加，操作成功后跳转回本页面，显示添加结果；给组撤销权限时，需选择要撤销的权限，若不选提示错误，选择后，单击撤销，操作成功后跳转回本页面，显示撤销结果

S.3.5　返回管理页面

S4：明细

S.4.1　单击明细

S.4.2　进入页面

S.4.3　看到数据

S.4.4　返回管理页面

S5：编辑

S.5.1　单击编辑

S.5.2　进入编辑页面

S.5.3　填写要修改的信息

S.5.4　确定编辑，组名、组描述不能为空，否则提示错误

S.5.5　返回管理页面

S6：组成员管理

S.6.1　单击组成员管理

S.6.2　进入管理页面

S.6.3　选择要添加（删除）的组员

S.6.4　确定操作，给组添加成员时，需选择要添加的成员，若不选提示错误，选择后，单击添加，操作成功后提示操作成功；给组删除成员时，需选择要删除的成员，若不选提示错误，选择后，单击删除，操作成功提示操作成功

S.6.5　返回管理页面

（5）异常事件流

E1：账号无效或被管理员屏蔽、删除，无法操作，提示重新激活账号

E2：键入非法的标识符，指明错误

……

B. 系统分析类（部分）（见图 4-7）

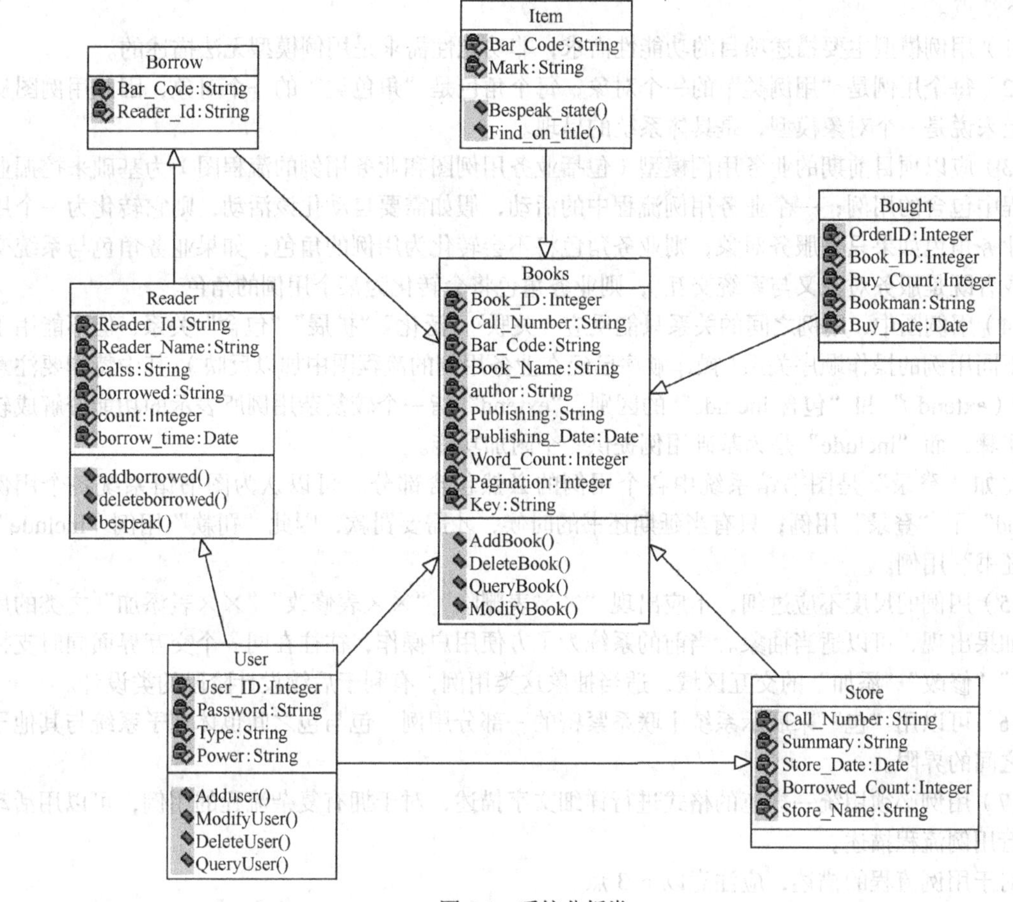

图 4-7　系统分析类

图书馆管理系统实体类（或称分析类）如下。

（1）Reader 类是借阅者类，包括借阅者的读者 ID（Reader_Id）、姓名（Reader_Name）、班级（Class）、所借书籍的书目（Borrowed）、借书数量（Count）、借书时间（Borrow_Time）等。其中主要操作有借书（Addborrowed）和还书（Deleteborrowed）和预约（Bespeak）等。

（2）User 类是用户类，包括用户 ID（User_ID）、密码（Password）、类型（Type）、权限（Power）等。操作主要有用户的增加（AddUser）、修改（ModifyUser）、删除（DeleteUser）、查询（QueryUser）。

（3）Books 类是记录书籍信息的类，包括图书 ID（Book_ID）、索书号（Call_Number）、图书条码（Bar_Code）、书名（Book_Name）、作者（Author）、出版社（Publishing）、出版日期（Publishing_Date）、字数（Word_Count）、页数（Pagination）、关键字（Key）等属性。操作主要有书籍的增加（AddBook）、删除（DeleteBook）、查询（QueryBook）、修改（ModifyBook）等。

（4）Item 类是具体某本书的类，属性包括图书条码（Bar_Code）、标识号（Mark）。操作包括预约状态（Bespeak_state）、按书目查找（Find_on_title）等。

（5）Store 类是图书经典藏之后形成的馆藏图书书目数据，包括索书号（Call_Number）、内容简介（Summary）、入馆日期（Store_Date）、可借数（Borrowed_Count）、库室名（Store_Name）。

（6）Borrow 类是某本书的借阅信息类，包括借阅单 ID（BorrowID）、所借阅书书名（Book_Name）、读者 ID（Reader_Id）等。

（7）Bought 类是购书信息类，每个购书信息包括订单 ID（OrderID）、图书 ID（Book_ID）、数量（Buy_Count）、书商（Bookman）、购买日期（Buy_Date）等。

……

建模用例模型时，应严格遵循建模原则，以保证获得规范、统一的需求分析模型。应特别注意以下 7 点。

（1）用例模型主要描述项目的功能性需求，非功能性需求是用例模型无法描述的。

（2）每个用例是“用例类”的一个对象，每个角色是“角色类”的一个对象，因此用例图从理论上来说是一个对象模型，是具体系统的呈现。

（3）应以项目前期的业务用例模型（包括业务用例图和业务用例的流程图）为基础来挖掘业务流程中包含的用例；一个业务用例流程中的活动，假如需要自动化该活动，则它转化为一个用例；业务角色如果只是服务对象，则业务角色将不会转化为用例的角色；如果业务角色与系统交互（或者既是服务对象又与系统交互），则业务角色将会转化为某个用例的角色。

（4）用例图中，用例之间的关系只能反应“关联”“泛化”“扩展”“包含”关系，但不能用于反应不同用例的操作顺序关系（操作顺序已经在业务用例的流程图中加以反映）。其中特别要注意“扩展（extend）”和“包含 include”的区别，“extend”指一个较复杂用例所表示的功能分解成较小的步骤，而“include”是为基础用例提供一个附加功能。

比如“登录”是图书馆系统中各个用例的必然包含部分，可以认为图书馆系统各个用例“extend”了“登录”用例；只有当延期还书的时候，才需要罚款，因此“罚款”用例“include”了“还书”用例。

（5）用例的尺度不应过细，不应出现“××表删除”“××表修改”“××表添加”之类的用例，如果出现，可以适当抽象。当前的系统为了方便用户操作，往往在同一个交互界面同时支持“删除”“修改”“添加”的交互区域，适当抽象这类用例，有利于后续设计阶段的类设计。

（6）可以用“包”来展示系统中联系紧密的一部分用例，包与包之间也体现子系统与其他子系统之间的界限。

（7）用例必须用统一规范的格式进行详细文字描述，对于拥有复杂流程的用例，可以用活动图进行用例流程描述。

对于用例流程的描述，应注意以下 3 点。

（1）用例的流程，本质上是对未来自动化流程的设计。每个用例，都是来源于业务过程中的一个事务（对应于数据库系统中的一个事务）。

（2）使用活动图描述用例的流程，反映用例的完整过程。该流程完全由用例的角色完成，因此用例的流程，默认情况下只有一个泳道，所有活动均由占据泳道的用例角色独立完成。

（3）用例流程中的一个个活动元素，或者反映的是对特定数据（某一文件或某一数据库表）的操作，选择元素反映的是用例流程的多条可能路径。描述用例流程的活动图中的活动，不应过于细化到单个数据项的操作。

对于分析类的建模，应注意以下 4 点。

（1）分析类主要来源于系统中的表单和表格，是对问题域的描述。

（2）一般地一张表单就是一个分析类，如果表单中可以一次性填写多项类似信息，则要为这组类似信息建一个更小的分析类。

（3）分析类图主要反映类之间的抽象关系、包含关系和数量关系，无须反应类之间的调用/引用关系；在需求分析阶段，只需关心其属性，无须关心其方法。

（4）分析类是未来数据库概念设计模型（ER 图）的基础。

4.4 需求分析的描述规范

软件需求规格说明书是软件开发过程需求分析阶段需要产出的文档，是为了使用户和软件开发者对软件的规格有一个共同的理解而撰写的，软件需求规格说明有标准的模板。

xx 大学图书馆管理系统需求分析规格说明书

第 1 章　引言

1.1　编写目的

对产品（项目）进行定义，在该文档中详尽说明这个产品的软件需求，包括修正或发行版本号。如果这个软件需求规格说明书只与整个系统的一部分有关，那么只定义文档中说明的部分或子系统。

1.2　文档约定

描述编写文档时所采用的标准或排版约定，包括正文风格，提示区或重要符号。例如，说明高层需求的优先级是否可以被所有细化分需求所继承，或者每个需求陈述是否都有优先级。

1.3　读者对象和阅读建议

列举软件需求规格说明书所针对的不同读者，例如开发人员、项目经理、营销人员、用户、测试人员等。描述文档中剩余部分的内容及其组织结构。提出最适合每一类读者阅读文档的建议。

1.4　项目范围

提供对指定的软件及其目的的简短描述，包括利益和目标。把软件与企业目标或业务策略相联系。

1.5　参考资料

列举编写软件需求规格说明书时所参考的资料或其他来源。可能包括用户界面风格指导、合同、标准、系统需求规格说明书，用户需求、相关产品的软件需求规格说明书。这里应给出详细的信息，包括标题名称、作者、版本号、日期、出版单位或资料来源，以方便读者查阅这些文献。

第 2 章　总体描述

2.1　产品前景

描述软件需求规格说明书中所定义的产品的背景和起源。说明该产品是否是产品系列中的下一个成员，是否是成熟产品所改进的下一代产品，是否是现有应用程序的替代品，或者一个全新的产品。

如果软件需求规格说明书定义了大系统的一个组成部分，那么就要说明这部分软件是怎样与整个系统相关联的，并且要定义出两者之间的接口。建议使用系统流程图表示。

2.2　用户类及其特征

确定可能使用该产品的不同用户类并描述它们相关的特征。有一些需求可能只与特定的用户类相关。将该产品的重要用户类与那些不太重要的用户类区分开。

2.3　产品的功能

概述产品所具有的主要功能，这里只需要概括总结（详细内容在第 3 章描述），用图形表示主要的需求分组以及它们之间的联系。可以用功能结构图进行描述。

2.4　运行环境

描述软件的运行环境，包括硬件平台、操作系统和版本，还有其他的软件组件或者与其共存的应用程序。

2.5　设计和实现上的约束

确定影响开发人员自由选择的问题，并说明这些问题为什么成为一种限制。可能的限制包括以下内容。

◆必须使用或者避免的特定技术、工具、编程语言、数据库。

◆经费、进度、资源等方面的限制。

◆所要求的开发规范或标准。

◆企业策略、政府法规或工业标准。

◆硬件限制，例如定时需求或存储器限制。

◆数据转换格式标准。

◆其他。

2.6　假设和依赖

第 3 章　系统功能（结构化方法见 4.2 节，面向对象方法见 4.3 节）

详细列出提交给用户的软件功能。结构化方法下用数据流程图（DFD）和数据字典来描述；在面向对象方法下，用用例图和分析类来描述。并且描述产品如何响应可预知的出错条件或非法输入或动作。

第 4 章　外部接口需求

4.1　用户界面

陈述所需要的用户界面。描述每个用户界面的逻辑特征。以下是可能要包括的以下一些特征。

◆将要采用的用户界面标准或产品系列的风格。

◆屏幕布局或解决方案的限制。

◆将出现在每个屏幕的标准按钮、功能或导航链接。

◆快捷键。

◆错误信息显示标准。

对于用户界面的细节，例如特定对话框的布局，建议写入一个独立的用户界面规格说明中，不要写入软件需求规格说明书中。

4.2　硬件接口

描述系统中硬件每个接口的特征。可能包括支持的硬件类型、软硬件之间交流的数据和控制信息的性质以及所使用的通信协议

4.3　软件接口

描述产品与其他外部组件的连接，包括数据库，操作系统，工具库和集成的商业组件。明确并描述在软件组件之间交换数据或信息的目的，描述所需要的服务及内部组件通信的性质，确定将在组件之间共享的数据。如果必须用一种特殊的方法来实现数据共享机制，那么就必须把它定义为一种实现上的限制。

4.4　通信接口

描述与产品所使用的通信功能相关的需求，包括电子邮件、WEB 浏览器、网络通信标准或协议及电子表格等，定义相关的信息格式、规定通信安全或加密问题、数据传输速率和同步通信机制

第 5 章　其他非功能性需求

5.1　性能需求

阐述不同的应用领域对产品性能的需求，并解释它们的原理以帮助开发人员做出合理的设计选择。确定相互合作的用户数或者所支持的操作，响应时间以及与实时系统的时间关系；还要定义容量需求，例如存储器和磁盘空间的需求或者存储在数据库中表的最大行数。也可能需要针对每个功能需求或特性分别陈述其性能需求。

5.2　安全性需求

陈述与系统安全性、完整性相关的需求，包括产品创建或使用的数据保护。明确产品必须满足的安全性或保密性策略。

5.3　软件质量属性

详细陈述与客户或开发人员至关重要的质量特性。这些特性必须是确定的、定量的并可检验的。至少应指明不同属性的相对侧重点。

5.4　其他需求

定义至今未出现的需求。例如国际化需求、法律上的需求、有关操作、管理、维护、安装、配置、启动、关闭、修复、容错、监控等等方面的需求

第 6 章　业务规则与业务算法

6.1　业务规则

列举出有关产品的所有操作规则。例如什么人在特定环境下可以进行何种操作。这些规则不是功能需求，但它们可以暗示某些功能需求执行这些规则。

6.2　算法说明

用于实施系统计算功能的公式和算法的描述，类似于业务规则。

a. 每个主要算法的概况；

b. 用于每个主要算法的详细公式。

文档的最后是附录部分。

附录 A：分析模型（包括涉及的数据流图、类图、状态转换图）

附录 B：待确定问题的列表

附录 C：编写文档的原则

4.5 本章小结

需求是分析师发现、求精、建模、规格说明和复审的过程。开发人员通过与用户的交流，发现用户面临的问题，对用户的基本需求不断细化，得出对目标系统的完整、准确和具体的需求。

为了详尽地了解并正确地理解用户的需求，开发人员必须使用适当的方法与用户进行交流和沟通，访谈、收集台账、快速原型是最常用的用户需求收集方法。为了更好地理解问题并与开发团队的其他人员进行交流，通常采用建立的模型的方法。在结构化方法下，需求分析模型主要由数据流图和数据字典来构成；在面向对象方法下，需求分析模型主要由用例图、(用例的)流程图和分析类构成。实际上，需求分析阶段，结构化方法下的数据流图与面向对象方法下的用例图和用例流程图起的作用是类似的，都是对未来软件系统的范围说明；结构化方法下的数据字典和面向对象方法下的系统类起的作用是类似的，主要都是来源于现实系统中的表单，是问题域知识的描述。

需求分析模型在软件开发过程中有非常重要的作用。

(1)帮助开发团队更好理解软件系统的信息功能和行为，使得需求分析工作更容易完成，需求分析的结果更系统化。

(2)模型是需求分析规格说明的主要成分，是规格说明完整性、一致性和准确性的重要依据。

(3)需求分析模型是设计的基础，为设计者提供了软件的实质性表示，设计阶段需要把这些表示转化为软件实现。

以需求分析模型为主要成分的软件需求规格说明，经过认真全面的审查并得到用户确认之后，作为这个阶段的最终成果。

本章分别介绍了用结构化方法和面向对象方法进行图书馆系统需求分析的例子，给出了需求规格说明书的规范。认真阅读并仔细思考如何采用结构化方法和面向对象方法进行分析，特别是这两种不同方法下建立何种模型、各个模型所起的作用，以及各个模型之间的关系，有助于读者更深入具体地理解结构化方法和用面向对象方法完成系统分析工作的过程，并逐步学会选择用结构化分析方法或面向对象分析方法解决实际问题。

习 题

1. 结构化方法下，需求分析模型用什么进行描述？
2. 绘制数据流图，要遵循什么原则？
3. 简述描绘并细化数据流图的步骤。
4. 数据字典包括什么内容？
5. 面向对象方法下，需求分析模型用什么进行描述？
6. 面向对象方法下，如何建立需求模型？
7. 如何看待结构化方法、面向对象方法下的需求模型？

第5章 总体设计

完成了需求分析，回答了软件系统“做什么”的问题，明确了系统的范围规模。软件开发进入到总体设计（也称概要设计）阶段。软件设计的目标就是要回答“怎么做”才能实现软件系统的问题，而总体设计是要概要地说明软件系统的实践方案，即给出目标系统的框架。

与项目前期的粗略设计不同，总体设计阶段得到的系统框架必须以需求分析的结果为基础，因此必须是精确的。此外，项目前期粗略设计的某些系统框架，如系统体系结构、网络硬件结构、安全设计、配套设计往往在项目进入需求分析阶段前，就会明确并保持稳定，因此在进入总体设计阶段后，无须再进行设计。而应用系统框架，如功能结构、系统构成、软件构成、系统部署需要重新设计，软件构成需要从头设计；此外，项目前期未涉及的数据设计问题，在总体设计阶段，也要加以解决。

5.1 设计思想

在结构化设计方法下，系统被认为由大小不等的模块（或称函数、过程）构成。在面向对象方法下，系统由复杂程度不同的类对象构成。由于两者看待目标系统的思维方式完全不同，下面分别介绍两种不同方法下的总体设计。

5.1.1 结构化总体设计概述

结构化方法下，总体设计阶段必须以需求分析的结果为基础进行设计，以得到系统的框架。根据层次化的数据流图，映射出系统的物理构成；根据层次化的数据流图，将其中的加工映射出层次的功能结构；将系统的物理构成分布在网络上，得到系统部署结果；将数据字典转化为数据库设计的概念模型（ER模型），并进一步进行数据库的逻辑设计和物理设计。

1. 设计原则

为了提高软件开发的效率和软件产品的质量，必须严格遵循结构化总体设计的准则。其基本内容如下。

（1）模块化

结构化方法下，模块被认为是构成软件系统的基本组件，模块内部包括数据说明、可执行语句，每个模块都可以单独命名并通过名字来访问。过程、函数、子程序、宏都是模块。模块集成起来构成一个整体，完成特定功能，进而满足用户需求。

模块的公共属性如下。

① 每个模块都有输入输出。

② 每个模块都有特定的逻辑功能，完成一定的任务。

③ 模块内部有属于自己的内部数据，其逻辑功能由一段可执行的代码实现。

（2）抽象

抽象是人们认识世界时使用了一种思维工具。用内涵更小、外延更大的概念来表达更具体的多个概念或现象。在结构化设计中，抽象起着非常重要的作用，可以先用一些宏观的概念构造和理解一个庞大、复杂的系统，然后再逐层用一些较为直观的概念去解释宏观概念，直到最底层的元素。

（3）逐步求精

在面对一个新问题时，开发人员先关注于与本质的宏观概念，集中精力解决主要问题，再逐步关注问题的非本质细节。逐步求精是抽象的逆过程，世界上软件生命周期各阶段活动，就是解决方案抽象层次的逐步细化。抽象和逐步求精有利于人们控制风险，集中精力解决问题。

（4）信息隐藏

在结构化方法下，程序由大小不一的模块构成，每个模块有自己的逻辑功能和数据结构。其他模块调用该模块时，无须知道其内部细节，模块只公布必须让外界知道的信息，如模块名、输入参数个数和类型、输出参数个数和类型。模块的具体实现细节对其他的模块不可见，这种机制就叫信息隐藏。

信息能够避免使局部错误扩大化，避免外部对模块内部进行访问和控制，有利于软件的测试、升级和维护。

（5）一致性

整个软件系统（包括文档和程序）的各个模块均应使用一致的概念、符号和术语；程序内部接口应保持一致；软件与硬件接口应保持一致；系统规格说明与系统行为应保持一致；实现一致性需要良好的软件设计工具、设计方法和编码风格的支持。

2. 结构化总体设计的启发式规则

在长期的软件开发实践过程中，人们总结出一些适用于结构化总体设计的启发式准则，具体如下。

（1）模块的规模要适中。

结构化程序设计要在模块数量与模块的大小之间取得平衡，如果模块规模大，则模块数量少；不过模块规模过小，则整个系统的模块数量多。模块规模大，模块复杂，难以实现、测试和维护；模块规模小，则大量的模块之间关系复杂，控制困难，调用开销大。一般模块的程序行数在50～100为宜。

（2）提高模块的独立性，降低模块之间的耦合。即每个模块完善相对独立的功能，模块之间的关联尽可能少。

模块的独立性与模块之间的耦合性密切相关，模块间的耦合强弱取决于接口的复杂性，如信息传递的方式（传值还是传地址）、输入输出的参数个数和类型。按照模块之间关系，可以把耦合分为七级，从低到高分别是无直接耦合、数据耦合、标记耦合、控制耦合、外部耦合、公共耦合、内容耦合。

无直接耦合是指调用模块和被调用模块间没有直接的数据联系；数据耦合是指调用模块和被调用模块间存在简单变量之类的数据联系，标记耦合是指调用模块和被调用模块间存在复杂结构变量（数组、结构、对象）之类的数据联系；控制耦合是指调用模块和被调用模块间存在控制信息关联；外部耦合是指多个模块访问全局变量，公共耦合是指多个模块访问全局复杂结构变量；内容耦合允许调用模块控制被调用模块的内部数据。

软件设计师、开发人员应尽量使用数据耦合，避免使用控制耦合，限制使用公共耦合，禁止使用内容耦合。

（3）提高模块的内聚程度。

模块内聚是指模块内部各元素间的联系程度。软件设计时应尽量提高模块的内聚程度，使内部各部分相互关联，成为一个整体。可以将内聚分为七级，从低到高依次是偶然内聚、逻辑内聚、时间内聚、过程内聚、通信内聚、信息内聚、功能内聚。一个模块的各成分之间毫无关系，则称为偶然内聚；几个逻辑上相关的功能被放在同一模块中，则称为逻辑内聚；如果一个模块完成的功能必须在同一时间内执行（如系统初始化），但这些功能只是因为时间因素关联在一起，则称为时间内聚。如果一个模块的所有成分都操作同一数据集或生成同一数据集，则称为通信内聚。如果一个模块的各个成分和同一个功能密切相关，而且一个成分的输出作为另一个成分的输入，则称为顺序内聚。模块完成多个需要按一定的步骤一次完成的功能，便形成过程内聚；模块的所有功能都是基于同一个数据结构，称为信息内聚；模块的所有成分对于完成单一的功能都是必需的，则称为功能内聚。

在软件系统中，要避免使用低内聚的模块，多使用高内聚尤其是功能内聚的模块。如果能做到一个完成一个独立的功能，那就达到了模块独立性的较高标准。

（4）加强模块的保护性。

将模块内部可能出现的异常导致的负面影响，尽量局限在该模块内部，从而保护其他模块不受影响，降低错误的影响范围。

3. 结构化总体设计的方法

结构化方法下，面向数据流的设计方法把信息流映射成软件结构，信息流的类型决定了映射的方法。从数据流图中数据流向的形式来看待数据流图，可以认为数据流呈现两种最基本的典型结构。一种是变换型结构，它所描述的工作可表示为输入、主处理和输出，呈线性状态。另一种是事务型结构，这种数据流图呈束状，即一束数据流平行流入或流出，可能同时有几个事务要求处理。

（1）变换型

信息沿输入通路进入系统，同时由外部形式变换成内部形式，进入系统的信息通过变换中心，经加工处理以后再沿输出通路变换成外部形式离开软件系统，当数据流具有这些特征时，这种信息流就叫变换流。利用变换分析技术可以把数据流图中变换流的加工映射成软件结构，如图 5-1 所示。

（2）事务型

数据沿输入通路到达一个处理，这个处理根据输入数据的类型在若干个动作序列中选出一个来执行，当数据流图具有这些特征时，这种信息流称为事务流。它被用于识别一个系统的事务类型并把这些事务类型用作为设计的组成部分。分析事务流是设计事务处理程序的一种策略，采用这种策略通常有一个在上层事务中心，其下将有多个事务模块，每个模块只负责一个事务类型，转换分析将会分别设计每个事务。利用事务分析技术可以把数据流图中事务流的加工映射成软件结构，如图 5-2 所示。

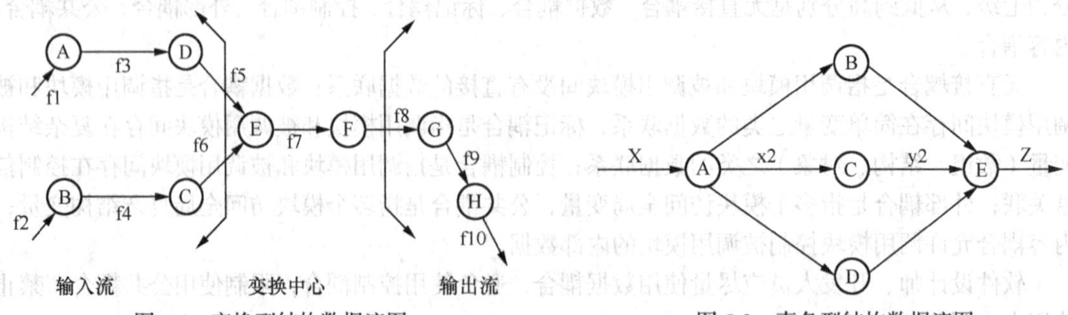

图 5-1　变换型结构数据流图

图 5-2　事务型结构数据流图

4. 结构化方法下总体设计的模型表示

结构化方法下，总体设计模型由功能结构图、IPO 图、系统流程图和配置图来描述。

（1）功能结构图从用户角度描述系统能够完成的任务。功能结构图是一种树型的结构图，反映整个系统包含的功能模块。根据需求分析阶段的数据流图，通过变换分析或事务分析，可以将数据流图中的加工映射出功能结构。

（2）系统流程图从用户和开发人员角度，反映系统的构成。根据需求分析阶段的数据流图，将加工影射为程序，文件或存储影射为数据库或文件系统。

（3）IPO 图反应模块的外在形式，包括模块名、模块的调用者和被调用者、输入参数个数和类型、输出参数个数和类型、模块要承担的功能等信息。每个模块有一个 IPO 图。通过分析需求分析阶段数据流图中每个加工的，输入输出数据流，可以得到与加工对应的 IPO 图。

（4）将系统的构成分布在网络上，得到系统部署图。

5.1.2 面向对象总体设计概述

面向对象方法下，总体设计阶段要达到的目标和完成的任务与结构化方法下的总体设计阶段任务基本相同。但是面向对象的设计基于类、对象、封装、继承等概念。面向对象方法下，总体设计阶段要得到系统的框架，必须分析阶段的需求分析模型为基础。根据用例图，将用例映射出功能结构；根据用例描述和分析类，设计出以类图和其辅助图为基础的系统构成；将系统的构成分组，得到组件图；将系统的构成分布在网络上，得到系统部署。

1. 面向对象总体设计的原则

面向对象的设计原则基本遵循传统软件设计应该遵循的基本原理，同时还要考虑到面向对象的特点。设计原则具体如下。

（1）模块化。在面向对象的设计中，模块体现为一个个的类或者类的对象，它们封装了事物的属性和操作。

（2）抽象化。类是对一组具有相似特征的对象的描述。可以说，类是一种带操作的抽象的数据类型。对象是类的实例化，它用紧密结合的一组属性和操作来表示事物的客观存在。

（3）信息隐藏。默认情况下，类和对象的内部信息对外界是隐藏的（私有属性和私有方法）。外界只能通过有限的接口来对类和对象的内部信息进行访问。类成员都具有相应的访问控制。

（4）低耦合。在面向对象的设计中，耦合主要是指对象的耦合，即不同对象之间互相关联的紧密程度。低耦合有利于降低由于某个类的改变而对其他类造成的影响。

（5）高内聚。内聚和耦合密切相关，低耦合往往意味着高内聚。提高类的内聚性有利于提高系统的独立性。

（6）复用性。构造新类时，都需要考虑它将来被重复利用的可能。提高类的复用性，可以节约资源，精简系统结构。

（7）一致性。整个软件系统（包括文档和程序）的各个类均应使用一致的概念、符号和术语；消息模式应保持一致；系统规格说明与系统行为应保持一致。

2. 面向对象总体设计的启发式规则

在长期的软件开发实践过程中，人们总结出一些适用于面向对象设计的启发式准则，具体如下。

（1）设计结果应该清晰易懂。

首先在开发团队内部约定行之有效的协议，并在设计中加以严格遵守，从而保证整个系统的设计保持一致；对类、属性和操作的命名应该让人望文生义，方便开发人员理解类、属性和操作的用途；设立标准的消息模式，尽量减少消息模式的数量。

（2）类等级深度适当。类的继承和派生有很多优点，但不能随意创建派生类。其中包含的类层次数适当。对于中等规模的系统，类等级层次保持在 5~9。

（3）要尽量设计简单的类。简单的类便于开发和管理，过大的类违反设计原则、维护困难。为每个类分配的任务尽量简单，控制类包含的属性和操作，简化对象之间的合作关系。

（4）使用简单的消息。减少类方法的参数个数，并且尽量使用简单的数据类型。

（5）使用简单的操作。控制方法中的程序行数或者语句的嵌套层数，简化类方法的复杂性。

（6）把设计的变动减至最小。正常的变动不可避免，设计人员尽量把变动频率降至最低。避免出现频繁的设计变动。一般来说设计的质量越高，设计被修改的概率就越低，即使需要修改设计，变动的范围较小。

3. 面向对象总体设计的设计方法

A. MVC 设计模型

MVC 是一种分层的软件设计模型，全名是模型（model）—视图（view）—控制器（controller）。MVC 将后台处理和界面显示分离开来，将业务逻辑聚集到模型部件，界面聚集到视图，控制器负责模型和视图之间的联系，从视图读取用户输入，并向模型发送数据。

视图是用户看到并与之交互的界面。对老式的 C/S 计算模式的应用系统而言，视图是由窗体、菜单等构成的客户端界面；对于早期的 Web 应用程序来说，视图就是由 HTML 元素组成的界面；在新式的 Web 应用程序中，HTML 依旧在视图中扮演着重要的角色，但一些新的技术已层出不穷，它们包括 Adobe Flash 和像 XHTML、XML/XSL、WML 等一些标识语言和 Web services。

模型表示数据和业务规则，模型也有状态管理和数据持久性处理的功能。可以用 EJB、ColdFusion Components 或自定义的组件对象来处理业务逻辑以及数据库读写，被模型返回的数据是与显示格式无关，这样一个模型能为多个视图提供数据，由于业务模型可以被多个视图重用，减少了代码的重复性。

控制器接受用户的输入并调用模型和视图去完成用户的需求，对老式的 C/S 计算模式的应用系统而言，控制器功能由窗体、菜单等事件处理程序承担；对于早期的 Web 应用程序来说，控制器功能由另外的 ASP 或 JSP 页面承担；在新式的 Web 应用程序中，控制器功能由与 HTML 页面中 FORM 属性 ACTION 设定的控制器类来承担。

MVC 设计框架有以下优点。

（1）耦合性低。

MVC 模型是自包含的，运用 MVC 的应用程序的 3 个部件是相互独立，改变其中一个不会影响其他两个，所以依据这种设计思想能构造良好的松耦合。

（2）重用性高、可维护性高。

MVC 模式允许使用各种不同的视图来访问同一个业务逻辑的代码，可以最大化地重用业务逻辑代码。分离视图层和业务逻辑层也使得 WEB 应用更易于维护和修改。

（3）生命周期成本低、部署快。

由于不同的层各司其职，MVC 使开发和维护用户接口的技术含量降低，也使开发时间得到相当大的缩减，它使程序员集中精力于业务逻辑，界面程序员集中精力于表现形式上。

（4）有利软件工程化管理。

每一层不同的应用具有某些相同的特征，有利于通过工程化、工具化管理程序代码。控制器也提供了一个好处，就是可以使用控制器来联接不同的模型和视图去完成用户的需求，这样控制器可以为构造应用程序提供强有力的手段。给定一些可重用的模型和视图，控制器可以根据用户的需求选择模型进行处理，然后选择视图将处理结果显示给用户。

MVC 设计框架有以下缺点。

（1）没有明确的定义。

使用 MVC 需要精心的计划，同时由于模型和视图要严格的分离，这样也给调试应用程序带来了一定的困难。每个构件在使用之前都需要经过彻底的测试。

（2）增加系统结构和实现的复杂性，不适合中小型规模的系统。

对于简单的界面，严格遵循 MVC，使模型、视图与控制器分离，会增加结构的复杂性，并可能产生过多的更新操作，降低运行效率。将 MVC 应用到规模并不是很大的应用程序通常会得不偿失。

（3）视图与控制器间的过于紧密的连接。

视图与控制器是相互分离，但却是联系紧密的部件，视图没有控制器的存在，其应用是很有限的，反之亦然，这样就妨碍了它们的独立重用。

（4）视图对模型数据的低效率访问。

依据模型操作接口的不同，视图可能需要多次调用才能获得足够的显示数据。对未变化数据的不必要的频繁访问，也将损害操作性能。

（5）一般高级的界面工具或构造器不支持模式。

改造这些工具以适应 MVC 需要和建立分离的部件的代价是很高的，会造成 MVC 使用的困难。

MVC 能够很好地适用于个性化定制界面、业务变换频繁的应用场合。分层思想简化了分组开发。不同的开发人员可同时开发视图、控制器逻辑和业务逻辑，也有助于管理复杂的应用程序，使得开发人员可以在一个时间内专门关注一个方面。例如，可以在不依赖业务逻辑的情况下专注于视图设计。同时也让应用程序的测试更加容易。目前有很多支持不同语言的现成的 MVC 框架，如 Struts、ZF、.NET 等等。

应用 MVC 设计模型，开发团队需要选择合适的 MVC 框架，在框架支持下，设计人员只需关心三层部件的设计，三层之间的具体联系交给框架解决。

B. 三层设计框架

三层设计框架也是一种分层的软件设计模型，通常意义上的三层架构就是将整个软件系统划分为三类部件：表现层、业务逻辑层、数据访问层。分层很好地体现“高内聚，低耦合”的设计思想。

（1）表现层与边界类。

表现层（User Interface）就是展现给用户的界面，即用户在使用一个系统的时候他的所见所得。表现层由边界类实现，它明确了系统的边界，能帮助人们更容易地理解系统。一个系统可能会有多种边界类：用户界面类提供用户交互界面，帮助用户与系统进行通信；系统接口类帮助与其他系统进行通信；设备接口类为用来监测外部事件的设备（如传感器）。在用户界面建模中，最需要关注的是如何向用户显示界面。而在系统通信和设备通信建模中，最应关注的是通信协议。

边界对象（即边界类的一个实例）的生存期可以比用例实例的生存期更长。举例来说，边界对象必须在两个用例执行之间的一段时间显示在屏幕上时就符合这种情况。但是，通常情况下二者的生存期一样长。

（2）业务逻辑层与业务类。

业务逻辑层（Business Logic Layer）实现业务逻辑处理，它处于数据访问层与表现层中间，将边界对象与实体对象分开，并通过对实体类的调用实现数据操作。对于数据访问层而言，它是调用者；对于表示层而言，它却是被调用者。业务类使实体对象在用例和系统中具有更高的复用性。

业务类所提供的行为具有以下特点。

① 独立于环境（不随环境的变更而变更）。

② 确定用例中的控制逻辑（事件顺序）和事务。

③ 在实体类的内部结构或行为发生变更的情况下，几乎不会变更。

④ 使用或规定若干实体类的内容，因此需要协调这些实体类的行为。

⑤ 不是每次被激活后都以同样的方式执行（事件流具有多种状态）。

业务类“掌握”着用例的实现，当系统执行用例的时候，就产生了一个业务对象。业务对象经常在其对应用例执行完毕后消亡。

（3）数据访问层和实体类。

数据访问层（DAL）负责与后台数据库的操作，实体类承担数据访问层的责任，实现数据的增添、删除、修改、查找等。实体对象代表了开发中的系统的核心概念，主要来源于分析类，另外的一些类，其属性和关系的值通常可以查找用例的详细描述来获得。

一个实体对象通常不是专属于某个用例的，有时一个实体对象甚至不专用于系统本身。实体类通常都是永久性的，它们所具有的属性和关系是长期需要的，有时甚至在系统的整个生存期都需要。

三层设计框架是一种弱耦合结构，层与层之间的依赖是向下的，底层对于上层而言是“无知”的，改变上层的设计对于其调用的底层而言没有任何影响。如果在分层设计时，遵循了面向接口设计的思想，那么这种向下的依赖也是一种弱依赖关系。

三层设计框架的优点如下。

① 可以降低层与层之间的依赖。

② 可以很容易的用新的实现来替换原有层次的实现。

③ 开发人员可以只关注整个结构中的其中某一层。

④ 利于各层逻辑的复用。

⑤ 有利于标准化。

三层设计框架的缺点如下。

① 降低了系统的性能。采用分层式结构，很多应用不能直接造访数据库，必须通过业务层和数据层来完成。

② 有时会导致级联的修改。这种修改尤其体现在自上而下的方向。如果在表示层中需要增加一个功能，为保证其设计符合分层式结构，可能需要在相应的业务逻辑层和数据访问层中都增加相应的代码。

应用三层设计框架进行面向对象应用的设计时，为每个用例设计边界类、业务类，而数据类（也称实体类）主要来源于分析类。边界类、细节类的属性可以通过用例描述找到。

为了开发具有良好可复用性、高可读性和可修改性的软件系统，可以选择合适的设计模式（见附录 2 设计模式），对面向对象的软件总体设计进行规范，以减少代码重复和优化软件结构。

4. 面向对象总体设计的模型表示

在面向对象方法下，设计模型由功能结构图、类图及其辅助图（包括状态图、时序图和协作图）、组件图和配置图来描述。

- 功能结构图从用户角度描述系统能够完成的任务，根据需求分析阶段的用例图，可以将用例映射出功能结构。
- 类图和其辅助图从开发人员角度，反映系统的构成，可以根据需求分析阶段每个用例的描述和分析类信息，借鉴 MVC 设计模型和三层设计框架，设计分界面、控制、业务和实体等四层的系统构成，图 5-3 介绍了不同编程语言下四层的类图内容。与 MVC 设计模式比较，界面、控制、业务和实体分别对应 MVC 设计模式的 M、V、C 部分；与三层设计模式比较，界面、业务和实体对应于界面、业务类、实体类。
- 将系统的构成分组，得到组件图。
- 将系统的构成分布在网络上，得到系统部署图。

在上述这些模型中，类图的构建是设计的核心和难点，下面进行详细介绍。

（1）类图的构建

设计类图时，可以综合MVC设计框架和界面—业务逻辑—实体三层设计框架，得到界面层—控制层—业务逻辑—数据访问层的四层设计框架，并以此为模板进行类图设计。图5-3描述了不同开发平台/开发语言下，各种不同的应用如何设计类图。

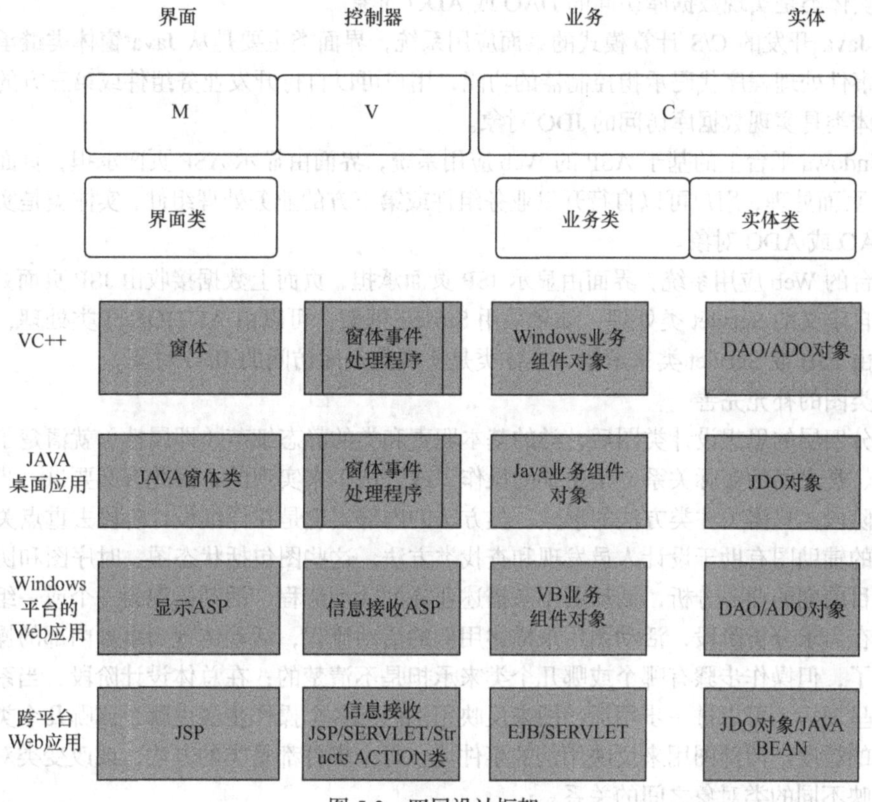

图5-3　四层设计框架

A. 业务逻辑

可以首先为每个用例实现确定一个业务类，接着，在确定了更多的用例实现并发现更多的共性后，再对其进行改进。在用例之间联系很紧密的情况下，有些业务类对象就能参与多个用例实现。此外，不同业务类的多个业务对象可以参与同一个用例。

不是所有用例都需要业务类。例如，对于主要是为了输入、检索、显示或修改信息的简单事件流来说，通常不必单独使用一个控制类，将由边界负责协调用例。

用例的事件流决定了不同任务的执行顺序。首先，调查事件流是否能由已确定的边界类和实体类进行处理。如果事件流较复杂，而且包含一些可能会独立于接口（边界类）或系统分析类（实体类）而变更的动态行为，则应该将该事件流封装在一个单独的业务类中。通过封装事件流，同一个业务类就可能由具有不同接口和信息库（或者至少基础数据结构不同）的各种系统重复使用。

B. 数据访问层

数据访问层的实体类，主要来源于需求分析的分析类。在设计阶段，通过阅读用例详细描述，可以发现用例详细描述中的名词和名词短语，信息内容丰富的名词和名词短语，将作为类补充到数据访问层，信息内容简单的名词和名词短语，作为类的属性。

C. 界面层和控制层

在采用不同的开发语言和不同的计算模式下的应用系统，界面层和控制层的实现有所不同。

下面是采用不同开发语言、不同计算模式的应用系统如何设计以体现四层设计框架的具体设计思路。

在用 VC++开发的 C/S 计算模式的桌面应用系统，界面类主要是从 MFC 中的界面库继承而来，界面对象的事件处理程序代码承担控制器的功能，用户可以自行开发业务组件或第三方的业务处理组件；实体类是实现数据库访问的 DAO 或 ADO 对象。

在用 Java 开发的 C/S 计算模式的桌面应用系统，界面类主要是从 Java 窗体类继承而来，界面对象的事件处理程序代码承担控制器的功能，用户可以自行开发业务组件或第三方的业务处理组件；实体类是实现数据库访问的 JDO 对象。

在 windows 平台上的基于 ASP 的 Web 应用系统，界面由显示 ASP 页面承担，页面上数据接收由 ASP 页面处理，用户可以自行开发业务组件或第三方的业务处理组件；实体类是实现数据库访问的 DAO 或 ADO 对象。

跨平台的 Web 应用系统，界面由显示 JSP 页面承担，页面上数据接收由 JSP 页面处理，也可交由用户自定义的 Servlet 类处理，如果采用 Structs 框架，可以由 ACTION 子类处理；业务逻辑功能可以由 EJB 或 Servlet 类来承担，实体类是实现数据库访问的 JDO 对象。

（2）类图的补充完善

在以分四层的思想设计类图后，类的基本职责和类的静态细节（即属性）就清楚了。但类的具体职责、类之间的实际关系，是由类的操作（或方法）来实现的，因此有必要进一步补充完善类。在本阶段，只需关注类方法的形式，类方法的内部实现是在详细设计阶段去重点关注的。

类图的辅助图有助于设计人员发现和查找类方法，这些图包括状态图、时序图和协作图。

在项目前期的业务分析，活动图用来描述业务的活动流程，活动体现为一个或一组事务，粒度较大；在需求分析阶段，活动图用来描述用例的活动流程，活动体现为事务内部的操作步骤，粒度细化了，但操作步骤有哪个或哪几个类来承担是不清楚的；在总体设计阶段，当系统中类的轮廓基本呈现后，可以进一步用活动图来反映用例内部各个操作步骤由哪个或哪几个类来承担，具有更细的粒度。活动图用来反映用例的事件流，每个事件都是类的方法，或改变类对象本身状态，或反映不同的类对象之间的关系。

状态图可用于反应同一个类对象在不同事件发生时的状态变化情况，状态图不是必需的，通常只用于描述系统中状态较多的类的状态变迁。引起类状态变迁的这些事件往往也是该类的方法。

时序图用来反映用例的某个特定场景，一个用例的活动图通常可以用多个时序图来替代，每个时序图反映用例的一个事件流。由于时序图反映的内容更少，事件之间的逻辑性更强，在实践中更多的被用于发现和查找类方法。

协作图更多的是用来从全局反应类之间的关系。一个用例的所有时序图综合在一起，可以反映参与该用例的所有类之间的关系；一个系统所有用例的所有时序图综合在一起，可以反映该系统中所有类之间的关系。

（3）类的优化

对于获得的类模型，可以根据不同的实际情况，采用不同的设计模式进行优化，以提高软件复用、系统性能，降低复杂性。比如，使用 Façade 模式，要求数据访问层的实体类的功能通过接口来暴露，业务类通过接口对实体类功能进行调用；业务类的功能通过接口来暴露，界面通过接口对业务类功能进行调用。对于数据库连接等复杂对象采用 Prototype 模式以加快系统的速度。

采用四层设计模式，通常意味着后台数据源不提供任何处理功能，只提供数据存储功能，这特别适用于大型分布式信息系统。但对于小型单数据源信息系统而言，开发负担过重。可取的设计方案是单独设立一个业务对象，业务对象本身不提供具体的业务逻辑处理功能，而是由数据库系统的过程、函数、触发器实现系统的业务逻辑，业务对象的作用就是调用数据库中的过程、函数和触发器来完成业务，这种设计的缺陷是未来信息系统难以迁移、扩充。

需要注意的是，设计阶段的类图与需求阶段的分析类图关注点有所不同，分析类更多关注的是各个分析类之间的数量关系，分析类主要来源于现实世界问题域（主要是现实系统中的表单表格），系统类将是数据库设计的基础；设计类图更多关注的是不同层次类之间的调用关系，以及同一层次类的继承抽象关系，设计类是设计人员的工作结晶，更多地考虑合适设计模式的应用，设计类图是未来系统实现的基础。

5.1.3 数据库设计

当前关系型数据库管理系统占据市场的绝对份额，无论采用结构化方法或面向对象方法，数据库设计的步骤基本是相同的。在结构化方法下，需求分析阶段的数据字典是设计目标系统数据库概念结构的源泉；在面向对象方法下，分析类（实体类）是设计目标系统数据库概念结构的源泉。数据字典和分析类主要来源于现实系统中的台账。

数据库结构设计包括概念结构设计、逻辑结构设计、物理结构设计。数据库的概念结构是系统中数据模型的共同基础，它描述了系统最基础的数据结构，独立于特定的数据库系统；数据库的逻辑结构提供了比较接近数据库内部构造的逻辑描述，它能够为数据库的物理结构创造提供便利；数据库的物理结构是数据库的物理数据模型，它包括实际数据库服务器上的表、存储过程、字段、视图、触发器、索引等等，与特定的数据库系统密切相关。

应用系统的概念结构数据模型通常用 ER 模型进行描述，ER 图表示系统所管理的问题域概念。ER 图以实体、联系、属性 3 个基本概念概括数据的基本结构，最终将作为数据库设计的基础。

实体就是现实世界中的事物，多用矩形框来表示，框内有相应的实体名称。属性多以椭圆形表示，并用无向边与相应的实体联系起来，表示该属性归属某实体。可以说，实体是由若干个属性组成的，每个属性代表了实体的某个特征。实体之间的联系用菱形表示，并用无向边分别与关联实体连接起来，以描述实体之间的联系。实体之间存在着 3 种联系类型，分别是一对一、一对多和多对多联系。

数据库的逻辑结构就是数据表结构。将概念结构中 ER 模型的实体、关系、属性映射为数据表。在映射的过程中，通常要遵循以下规则。

- 实体映射为表，实体的属性映射为表的列，实体的主关键字作为表的主键。
- 一对一关联可以引申为一个独立的表，也可以与关联的部分或全部实体组成表。
- 一对多关联可以映射为一个独立表，或与多端实体组成表。
- 多对多关联可映射为一个独立表，该表主键是关联实体的主关键字组合。

进行数据库的逻辑设计时，必须在检索效率（查找速度快）和存储效率（重复数据存储少）之间进行平衡，即进行必要的规范。范式是用来评价数据存储效率的规则，范式越高，规范性越强，数据存储效率越高。常见的范式从低到高是 1NF、2NF、3NF、BCNF 和 4NF。如果要求较高的存储效率，应保证模式中数据表的范式级别高；如果要求检索速度快，可以维持数据表较低的数据表范式。实际应用中，更多地考虑检索效率而不是存储效率。

设计好数据表结构后，若数据表之间存在关联关系，那么可以采用主键、外键的方法，这是数据表之间参照完整性规则的依据。此外，为了使数据具有更高的安全性，方便对数据的组织和操作，还可以采用数据视图的方法，进一步完善数据库的逻辑结构设计。

得到数据库的逻辑结构之后，可以进一步表现为实际数据系统上物理空间的表、存储过程、字段、视图、触发器、索引等。

在采用面向对象技术开发应用系统时，设计人员要保证实体类和对应的数据表之间的映射关系。通常，有一个数据表就要建立对应的实体类，数据表的列名就是实体类的属性名，列的类型应该与对应属性名的数据类型尽量接近，要做到这一点，设计人员要注意设计实体类时采用的高级语言。目前存在一些自动化实现数据库和实体层之间映射（ORM，Object Relational Mapping）的框架工具，如 HIBERNATE，iBATIS，EclipseLink 等等。框架运行时就能参照映射信息，把对象持久化到数据库中。

事务机制是设计数据库必须关注的一个重大问题。一般的大中型数据库管理系统都提供了事务处理机制，来保证数据库内部的数据一致性，数据库事务通过将一组相关操作组合为一个要么全部成功要么全部失败的单元，可以简化错误恢复并使应用程序更加可靠。但在多数据源情况下，数据库管理系统的内部事务机制无法保证整体信息系统的数据一致性。

对于非数据库的单数据源系统（XML 文件、文本文件或某些不提供事务机制的小型数据库系统）、采用四层设计思想的信息系统（见 5.1.2 设计模型表示）或多数据源的分布式系统，开发人员必须借用第三方事务机制或自行开发事务机制来保证数据一致性。比如 Windows 环境下提供了 DCOM 事务组件，允许开发人员调用或配置以支持分布式事务或非数据库信息系统；Java 环境下提供了 JDBC 事务、JTA（Java Transaction API）事务、容器管理事务等多种的事务机制，允许开发人员选用。

5.1.4 应用系统的安全设计

项目前期的粗略设计给出了整个系统的安全设计，包括安全设计依据、安全设计原则、安全设计目标、风险分析、安全体系结构、安全域划分、安全技术体系设计、安全产品部署、安全管理体系设计和安全服务体系设计。信息系统的安全，除了上述全局性的安全设计之外，应用程序自身还必须提供特定问题域的安全解决方案，主要包括程序资源访问控制安全、功能性安全和数据域安全。

1. 程序资源访问控制安全

程序资源访问控制安全的粒度大于功能性安全，是最常见的应用系统安全技术，几乎所有的应用系统都会涉及这种技术。程序资源访问控制分为服务端和客户端访问控制两个层面。

客户端程序资源访问控制是对用户界面操作入口进行控制，即用户的操作界面是否出现某一功能菜单，在具体业务功能页面中，是否包含某一功能按钮等。客户端程序资源访问控制保证用户仅看到有权执行的界面功能组件，或者让无权执行的功能组件呈不可操作状态。简言之，就是为不同权限的用户提供不同的操作界面。

服务端程序资源访问控制是在服务端对 URL 程序资源和业务服务类方法的调用进行访问控制。即会话在调用某一具体的程序资源（如业务接口方法，URL 资源等）之前，判断会话用户是否有权执行目标程序资源，若无权，调用被拒绝，请求定向到出错页面，反之，目标程序资源被成功调用。

服务端的控制是最重要和最可靠的保障方式，而客户端的控制仅仅是貌似安全，实则存在隐患，不过它提高了用户界面的清洁度和友好性。比如无须等到用户单击了界面操作组件后，服务端才返回一个“您无权访问该功能”之类的报错信息。

由于程序资源访问控制安全的业务相关性很小，容易总结出通用的模型，甚至可以通过框架解决，如最近开始流行的 Acegi 安全框架就为解决该问题提供了通用的方案。常见的程序资源访问控制模型必须先回答以下 4 个问题。

（1）程序资源如何描述自己。

程序资源分为两种，其一为 URL 资源，其二为服务接口业务方法。资源要实现控制必须事先描述自己，以便进行后续的管理和动作。根据应用系统复杂程度的不同，一般有以下 3 种描述方法。

① 通过属性描述。

如应用系统中需控制的程序资源数量不大，则可用对象属性描述，论坛系统一般就采取这种方式。如著名的 Jforum 开源论坛，用户组对象拥有是否可收藏帖子，是否可添加书签等若干个程序资源访问控制属性。但当需管理的程序资源数量很大时，这种方式在扩展性上的不足马上就暴露出来了。

② 通过编码描述。

为需安全控制的程序资源提供编码，用户通过授权体系获取其可访问的资源编码列表。在控制层的程序中（如 Struts 的 Action）判断目标程序资源对应的编码是否位于用户授权列表中。

这种方式需要在 Action 中通过硬编码来识别目标程序资源，硬编码必须和数据库中描述的一致。访问控制逻辑和业务程序代码耦合较紧，在一定程度上增加了编码的工作量，维护性也稍差些。

③ 通过编码和程序资源描述串。

为了避免通过硬编码识别目标程序资源的缺点，在进行程序资源编码时，提供一个程序资源的描述串这一额外的配置项。可以在运行期通过反射的方式得到目标程序资源对应的描述串，再通过描述串获取对应的编码，而用户的权限即由资源编码组成，因此就可以判断用户是否拥有访问程序资源了。

描述串是程序资源动态查找其对应编码的桥梁，如 URL 资源可以通过模式匹配串作为描述串，如"/images/**.gif""/action/UserManager.do"等；而业务接口方法，可以通过方法的完全签名串作为描述串，如 com.ibm.userManager.addUser，com.ibm.userManager.removeUser 等。

（2）如何对用户进行授权。

一般不会直接通过分配程序资源的方式进行授权，因为程序资源是面向开发人员的术语；授权由系统管理员操作面向业务层面的东西，因此必须将程序资源封装成面向业务的权限再进行分配。如将 com.ibm.userManager.removeUser 这个程序资源封装成"删除用户"权限，当系统管理员将"删除用户"权限分配给某一用户时，用户即间接拥有了访问该程序资源的权利了。

角色是权限的集合，如建立一个"用户维护"的角色，该角色包含了新增用户、更改用户、查看用户、删除用户等权限。通过角色进行授权可以免除单独分配权限的繁琐操作。

如果组织机构具有严格的业务分工，用户的权限由职位确定，这时，一般会引入"岗位"的概念，岗位对应一组权限集合，如"派出所所长"这个岗位，对应案件审批，案件查看等权限。岗位和角色二者并不完全相同，岗位具有确定的行政意义，而"角色"仅是权限的逻辑集合。

角色、岗位是为了避免单独逐个分配权限而提出的概念，而"用户组"则是为了避免重复为拥有相同权限的多个用户分别授权而提出的。可以直接对用户组进行授权，用户组中的用户直接拥有用户组的权限。

授权是权限管理层面的问题，其目的是如何通过方便、灵活的方式为系统用户分配适合的权限。根据应用系统的权限规模的大小及组织机构层级体系的复杂性，有不同的授权模型。

① 直接分配权限的授权模型。

对于论坛型的系统，它的特点是没有组织机构的概念，也没有岗位的概念，授权方式比较简单。为了划分不同用户的权限，一般会引入用户组的概念，

如管理员组，一般用户组等。对用户组进行授权，用户通过其所属的用户组获取权限。用户的权限信息通过若干个开关属性或列表属性表示。这种类型的系统往往权限数量小且相对稳定。

② 通过角色进行授权的授权模型。

强调权限仅能通过角色的方式授予用户，而不能将权限直接授予用户是这一授权模型的特点，其中典型的代表就是 RBAG 模型。它强制在用户和权限之间添加一个间接的隔离层，防止用户直接和权限关联。

虽然通过这种方式可以防止权限的分配过于零散的问题，但也降低了权限分配的灵活性。如某一部门主管希望临时将交由副主管代理，RBAG 模型中，这种需求就变得比较棘手了。

③ 岗位+组织机构的授权模型。

对于拥有组织机构且用户岗位职责明确的应用系统，可以在系统层面建立组织机构中的各个岗位，并为这些岗位分配好权限，然后将岗位分配给部门，新增部门员工时，必须选择部门内的一个岗位。该模型非常强调组织机构在授权模型所起的作用，所以对组织机构进行了更多的定义。

（a）组织：组织是一个虚拟的机构，它的存在只是为了连接上下级机构的行政关系，组织下级可以包括组织或部门，职员不直接隶属于组织，岗位也不能直接分配给组织。

（b）部门：是一个具体的机构，职员可以直接隶属于部门，部门下可以包含若干用户组，岗位可以分配给部门或用户组，部门和用户组内的职员拥有其中的一个岗位。

（c）用户组：为完成临时任务而组建的团队，非正规的行政建制，可以包括若干个成员。首先将岗位分配给部门或用户组，如将"产品经理"、"产品技术经理"、"部门经理"和"开发工程师"这4个岗位分配给研发部下的3.0产品组，然后在部门添加新职员时，必须为职员选择所属的用户组，并分配一个用户组的岗位。此外，系统管理员也可以直接将权限分配给用户，让用户拥有岗位之外的权限，以增加授权的灵活性。在授权体系之外，还拥有权限的转移功能，即用户可以临时将其所有或部分权限转移给某个用户代理。

一个用户可以同时属于多个部门，拥有多个岗位，但在登录时，必须选择岗位和单位，以确保用户会话具有确定的身份。

④ 分级管理的授权模型。

如果组织机构庞大、层级复杂、职员众多，用集中式的授权就变得相当困难，而分级管理授权模型就显得相当适合。所谓分级权限管理，就是在多级组织机构模型中，每一个组织均拥有一个组织管理员，负责权限分配、组织机构维护、人员管理等工作；上级组织管理员仅需要将权力分配给直属下级组织，而并不关心这些权限在下级组织内部如何分配。依此类推，下级组织再将权限分流到下下级组织，对本组织内用户组及用户进行授权。

在这种模型中，一般没有角色和岗位的概念，直接将一个个权限分配出去，

当然为了操作的方便，可以对权限按业务进行分组。岗位和角色只是系统之外的一个概念，通过这种分流模型满足这种概念。

分级管理授权模型主要解决的是授权层级分工的问题，将繁重的权限管理工作分摊到各级组织中，达到管理上的平衡。这种授权模型虽然通过分摊的方式平衡了权限管理的工作量，但需要解决一个问题：如上层组织回收权限，所有下级组织需要进行级联回收。

（3）如何在运行期对程序资源的访问进行控制。

用户登录系统后，其权限加载到 Session 中，在访问某个程序资源之前，程序判断资源所对应的权限是否在用户的权限列表中。在运行期通过反射机制获知程序资源对应的权限。

（4）如何获取用户的菜单和功能按钮。

很多应用系统在设置用户访问控制权限时，仅将系统所有的菜单列出，通过为用户分配菜单的方式分配权限，如著名的 shopex 网上商城系统就采用这种方式。其实这种方式仅仅实现了客户端的访问控制，没有真实实现程序资源的访问控制，应该说是一种初级的、简略的解决方案。

菜单和功能按钮是调用程序资源的界面入口，访问控制最终要保护的是执行业务操作的程序资源，而非界面上的入口。虽然有些应用系统通过菜单分配权限，在服务端也对程序资源进行控制，但这种权限分配的方式有点本末倒置。比较好的做法是，在建立程序资源和权限的关联关系的同时建立程序资源和界面功能组件（菜单、功能按钮）的关联关系。这样，就可以通过用户权限间接获取可操作的界面组件。

2. 功能性安全

功能性安全会对程序流程产生影响，如用户在操作业务记录时，是否需要审核，上传附件不

能超过指定大小等。这些安全限制已经不是入口级的限制，

而是程序流程内的限制，在一定程度上影响程序流程的运行。

3. 数据域安全

数据域安全包括两个层次，其一是行级数据域安全，即用户可以访问哪些业务记录，一般以用户所在单位为条件进行过滤；其二是字段级数据域安全，即用户可以访问业务记录的哪些字段；

不同的应用系统数据域安全的需求存在很大的差别，比如无明显组织机构的系统，如论坛，内容发布系统一般不设计数据域安全，数据对于所有用户一视同仁。

在业务相关性比较高的业务系统中，对于行级的数据域安全，大致可以分为以下4种情况。

（1）大部分业务系统允许用户访问其所在单位及下级管辖单位的数据。此时，组织机构模型在数据域安全控制中扮演中重要的角色。

（2）也有一些系统，允许用户访问多个单位的业务数据，这些单位可能是同级的，也可能是其他行政分支下的单位。对于这样的应用系统，一般通过数据域配置表配置用户所有有权访问的单位，通过这个配置表对数据进行访问控制。

（3）在一些保密性要求比较高系统中，只允许用户访问自己录入或参与协办的业务数据，即按用户ID进行数据安全控制。

（4）还有一种比较特殊情况，除进行按单位过滤之外，数据行本身具有一个安全级别指数，用户本身也拥有一个级别指数，只有用户的级别指数大于等于行级安全级别指数，才能访问到该行数据。如在机场入境应用系统，一些重要人员的出入境数据只有拥有高级别指数的用户才可查看。

一般业务系统都有行级数据域控制的需求，但只有少数业务系统会涉及字段级数据域控制，后者控制粒度更细。字段级数据域安全一般采用以下两种方式：

通过配置表指定用户可以访问业务记录哪些字段，在运行期，通过配置表进行过滤；业务表的业务字段指定一个安全级别指数，通过和用户级别指数的比较来判断是否开放访问。

程序资源访问控制安全、功能性安全、数据域安全是三种应用系统安全实现的主要技术，它们作用的对象是不同的，安全控制粒度则从大到小。不同的应用系统的系统级安全关注点往往差异很大，在安全设计中往往会选择一种或多种形式。

5.1.5　总体界面布局

无论是项目是窗体式的应用或Web形式的应用，采用结构化方法或面向对象方法进行项目开发，设计人员都需要为项目安排美观大方的总体界面布局。良好的布局设计，能够极大地提高应用的受欢迎度，提高操作人员的工作效率。

窗体式应用中，各种模块通过主窗体把各个模块串接起来，因此总体界面布局主要就是主窗体的布局设计；在Web形式的应用，各种子应用通过网页链接串接起来，因此总体界面布局不仅包括主页面的布局设计，还包括各个网页文件的组织。在较大规模的Web应用中，总体设计人员必须预先设计好主页面的布局以及与之关联的网页目录结构。

网页目录结构应以最少的层次提供最清晰简便的访问结构。网页目录结构设计包括如下一些规则。

- 目录的命名应有严格的命名规范，通常以小写英文字母、下划线组成；
- 根目录一般只存放index.htm以及其他必需的系统文件；
- 主页面上的每个主要栏目开设一个相应的独立目录，根目录下的images用于存放各页面都要使用的公用图片，子目录下的images目录存放本栏目页面使用的私有图片；
- 所有JS,ASP,PHP等脚本存放在根目录下的scripts目录下，所有CGI程序存放在根目录下的cgi-bin目录下，所有CSS文件存放在根目录的style目录下；
- 每个语言版本存放于独立的目录；

- 所有 flash, avi, ram, quicktime 等多媒体文件存放在根目录下的 media 目录。

5.2 结构化总体设计

结构化方法下，在总体设计阶段，需要以需求分析的结果为基础，进行应用系统的精确总体设计。包括应用系统的功能结构、软件构成、物理构成和系统部署设计。其中功能结构设计是用户所关心的，软件构成是程序开发人员所关心的，物理构成是配置管理人员、用户、高层管理者关心的，系统部署则是配置管理人员所关注的。

根据需求分析的结果（数据流图和数据字典），可以根据事务型或变换型对数据流图进行映射得到应用系统的功能结构图、IPO 图和系统流程图、配置图；从数据字典可以映射得到 ER 图。

图 5-4 描述了如何从各层数据流图映射到功能结构。

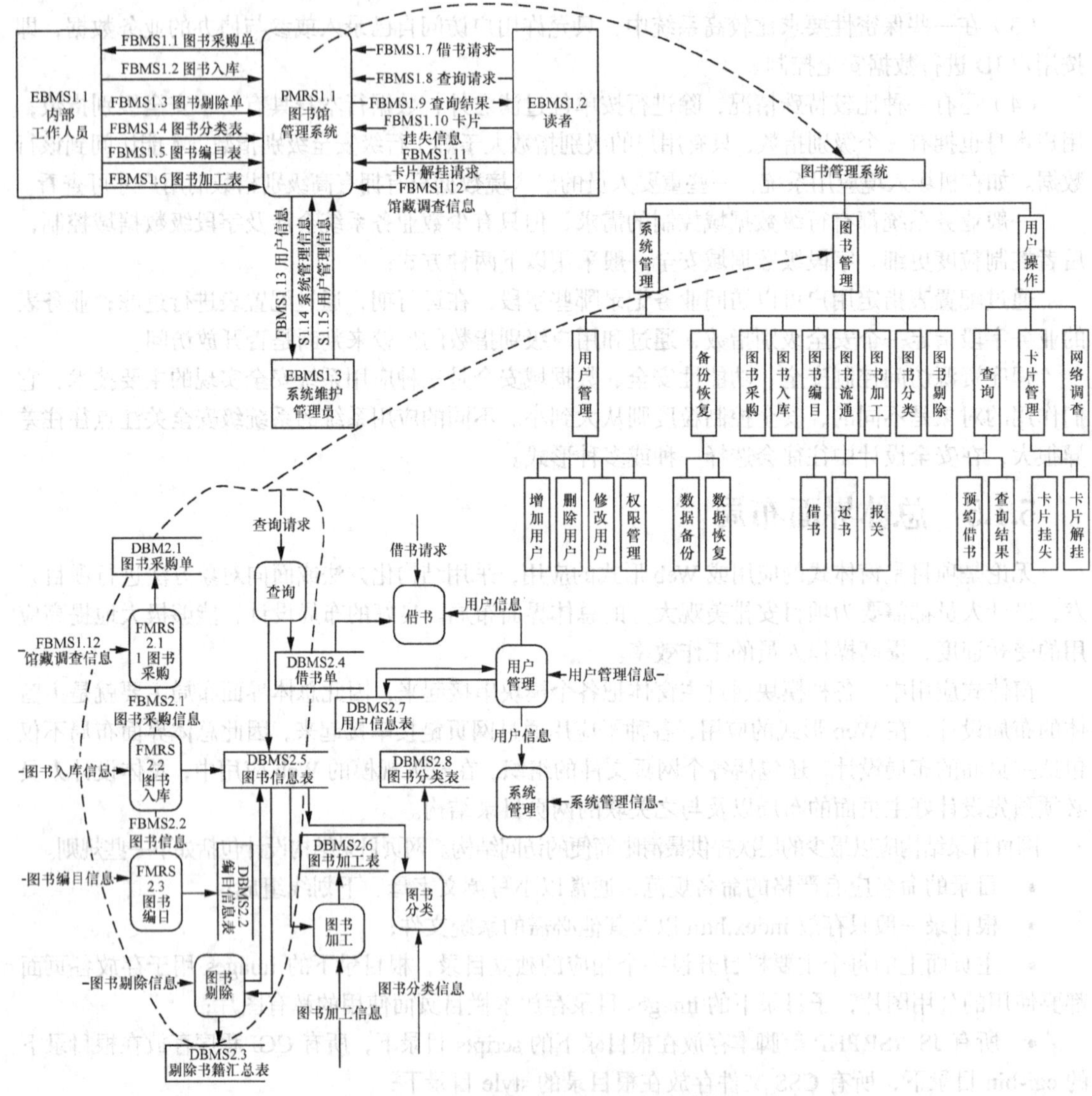

图 5-4 从各层数据流图映射到功能结构

从图 5-4 中可以看到，顶层数据流图的加工映射成功能结构图中最顶层的“应用系统”；从 0 层数据流图的加工（或加工集合）可以映射到功能结构图中的第二次功能模块；如此逐步进行对应细化层次的映射，可以得到最终的功能结构图。对于功能结构图中的每个模块或子系统，可以用系统组织表或文字进行更详细的描述。系统组织表的格式如下：

子系统编号	英文名称	中文名称	业务职能	备注

其中：

- 子系统编号，给出本系统中指定子系统的顺序编号。
- 子系统英文名称，给出本子系统的英文名称，该名称是在应用软件中实际使用的可执行文件名称。
- 子系统中文名称，给出本子系统的中文名称，该名称必须能够说明该子系统的特点。
- 业务职能，描述该子系统完成的核心业务。
- 备注，针对该子系统，需要说明的其他有关问题。

针对每一个数据流图中的加工，分析其输入、输出，可以得到对应的 IPO 图。所有的 IPO 图构成系统的软件构成。图 5-5 描述了数据流的加工如何从映射到 IPO 图。

从数据流图影射到 IPO 图，需要关注数据流图中各个加工的输入和输出。可以迭代方式从各级数据流图得到不同层次的 IPO 图，因此可以反映不同层次 IPO 图之间的调用关系。每个 IPO 图可以用一张系统特性表或文字进行更详细的描述。系统特性表的格式如下。

<table>
<tr><td colspan="7">子系统编号：
子系统英文名称：
子系统中文名称：</td></tr>
<tr><td>特性编号</td><td>系统特征
英文名称</td><td>系统特征
中文名称</td><td>操作功能</td><td>调用对象</td><td>被调用
对象</td><td>备注</td></tr>
<tr><td></td><td></td><td></td><td></td><td></td><td></td><td></td></tr>
<tr><td colspan="7">说明：</td></tr>
</table>

其中子系统编号、子系统英文名称、子系统中文名称同系统组织表。

- 特性编号：整个系统所有特性的统一编号。
- 系统特性英文名称：系统特性的英文正式名称，将来用于软件开发中，必须符合命名规范。
- 系统特性中文名称：系统特性的中文正式名称，来源于需求规格说明书中，系统特性一节中的有关描述。
- 操作功能：是指该特性实际完成的操作说明。
- 调用对象：是指调用该系统特性的系统对象，这里的系统对象可以是系统特性，也可以是操作界面。
- 被调用对象：是指被该系统特性调用的系统对象，这里的系统对象可以是系统特性，也可以是操作界面。
- 说明，某些较低层的系统特性，可能不存在被调用对象。
- 备注，描述与该系统特性有关的其他注意事项。
- 说明，描述与该系统特性表有关的其他注意事项。

图 5-6 描述了如何从各层数据流图映射到物理构成。

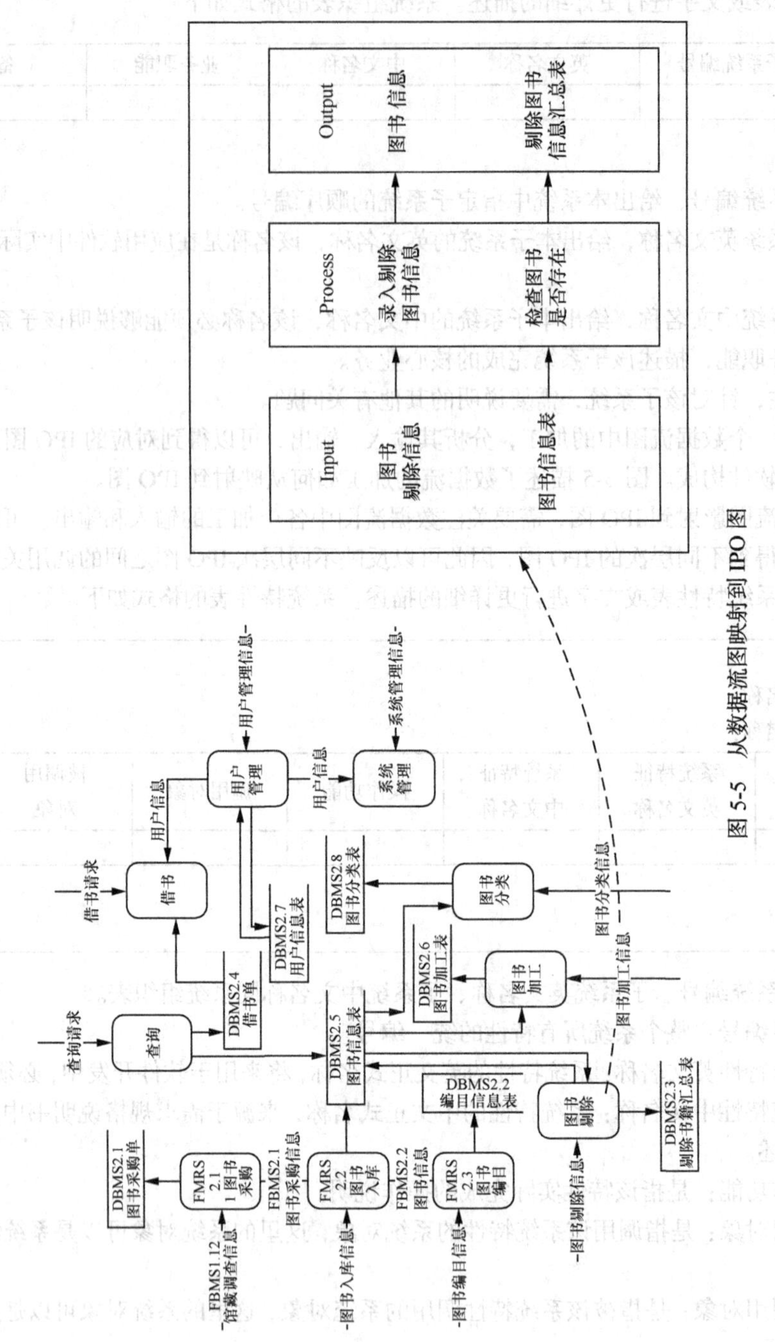

图 5-5　从数据流图映射到 IPO 图

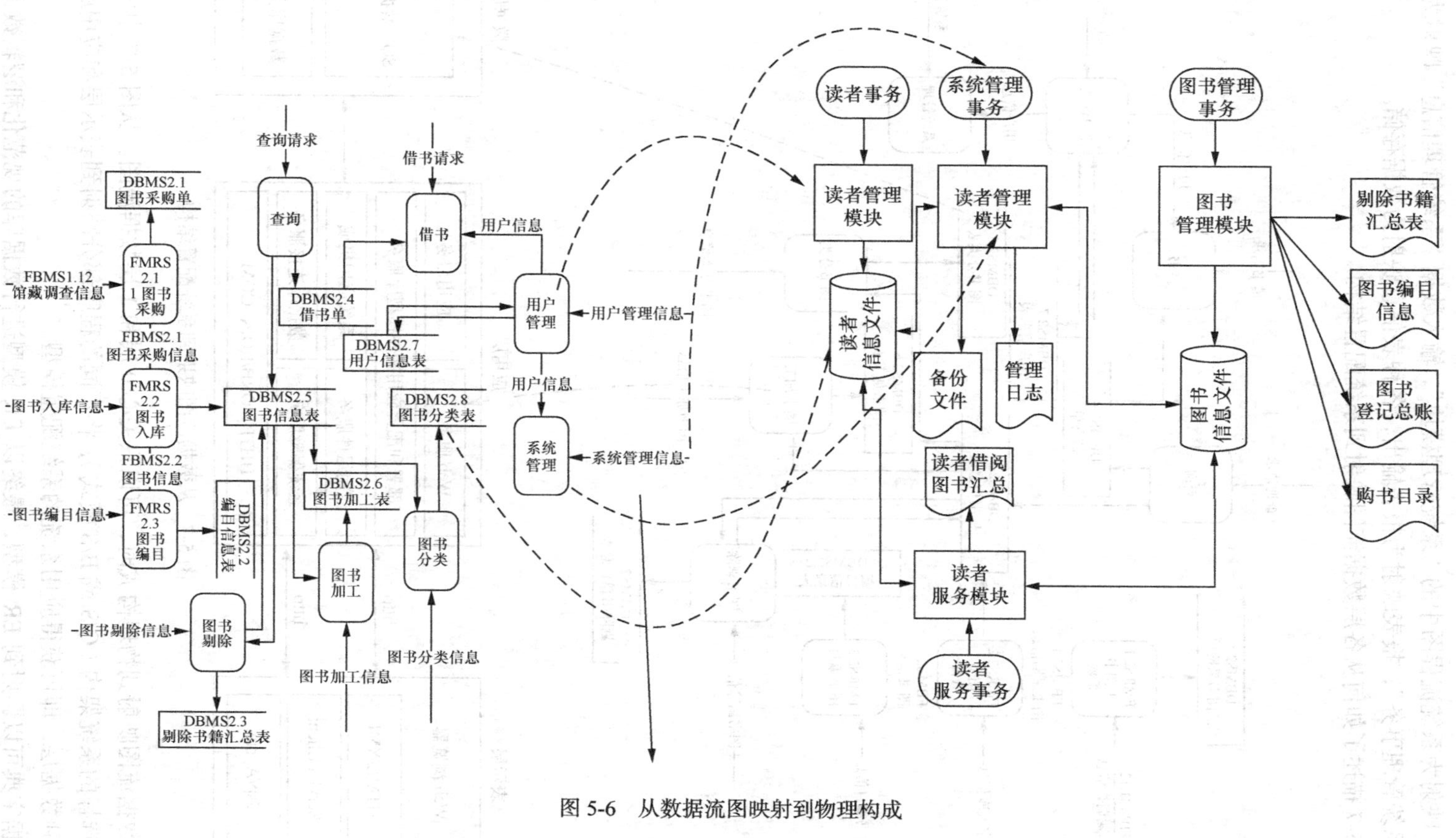

图 5-6　从数据流图映射到物理构成

从数据流图映射到物理构成时，可以只关心 0 层和 1 层数据流图。从图 5-6 中可以看到，0 层数据流图中的加工“读者管理”映射为物理构成（系统流程图）中的“读者管理模块”，加工“系统管理”映射为系统流程图中的“系统管理模块”，输入数据“系统管理信息”映射为系统流程图中的“系统管理事务”，报表映射为报表输出，各种表信息映射为数据存储。

图 5-7 描述了如何从各层数据流图映射到系统配置结构。

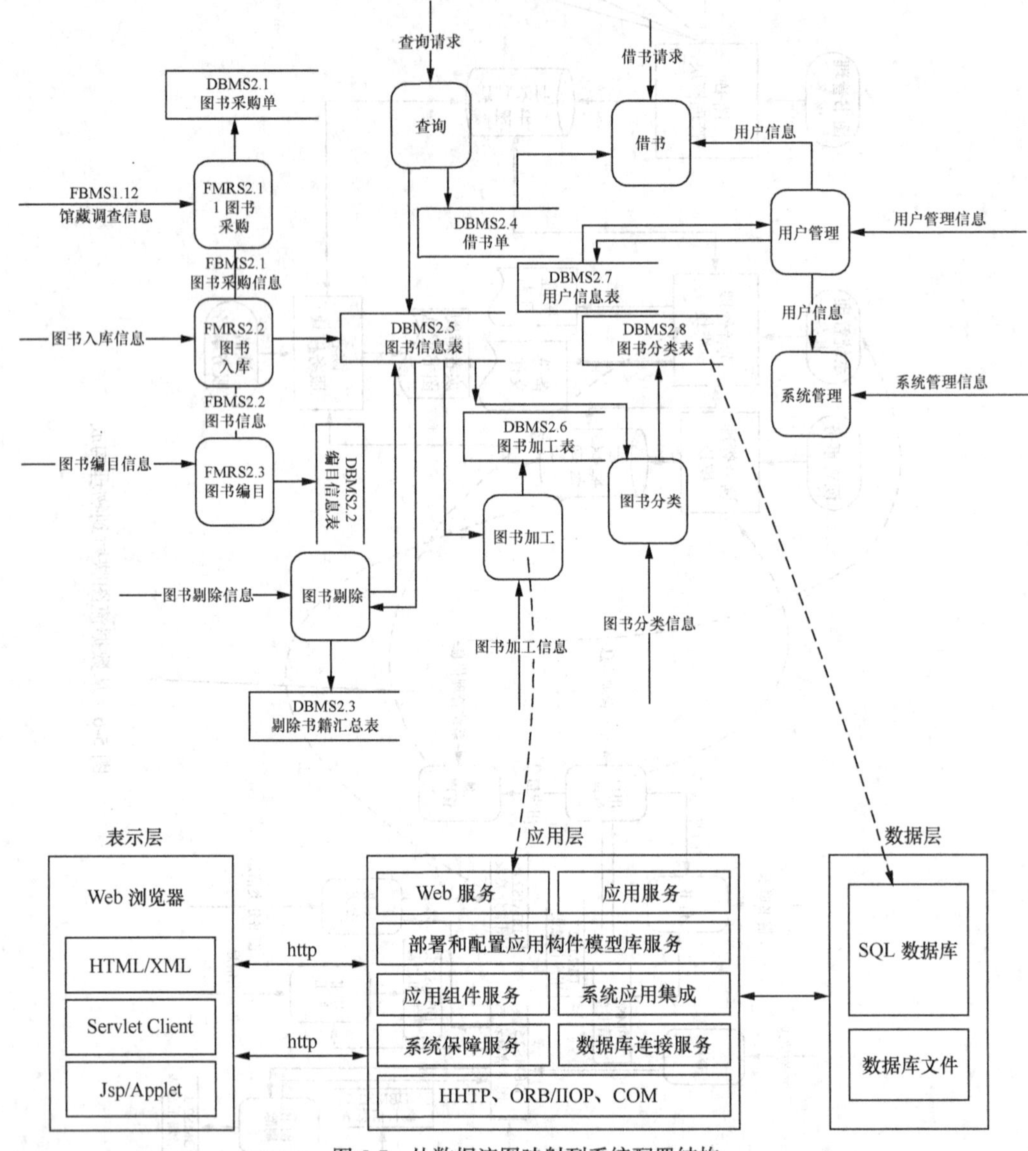

图 5-7　从数据流图映射到系统配置结构

从数据流图映射到物理构成时，可以只关心 0 层和 1 层数据流图。从图 5-7 中可以看到，根据预先选择的系统架构（C/S 或 B/S 模式），将不同的程序部分映射到表示层和应用层，将数据存储映射到数据层，即可获得应用系统的系统配置模型。

数据字典可以影射到 ER 模型，最终以 ER 模型进行数据库的规范化和逻辑数据库设计、物理设计，具体过程见数据库设计。

结构化方法下的图书馆管理系统总体设计见表 5-1。

表 5-1 图书馆管理系统总体设计

A. 系统功能结构（见图 5-8）

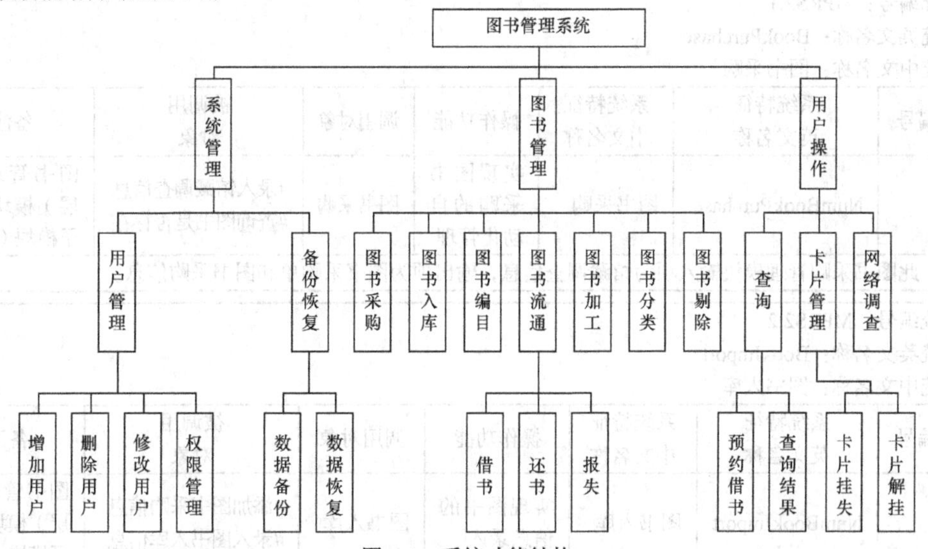

图 5-8 系统功能结构

利用系统组织表进行详细的描述（以图书管理模块为例）

子系统编号	英文名称	中文名称	业务职能	备注
PMRS2.1	BookPurchase	图书采购	实现图书采购业务的自动化处理	图书管理模块（0层）下的子模块（1层）
PMRS2.2	BookImport	图书入库	实现图书的信息录入	图书管理模块（0层）下的子模块（1层）
PMRS2.3	BookCatalog	图书编目	图书的编目自动化处理	图书管理模块（0层）下的子模块（1层）
PMRS2.4	……			
……	……			
（根据需要可以迭代到最底层进行描述）				

B. 系统软件构成

系统组织表中子系统软件构成图（见图 5-9）

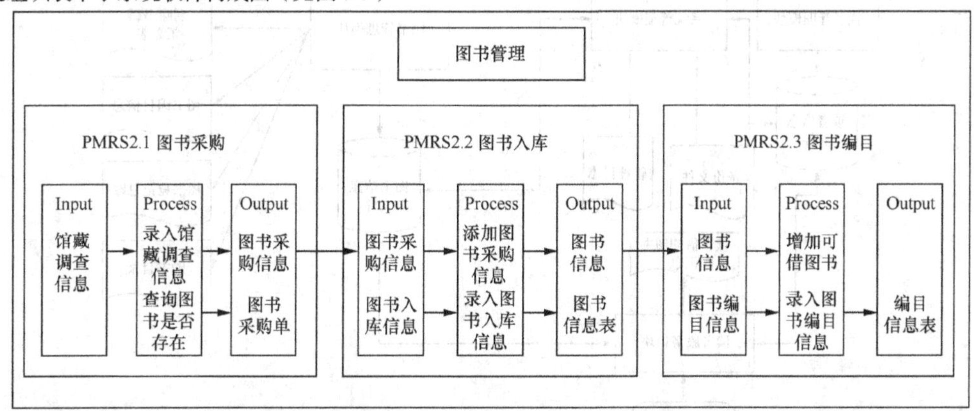

图 5-9 子系统软件构成图

利用系统特性表对子系统进行详细的描述

续表

子系统编号：MPRS2.1
子系统英文名称：BookPurchase
子系统中文名称：图书采购

特性编号	系统特征英文名称	系统特征中文名称	操作功能	调用对象	被调用对象	备注
N2-1	NumBookPurchase	图书采购	实现图书采购的自动化管理	图书采购	#录入馆藏调查信息 #查询图书是否存在	图书管理（0层）模块下的子模块（1层）

说明：此图书采购管理模块输入项为馆藏调查信息，输出项为图书采购单和图书采购信息。

子系统编号：MPRS2.2
子系统英文名称：BookImport
子系统中文名称：图书入库

特性编号	系统特征英文名称	系统特征中文名称	操作功能	调用对象	被调用对象	备注
N2-2	NumBookImport	图书入库	实现图书的信息录入	图书入库	#添加图书采购信息 #录入图书入库信息	图书管理（0层）模块下的子模块（1层）

说明：此图书入库模块输入项为图书采购信息和图书入库信息，输出项为图书信息与图书信息表。

子系统编号：MPRS2.3
子系统英文名称：BookCatalog
子系统中文名称：图书编目

特性编号	系统特征英文名称	系统特征中文名称	操作功能	调用对象	被调用对象	备注
N2-3	NumBookImport	图书编目	图书的编目自动化处理	图书编目	#增加可借图书 #录入图书编目信息	图书管理（0层）模块下的子模块(1层）

说明：此图书编目模块输入项为图书信息和图书编目信息，输出项为编目信息表。

……

C. 系统物理构成（见图 5-10）

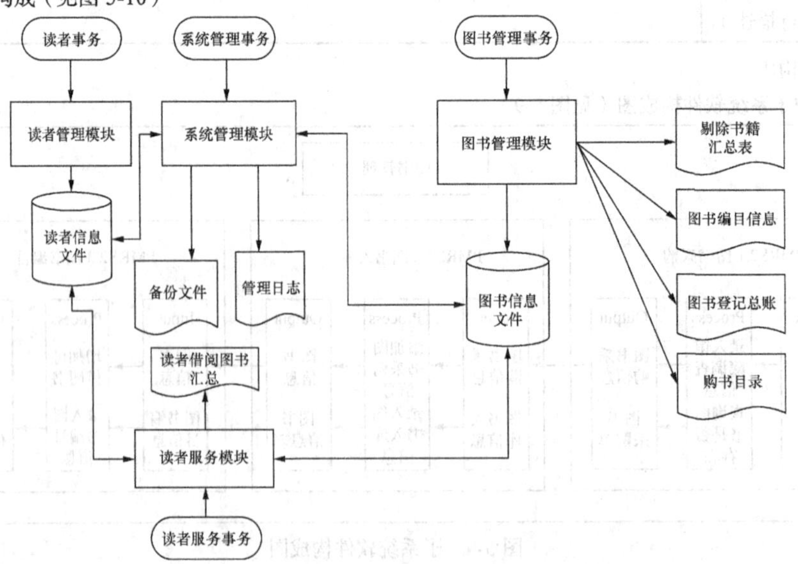

图 5-10　系统物理构成

续表

在前面已经知道，0 层数据流图中的加工“读者管理”映射为物理构成（系统流程图）中的“读者管理模块”，加工“系统管理”映射为系统流程图中的“系统管理模块”，输入数据“系统管理信息”映射为系统流程图中的“系统管理事务”，除此之外图书采购、图书入库、图书编目、图书剔除、查询等功能结合映射为“图书管理模块”，输出项剔除书籍汇总表、编目信息表、图书采购书单都映射为相应数据存储，如图所示。

D. 系统配置（见图 5-11）

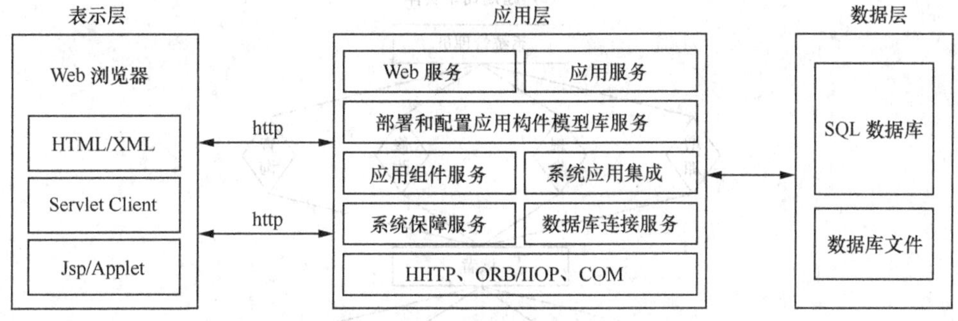

图 5-11　系统配置

E. 数据库设计

（1）实体属性 E-R 图（见图 5-12）

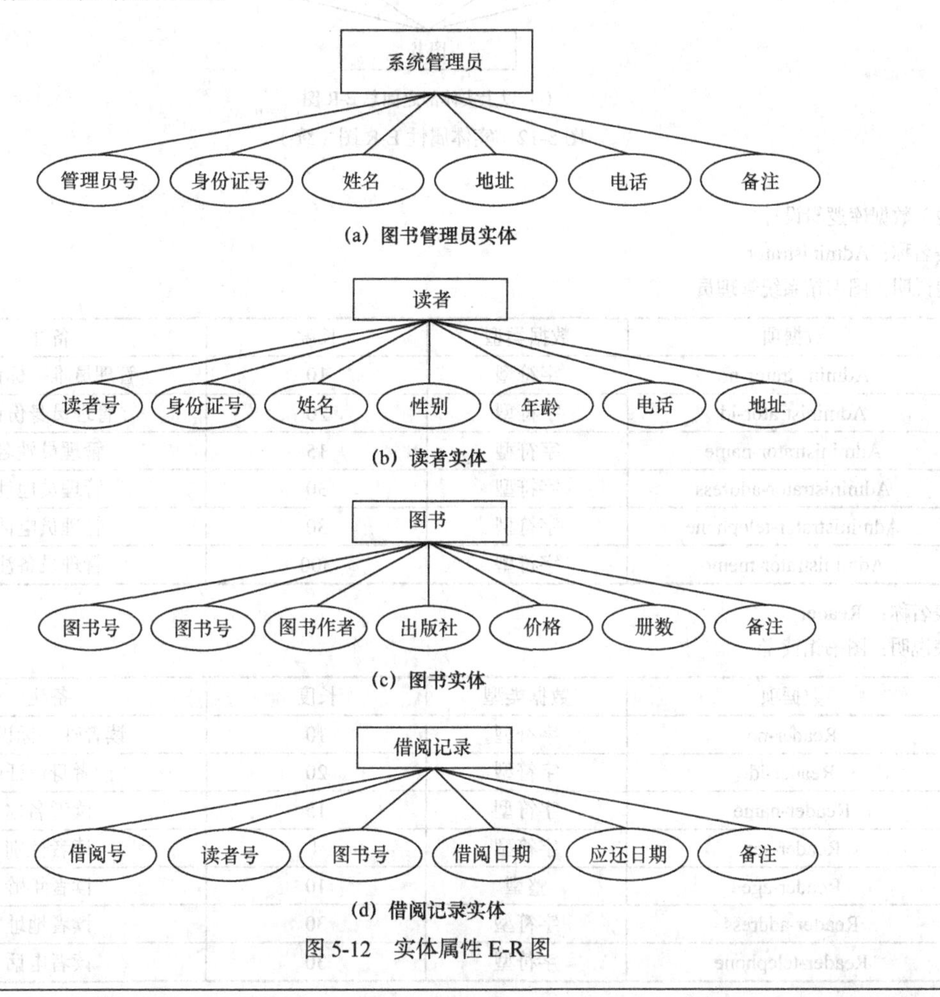

系统管理员

管理员号　身份证号　姓名　地址　电话　备注

(a) 图书管理员实体

读者

读者号　身份证号　姓名　性别　年龄　电话　地址

(b) 读者实体

图书

图书号　图书号　图书作者　出版社　价格　册数　备注

(c) 图书实体

借阅记录

借阅号　读者号　图书号　借阅日期　应还日期　备注

(d) 借阅记录实体

图 5-12　实体属性 E-R 图

续表

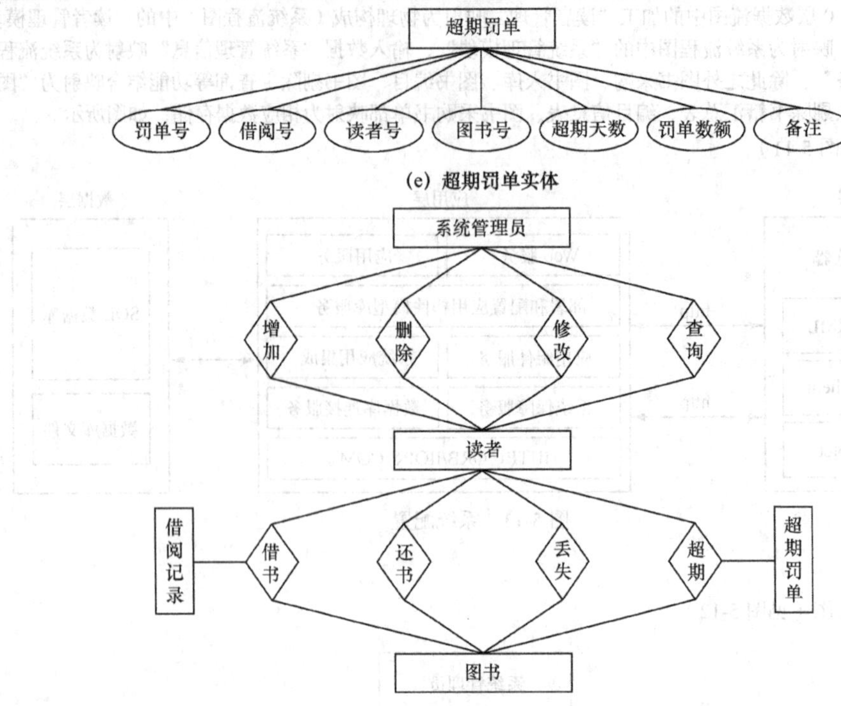

(e) 超期罚单实体

(f) 以上实体部之间总 E-R 图

图 5-12 实体属性 E-R 图（续）

……

（2）数据库逻辑设计

表名称：Administrator

表说明：图书馆系统管理员

数据项	数据类型	长度	备注
Administrator-no	字符型	10	管理员唯一标识号
Administrator-id	字符型	20	管理员身份证
Administrator-name	字符型	15	管理员姓名
Administrator-address	字符型	30	管理员地址
Administrator-telephone	字符型	30	管理员电话
Administrator-memo	字符型	300	管理员备注

表名称： Reader

表说明：图书馆读者

数据项	数据类型	长度	备注
Reader-no	字符型	10	读者唯一标识号
Reader-id	字符型	20	读者身份证明
Reader-name	字符型	15	读者名称
Reader-sex	字符型	4	读者性别
Reader-age	整型	10	读者年龄
Reader-address	字符型	30	读者地址
Reader-telephone	字符型	30	读者电话

续表

表名称：Book
表说明：图书馆所存图书

数据项	数据类型	长度	备注
Book-no	字符型	10	图书的唯一标识号
Book-name	字符型	15	图书名
Book-author	字符型	30	图书作者
Book-company	字符型	30	图书出版社
Book-price	字符型	30	图书价格
Book-volume	字符型	20	图书册数
Book-memo	字符型	300	图书备注

表名称：BorrowList
表说明：读者借阅图书信息记录

数据项	数据类型	长度	备注
Borrow-no	字符型	10	借阅号唯一标识
Reader-no	字符型	10	读者号
Book-no	字符型	10	图书号
Borrow-date	字符型	10	图书借阅日期
Borrow-rdate	字符型	10	图书应还日期
Borrow-memo	字符型	300	借阅备注

表名称：DebitList
表说明：超期罚单

数据项	数据类型	长度	备注
Debit-no	字符型	10	罚单的唯一标识号
Borrow-no	字符型	15	图书借阅号
Reader-no	字符型	10	读者号
Book-no	字符型	30	图书号
Out-days	字符型	30	超期天数
Debit-price	字符型	30	罚单金额
Debit-memo	字符型	300	罚单备注

……

功能结构图、系统流程图和系统配置图的绘制原则参见第三章，IPO 图的绘制原则如下。

（1）总体 IPO 图：是数据流程图的初步分层细化结果，根据数据流程图，将最高层处理模块分解为输入、处理、输出三个功能模块。

（2）HIPO 图：根据总体 IPO 图，对顶层模块进行重复逐层分解，而得到关于组成顶层模块的所有功能模块的层次结构关系图。

（3）低层主要模块详细的 IPO 图：由于 HIPO 图仅仅表示了一个系统功能模块的层次分解关

系，还没有充分说明各模块间的调用关系和模块间的数据流及信息流的传递关系。因此，对某些输送低层上的重要工作模块，还必须根据数据字典和 HIPO 图，绘制其详细的 IPO 图，用来描述模块的输入、处理和输出细节，以及与其他模块间的调用和被调用关系。

5.3 面向对象总体设计

结构化方法下，在总体设计阶段，同样需要以需求分析的结果为基础，进行应用系统的精确总体设计。包括应用系统的功能结构、软件构成、物理构成和系统部署设计。根据需求分析的结果（用例模型和分析类），可以进行映射得到应用系统的功能结构图、类图、组件图和配置图；从分析类可以映射得到 ER 图。

图 5-13 描述了如何从需求分析的用例模型映射得到系统功能结构。

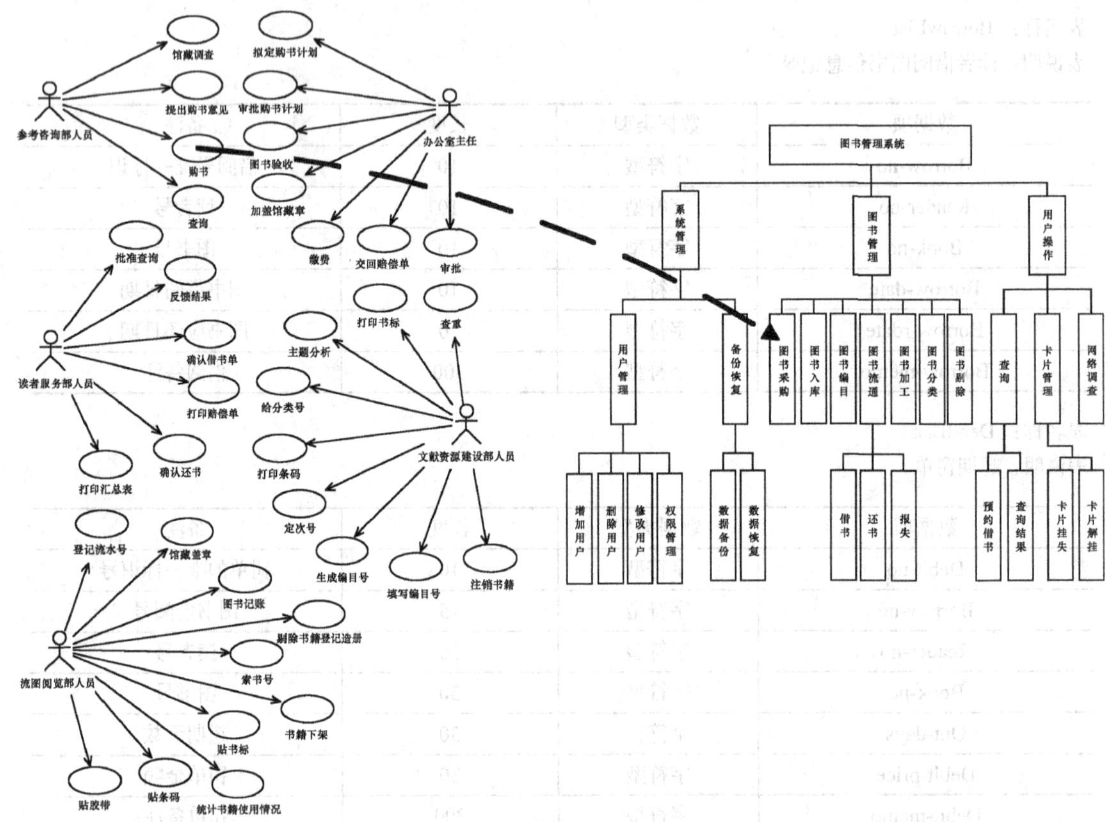

图 5-13　从用例模型映射得到系统功能结构

从图 5-13 可以看到，用例模型中的每个用例都会影射到功能结构图中的模块。可以按照业务流程的内容或针对不同用户，建立上一级的模块组或子系统，以方便大量模块的管理。

对于用例模型中的每一个用例，采用三层或四层设计框架进行每个用例的类图设计。根据用例设计出来的（设计阶段）类图与需求分析阶段的分析类图（或实体类图）不一样：前者关注的是承担不同任务的类之间的调用关系，而分析类图（或实体类图）通常体现类之间的数量关系。

图 5-14 描述了如何从需求分析的用例模型映射得到软件结构（其中类图是最主要的，时序图、协作图和状态图对类图起辅助作用）。

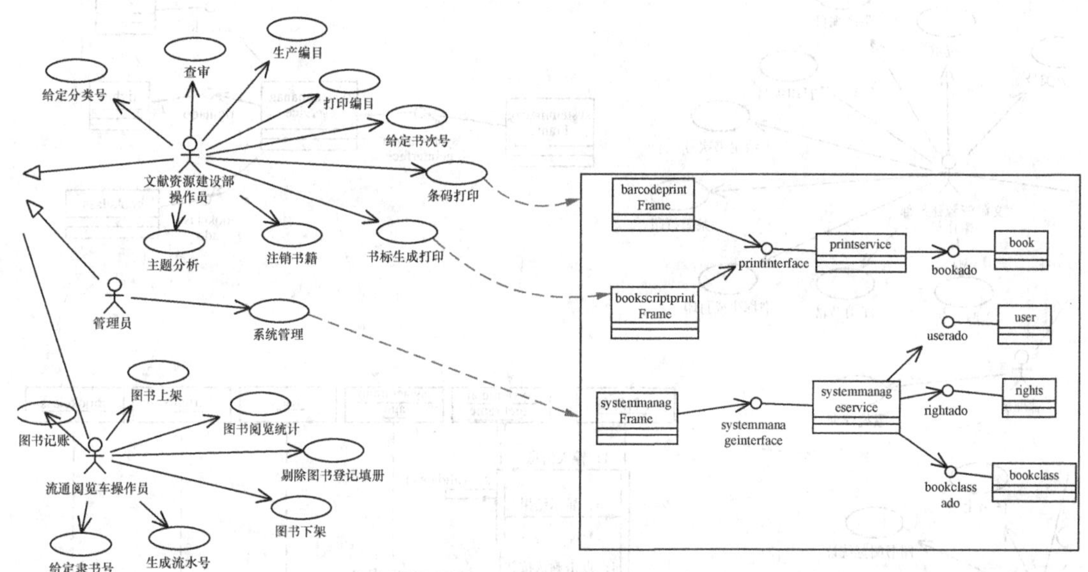

图 5-14　从需求分析的用例模型映射得到类图

从图 5-14 可以看到从每一个用例可以得到一个三层的类图（如果是 C/S 模式，则界面类和控制类是合并在一起的；如果是 B/S 模式，由于现在大多采用框架的形式自动提供页面和控制类的影射，因此可以在类图中忽视页面，因此也可以只描述三层）。其中 barcodeprintFrame、bookscriptprintFrame、systemmanageFrame 是界面类，printservice、systemmanageservice 是业务类，book、user、rights、bookclass 是实体类。

由于所有实体类都拥有类似的方法（即和数据库交互的“insert, update,delete,select”方法），因此采用统一的 ADO 接口来描述这些方法；同样，假设系统中有多个“打印”的用例，可以采用统一的 printinterface 接口来描述这些方法（参见附录设计模式——桥接模式）。

根据用户针对用例的界面要求，可以找出界面类的属性（即界面上的输入框、下拉框、选择框等等）；通过检查用例详细描述中的名词或名词性短语，可以发现业务类的属性；实体类来源于需求分析阶段的分析类，因此其属性也能够得以确定。

为了进一步找出类图中各个类的方法，必须借助类图的辅助图（时序图、协作图、状态图）。其中时序图是最重要的，能够帮助开发人员找出类的方法以及类方法之间的调用关系；将所有类的时序图合并在一起就可以构成协作图，反映类之间的关联关系，协作图剔除了时序图中类方法之间的先后顺序关系；对于重要的类，可以用状态图描述该类对象的状态变化，各个不同状态之间的事件触发就是该类的一个方法，通常只有状态较多的类需要状态图进行描述。图 5-15 描述了如何通过映射搭起时序图的框架，图 5-16 描述了如何使用时序图搜寻类的方法。

从图 5-15 可以看到，针对每个用例，构建三层类图后，以该用例和对应的三层类图为基础，构建时序图。其中用例的角色出现在时序图的最左端，表明操作者对象的行为；三层类图中的界面类对象，在时序图中紧随操作者出现（某些用例存在多个页面或窗体的时候，可以依次紧随操作者出现）；然后是三层类图中的业务类对象，最后是实体类对象（时序图中只能出现对象和对象之间的关系，不能出现“模块”之类不符合面向对象思想的实体，时序图的对象之间关系必须顺序发生）。

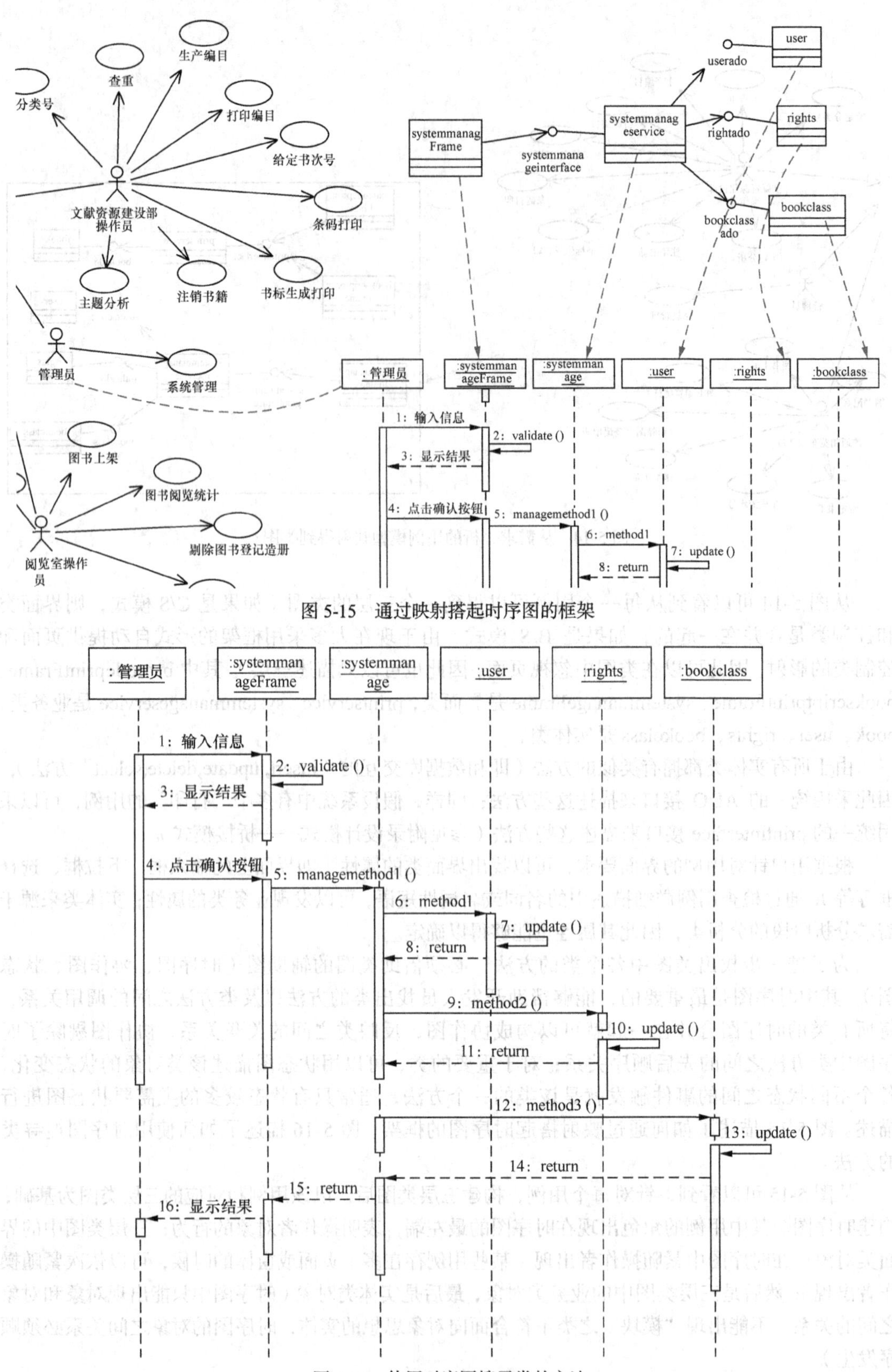

图 5-15 通过映射搭起时序图的框架

图 5-16 使用时序图搜寻类的方法

从图 5-16 可以看到，操作者对象发出的是“数据输入”，接受的是“return”或“显示”信息，体现了操作者对象与系统交互的关系。

自返回的消息表明类对象是必须自我实现的方法，如“2.validate()”表明该方法是由类 systemmanageFrame 实现的，且该方法是由用户的“1.输入数据”行为触发，“7.update()”由 user 类实现，且被 systemmanage 类的“6.method1()”调用，“10.update()”由 user 类实现，且由 systemmanage 类的“9.method2()”调用，“13.update()”由 bookclass 类实现，且由 systemmanage 类的“12.method3()”调用。

其他消息既反映类对象的方法本身，也反映对其他类对象方法的调用。如“5.managemethod1()”既是类对象 systemmanageFrame 的方法，该方法也调用了类对象 systemmanage 的“6.method1()”方法、“9.method2()”方法、“12.method3()”方法。

“return”消息表示调用方法的返回值（注意消息发出和返回之间的对应）或界面对用户的显示。假如时序图非常复杂，可以省略所有的“return”消息以简化时序图。

根据以上时序图，可以知道 systemmanageFrame 类有 validate()、managemethod1()方法，systemmanage 类有 method1()、method2()、method3()方法，user 类、bookclass 类、rights 类都有一个 update()方法。

将所有用例都表示成三层或多层类图后，根据用例的详细描述，用时序图对类之间的先后时间顺序关系进行描述，就可以找出所有类的所有方法以及类之间的关系。将类的方法补充回类图中，就可以得到详细的类图。

用交互图可以忽略时序而只反映类之间的联系。图 5-17 是上述时序图的协作图。

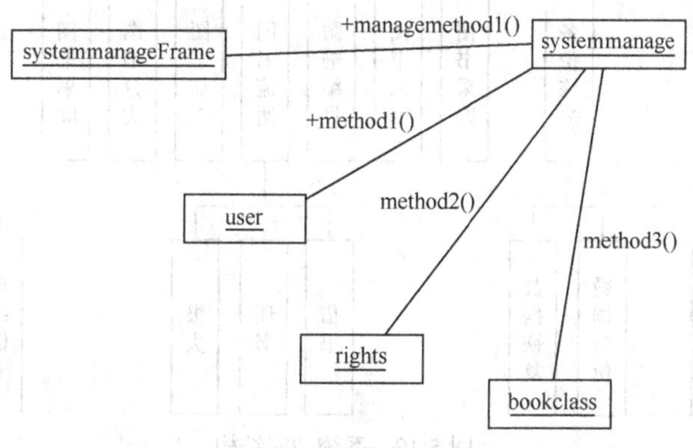

图 5-17 协作图

从协作图可以看到，协作图主要反映的是类对象之间的外部方法调用关系；与时序图的内容不同，协作图不反映类对象直接调用的时间顺序，也无法描述被调用对象如何完成调用对象的要求，它只能反映的是某一类对象调用其他对象的方法。如图 5-17，可以知道 systemmanageFrame 类有 managemethod1()方法，systemmanage 类有 method1()、method2()、method3()方法。但是 managemethod1()方法，method1()、method2()、method3()方法的内部细节是不清楚的。

状态图可以用于反映具有多种状态的类状态变迁。图 5-18 所示是图书馆卡片的状态图。

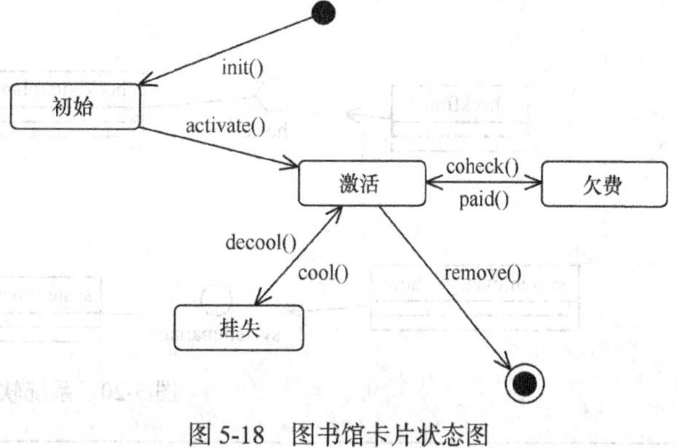

图 5-18 图书馆卡片状态图

从图 5-18 中可以看到，card 类有“初始”“激活”“欠费”“挂失”等几个状态，这些状态是分别由 card 类的 init()方法、activate()方法、check()方法、paid()方法、cool()方法、decool()方法、remove()方法分别完成的。其他类对象通过调用 card 类的内部方法（init()、activate()、check()、paid()、cool()、decool()、remove()）就可以完成卡片状态的转换。

根据类图设计，进行相应的包（package）组织和组件（component）编译，可以绘制物理构成和系统部署。

根据分析类（实体类），可以获得 ER 模型，最终以 ER 模型进行数据库的规范化和逻辑数据库设计、物理设计，具体过程见数据库设计。

面向对象方法下的图书馆管理系统总体设计，见表 5-2。

表 5-2　图书馆管理系统总体设计

A. 系统功能结构（见图 5-19）

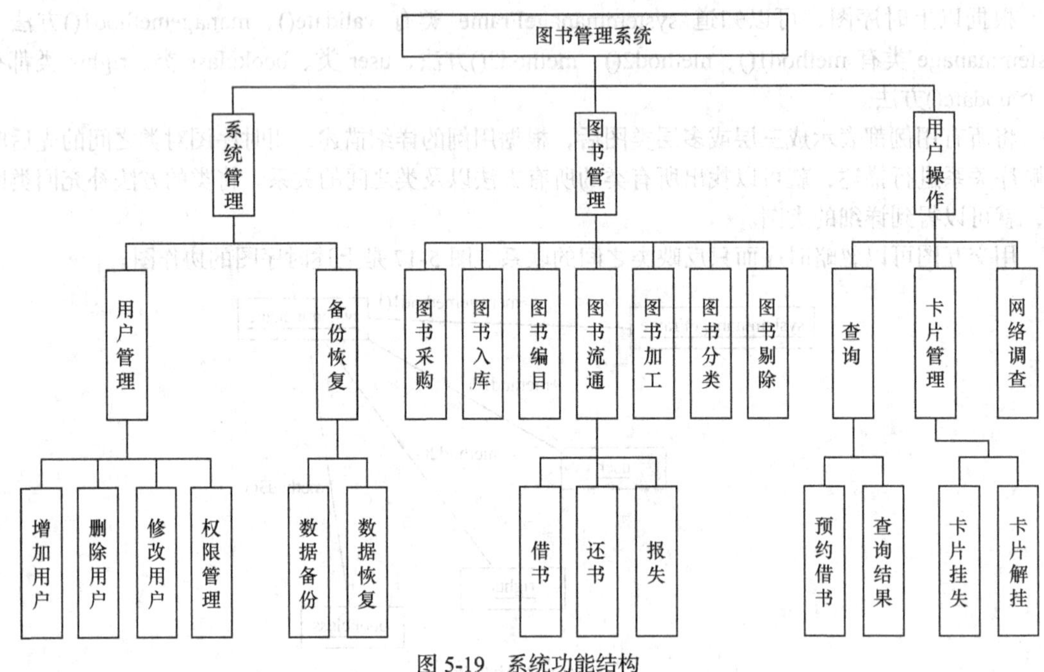

图 5-19　系统功能结构

B. 系统软件构成（部分类图）（见图 5-20）

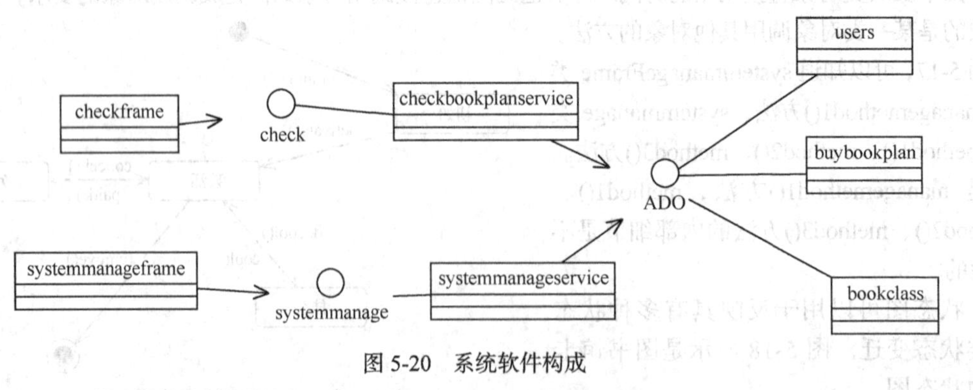

图 5-20　系统软件构成

续表

C. 系统物理构成（部分类图）（见图 5-21）

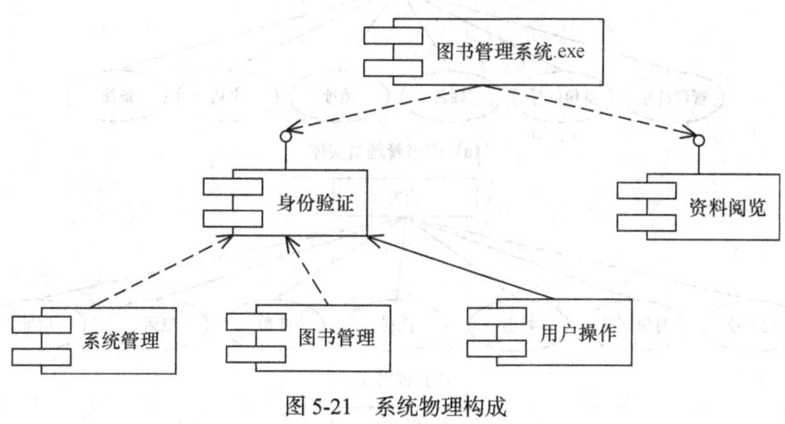

图 5-21　系统物理构成

D. 系统配置（见图 5-22）

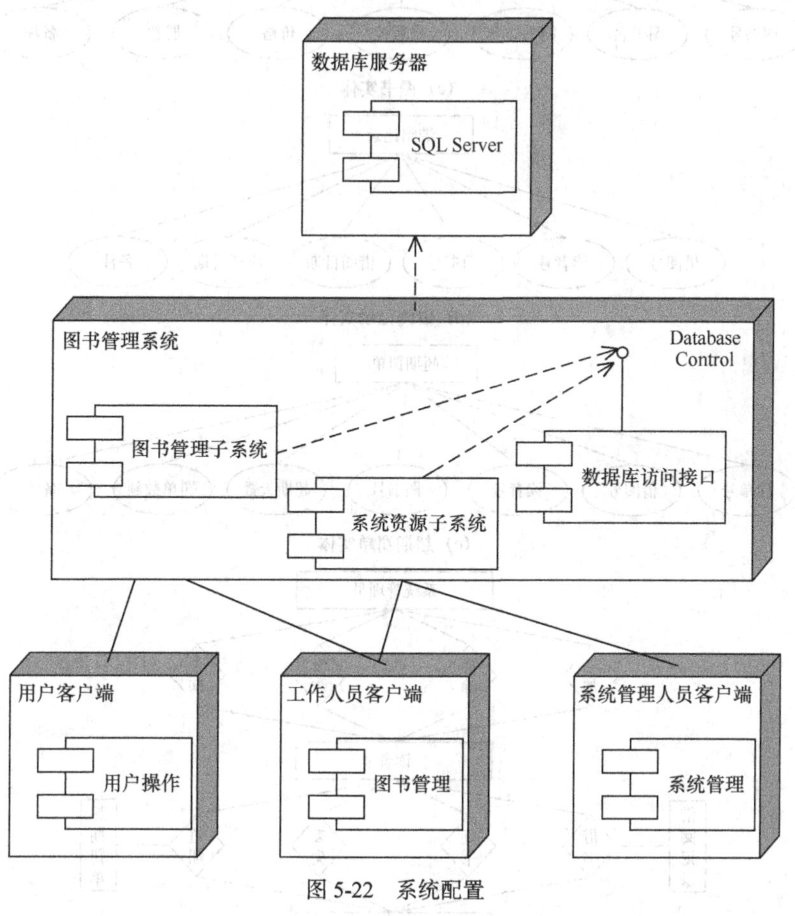

图 5-22　系统配置

E. 数据库设计

（1）E-R 图（风图 5-23）

续表

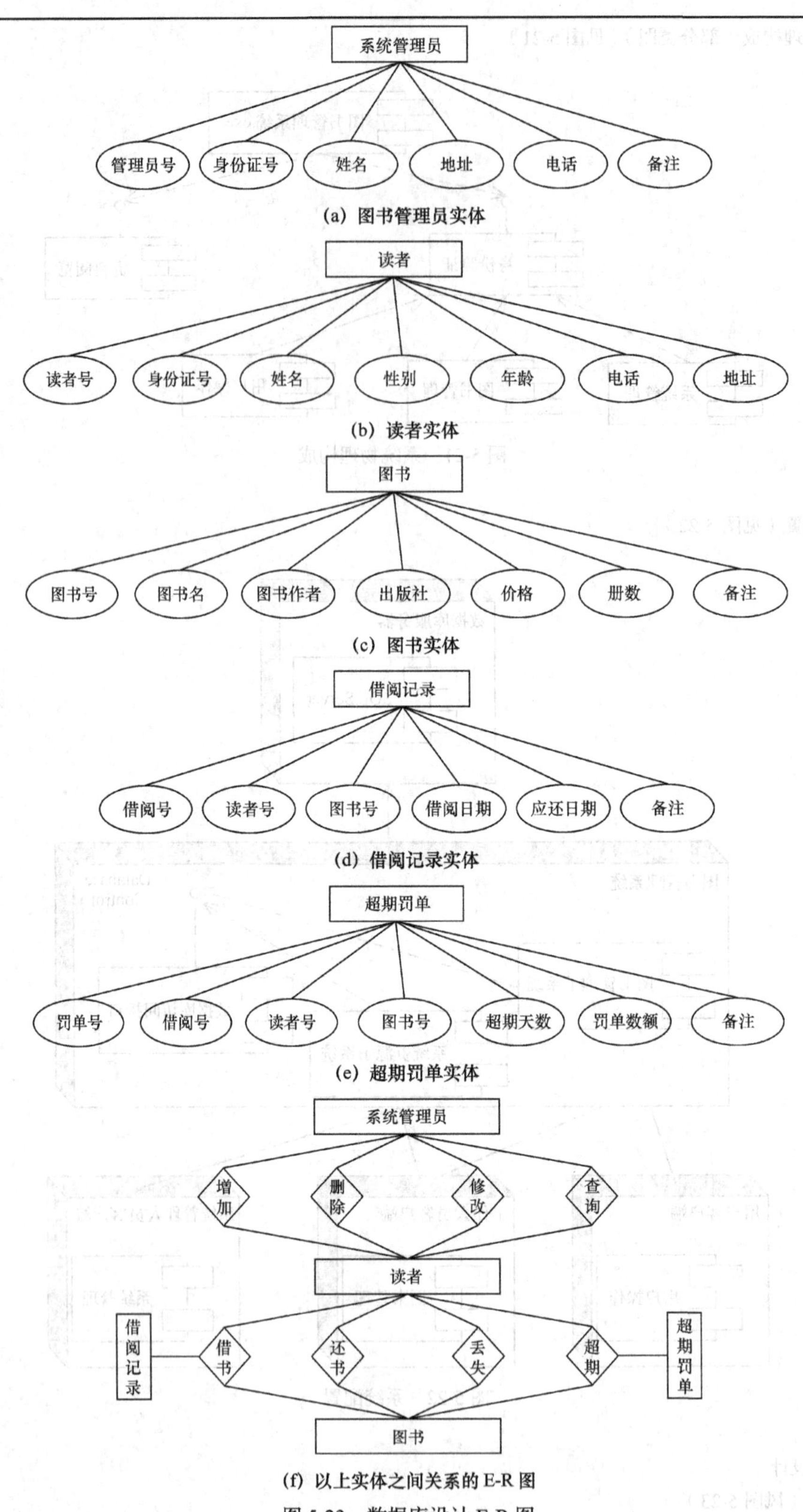

(a) 图书管理员实体

(b) 读者实体

(c) 图书实体

(d) 借阅记录实体

(e) 超期罚单实体

(f) 以上实体之间关系的 E-R 图

图 5-23　数据库设计 E-R 图

续表

（2）数据库表逻辑设计

表名称：Administrator

表说明：图书馆系统管理员

数据项	数据类型	长度	备注
Administrator-no	字符型	10	管理员唯一标识号
Administrator-id	字符型	20	管理员身份证
Administrator-name	字符型	15	管理员姓名
Administrator-address	字符型	30	管理员地址
Administrator-telephone	字符型	30	管理员电话
Administrator-memo	字符型	300	管理员备注

表名称：Reader

表说明：图书馆读者

数据项	数据类型	长度	备注
Reader-no	字符型	10	读者唯一标识号
Reader-id	字符型	20	读者身份证明
Reader-name	字符型	15	读者名称
Reader-sex	字符型	4	读者性别
Reader-age	整型	10	读者年龄
Reader-address	字符型	30	读者地址
Reader-telephone	字符型	30	读者电话

表名称：Book

表说明：图书馆所存图书

数据项	数据类型	长度	备注
Book-no	字符型	10	图书的唯一标识号
Book-name	字符型	15	图书名
Book-author	字符型	30	图书作者
Book-company	字符型	30	图书出版社
Book-price	字符型	30	图书价格
Book-volume	字符型	20	图书册数
Book-memo	字符型	300	图书备注

表名称：BorrowList

表说明：读者借阅图书信息记录

数据项	数据类型	长度	备注
Borrow-no	字符型	10	借阅号唯一标识
Reader-no	字符型	10	读者号
Book-no	字符型	10	图书号
Borrow-date	字符型	10	图书借阅日期
Borrow-rdate	字符型	10	图书应还日期
Borrow-memo	字符型	300	借阅备注

续表

表名称：DebitList

表说明：超期罚单

数据项	数据类型	长度	备注
Debit-no	字符型	10	罚单的唯一标识号
Borrow-no	字符型	15	图书借阅号
Reader-no	字符型	10	读者号
Book-no	字符型	30	图书号
Out-days	字符型	30	超期天数
Debit-price	字符型	30	罚单金额
Debit-memo	字符型	300	罚单备注

绘制设计阶段的类图，应遵循以下原则。

（1）应针对每个用例，采用三层或多层设计模式，划分为界面类、业务类和实体类。实体类来源于需求分析阶段的分析类，每个用例建立一个业务类、一个或多个界面类。

（2）对类进行恰当的抽象，如有相似的用例，可以对它们的业务类进行抽象；尽量采用接口描述业务类和实体类的功能。

（3）设计阶段的类图，主要反映界面类、控制类、业务类、实体类之间的调用关系，也可描述类之间的抽象泛化关系。与需求分析阶段的分析类图侧重点有所不同。可以分别用多张类图，来描述设计阶段的类关系，其中抽象泛化关系的类图可以最后描述，以优化系统结构。

（4）设计阶段的初始类图可以只描述类属性，待后续时序图、交互图、状态图描述之后，再将类方法补充完善到类中。

（5）规模过大的类图，可以用包和子系统对类图进行分组描述。

（6）应该尽量设计小而简单的类，以便于开发和管理。每个类都有明确的定义、分配给每个类的任务应该简单、类中避免包含过多的属性、尽量简化类对象之间的调用合作关系。

（7）类图中的元素（类、类方法、类属性等等）起名要注意规范；必要情况下，用更详细的文字对类图进行描述。

绘制设计阶段的类图辅助图，应遵循以下原则。

（1）以用例图和多层类图为基础，绘制时序图、协作图和状态图。在以三层或四层设计框架找出与一个用例有关的类之后，通过时序图可以找出类图的绝大部分方法。

（2）时序图是用例某个场景的反映，时序图的泳道包括角色对象和多层类图中的各类对象，这些对象应按照用例“角色对象—界面类对象—控制类对象—业务类对象—实体类对象”依序排列，只有一个角色类对象和一个业务类对象，但允许有多个界面类对象，每个界面类对象通常有一个控制类对象，也允许有多个实体类对象。各种非对象的概念，比如“模块”“数据库”等等，不应出现在时序图中。绘制时序图时，要特别消息的配对（即有来有去）和对象生命周期的存续。

（3）尽量用多张时序图反映用例的不同流程，在所有与用例有关的时序图绘制后，以时序图为基础绘制协作图，反映类之间的调用/引用关系。

（4）针对重要的、有多种状态变迁的类对象，才需要绘制状态图。状态图表现一个类对象所经历的状态序列，引起状态转移的事件/因状态转移而伴随的动作（Action），每个事件/动作将转化为对应类的一个方法。

（5）系统类（也称实体类）与数据库中的表对应，通常只有相应的 update、select、insert、delete 方法，只读属性有 get 方法，只写属性有 set 方法，只读只写属性有 set 方法和 get 方法。

5.4　总体设计文档规范

第 1 章　引言

对软件系统概要设计报告的概览，是为了帮助阅读者了解这份文档是如何编写的，并且应该如何阅读、理解和解释这份文档。

1.1　编写目的

说明编写这份总体设计说明书的目的。

1.2　背景

描述系统产生的背景，包括：

a）需开发的软件系统的名称，和英文缩写（可选），项目编号。

b）列出此项目的任务提出者、开发者。

c）软件系统应用范围、用户。

1.3　术语

列出本文件中用到的专门术语、术语定义、外文首字母组词的原词组。也可用附件说明，或放到本文件的最后。

1.4　预期读者

指出预期的读者。

1.5　参考资料

列出有关的参考资料。

第 2 章　设计概述

描述现有开发条件和需要实现的目标，说明进行概要设计时应该遵循的设计原则和必须采用的设计方法。

2.1　限制和约束

总体设计的限制也约束条件。

2.2　设计原则和设计要求

总体设计遵循的原则要各项设计要求。

第 3 章　系统总体设计

根据软件需求规格说明书系统的总体结构模型。包括功能结构（也可包括每个功能结构的界面结构）、软件构成、物理构成和系统配置，还包括系统的数据结构设计。

3.1　系统功能结构设计

通过功能结构图或系统组织表描述本系统由哪些子系统（模块）组成，这些子系统与业务职能之间的关系。某些情况下还可包括每个模块的界面设计。功能结构图见本书第三章内容；系统组织表的格式见本书第五章第二节。

3.2　软件构成

结构化方法下软件构成用 IPO 图和系统特征结构图进行描述，IPO 图和系统特征结构图格式见本书第五章第二节；面向对象方法下系统构成用类图和辅助图进行描述。类图和辅助图格式见本书第五章第三节。

3.3　系统构成

描述系统的物理构成。结构化方法下采用系统流程图和相应的详细描述；面向对象方法下采用组件图和相应的详细描述构成。

3.4　系统配置

系统功能结构和软件构成部分在不同低点的配置。

3.5　数据库设计

如果该软件需要使用数据库，都应该在开始详细设计之前，完成数据库设计工作。

3.5.1　数据库逻辑设计（ER 模型）

3.5.2　数据库表设计（表结构）

3.5.3　数据库物理设计（模式、子模式创建语句）

第 4 章　技术设计

系统技术设计描述系统各个特性实际使用的开发技术，以及具体开发技术使用时应该注意的事项。

第 5 章　词汇表

列出本文件中用到的专业术语的定义，以及有关缩写的定义（如有可能，列出相关的外文原项）。

5.5 本章小结

总体设计是在需求分析的基础上，给出未来目标系统的框架。与项目前期的粗略设计不同，部分在项目前期给出并稳定的某些系统框架，如系统体系结构、网络硬件结构、安全设计、配套设计可以无须再次进行设计，而应用系统框架，如功能结构、系统构成、软件构成、系统部署需要重新设计，此外在总体设计阶段，也要解决数据设计问题。

本章介绍了如何以需求分析为依据，进行项目的总体设计。分别介绍了结构化方法下的设计原则、启发式规则、设计方法和应用的模型。

以图书馆管理系统为例，介绍了结构化方法和面向对象方法下的总体设计过程和相应技巧。最后给出了总体设计规范文档的模板。

习　题

1. 总体设计的任务是什么？总体设计和项目前期的概要设计有何区别？总体设计需要给出系统的哪些模型？
2. 结构化总体设计的原则是什么？
3. 结构化总体设计的启发式规则有哪些？
4. 模块内部的内聚有几级？各有什么特点？
5. 模块之间的耦合程度分为几级？各有什么特点？
6. 结构化方法下，总体设计的方法有几种？各有什么特点？
7. 结构化方法下总体设计的模型有哪些？
8. 面向对象总体设计的原则有哪些？
9. 面向对象总体设计的启发式规则有哪些？
10. 面向对象总体设计的设计方法有哪些？各种设计方法有什么特点？
11. MVC 设计框架有什么优点和缺点？
12. 三层设计框架有什么优点和缺点？
13. 面向对象总体设计用什么模型表示？
14. 面向对象方法下，如何进行类图的构建？
15. 如何完善类图？如何为类图添加方法？
16. 如何进行类图的优化？
17. 如何进行高效的数据库设计？
18. 面向对象方法下，如何在实体层和数据层之间进行高效设计？
19. 设计数据库时，如何保证应用系统数据的一致性、完整性？
20. 绘制设计阶段的类图和辅助图，应遵循什么原则？

第 6 章 详细设计与实现

总体设计阶段获得系统的总体框架之后，进入详细设计阶段。详细设计阶段，需要设计出程序的蓝图。结构化方法下，系统由大小不一的模块组成，详细设计就是要关注模块的内部细节；面向对象方法下，系统是由规模不一的类对象构成，详细设计要关注的是类方法的内部细节，（对于涉及多个对象间交互的类方法设计问题，可以采用某种合适的设计模式在总体设计阶段之后简化类之间的交互，本章讨论的是类方法内部细节）。（结构化方法下的）模块设计和（面向对象方法下的）类方法设计本质上没有差异，都可以采用基于结构程序设计的思想完成，下面统一进行描述。

6.1 详 细 设 计

详细设计的目标，不仅是逻辑上正确的实现每个模块的功能，更重要的是设计出的模块（或类方法）应尽可能简明易懂。详细设计包括模块的界面设计和模块内部的结构设计。

6.1.1 界面设计

模块的界面设计直接影响用户对软件产品的评价，从而影响软件产品的竞争力和寿命。软件系统的某些部分并不需要提供用户界面，这种模块无须考虑界面设计，与用户交互的模块必须考虑界面设计。

1. 界面设计问题

用户界面的设计，必须考虑 4 个方面的问题：系统响应时间、用户帮助设施、出错信息处理和命令交互。

（1）系统响应时间

系统响应时间是指从用户完成某个动作（按回车键或单击鼠标），到系统给出响应之间的时间间隔。系统响应时间不能过长或过短，应与用户的工作速度相适应；且响应时间应具有较低的易变性（偏差小），这样有利于用户建立稳定的工作节奏。

（2）用户帮助设施

交互式系统的用户都需要帮助，当用户遇到问题可以查看用户手册以寻找答案。大多数现代软件都有联机帮助，用户可以不离开界面就能够自己解决大部分问题。

帮助设施可以是与软件集成在一起的，也可以是附加到软件中的。集成的帮助设施从一开始就设计在软件中，它通常对用户工作内容是敏感的；附加的帮助设施是在系统建成后再添加到软件中的。多数情况下它是一种查询能力有限的联机帮助手册。

具体设计帮助设施时，必须解决下面的一系列问题。

- 用户与系统交互期间是否随时都能获得帮助？可以提供部分帮助或全部帮助信息。
- 用户如何请求帮助？可以是帮助菜单、特殊功能键或 help 命令。

- 如何显示帮助信息？可以在单独的窗口中指出某个参考文档，或者在屏幕上固定位置显示简短信息。
- 如何返回正常的交互方式？可以用屏幕上的返回按钮或功能键。
- 如何组织帮助信息？可以用平面结构（通过关键字访问）、层次结构（用户可以在该结构中查找更详细的信息）或超文本结构。

（3）出错信息处理

出错信息或警告信息，是用户操作系统时软件系统给出的坏消息。有效的出错信息能够提高交互式系统的质量。出错信息或警告信息具有下列属性。

- 以用户可以理解的术语描述问题。
- 信息应该提供有助于从错误中恢复的建议。
- 信息应该指出错误可能导致的后果，以便用户检查是否出现这些问题，并在确实出现问题时予以改正。
- 信息应该伴随听觉或视觉的提示，如警告、光标闪烁或特殊颜色。

（4）命令交互

命令行是早期用户和系统软件交互的常用方式，现在面向窗口的、单击和拾取方式的界面已经减少了用户对命令行的依赖。但是很多软件在提供窗口界面的同时，依然提供了面向命令行的交互方式供高级用户使用。

提供命令行交付方式，应注意以下问题。

- 是否每个菜单选项都有对应命令。
- 采用何种命令方式。可以是控制序列、功能键或键入命令。
- 学习和记忆的难度。忘记了命令怎么办？
- 是否可以定制或缩写命令。

理想情况下，软件应该和所有其他的软件一样，有一致的命令使用方法。在很多软件中，界面设计者需要提供“命令宏机制”，这允许用户使用自定义名字代表一个命令序列。

2. 界面设计过程

界面设计是一个迭代的过程。通常是先创建设计模型，再用原型实现这个设计模型，并由用户评估（或试用），评估可以是正式的或非正式的，然后根据用户的意见进行修改，设计者根据用户意见修改设计并实现下一级原型。大多数情况下，原型系统都是界面原型。在某些迭代的开发过程中，界面往往和用例一起构成用户需求。

为了支持界面设计的迭代过程，各种用于界面设计和原型开发的工具应运而生。这些工具被称为用户界面工具箱或用户界面开发系统，它们为简化窗口、菜单、设备交付、出错信息、命令以及交付环境的许多其他元素的创建提供了相应的例程和对象。

3. 界面设计指南

用户界面设计更多的是依赖设计者的经验，总结以往经验而得到的设计指南，有助于指导设计者设计出友好高效的人机界面。

（1）一般交互

一般交互涉及信息显示、数据输入和整体系统控制，这些指南是全局性的。严格遵循这些普遍性的设计规则，将避免设计界面中出现较大风险。

- 保持一致性。界面中的菜单选择、命令输入、数据显示，其他的功能使用一致的格式。
- 提供有益的视觉或听觉反馈。
- 破坏性动作之前要求用户确认。在执行删除文件、覆盖信息、终止程序运行等动作前要求用户确认。

- 提供 UNDO 或 REVERSE 命令，允许取消大多数操作。
- 减少操作之间需要记忆的信息。
- 提高动作的效率。尽量减少按键次数、鼠标移动距离。
- 允许犯错误，用户误操作不至于造成严重后果。
- 按功能对动作分类并设计屏幕布局。
- 提供对工作内容敏感的帮助设施。
- 使用简单的动词或者动词短语作为命令名。

（2）信息显示

页面显示的信息必须是准确而完整的，可以用多种方式来显示信息，如文字、图片和声音，位置、移动和大小，颜色、分辨率和省略。关于信息显示的设计指南如下。

- 只显示与当前工作内容有关的信息，无关的信息不显示。
- 使用用户友好的方式来表示信息，比如用图形或图表取代表格。
- 使用一致的标记、标准的缩写，和可预知的颜色。显示的含义应该非常明确，用户能够直观地理解。
- 允许用户保持可视化的语境。
- 产生有意义的出错信息。
- 使用大小写、缩进和文本分组等良好的布局和形式帮助用户理解。
- 使用窗口风格不同类型的信息。
- 使用直观的模拟显示方式表示信息，以使信息更容易被用户理解。
- 高效率使用显示屏。当使用多个窗口时，应该有足够的空间使得每个窗口都显示一部分，且屏幕大小应该和应用系统的类型相匹配。

（3）数据输入

输入数据是用户与计算机系统交互的主要方式，目前键盘还是多数应用系统中的主要输入介质。数据输入的设计指南如下。

- 尽量减少用户输入动作。可以使用鼠标从预定义的一组输入中选择，用滑动标尺在给定的值域中指定输入值；把复杂的输入数据用宏表示。
- 保持数据输入和信息显示间的一致性。显示的视觉特征应该与输入域一致。
- 允许用户自定义输入。
- 交互应该是灵活的，可调整成用户最喜欢的输入方式。
- 当前语境中不会出现的动作不可见或不可用。
- 用户可以自主控制交互流程。用户能够跳过必要的动作、改变所需做的动作的顺序、在不退出程序的情况下从错误中恢复。
- 所有的输入动作都提供帮助。
- 尽可能提供默认值，消除可能的冗余输入。

6.1.2 模块/类方法设计

模块/类方法是详细设计阶段应该完成的主要任务。模块/类方法设计不是具体的编写代码，而是设计出程序模块/类方法的蓝图，程序员将根据这个蓝图写出实际的程序代码。因此，模块/类方法设计的结果基本决定了最终程序代码的质量。

衡量程序的质量，不仅要看它的逻辑是否正确，性能是否满足要求，更重要的是要看它是否容易阅读和理解。这是因为在软件的生命周期中，设计测试方案、诊断程序错误、修改和改进程序必须先读懂程序。因此必须采用结构化的程序设计技术作为过程/类方法设计的逻辑基础。以保证正确地实现每个模块的功能，以及设计出的过程尽可能简明易懂。从这里也可以看到，面向对象方法并不是完全抛弃了结构化方法，而是融合采用了结构化方法的长处。不同在于，结构化方法下，被模块操作“数据”一般来说都是外来的，而面向对象方法下，被类方法操作的“数据”主要是类对象本身的，当然也可以从外界以其他对象或变量的形式传递进来。

模块/类方法结构通常以“独立功能、单出口、单入口”的原则进行设计，使用顺序、选择、循环 3 种基本结构来构建模块，并严格控制 GOTO 语句的使用。这样编出的程序在结构上具有以下效果：

- 以控制结构为单位，整个模块/类方法只有一个入口，一个出口，所以能独立地理解这一部分。
- 能够以控制结构为单位，使得程序流程简洁、清晰，增强可读性。相关人员可以从上到下顺序地阅读程序文本。
- 由于程序的静态描述与执行时的控制流程容易对应，所以能够方便正确地理解程序/类方法的动作。

如果模块/类方法内部只允许使用顺序、IF-THEN-ELSE 选择和 DO-WHILE 循环这 3 种基本控制结构，则称为经典的结构程序设计；如果除了上述 3 种基本控制结构之外，还允许使用 DO-CASE 多分支结构和 DO-WHILE 循环结构，称为扩展的结构程序设计；如果再加上允许使用 BREAK 结构，则称为成为修正的结构程序设计。

6.2 详细设计的模型

6.2.1 程序流程图

程序流程图又称为程序框图，它是历史最悠久、使用最广泛、最直观的描述过程设计的方法，程序流程图的主要缺点如下。

- 程序流程图本质上不是逐步求精的好工具，它诱使程序员过早地考虑程序的控制流程，而不去考虑程序的全部结构。
- 程序流程图中用箭头代表控制流，因此程序员不受任何约束，可以完全不顾结构程序设计的精神，随意转移控制。
- 程序流程图不易表示数据结构。

图 6-1 所示是绘制程序流程图中使用的常见符号。

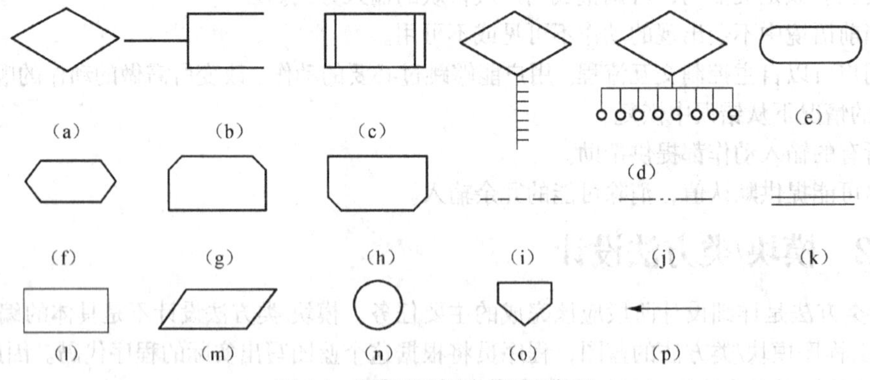

图 6-1 程序流程图中使用的符号

（a）选择（分支）；（b）注释；（c）预先定义的处理；（d）多分支；（e）开始或停止；（f）准备；（g）循环上界限；（h）循环下界限；（i）虚线；（j）省略符；（k）并行方式；（l）处理；（m）输入输出；（n）连接；（o）换页连接；（p）控制流

6.2.2 判定表

当算法中包含多重嵌套的条件选择时，用程序流程图、盒图、PAD 图或后面即将介绍的过程设计语言（PDL）都不一定能清楚地描述。然而判断判定表却能够清晰地表示复杂的条件组合与应做的动作之间的对应关系。

一张判定表由四部分组成，左上部列出所有条件，左下部是所有可能做的动作，右上部是表示各种条件组合的一个矩阵，左下部是和每种条件组合相对应的动作。表 6-1 是用判定表表示的算法。

表 6-1　　　　用判定表表示计算行李费的算法

	1	2	3	4	5	6	7	8
国内乘客		T	T	T	T	F	F	F
头等舱		T	F	T	F	T	F	T
残疾乘客		F	F	T	T	F	F	T
行李重量 W≤30kg	T	F	F	F	F	F	F	F
免费	×							
(W-30)×2				×				
(W-30)×3					×			
(W-30)×4		×						×
(W-30)×6			×					
(W-30)×8						×		
(W-30)×12							×	

6.2.3 判定树

判定表虽然能清晰地表示复杂的条件组合与应做的动作之间的对应关系，但其含义却不是一眼就能看出来的，初次接触这种工具的人理解它需要有一个简短的学习过程。此外，当数据元素的值多于两个时，判定表的简洁程度也将下降。

判定树是判定表的变种，它也能清晰地表示复杂的条件组合与应做的动作之间的对应关系。判定树的优点在于，它的形式简单到不需任何说明，一眼就可以看出其含义，因此易于掌握和使用。

图 6-2 所示是用判定树表示算法。

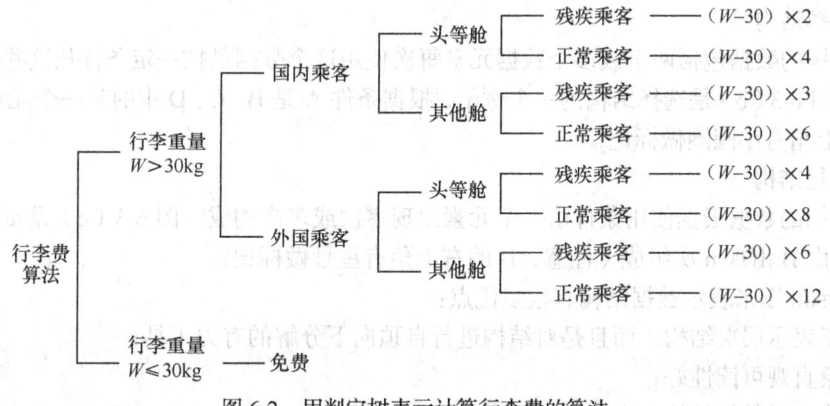

图 6-2　用判定树表示计算行李费的算法

6.3 详细设计方法

面向数据结构的设计方法，如 Jackson 方法和 Warnier 方法，是详细设计中描述模块（或类方法）内部细节的主要方法。它们先想办法找出模块的数据结构，根据得到的数据结构，再设计其内部处理细节。

6.3.1 Jackson 方法

每个模块都有自己的输入、输出和内部数据，这些数据都可能有独特的结构。数据结构影响程序的结构又影响程序的处理过程。比如，重复出现的数据通常由具有循环控制结构的程序段来处理；选择数据（其中包含可能出现，也可能不出现的部分）往往用带分支结构的程序段来处理；层次数据通常和使用这些数据的程序段的层次结构十分相似。

Jackson 方法使用面向数据结构的设计模块内部细节，首先需要分析确定数据结构，并且用适当的工具清晰的描绘数据结构，对不同的数据结构映射出对应的控制结构，最终可得到程序的内部细节。

6.3.2 Jackson 方法下模块设计

1. 数据结构

根据数据结构中内部元素彼此间的逻辑关系，可以得到 3 种基本的逻辑数据结构：顺序，选择，重复。图 6-3 所示是 Jackson 图表示的数据结构。

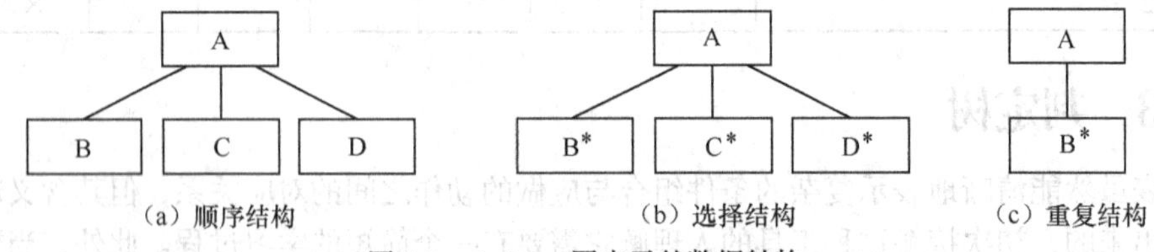

图 6-3 Jackson 图表示的数据结构

（1）顺序结构

顺序结构的数据由一个或多个数据元素组成，每个元素按确定时许出现一次。图 6-3（a）是顺序结构的一个例子，图中，A 元素由 B、C、D 三个元素顺序组成（每个元素只出现一次，出现的顺序依次是 B、C、D)。

（2）选择结构

选择结构的数据包括两个或多个数据元素每次使用这个数据是按一定条件从这些数据元素中选择一个。图 6-3（b）是选择结构的一个例子，根据条件 A 是 B、C、D 中的某一个元素（注意:B、C、D 的右上角有小圆圈做标记)。

（3）重复结构

重复结构的数据根据使用条件由一个元素出现零次或多次构成。图 6-3（c）是重复结构的一个例子，A 由 B 出现 n 次组成（注意，B 的右上角有星号做标记)。

用 Jackson 图来表示数据结构有很多优点：

- 便于表示层次结构，而且是对结构进行自顶向下分解的有力工具；
- 形象直观可读性好；
- 既能表示数据结构，也能表示程序结构。

需要注意的是，Jackson 图和功能结构图的形式类似，都是体现包含关系。但功能结构图方框是模块，Jackson 图中方框是几条语句。

改进的 Jackson 图

Jackson 图的缺点是，用这种图形工具表示选择或重复结构时，选择条件或循环结束条件不能直接在图上表示出来，影响了图的表达能力，也不易直接把图翻译成程序，此外，框间连线为斜线，不易在行式打印机上输出。为了解决上述问题，本书建议使用图 6-4 中给出的改进的 Jackson 图。

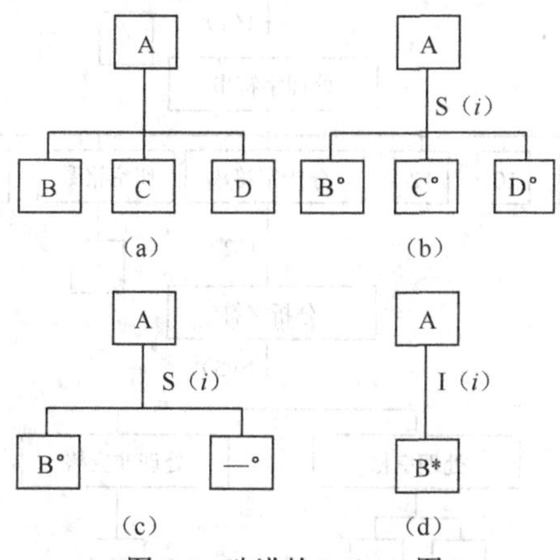

图 6-4 改进的 Jackson 图

（a）是顺序结构，B、C、D 中任一个都不能是选择出现或重复出现的数据元素（即，不能是右上角有小圆圈或星号标记的元素）;

（b）是选择结构，S 右面括号中的数字 i 是分支条件的编号；

（c）是可选结构，A 或者是元素 B 或者不出现（可选结构是选择结构的一种常见的特殊形式）;

（d）是重复结构，循环结束条件的编号为 i。

2. 数据结构到程序结构的映射

Jackson 结构程序设计方法通过把数据结构映射为程序结构，来获得程序的内部细节，基本过程如下。

（1）分析并确定输入数据、输出数据的逻辑结构，并用 Jackson 图描绘它们；

（2）找出输入数据结构输出数据结构之间有对应关系的数据单元。所谓有对应关系是指有直接的因果关系，在程序中可以同时处理的数据单元（重复出现的数据单元要求有相同的重复的次数）;

（3）根据以下列出的各个规则从描绘数据结构的 Jackson 图映射出描述程序结构的 Jackson 图。

- 为每对有对应关系的数据单元，按照它们在数据结构图中的层次，在程序结构图的相应层次画一个处理框；如果这对数据单元所属层次不同，处理框层次取较低的那个层次。
- 根据输入数据结构中剩余每个数据单元所处层次，在程序结构图的相应层次分别为它们画上对应的处理框；根据输出数据结构中剩余每个数据单元所处层次，在程序结构图的相应层次分别为它们画上对应的处理框。
- 在导出程序结构图的过程中，由于改进的 Jackson 图规定在构成顺序结构中的元素，不能有重复出现或选择出现的元素，因此可能需要增加中间层次的处理框。
- 列出所有操作和条件（包括分支条件和循环结束条件），并且把它们分配到程序结构图中的适当位置。

- 把程序结构图转化为程序流程图（或 N-S 图，或 PAD 图），其中某些复杂的逻辑判别条件可以用判定表（或判定树）表示。
- 用伪码表示程序。

图 6-5 和图 6-6 所示分别是 Jackson 图的数据结构表示和程序结构表示。

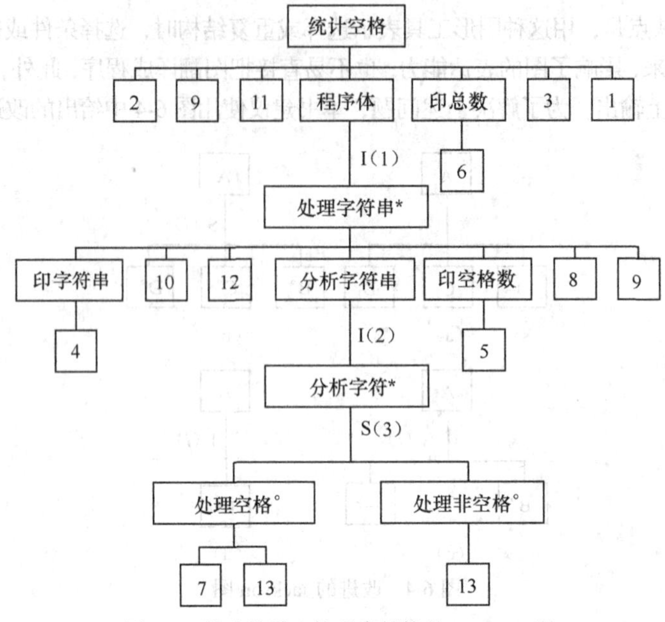

图 6-5 描述统计空格程序结构的 Jackson 图

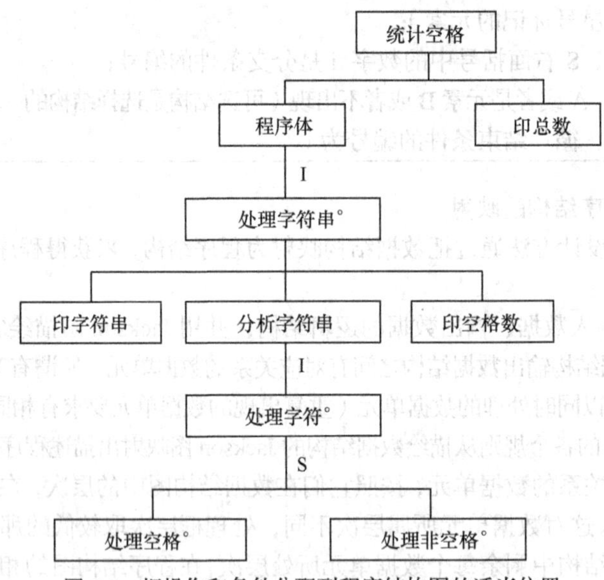

图 6-6 把操作和条件分配到程序结构图的适当位置

6.3.3 面向对象方法下的类方法设计

面向对象软件开发模式下，对象就是构成软件系统的基本单元，它是把数据结构和操作这些数据的方法紧密地结合在一起所构成的软件构成基本单元。

对象是类的实例化，类实际上是一种抽象数据类型，它对外开放的公共接口构成了类的规格说明（即协议），这种接口规定了外界可以使用的合法操作符，利用这些操作符可以对类实例中包含的数据进行操作。使用者无须知道这些操作的具体实现算法和类中数据元素的具体表示方法，就可以通过这些操作符使用类中定义的数据。

在面向对象方法中，信息隐藏通过对象的封装性实现:类结构分离了接口与实现，从而支持了信息隐藏。对于类的使用者来说，属性的表达方法和操作的实现算法都应该是隐藏的。

面向对象方法下，为保证信息隐藏，每个属性通过 get/set 类方法实现数据存取。对于只读属性，增加 get 方法；对只写属性，增加 set 方法；对可读可写属性，增加 get 和 set 方法；

对于类中的其他一些方法，由于类所具有的封装特征，类方法往往只需关注类属性，很少对类外的数据进行操作，因此可以采用程序流程图来进行详细设计。

6.4 程序实现

实现就是把软件设计的结果用某种程序设计语言表达出来。实现是设计的自然结果，程序的质量主要取决于软件设计的质量，但是选择的程序设计语言和编码风格，对于程序的可靠性、可读性、可测试性、可维护性有极大的影响。

6.4.1 程序设计语言选择

总的来说，目标系统如果和底层硬件联系紧密、资源或时间限制严格，通常选择低级语言；否则通常选择高级语言。为了使程序容易测试和维护，选用的高级语言应该有理想的模块化机制、可读性好的控制结构和数据结构；为了便于调试和提高软件可靠性，语言特点应该是编译程序能够尽可能多地发现程序中的错误；为了降低软件开发和维护的成本，选用的语言应该有良好的独立编译机制，此外，还必须同时考虑使用方面的各种限制。

- 用户要求和未来发展。目标系统由用户自已负责维护，用户通常要求使用他们熟悉的开发语言。程序员未来能否主导市场也是选择语言的一个重要考虑。
- 运行环境。运行环境往往限制了可以选择的语言范围。
- 类库和软件工具（编码、编译）。支持开发的类库和软件工具使得目标系统的实现和验证变得容易。
- 工程规模与应用领域。针对不同的规模和应用领域的目标系统，可以选择不同的实现语言。
- 可移植性要求。如果使用环境可能变化，考虑选择标准化程度高、可移植性好的语言。
- 其他因素。包括程序员对语言的熟悉程度、语言学习的培训服务和技术支持、对开发平台的要求、集成已有软件的程度等等。

6.4.2 编码风格

良好的程序书写习惯，可以提高程序的可读性、可维护性，同时还能提高团队开发的效率。在大型软件开发项目中，为了控制软件开发的质量，保证软件开发的一致性，需要遵循一定的编程风格。

1. 源程序文档化

源程序内部的文档，对提高程序的可读性、理解性都非常重要。程序的内部文档，包括恰当的标识符命名、有效的注释、良好的布局等等。

- 在模块的起始部分，对模块的详细信息进行说明，如模块的用途、参数描述、返回值描述、内部异常、模块实现人员和时间、模块修改人员和时间。
- 在模块的内部，对重要的代码进行解释，提高代码的可理解性。

- 标识符的命名应该望文生义，并遵循一定的命名规则。比如，缩写的使用、字母大小写的选择、常量变量命名的区分等等。标识符不要过于相似，最好对其含义和用途有注释。
- 保证有良好的布局结构，体现程序的层次。恰当地使用空行、空格、缩进。

2. 数据说明

- 进行数据说明时应遵循一定的次序，比如哪种数据类型的说明在前，哪种在后；
- 同一条语句中说明同一数据类型的多个变量时，一般按照字母顺序排列；
- 对复杂数据结构的数据，最好添加必要的注释。

3. 语句构造

- 一行只写一条语句；
- 用缩进体现程序的层次结构；
- 独立功能的代码封装为独立的函数或公共过程；
- 避免使用 go to 语句；
- 复杂的算术或逻辑表达式，用括号来表达运算顺序；
- 避免使用多层嵌套语句；
- 避免使用复杂的判定条件。

4. 输入输出

- 所有的输入数据都要进行严格的检验；
- 为方便用户，输入数据的格式限制应尽量宽松，输入的操作应尽量简洁，步骤尽量少，允许默认的输入；
- 交互式的输入系统应该给予用户正确的提示；
- 设计良好的输出报表；
- 对输出数据添加必要的注释。

5. 效率

效率是对计算机资源利用率的度量，包括程序运行时间和存储器容量两个方面。良好的详细设计能够极大地提高源程序的效率。主要的方法有：

- 减少循环嵌套的层数；
- 将循环结构的语句用嵌套结构的语句来表示；
- 简化算术和逻辑表达式，尽量不使用混合数据类型的运算；
- 避免使用多维数组和复杂的表。

6.5 调　　试

软件编写时不可避免会出现缺陷错误，调试则是对缺陷错误进行确认、隔离和修复。调试工作很大程度上是一项技巧，因为有时错误的表现形式与其根本原因并没有明显联系，编程人员在调试的时候往往需要正确理解错误和修复错误，例如当前判断的原因是否正确，出现的错误是代码错误还是设计错误，是不是其他地方还有类似错误而未被发现等等。

软件调试费时费力，既有心理原因也有技术原因，例如：

- 错误可能是偶然出现，难以重现错误发生时的情景；
- 错误的外在表现和程序的内部结构和运行逻辑之间的关系往往并不明朗；
- 造成程序失效的根本原因可能不在于代码本身，也许是外部环境。

因此在调试过程中可以参照一些经验。如一次只完成一个错误的调试，试图一次解决多个错误的做法往往会增加调试难度及时间；充分利用编译器，不要写完大段代码后才进行编辑，这样难以进行错误定位，而且编译器所显示的错误与警告也是非常有帮助的；了解应用程序所在外部环境的特别之处，例如文件后缀名的隐藏使得程序读取某个文件时会发生错误；必要的时候寻求外部帮助，例如请有经验的人来进行错误分析和定位可能会使你走出当前的困境。程序调试主要有以下方法。

试探法。调试人员分析错误的症状，猜测问题的所在位置，利用在程序中添加输出语句或设置断点，来专门进行错误捕捉和显示，或者利用分析寄存器、存储器的内容等手段来获得错误的线索，一步步地试探分析出错误所在。这种方法效率很低，适合于结构比较简单的程序。

回溯法。调试人员从发现错误症状的位置开始，人工沿着程序的控制流程跟踪代码，直到找出错误根源为止。这种方法适合于小型程序，对于大规模程序由于其需要回溯的路径太多而变得不可操作。

对分查找法。这种方法主要用来缩小错误的范围，如果已经知道程序中的变量若干位置的正确取值，可以在这些位置上给这些变量以正确值，观察程序运行输出结果，如果没有发现问题，则说明从赋予变量一个正确值开始到输出结果的程序没有出错，问题可能在除此之外的程序中，否则错误就在所考察的这段程序中，对含有错误的程序段再使用这种方法，直到把故障范围缩小到比较容易诊断为止。

归纳法。归纳法就是从测试所暴露的问题出发，收集所有正确或不正确的数分析它们之间的关系，提出假象的错误原因，用这些数据来证明或反驳，从而找出错误所在。

演绎法。根据测试结果，列出所有可能的错误原因。分析已有的数据，排除彼此矛盾的原因。对余下的原因，选择可能性最大的，利用已有的数据完成该假设，使假设更具体。用假设来解释所有的原始测试结果，如果能解释，则假设得以证实，也就找出错误；否则，要么是假设不完备或不成立，要么有问题。

6.6 详细设计文档规范

第 1 章 引言

1.1 编写目的

说明编写这份详细设计说明书的目的，指出预期的读者。

1.2 背景

a. 待开发系统的名称。

b. 列出本项目的任务提出者、开发者、用户。

1.3 定义

列出本文件中用到的专门术语的定义和外文首字母组词的原词组。

1.4 预期读者

指出预期的读者。

1.5 参考资料

列出有关的参考资料。

第 2 章 系统总体结构

依据总体设计的结果，给出系统的总体结构，包括功能结构、软件结构、系统构成、系统部署。用一系列图表列出系统内的每个模块的名称、标识符和它们之间的层次结构关系。

第 3 章 模块设计说明（类方法设计说明）

结构化方法下，逐个地给出各个层次中的每个模块的设计考虑。面向对象方法下，逐个给出每个类的不同方法的设计。

3.1 模块 1（类方法 1）

3.1.1 模块描述

给出对该基本模块的简要描述，主要说明安排设计本模块的目的意义，并且，还要说明本模块的特点。

3.1.2 功能

说明该基本模块应具有的功能。

3.1.3 性能

说明对该模块的全部性能要求。

3.1.4 输入项

给出对每一个输入项的特性。

3.1.5 输出项

给出对每一个输出项的特性。

3.1.6 设计方法（算法）

对于软件设计，应详细说明本程序所选用的算法，具体的计算公式及计算步骤。

3.1.7 流程逻辑

用图表辅以必要的说明来表示本模块的逻辑流程。

3.1.8 接口

说明本模块与其他相关模块间的逻辑连接方式，说明涉及的参数传递方式。

3.1.9 存储分配

根据需要，说明本模块的存储分配。

3.1.10 注释设计

说明安排的程序注释。

3.1.11 限制条件

说明本模块在运行使用中所受到的限制条件。

3.1.12 测试计划

说明对本模块进行单体测试的计划，包括对测试的技术要求、输入数据、预期结果、进度安排、人员职责、设备条件、驱动程序及桩模块等的规定。

3.1.13 尚未解决的问题

说明在本模块的设计中尚未解决而设计者认为在系统完成之前应解决的问题。

3.2 模块 2

……

6.7 本章小结

详细设计是对概要设计的一个细化，就是详细设计每个模块实现算法，所需的局部结构。本章介绍了如何进行模块的界面设计和模块内部的结构设计。介绍了详细设计的有关方法和详细设计的模型表示，介绍了程序实现需要关注的方面，最后给出了详细设计的文档规范。

习　　题

1. 详细设计的目标是什么？
2. 详细设计涵盖哪些设计内容？
3. 结构化方法和面向对象方法下如何进行高质量的模块设计？
4. Jackson 结构化详细设计方法的基础思路是什么？
5. 为什么程序流程图适于进行类方法设计？
6. 代码调试有哪些方法？

第7章 软件测试

软件测试是按照测试方案和流程对软件产品（程序、数据和文档）进行功能或非功能性测试，在测试中需要使用不同测试工具，使用不同方法设计测试用例，对测试方案可能出现的问题进行分析和评估。执行测试用例后，需要跟踪故障，以确保开发的软件产品适应用户需求。

7.1 软件测试概述

7.1.1 测试目标和原则

软件测试是判定软件产品质量好坏的重要技术。简单来说，软件测试是评估一个系统的活动，旨在确定系统与实际需求之间是否存在差距、错误或者遗漏。软件测试可做如下定义："它是针对一个软件项目的评价活动，借此发现实际结果与期望结果之间的不同，并对其各项特性进行评估。"通常情况下，软件测试活动涉及到的人员包括软件开发人员、测试人员、项目管理人员及最终用户。

软件测试以不同形式贯穿在整个开发周期中的每个阶段。例如在需求分析阶段，需求的验证可被认为是测试；在设计阶段，为改进设计而不断复查也可认为是测试；开发者进行编码的代码也是测试（即单元测试）；编码后系统的集成和软件交付也需要测试。

软件测试目的是能在最小的成本和最短的时间内，通过设计良好的测试规程和测试用例，系统地发现不同类别的错误。通过软件测试，可以发现系统在开发过程中由开发者引入的缺陷；获知软件的可信度，确定软件质量等级；有效地预防其他缺陷的产生；能够确保系统与需求规格说明一致，确保最终结果能满足用户需求，提升用户对软件产品的信心。

为更好地实现软件测试的目标，在进行测试时要掌握一定的基本原则。

- 设计好的测试用例。测试并不能证明程序没有错误，因此设计好的测试用例才能最大可能地查找出缺陷。
- 不可能进行穷举测试。程序逻辑结构的复杂性和输入的多样性大大增加了测试的难度。单从时间因素考虑完成穷举测试是不可能的，测试人员需要在风险评估基础上完成测试的最佳安排。
- 尽早开展测试。尽早进行软件测试有利于开发者在软件开发周期中对时间更合理的安排，更有利于软件产品的按时发布，可以降低系统返工的成本与时间。越早发现的缺陷，其修正的难度和费用越小。
- 重点测试。通过测试找到的错误中，大约 80%来自于 20%的模块中，这是 Pareto 原则。因此应当对这 20%的模块进行重点测试，需要增加测试覆盖。
- 定期进行检验与修正测试用例，并增加新的测试用例。随着已暴露的缺陷的逐一修改以及系统的逐步改进，原有的测试用例已不再能够完全适应新的形势。虽然缺陷的修改或新功能的增加需要进行回归测试，以确保改动部分不会影响系统其他部分，但这些回归测试用例也需要与时俱进，并及时增加新的测试用例。

- 测试依赖于系统环境。应用程序的不同类型与性质影响着测试采用的方法、技术和类型。例如实时软件必须严格满足时间约束条件，安全性要求更高的软件如飞机驾驶系统所做的测试不同于娱乐性软件如游戏，移动软件所做的测试不同于网站程序。
- 测试用例应该包含合理和不合理的输入条件。程序对于合理的输入能产生正确的结果，对于不合理的输入也应该能产生正确的提示信息。

7.1.2 测试过程模型

完善的软件测试以不同形式贯穿在整个开发周期中的每个阶段。类似于开发活动过程，有相应的测试过程模型。

1. V 模型

V 模型（见图 7-1）是最具有代表意义的测试模型，是传统的软件开发过程模型——瀑布模型的变种，它反映了测试活动与软件开发活动（需求分析、设计、编码等等）的关系，描述了基本的开发过程和测试行为，明确地标明了测试过程中存在的不同级别，并且清楚地描述了这些测试阶段和开发过程中各阶段的对应关系。

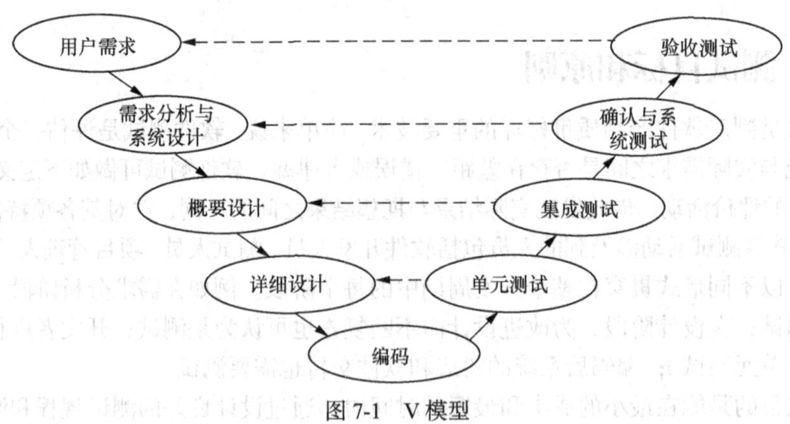

图 7-1 V 模型

V 模型指出，单元对应于开发过程模型的详细设计活动，应检测程序的执行是否满足软件详细设计的要求；集成测试对应于开发过程模型的概要设计活动，应检测程序的执行是否满足软件总体设计的要求；确认和系统测试对应于开发过程模型的需求分析活动，应当验证系统设计，检测系统功能、性能的质量特性是否达到系统设计的指标；由测试人员和用户进行软件的确认测试和验收测试，对应于系统需求获取活动，应追溯软件需求说明书进行测试，以确定软件的实现是否满足用户需求或合同的要求。从模型结构可以看到，低层的测试是为了源代码的正确性，而高层的测试是为了使整个系统满足用户的需求。

V 模型的局限性在于不能体现“尽早地和不断地进行软件测试”的原则。它仅仅把测试过程作为在需求分析、概要设计、详细设计及编码之后的一个阶段，容易使人理解为测试是软件开发的最后的一个阶段，主要是针对程序进行测试寻找错误，而需求分析阶段、设计阶段隐藏的问题可能一直到后期的相应测试才被发现。

2. W 模型

W 模型（见图 7-2）是在软件各开发阶段应同步增加进行的测试，被演化为一种 W 模型，因为实际上开发是“V”，测试也是与此相并行的“V”。

W 模型可以说是 V 模型自然而然的发展。它强调测试伴随着整个软件开发周期，而且测试的对象不仅仅是程序，需求、功能和设计同样要测试。可以说，测试与开发是同步进行的，从而有利于尽早地发现问题。

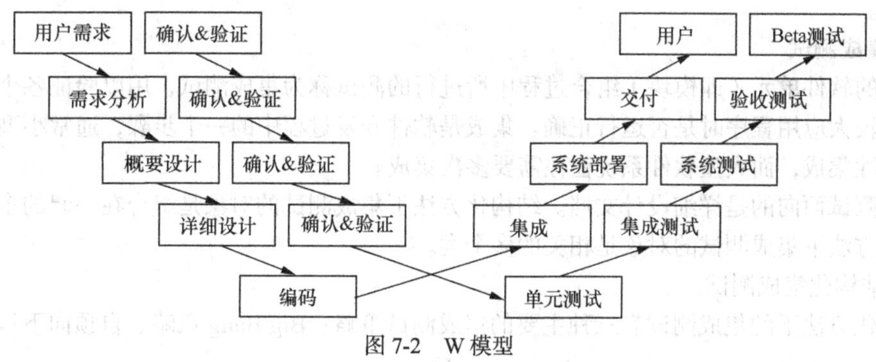

图 7-2　W 模型

W 模型和 V 模型一样，都把软件的开发视为需求、设计、编码等一系列串行的活动。同样的，软件开发和测试保持一种线性的前后关系，需要有严格的指令表示上一阶段完全结束，才可正式开始下一阶段。这样就无法支持迭代、自发性以及变更调整。

3. H 模型

软件开发包括需求、设计、编码等一系列的活动，虽然这些活动之间存在相互牵制的关系，但在大部分时间内，它们是可以交叉进行的。H 模型（见图 7-3）将测试活动完全独立出来，形成一个完全独立的流程，将测试准备活动和测试执行活动清晰地体现出来。

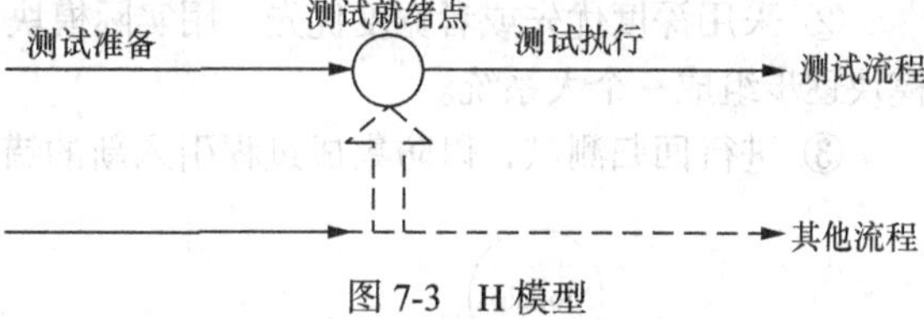

图 7-3　H 模型

H 模型揭示了软件测试不仅仅指测试的执行，还包括很多其他的活动；软件测试是一个独立的流程，贯穿产品整个生命周期，与其他流程并发地进行；软件测试要尽早准备，尽早执行；软件测试是根据被测物的不同而分层次进行的。不同层次的测试活动可以是按照某个次序先后进行的，但也可能是反复的。

7.1.3　测试类型

按照测试所处阶段不同，测试活动可以分类为单元测试、集成测试、系统测试、验收测试和回归测试。结构化方法下，整个系统由模块组成，模块由更小的模块组成，其单元测试针对的是单个模块，集成测试针对的是组合在一起的多个模块；面向对象方法下，整个系统由类对象构成，类对象则由方法提供功能，其单元测试针对的是类方法/类，集成测试针对的是相互关联的一组类。

1. 单元测试

单元测试也称为模块测试，主要检测独立的软件单元——结构化方法下的函数或过程、面向对象方法下的类方法/类（面向对象方法下，由于类方法往往都是相对独立的，一个类中所有方法的测试也就是类的测试），测试者通常就是开发人员自己。单元测试的目标在于分割程序，逐个从需求性和功能性上说明这些独立部分的正确性。

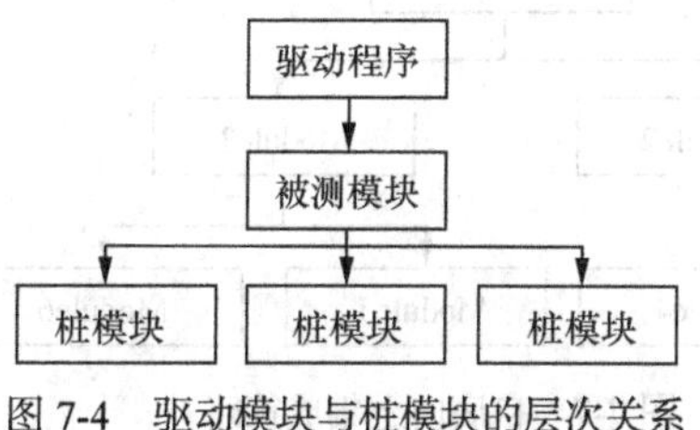

图 7-4　驱动模块与桩模块的层次关系

单元测试直接面向代码设计与结构。单元测试中一般都需要使用驱动程序和桩程序。驱动程序模拟主程序，调用被测试单元；桩程序模拟的是被测试单元调用的程序，如图 7-4 所示。例如需要测试的是系统登录功能，而成功登录后显示的系统主操作窗口界面未完成，此时可以快速简单地编写一个桩程序来代替系统主窗口。

由于通过单元测试的各个软件模块并不能保证最终整体应用程序的正确运行。例如，模块接口之间传递的数据有可能丢失、消息不正确，或接口本身实现就有误。因此需要进行更大范围的集成测试。

2. **集成测试**

独立的软件单元（即模块）组合过程中所进行的测试称为集成测试，用以验证各个模块在组装成一个较大应用程序时是否运行正确。集成是软件开发过程中的一个步骤，通常小型软件系统可以一次性集成，而大型软件系统往往需要多次集成。

集成测试面向的是详细设计文档。结构化方法下集成测试的对象是组合在一起的多个模块，面向对象方法下集成测试的对象是相关的多个类。

A. 结构化集成测试

结构化方法下的集成测试有三种主要的集成测试策略：Big Bang 策略、自顶向下策略和自底向上策略。

（1）Big Bang 策略：所有模块一次性集成为一个整体系统，而后着重对各个模块之间的接口工作进行测试，如图 7-5 所示。Big Bang 的优点在于测试之前所有的整合工作已经完成，而缺点在于整合过程较为费时，且集成过程中若引入新的错误则难以追溯。

（2）自顶向下策略：首先测试软件模块结构图最顶端的模块（例如主界面或主菜单），而后集成下一层的模块再进行测试，直至所有模块全部组合并测试完，如图 7-6 所示。其步骤如下。

① 首先测试顶层模块，其直接调用的子模块使用桩模块替代。

② 采用深度优先或者宽度优先，用实际模块代替之前的桩模块再进行相应的测试，这样各个模块逐步组成一个大系统。

③ 进行回归测试，以防集成过程引入新的错误。

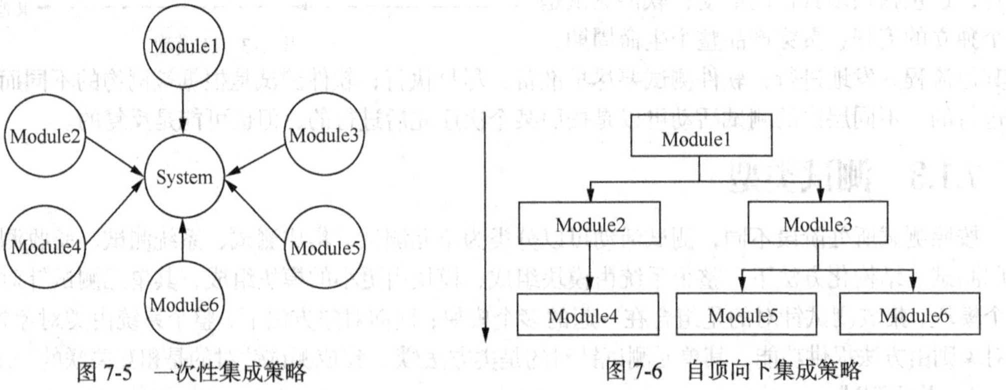

图 7-5　一次性集成策略　　图 7-6　自顶向下集成策略

（3）自底向上策略：首先测试软件最底层模块，而后集成上一层模块并进行测试，逐步将所有模块组合并测试完毕，如图 7-7 所示。其步骤如下。

① 为最底层模块配置相应的驱动模块来进行测试；也可把最底层模块组合成特定功能的簇，再由驱动模块进行测试。

② 用上一层的实际模块代替驱动模块，与已测试好的底层模块组合成新的子系统，进行相应的测试。

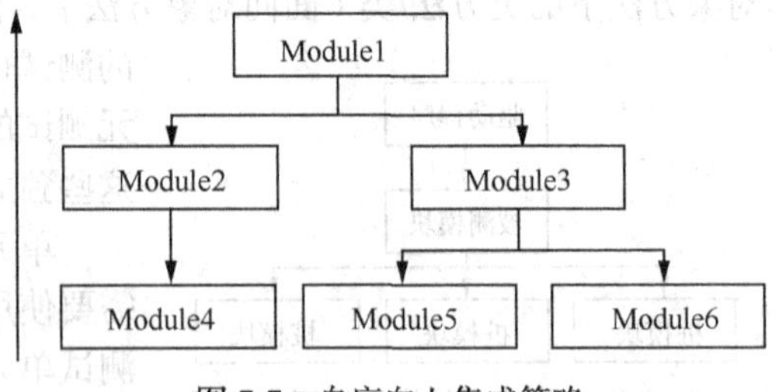

图 7-7　自底向上集成策略

③ 重复②直至所有模块组合完成。

B. 面向对象的集成测试

面向对象程序具有动态特性，程序的控制流无法确定，只能对编译完成的程序做基于黑盒子的集成测试。面向对象软件的集成测试需要在整个程序编译完成后进行。

面向对象的集成测试策略主要有基于线程的策略和基于使用的策略。

（1）基于线程的测试

集成对响应系统的一个输入或事件所需的一组类，每个线程分别进行集成和测试，应用回归测试以保证没有产生副作用。

（2）基于使用的测试

按分层来组装系统，可以先进行独立类的测试，然后用测试过的独立类对从属类进行测试，直到整个系统构造完成。

面向对象的集成测试步骤如下。

① 按照设计阶段的说明画出对象图；

② 开发端口输入事件所驱动的类；

③ 开发与主类直接相关的类；

④ 将与主类直接相关联的类集成；

⑤ 对新集成的模块进行测试；

⑥ 从已集成的模块中选一个新类作为下一步的集成类。

3. 系统测试

集成测试着重测试的是各个模块之间接口运行情况；而系统测试则是将系统软件作为整个计算机系统的一个元素，与计算机硬件、外设、数据和人员等其他元素结合起来所进行的测试。

系统测试对应于概要设计和需求分析，进行系统测试以确保其功能的正确性，以及在不同运行环境配置下（例如操作系统、应用软件）系统的可用性。此时应用系统可以作为一个整体得到充分测试，而且系统的测试环境与未来实际运行环境非常接近，能更好地确认系统是否能满足功能和性能需求。

（1）压力测试：根据文档说明，测试系统在某些临界情况下时的运行情况。例如，对于正在开发超市收银系统，软件需求中说明了服务器应该可以支持30台收银机器同时查询商品价格，压力测试所做的可以是在一个房间中放上30台收银机，连续12小时自动运行事务数据，或者也可以多上几台收银机看看系统在超出需求最大值下的表现。

（2）性能测试：测试系统的性能需求是否符合文档中的定义说明。例如上述的例子中，要求价格查询的时间不能超过1秒，性能测试需要判断查询时间是否在规定时间之内，即使是30台收银机同时运行。

（3）可用性测试：获取用户对于系统各项操作、输入与输出的使用评价。通常用户一边使用，人机交互专家在旁一边观察并加以记录。

4. 验收测试

验收测试是一种以用户为主的测试，由客户判断最终系统是否在可接受范围之内，软件开发人员和质量保证小组也同时参与。由用户参加设计测试用例，使用操作界面进行数据输入，并分析测试的输出结果，使用的测试数据一般为实际数据。

（1）α测试：也称开发方测试，开发方通过检测和提供客观证据，证明软件运行是否满足用户规定的需求。

（2）Beta测试：当应用软件完成之后，开发团队可以将其免费提供给多个用户使用，这些用户称为Beta测试者。挑选的这些Beta测试者通常是该软件产品之前版本的用户，或者对于同类产品使用经验丰富的人。这些用户安装并随意使用该软件，但必须在使用过程中向开发团队及时报告各种错误。

Beta 测试是一群人在不同环境下（例如不同的操作系统）所做的错误查找过程，缺乏一定的系统性测试，而且错误报告质量不一，随着人数的增多也加大了开发团队工作量。

5. 回归测试

回归测试贯穿于整个测试周期中，重新运行原有的部分测试用例，保证改动过的系统没有产生新的错误，仍旧与软件需求保持一致。回归测试的根本目标在于检测新代码的正确运行，并且不影响其他已运行正确的功能。

通常情况下由于受到成本和时间因素的限制，当系统发生变化时重新运行所有测试用例是不太可能的。因此，回归测试所运行的测试用例是原有测试用例的一个子集，如何有选择性地挑选测试用例是测试人员需要面临的一个问题。回归测试中，子集的选择需要有代表性，测试的对象着重为系统改动部分和可能受其影响的部分，需要适当增加的新测试用例。

7.1.4 测试方法

测试方法有不同的分类标准，按是否需要执行被测试软件，软件测试可分为静态测试和动态测试；按是否需要查看代码，软件测试可分类为白盒测试、黑盒测试和灰盒测试；按照测试执行时是否需要人工干预，测试可分类自动测试和人工测试。

1. 静态测试

是在不需要执行所测试程序的情况下，对代码、需求分析和设计文档等进行缺陷查找。软件的复杂性在于需要处理大量而复杂的细节，在设计和实现过程中难免会缺乏合理性，从而存在一些不易察觉的缺陷，因此静态测试主要目的在于尽早发现系统缺陷，提高软件产品的质量。它的主要特征表现在不需要实际运行，充分发挥人的思维优势，可能比较耗时耗力，对测试人员要求比较高。

代码复查是比较重要的静态测试。代码复查目的在于尽早发现软件缺陷，并为其后的白盒测试和黑盒测试的测试用例设计提供一定的思路。代码复查一般由程序员自己完成，如果是极限编程的话，也可以结对完成来保证代码的正确性。

代码复查可以在源程序编码完成后，还未进行编译和测试之前完成；此时像阅读一篇文章般逐行检查代码。最一般的方法是以纸张形式打印出程序清单，眼睛不易疲劳，而且可以在代码旁任意注释、标注或者以图形表示。缺点在于如果在纸张上进行了代码缺陷查找与初步修改，反映到计算机上的代码可能有所偏差。例如在代码复查时发现有 3 个变量应由 int 改为 double，而在计算机上的修改则可能遗漏其中某个变量。

代码复查也是在显示器上完成，在复查过程中可能对代码的注释功能有所强化；缺点在于复查的工作进行到一半时可能就被编辑工具所代替，这使得代码复查工作很难彻底地进行。

在极限编程模式中有着结对编程的形式，即两个人共同完成一项任务，例如一人编程，另一人完成测试或文档编写等工作。结对编程技术是一个非常简单和直观的概念，能达到事半功倍的工作效果，但是这些好处必须经过缜密的思考和计划才能真正体现出来。而另一方面，两个有经验的人可以在不同的抽象层次解决同一个问题，这会让他们更快地找到解决方案，而且错误更少。在代码复查中，编码的人员给另一人提供必要代码解答，而另一人则需要模拟计算机来运行该程序，试图发现程序中存在的语句或逻辑错误，好处在于这符合“软件编写者往往不能有效地测试自己编写的软件”的测试原则。但是代码复查是项非常费时费力的事情，而且复查的效率与代码阅读能力及编程经验有着一定的关联。

当人们需要严格地按照说明去做某事时，会使用列表清单，例如图书馆书籍盘点时会将系统中的库存表打印出来后一一核对。代码复查过程中也需要这样一份错误列表，下面列举检查表的部分内容。

（1）复查代码结构

- 代码是否完整并正确地实现设计文档中的功能和性能？
- 代码是否符合开发团队所规定的编程风格，例如变量命名？
- 是否存在未使用的函数或过程？
- 代码中是否仍保留着测试代码，例如桩函数？
- 代码中是否存在可以合并在一起的函数或代码段？
- 代码的时间复杂度是否有改善的地方？
- 代码中是否存在极其复杂的过程？是否需要进行适当的分解？
- 代码与注释是否保持一致？
- 代码的注释是否描述清晰、易于理解和维护？

（2）复查循环与分支判断：

- 所有循环、分支、逻辑结构是否是完整并正确的？
- 所有循环条件或判断变量是否正确初始化？
- 所有循环是否为有限循环？
- 循环或判断语句之内的语句是否有遗漏或者被放置在其外？
- 分支判断语句是否嵌套完整？

（3）变量与数学运算

- 所有变量定义是否清晰且有意义、符合命名标准？
- 所有变量是否在使用之前正确定义和初始化？
- 所有变量在使用时是否与定义类型相适应？
- 是否存在变量未使用的情况？
- 代码中浮点数值的应用是否正确？例如浮点数的比较。
- 代码中四舍五入的应用是否正确，除法中是否考虑到被除数为零的情况？
- 代码中不同数值类型的混合运算是否正确？

不同的开发团队所指定的检查表各有不同，但依照检查表可以很方便地进行代码复查。正确使用检查表的过程中，可以统计每项对应缺陷的个数，这样可以较为容易地评估代码质量和发现错误的群集之处，为其后的测试用例设计提供帮助。当然，检查表在使用的过程中也需要更新以改进代码复查方法。

2. 动态测试

是通过选择适当的测试用例，实际运行所测试的程序，比较实际运行结果和预期结果，以发现软件中潜在的缺陷。它着重检查软件的功能行为、存储器和 CPU 使用、以及系统整体性能。动态测试主要目的在于确定软件产品符合实际业务需求，可适用在单元测试、集成测试和系统测试等阶段。

3. 白盒测试

白盒测试也被称为玻璃盒测试、结构化测试等。白盒测试把测试对象看作一个透明的盒子，它关注软件产品的内部细节和逻辑结构，要求对系统内部结构和工作原理有一个清楚的了解，是对代码内部逻辑和结构的细致检验。白盒测试允许测试人员利用程序内部的逻辑结构及有关信息，设计或选择测试用例，对程序所有逻辑路径进行测试；通过在不同点检查程序的状态，确定实际的状态是否与预期的状态一致。

白盒测试需要设计测试用例来覆盖单元模块中的每条独立路径、逻辑判断的真假分支、循环条件的有效值与边界值，及内部数据结构的合理性。应保证一个模块中的所有独立路径至少被执行一次，所有逻辑值需取到真值和假值，内部和外部数据结构的逐一检查，以保证其结构的有效性。

通过白盒测试，为源码提供一系列具有追溯性的测试用例，有利于后期的回归测试及新测试用例的增加，有利于代码的优化；及时发现并删除冗余代码以避免可能引入的潜在错误；加深测试人员对代码的理解，尽量实现覆盖率最大化。同时，白盒测试也存在一些不足，例如程序复杂性会增加测试人员的工作难度、时间和成本；只能测试已经完成的功能，而无法判断是否有遗漏。

4. 黑盒测试

黑盒测试又被称为功能测试、数据驱动测试，是一种从用户观点出发的测试。测试人员把被测程序当做一个黑盒子，根据软件产品的功能设计规格，在计算机上进行测试，以证实每个已经实现的功能是否符合要求。应用黑盒测试时，测试人员不需要了解程序内部的代码和实现机制；测试用例设计不依赖于系统内部的设计与实现，但基于软件规格说明书；关注测试用例的设计和结果的分析；对测试人员的编程技术要求不高。黑盒测试主要测试的缺陷类型有不正确或遗漏的功能、接口错误、性能错误、初始化或终止条件错误等等。

5. 灰盒测试

灰盒测试介于白盒测试和黑盒测试之间的测试。灰盒测试关注输出对于输入的正确性；同时也关注内部表现，但这种关注不像白盒测试那样详细、完整，只是通过一些表征性的现象、事件、标志来判断内部的运行状态。

灰盒测试结合了白盒测试和黑盒测试的要素。它考虑了用户端、特定的系统知识和操作环境。它在系统组件的协同性环境中评价应用软件的设计。

6. 手工测试

手工测试是完全由人工完测试工作，包括测试计划的制定，测试用例的设计和执行，以及测试结果的检查和分析等。传统的测试工作都是由人工来完成的。

7. 自动测试

自动测试是各种测试活动的管理与实施，是使用自动化测试工具或自动化测试脚本来进行的测试，包括测试脚本的开发与执行等，以某种自动测试工具来验证测试需求。这类测试在执行过程中一般不需要人干预，通常在功能测试、回归测试和性能测试中使用较为广泛。针对一个具体软件项目的每项测试活动，必定有一定的基础。表 7-1 描述了总结了各项测试活动的主要特征和依据。

表 7-1　测试活动的主要特征和基础

测试级别	测 试 活 动	测试类别	测试的文档基础	测试责任主体	测 试 重 点
级别 0	结构化检查	静态测试	各类文档	检查小组	各方面
级别 1	单元测试	白盒测试	软件详细设计文档	开发人员	软件单元设计
级别 2	配置项集成测试	白盒测试	软件概要设计文档	独立测试组	配置项设计/构架
级别 3	配置项资格测试	黑盒测试	软件需求规格说明书	独立测试组	配置项需求
级别 4	集成测试	白盒测试	系统的子系统设计	独立测试组	系统设计/构架
级别 5	系统测试	黑盒测试	系统规格说明书	独立测试组	系统需求
级别 6	DT&E 测试	黑盒测试	用户手册	独立测试组	用户手册一致性
级别 7	OT&E 测试	黑盒测试	可操作性需求文档	可操作性测试组	可操作性需求
级别 8	外场测试	黑盒测试	交付计划（场地配置）	外场安装组	场地需求

7.1.5　测试用例设计

测试用例（Test Case，TC）简单来讲是指执行条件和预期结果的集合，完整来讲是针对要测试的内容所确定的一组输入信息，是为达到最佳的测试效果或高效地揭露隐藏的错误而精心设计的少量测试数据。

测试用例可以用一个简单的公式描述：

测试用例=输入+输出+测试环境

其中，输入是指测试数据和操作步骤；输出是指系统的预期结果；测试环境是指系统环境设置，包括软件、硬件环境和数据，有时还包括网络环境。

从整体上而言，测试用例的设计，应满足以下标准。

- 测试用例的目标清楚，并能满足软件质量的各个方面，包括功能测试、性能测试、安全性测试、故障转移测试、负载测试等。
- 设计思路正确、清晰。例如，通过序列图、状态图、工作流程图、数据流程图等来描述待测试的功能特性或非功能特性。
- 在组织和分类上，测试用例层次清楚、结构合理。测试用例的层次与产品特性的结构/层次相一致，或者与测试的目标/子目标的分类/层次相一致，并具有合理的优先级或执行顺序。
- 测试用例覆盖所有测试点、覆盖所有已知的用户使用场景（User scenario），也就是说每个测试点都有相应数量的测试用例来覆盖，而且将各种用户使用场景通过矩阵或因果图等方式列出来，找到相对应的测试用例。
- 测试手段的区别对待。在设计测试用例时，就要全面考量测试的手段，哪些方面可以通过工具测试，哪些方面不得不用手工测试，对不同手段的测试用例区别对待。
- 有充分的负面测试。作为测试用例，不仅要测试正确的输入和操作，还要测试各种各样的例外情况，如边界条件、不正确的操作、错误的数据输入等。
- 没有重复、冗余的测试用例，满足相应的行业标准等。

对于每个具体的测试用例，设计时应满足以下条件。

- 测试用例的出发点是发现缺陷，即单个测试用例在“暴露缺陷”上具有较高的可能性。
- 测试用例的单一性。一个测试用例面向一个测试点，不要将许多测试点揉在一起。例如，通过一个测试用例发现 1～2 个缺陷，而不能发现 5～10 个缺陷甚至更多的缺陷。
- 符合测试用例设计规范或测试用例模板。
- 描述清楚。包括特定的场合、特定的对象和特定的术语，没有含糊的概念和一般性的描述。例如，测试用例名称为“登录功能使用正常”，就是一个描述不清楚的例子，而这样的描述“登录功能中用户名大小写不敏感性验证”“登录功能中用户名唯一性验证”和“用户账号被锁定后再进行登录操作”等就比较好。
- 操作步骤的准确性。按照步骤的操作得到唯一的测试结果。
- 操作步骤的简单性。操作步骤不应该太复杂，过于复杂的操作步骤意味着测试用例需要被分解为多个测试用例或者分解为多个环节进行验证。
- 所期望的测试结果是可验证的，即能迅速、明确地判断测试的实际结果是否与所期望的结果相同或相匹配。例如，在测试用例中描述期望结果为“登录成功”，这实际是不可验证的。要使这个期望结果具有可验证性，我们就应该这样描述所期望的结果——“‘退出（log out）’按钮出现”。
- 测试环境的正确性、测试数据的充分性。
- 前提条件、依赖性被完全识别出来。

对于不同类别的软件，测试用例的设计重点是不同的。但测试用例设计，不外乎要保证测试用例的代表性、测试结果的可判定性和测试结果的可再现性。其中最难保证的就是测试用例的代表性，也是设计测试用例时最为关注的内容，即如何确定测试用例中关于输入的数据集合。一般地，在有多个输入条件的情况下，应首先分析出哪些是核心的输入条件。对于每个核心的输入条件，其数据大致可分为以下 3 种。

- 正确数据。符合需求规格，合理、有效的输入数据，比如某个输入的有效值范围内的数据。
- 边界数据。介于正确数据和错误数据之间的临界数据。边界数据可能是有效的输入数据，也可能是无效的输入数据，这要根据需求规格说明的具体规定而定。
- 错误数据。不符合需求规范，无意义、无效的输入数据。这可能是类型不符合的输入数据，也可能是符合数据类型，但值不在有效区间的输入数据，或者缺少部分输入数据。

设计测试用例，应涵盖与之相关的信息，表 7-2 是一个较为规范的测试用例设计模板。

表 7-2　　规范的测试用例设计模板

项目/软件	技术出口合同网络申领系统	程序版本	1.025			
功能模块名	Login	编制人	xxx			
用例编号	TC-TEP_Login_1	编制时间	2010.10.12			
相关的用例	无					
功能特性	用户身份验证					
测试目的	验证是否输入合法的信息，允许合法登录，阻止非法登录					
预置条件	无	特殊规程说明	如数据库访问权限			
参考信息	需求说明中关于“登录”的说明					
测试数据	用户名=yiyh 密码=1					
操作步骤	操作描述	数据	期望结果	实际结果		测试状态
1	输入用户名称，按“登录”按钮	用户名=yiyh，密码为空	显示警告信息“请输入用户名和密码！”			
2	输入密码按“登录”按钮	用户名为空，密码=1	显示警告信息“请输入用户名和密码！”			
……						
测试人员		开发人员			项目负责人	

7.2　结构化测试

软件测试策略希望以最少的测试用例集合测试出更多的程序潜在错误，降低测试成本，确保软件质量。通过图 7-2 所示的 W 模型可以看出软件测试按照操作可以分为单元测试、集成测试、系统测试和验收测试。为提高软件的测试效率，往往需要综合使用各种方法，如白盒测试与黑盒测试相结合，静态测试与动态测试相结合，将无穷测试变为有限测试，有效地提高测试效率和测试覆盖度。

单元测试中大量使用白盒测试技术，检查模块内的程序控制结构中特定路径，利用逻辑覆盖来确保最大覆盖度并发现最大数量的错误。集成测试中主要使用黑盒测试技术来发现各模块之间接口是否存在错误，使用等价划分技术来更清楚地了解被测对象，在设计测试用例时尽可能考虑到各种情况，防止遗漏；使用边界值分析来补充等价划分技术，着重分析程序的边界情况，例如数组下标、循环初始条件和终止条件等等。为了保证覆盖主要的控制路径，集成测试中也需要使用到白盒测试技术。系统测试以各种文档为基础，着重功能测试和各项非功能性测试。功能测试可以采用黑盒测试技术，例如等价类划分、边界值分析、错误推测等。非功能测试如安全测试、恢复测试、压力测试等等可以设定各种运行场景，合理利用相应的测试工具来完成。

7.2.1　模块内测试

1. 逻辑覆盖

逻辑覆盖技术是白盒测试中最主要的一种技术，包括语句覆盖、判定覆盖、条件覆盖、判定/条件覆盖、条件组合覆盖和路径覆盖等等。

（1）语句覆盖

语句覆盖就是设计若干个测试用例，运行测试程序，使得每一可执行语句至少执行一次。

代码段 1：图书管理系统中需要设置读者类型，例如可以按照职业将读者分为学生和教职工。设置的内容包括读者类型名称 typename、最大借阅数量 maxcount、最大借阅天数 maxdays、续借天数 renewdays；以下是增加读者类型的部分主体代码。

```
typename=txttypename.text;
maxcount=txtmaxcount.text;
maxdays=txtmaxdays.text;
renewdays=txtrenewdays.text;
sqlstr="insert into t_readertype values ('"
      +typename+"','"+maxount+","+maxdays+","+renewdays+")";
SqlCommand cmd=new SqlCommand(sqlstr, conn);
cmd.ExecuteNonQuery();
```

由于代码是顺序执行，因此 1 个测试用例即可实现语句覆盖，如表 7-3 所示。

表 7-3　　语句覆盖测试用例 1

测试数据	读者类型 typename，最大借阅量 maxcount，最大借阅天数 maxdays，续借天数 renewdays				
操作步骤	操作描述	数据	期望结果	实际结果	测试状态
1	依次选择或输入读者类型、最大借阅量、最大借阅天数和续借天数	typename=学生，maxcount=8，maxdays=45，renewdays=30	数据库中 t_readertype 新增一条记录	数据库中 t_readertype 新增一条记录	语句覆盖

代码段 2：稍加改动后的读者类型添加代码。

```
typename=txttypename.text;
maxcount=txtmaxcount.text;
maxdays=txtmaxdays.text;
renewdays=txtrenewdays.text;
sqlstr="insert into t_readertype values ('"
      +typename+"','"+maxount+","+maxdays+","+renewdays+")";
SqlCommand cmd=new SqlCommand(sqlstr, conn);
if (cmd.ExecuteNonQuery()>0)
    MessageBox.show ("操作成功！");
else
    MessageBox.show("操作失败");
```

由于该代码段存在判定语句，因此需要2个测试用例来满足语句覆盖，如表7-4所示。

表7-4　　语句覆盖测试用例2

测试数据	读者类型 typename，最大借阅量 maxcount，最大借阅天数 maxdays，续借天数 renewdays				
操作步骤	操作描述	数据	期望结果	实际结果	测试状态
1	依次选择或输入读者类型、最大借阅量、最大借阅天数和续借天数	typename=学生，maxcount=8，maxdays=45，renewdays=30	数据库中t_readertype新增一条记录	数据库中t_readertype新增一条记录	覆盖语句为(1)(2)(4)(5)(6)(7)(8)
2	依次选择或输入读者类型、最大借阅量、最大借阅天数和续借天数	typename=学生，maxcount=-8，maxdays=45，renewdays=30；	由于最大借阅量为负数，因此操作失败	未能入库并出现提示信息	覆盖语句为(1)(2)(4)(5)(6)(7)(9)(10)

（2）判定覆盖

判定覆盖就是设计若干个测试用例，运行测试程序，使得程序中的每个判断的取真分支和取假分支至少执行一次。判定覆盖又称为分支覆盖。

观察代码段2，只有1个if判定点，需要执行if的两条分支，测试用例如表7-5所示。

表7-5　　判定覆盖测试用例

测试数据	读者类型 typename，最大借阅量 maxcount，最大借阅天数 maxdays，续借天数 renewdays				
操作步骤	操作描述	数据	期望结果	实际结果	测试状态
1	依次选择或输入读者类型、最大借阅量、最大借阅天数和续借天数	typename=学生，maxcount=8，maxdays=45，renewdays=30	t_readertype新增一条记录，并显示成功信息	t_readertype 新增一条记录，并显示成功	执行 if 判定语句的取真分支
2	依次选择或输入读者类型、最大借阅量、最大借阅天数和续借天数	typename=学生，maxcount=-8，maxdays=45，renewdays=30；	由于最大借阅量为负数，因此操作失败	未能入库并出现提示信息	执行 if 判定语句的取假分支

这两个测试用例分别执行if判定语句的取真和取假分支，至此判定覆盖完成。

代码段3：增加简单数据校验的读者类型添加代码。

```
1) typename=txttypename.text;
2) maxcount=txtmaxcount.text;
3) maxdays=txtmaxdays.text;
4) renewdays=txtrenewdays.text;
5) if (maxcount>0 && maxdays>0 && renewdays>0)
     {
6)   sqlstr="insert into t_readertype values ('"
          +typename+"','"+maxount+"','"+maxdays+"','"+renewdays+"')";
7)   SqlCommand cmd=new SqlCommand(sqlstr, conn);
8)   if (cmd.ExecuteNonQuery()>0)
9)       MessageBox.show ("操作成功！");
10)   else
11)       MessageBox.show("操作失败");
     }
12) else
13)       MessageBox.show("输入数据有误！")
```

在判定覆盖中，不论判定节点是否多个包含 and 或 or 逻辑运算符，只需要整个判定节点的一个布尔值，代码段 3 中编号 5)的判断语句由 3 个条件组成，只需要最终的逻辑运算结果 true 或 false。此段代码有两个判断点，设计相应的测试用例，如表 7-6 和表 7-7 所示。

表 7-6　　代码 3 的判定表示

判　定	编　号	取　值
if(maxcount>0 && maxdays>0) && renewdays>0	1	T1（表示编号为 1 的判定节点取真值） F1（表示编号为 1 的判定节点取假值）
if（cmd.ExecuteNomQuery()>0）	2	T2（表示编号为 2 的判定节点取真值） F2（表示编号为 2 的判定节点取假值）

因此，为完成判定覆盖，测试用例如表 7-7 所示。

表 7-7　　判定覆盖测试用例

测试数据	读者类型 typename，最大借阅量 maxcount，最大借阅天数 maxdays，续借天数 renewdays				
操作步骤	操作描述	数据	期望结果	实际结果	测试状态
1	依次选择或输入读者类型、最大借阅量、最大借阅天数和续借天数	typename=学生，maxcount=8，maxdays=45，renewdays=30	t_readertype 新增一条记录，并显示成功信息	t_readertype 新增一条记录，并显示成功	满足 T1T2
2	依次选择或输入读者类型、最大借阅量、最大借阅天数和续借天数	typename=学生，maxcount=−8，maxdays=45，renewdays=30;	由于最大借阅量为负数，因此操作失败	未能入库并出现提示信息	满足 F1
3	依次选择或输入读者类型、最大借阅量、最大借阅天数和续借天数	typename=教职工，maxcount=8，maxdays=45，renewdays=30;	t_readertype 新增一条记录，并显示成功信息	由于该条记录事先已经存在，属于重复插入，违反约束，失败。	满足 T1F2

从表 7-7 中可以看出，通过设计好的测试用例可以满足代码中的 2 个判定分别取真和取假分支，至此判定覆盖满足。

（3）条件覆盖

条件覆盖就是设计若干个测试用例，运行测试程序，使得程序中每个判断的每个条件的可能取值至少执行一次。观察代码段 3 中编号为（5）的语句：if (maxcount>0 && maxdays>0 && renewdays>0)，整个布尔表达式由 3 个子布尔表达式组成：maxcount>0，maxdays>0 和 renewdays>0。条件覆盖就是要求这些子布尔表达式的真假值至少执行一次。表 7-8 说明了测试用例中条件的表示。

表 7-8　　代码 3 的条件表示

判　定	条　件	编号	取　值
if(maxcount>0 && maxdays>0 && renewdays>0)	maxcount>0	1	T1（表示编号为 1 的条件取真值） F1（表示编号为 1 的条件取假值）
	maxdays>0	2	T2（表示编号为 2 的条件取真值） F2（表示编号为 2 的条件取假值）
	renewdays>0	3	T3（表示编号为 3 的条件取真值） F3（表示编号为 3 的条件取假值）
if(cmd.ExecuteNonQuery()>0)	cmd.ExecuteNonQuery()>0	4	T4（表示编号为 4 的条件取真值） F4（表示编号为 4 的条件取假值）

首先判断代码段 3 达到判定覆盖的 3 个测试用例是否能满足条件覆盖，结果如表 7-9 所示，由于数据操作全部一样，因此从此开始省略该项的描述。

表 7-9 原有测试用例对应条件覆盖情况

测试数据	读者类型 typename，最大借阅量 maxcount，最大借阅天数 maxdays，续借天数 renewdays			
操作步骤	数据	期望结果	实际结果	测试状态
1	typename=学生， maxcount=8， maxdays=45， renewdays=30；	t_readertype 新增一条记录，并显示成功信息	t_readertype 新增一条记录，并显示成功	满足：T1T2T3T4
2	typename=学生， maxcount=−8， maxdays=45， renewdays=30；	由于最大借阅量为负数，因此操作失败	未能入库并出现提示信息	满足：F1T2T3
3	typename=教职工， maxcount=8， maxdays=45， renewdays=30；	t_readertype 新增一条记录，并显示成功信息	由于该条记录事先已经存在，属于重复插入，违反约束，失败。	满足：T1T2T3F4

从表 7-8 可以得知以上 3 个测试用例并不能满足条件覆盖，条件 2 和条件 3 只有取真分支而没有取假分支，因此需要增加新的测试用例，结果如表 7-10 所示。

表 7-10 代码段 3 的条件覆盖测试用例

测试数据	读者类型 typename，最大借阅量 maxcount，最大借阅天数 maxdays，续借天数 renewdays			
操作步骤	数据	期望结果	实际结果	测试状态
1	typename=学生， maxcount=8， maxdays=45， renewdays=30；	t_readertype 新增一条记录，并显示成功信息	t_readertype 新增一条记录，并显示成功	满足：T1T2T3T4
2	typename=学生， maxcount=−8， maxdays=−45， renewdays=−30；	由于最大借阅量、最大借阅天数以及续借天数均匀负数，因此操作失败	未能入库并出现提示信息	满足：F1F2F3
3	typename=教职工， maxcount=8， maxdays=45， renewdays=30；	t_readertype 新增一条记录，并显示成功信息	由于该条记录事先已经存在，属于重复插入，违反约束，失败。	满足：T1T2T3F4

因此从表 7-10 中的测试用例可以发现，每一个条件的真假取值都至少执行了一次，满足了条件覆盖。

（4）判定/条件覆盖

判定/条件覆盖就是设置若干个测试用例，运行测试程序，使得判定表达式中的每个条件都取到各种可能的取值，而且每个判定表达式也都取到各种可能的结果。表 7-10 中的测试用例就可以完成判定/条件覆盖，具体如表 7-11 所示。

表 7-11　　判定/条件覆盖

测试数据	读者类型 typename，最大借阅量 maxcount，最大借阅天数 maxdays，续借天数 renewdays			
操作步骤	数据	期望结果	实际结果	测试状态
1	typename=学生， maxcount=8， maxdays=45， renewdays=30；	t_readertype 新增一条记录，并显示成功信息	t_readertype 新增一条记录，并显示成功	满足条件：T1T2T3T4 满足判定：T1T2
2	typename=学生， maxcount=−8， maxdays=−45， renewdays=−30；	由于最大借阅量、最大借阅天数以及续借天数均匀负数，因此操作失败	未能入库并出现提示信息	满足条件：F1F2F3 满足判定：F1
3	typename=教职工， maxcount=8， maxdays=45， renewdays=30；	t_readertype 新增一条记录，并显示成功信息	由于该条记录事先已经存在，属于重复插入，违反约束，失败。	满足条件：T1T2T3F4 满足判定：T1F2

（5）条件组合覆盖

条件组合覆盖就是设置若干个测试用例，运行测试程序，使得每个判定的所有可能的条件取值组合至少执行一次。

观察代码段 3 中的代码段，第 1 个判定由 3 个条件组成，因此有 $2^3=8$ 种组合，对应的测试用例如表 7-12 所示。

表 7-12　　条件组合测试用例

测试数据	最大借阅量 maxcount，最大借阅天数 maxdays，续借天数 renewdays			
条件	1：maxcount>0；2：maxday>0；3：renewdays>0；			
操作步骤	数据	期望结果	实际结果	测试状态
1	maxcount=−1， maxdays=−1， renewdays=−1	由于这 3 个值均为负数，因此操作失败	未能入库并出现提示信息	000(F1F2F3)
2	maxcount=−1， maxdays=−1， renewdays=30	由于最大借阅量和最大借阅天数为负数，因此操作失败	未能入库并出现提示信息	001(F1F2T3)
3	maxcount=−1， maxdays=45， renewdays=−1	由于最大借阅量和续借天数为负数，因此操作失败	未能入库并出现提示信息	010(F1T2T3)
4	maxcount=−1， maxdays=45， renewdays=30	由于最大借阅量为负数，因此操作失败	未能入库并出现提示信息	011(F1T2T3)
5	maxcount=8， maxdays=−1， renewdays=−1	由于最大借阅天数以及续借天数为负数，因此操作失败	未能入库并出现提示信息	100(T1F2T3)
6	maxcount=8， maxdays=−1， renewdays=30	由于最大借阅天数为负数，因此操作失败	未能入库并出现提示信息	101(T1F2T3)

续表

操作步骤	数据	期望结果	实际结果	测试状态
7	maxcount=8， maxdays=45， renewdays=−1	由于续借天数为负数，因此操作失败	未能入库并出现提示信息	110(T1T2F3)
8	maxcount=8， maxdays=45， renewdays=30	所有数据均合格，成功插入数据库	执行成功	111(T1T2T3)

代码段4：读者借书需要进行条件判断，以下代码对三种情况进行判断，即当前是否存在借阅超期、是否归还超期书籍时未能及时缴纳超期费用、是否达到最大借阅量。其中变量overduecount表示超期书本的数量，nopaidmoney表示未付超期费用的总金额，currentcout表示当前读者已借阅书本数量，borrowbook()是具体的借书处理过程。

```
canborrow=1
if ((overduecount>0) || (nopaidmoney>0))
 canborrow=0
if ((currentcount<8) && (canborrow=1))
 borrowbook()
```

其流程图如图7-8所示，需要给出语句覆盖、判定覆盖、条件覆盖、判定/条件覆盖、条件组合覆盖的测试用例，如表7-13～表7-16所示。

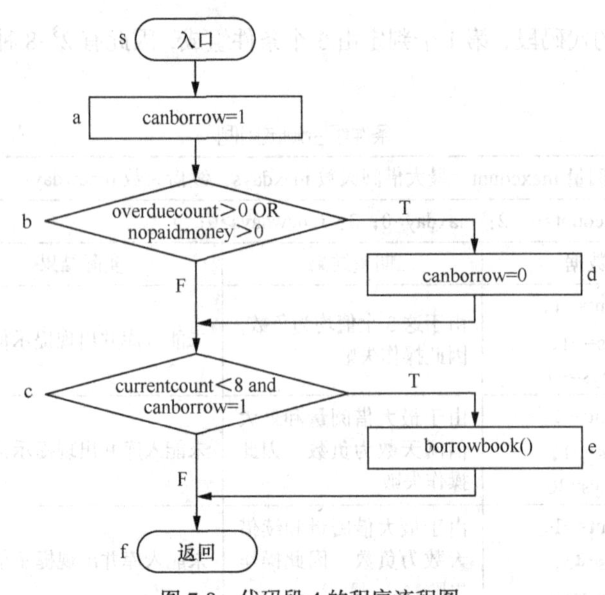

图7-8 代码段4的程序流程图

表7-13 语句覆盖测试用例

测试数据	超期书本数量overduecount；超期罚款金额nopaidmoney；当前借阅数量currentcount				
操作步骤	操作描述	数据	期望结果	实际结果	测试状态
1	通过借阅与归还模块操作相关的测试数据值（也可直接在后台数据库更数）	overduecount=1， nopaidmoney=3， currentcount=5	不满足借阅条件，不应借出	未能成功借出	执行语句abcef

续表

操作步骤	操作描述	数据	期望结果	实际结果	测试状态
2	通过借阅与归还模块操作相关的测试数据值	overduecount=0，nopaidmoney=0，currentcount=5，	满足借阅条件，可以借出	生成新的借阅记录	执行语句 abcef

表 7-14　判定覆盖测试用例

测试数据	超期书本数量 overduecount；超期罚款金额 nopaidmoney；当前借阅数量 currentcount				
操作步骤	操作描述	数据	期望结果	实际结果	测试状态
1	通过借阅与归还模块操作相关的测试数据值（也可直接在后台数据库更数）	overduecount=1，nopaidmoney=3，currentcount=5	不满足借阅条件，不应借出	未能成功借出	满足：TbFc
2	通过借阅与归还模块操作相关的测试数据值	overduecount=0，nopaidmoney=0，currentcount=5，	满足借阅条件，可以借出	生成新的借阅记录	满足：FbTc

表 7-15　条件覆盖测试用例

测试数据	超期书本数量 overduecount；超期罚款金额 nopaidmoney；当前借阅数量 currentcount				
条件	1. overduecount>0，2. nopaidmoney>0，3. currencount<8，4. canborrow=1				
操作步骤	操作描述	数据	期望结果	实际结果	测试状态
1	通过借阅与归还模块操作相关的测试数据值（也可直接在后台数据库更数）	overduecount=1，nopaidmoney=3，currentcount=5，canborrow=0，	不满足借阅条件，不应借出	未能成功借出	满足：T1T2T3F4
2	通过借阅与归还模块操作相关的测试数据值	overduecount=0，nopaidmoney=0，currentcount=8，canborrow=1	已借书本数量已经达到上限值，不能借出	未能成功借出	满足：F1F2F3T4

表 7-16　判定/条件覆盖测试用例

测试数据	超期书本数量 overduecount；超期罚款金额 nopaidmoney；当前借阅数量 currentcount				
判定	b:if((overduecount>0)||(nopaidmoney>0)) c:if((currentcount<8)&&(canborrow=1))				
条件	1. overduecount>0，2. nopaidmoney>0，3. currencount<8，4. canborrow=1				
操作步骤	操作描述	数据	期望结果	实际结果	测试状态
1	通过借阅与归还模块操作相关的测试数据值（也可直接在后台数据库更数）	overduecount=1，nopaidmoney=3，currentcount=5，canborrow=0，	不满足借阅条件，不应借出	未能成功借出	满足：TbFc；T1T2T3F4
2	通过借阅与归还模块操作相关的测试数据值	overduecount=0，nopaidmoney=0，currentcount=5，canborrow=1	满足借阅条件，可以借出	成功生成借阅记录	满足：FbTc；F1F2T3T4

续表

操作步骤	操作描述	数据	期望结果	实际结果	测试状态
3	通过借阅与归还模块操作相关的测试数据值	overduecount=0, nopaidmoney=0, currentcount=8, canborrow=1	已借书本数量已经达到上限值，不能借出	未能成功借出	满足： FbTc； F1F2T3T4
测试数据	超期书本数量 overduecount；超期罚款金额 nopaidmoney； 当前借阅数量 currentcount				
条件	1. overduecount>0，2. nopaidmoney>0，3. currencount<8，4. canborrow=1				
操作步骤	操作描述	数据	期望结果	实际结果	测试状态
1	直接在后台数据库更新某读者的相关字段值	overduecount=1, nopaidmoney=3, currentcount=5, canborrow=0,	不满足借阅条件，不应借出	未能成功借出	满足： T1T2,T3F4 (11,10)
2	直接在后台数据库更新某读者的相关字段值	overduecount=0, nopaidmoney=0, currentcount=5, canborrow=1	满足借阅条件，可以借出	成功生成借阅记录	满足： F1F2,T3T4 (00,11)
3	直接在后台数据库更新某读者的相关字段值	overduecount=0, nopaidmoney=0, currentcount=8, canborrow=1	已借书本数量已经达到上限值，不能借出	未能成功借出	满足： F1F2,F3T4 (00,01)
4	直接在后台数据库更新某读者的相关字段值	overduecount=1, nopaidmoney=3, currentcount=8, canborrow=0	不满足借阅条件，不应借出	未能成功借出	满足： F1T2,F3F4 (01,00)
5	直接在后台数据库更新某读者的相关字段值	overduecount=1, nopaidmoney=0, currentcount=5, canborrow=0	不满足借阅条件，不应借出	未能成功借出	满足： T1F2,T3F4 (10,10)

这里并没有严格考虑到程序的逻辑关系，而是直接通过修改数据库中相应字段值来完成相应的条件组合覆盖测试。

2. 基本路径测试

应用程序的执行过程中存在多条可能的路径。例如每个判定节点就对应两条路径、多条件 case 判定语句对应多条路径、循环语句对应的路径数量为循环次数。即使是简单程序，实现完全的路径覆盖也是非常困难的。

基本路径测试最早是由 Tom McCabe 提出的一种白盒测试技术，通过程序复杂性度量导出基本可执行路径集合，从而设计相应的测试用例，使得程序中的每一条可执行语句至少执行一次。其包含的步骤如下。

（1）根据给定的设计或源码画出正确的流图。

（2）根据公式计算出该流图的环形复杂度。

（3）确定线性独立路径的基本集合。

（4）设计可执行该基本集合中每条路径的测试用例。

代码段 5：在一个数组中计算正数、负数和零的个数。

```
Function calnumber(int size, int a[])
 {
    1) int x=0,y=0,z=0,i=0;
    2) while (i<size)
        {
    3)  if (a[i]>0)
    4)        x=x+1;
            else
    5)       if (a[i]==0)
    6)           z=z+1;
              else
    7)           y=y+1;
    8)  i=i+1;
        }
    9) printf("x=%d,y=%d,z=%d",x,y,z);
}
```

现在为实现基本路径测试而设计测试用例。

第一步，画出流图，如图 7-9 所示。左边是上述程序的程序流程图，它可以很方便地转化为右边图所示的流图。

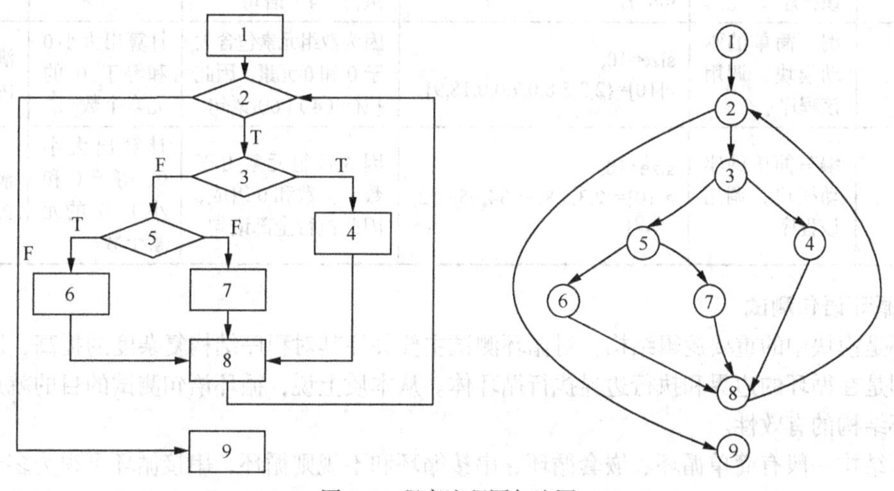

图 7-9　程序流程图与流图

第二步，计算程序的环形复杂度。

在基本路径测试中，程序的环形复杂度表明了程序基本路径集合中独立路径的个数，以及为满足语句覆盖所需测试用例数目的上界。可以使用以下方法来计算流图的环形复杂度。

（1）V(G)=P+1，此处 V(G)代表流图 G 的复杂度，P 代表判定节点个数。图中判定节点个数为 3，因此 V(G)=3+1=4。

（2）流图中的区域个数。图中的闭合区域有 3 个，分别是 5678，35784，2348 以及 1 个外围区域，共 4 个区域，因此环形复杂度为 4。

（3）V(G)=E-N+2，此处 E 为流图边数，N 为流图的结点个数。在图中有 N=9，E=11，因此 V(G)=11-9+2=4。

第三步，确定一组独立路径。

独立路径是指这样的一条路径，它引入了新的一组处理语句或者条件。例如在图 7-9 所示的流图中，一组独立路径可以如下。

```
Path1:1-2-9
Path2:1-2-3-4-8-2-9
Path3:1-2-3-5-6-8-2-9
Path4:1-2-3-5-7-8-2-9
```

从这组路径可以看出，一条新的路径必须包含至少一条新边。

第四步，设计测试用例。

只要测试用例能确保这些基本路径的执行，就可以使得程序中的每条语句至少执行一次，而且每个判定的真假分支也能得到测试。基本路径集合并不是唯一的。针对例题中的各条基本路径，设计相应的测试用例，如表 7-17 所示。

表 7-17　基本路径测试用例

测试数据	数组大小 size，数组中的各个元素值				
操作步骤	操作描述	数据	期望结果	实际结果	测试状态
1	编写简单的驱动模块，调用该程序	size=0	因为数组中元素个数为 0，因此不计数	无法计数	满足：Path1
2	编写简单的驱动模块，调用该程序	size=10, a[10]={2,3,5,8,45,23,7,12,65,9};	因为数组元素均为大于 0 的元素，因此执行（4）语句	计算出大于 0 的元素个数	满足：Path2
3	编写简单的驱动模块，调用该程序	size=10, a[10]={2,3,5,8,0,7,0,0,18,9};	因为数组元素包含大于 0 和 0 元素，因此执行（4）（6）语句	计算出大小 0 和等于 0 的元素个数	满足：Path3
1	编写简单的驱动模块，调用该程序	size=10, a[10]={2,3,5,8,−1,34,−5,−12,−8,9};	因为数组元素由正数、负数和 0 组成，因此执行全部语句	计算出大小 0、等于 0 和小于 0 的元素个数	满足：Path4

3. 循环语句测试

循环是模块中的重要逻辑结构，对循环测试主要关注其对程序结构复杂度的提高，因此它的测试原则是在循环的边界和执行边界执行循环体。从本质上说，循环语句测试的目的就是检查程序中循环结构的有效性。

循环结构一般有简单循环、嵌套循环、串接循环和不规则循环，串接循环可视为多个独立循环的并列，不规则循环可以转换为规则循环。因此重点介绍简单循环、嵌套循环的测试。

（1）简单循环

简单循环需要考虑如下 7 种循环（假设 n 是允许通过循环的最大次数）。

- 零次循环：从循环人口直接跳到循环出口。
- 一次循环：只有次通过循环，用于查找循环初始值方面的错误。
- 二次循环：两次通过循环，用于查找循环初始值方面的错误。
- m 次循环：m 次通过循环，其中 m<n，用于检查在多次循环时才能暴露的错误。
- 比最大循环次数少一次：即 n-1 次通过循环。
- 最大循环次数：n 次通过循环。
- 比最大循环次数多一次：n+1 次通过循环。

简单循环应重点测试以下 4 个方面

- 循环变量的初值是否正确。

- 循环变量的最大值是否正确。
- 循环变量的增量是否正确。
- 何时退出循环。

（2）嵌套循环

如果将简单循环测试方法用于嵌套循环，测试数目可能会随嵌套层数几何级增加。Beizer[BEI90] 提出了如下几种有利于减少测试次数的方法。

① 从最内层的循环开始，将其他循环设置为最小值。

② 对最内层循环使用简单循环测试，而使外层循环的迭代参数（即循环参数）处于最小值，并为范围外或排斥的值增加其他测试。

③ 从内向外构造下一层循环的测试，但其他的外层循环为最小值，并使其他的嵌套循环处于"典型"值。

④ 反复进行，直到测试完所有的循环嵌套循环。

嵌套循环应重点测试以下 6 个方面。

- 当外循环变量为最小值，内层循环也为最小值时，运算的结果。
- 当外循环变量为最小值，内层循环为最大值时，运算的结果。
- 当外循环变量为最大值，内层循环为最小值时，运算的结果。
- 当外循环变量为最大值，内层循环也为最大值时，运算的结果。
- 循环变量的增量是否正确。
- 何时退出循环。

7.2.2 模块测试

模块测试主要使用黑盒测试技术。和白盒测试不同，黑盒测试是一种不需要了解应用软件内部工作细节的测试技术，也称为功能测试。当执行黑盒测试时，测试人员通过系统用户界面与系统交互，例如提供合法的数据输入或检查输出正确与否，而不需要知道系统如何处理输入来得到输入结果。

黑盒测试有着自己的优势所在，例如黑盒测试能高效地应用于大段代码；测试人员和程序员可以各自独立；测试从用户角度出发；有助于发现文档中存在的歧义性及不一致性；当文档完成时就可着手设计测试用例等等。

当然，黑盒测试也有一定的局限性，例如完成多项输入值的穷举测试几乎不可能，因此测试数据有限；没有清晰明了的文档很难设计测试用例；可能遗漏程序某条路径等等。

1. 等价类划分

对所有可能的输入数据进行穷举测试不太可能的，因此只能选择具有代表性的子集来进行测试，等价类划分是这样一种典型的黑盒测试方法。它将程序的输入数据进行分类，选取每一类中有代表性的数据作为测试用例。

等价类是指某个输入域的子集。在该子集中，各个输入数据对于暴露程序中的错误都是等效的。等价类的划分有两种情况。

（1）有效等价类：对于程序的规格说明书来说，输入数据有意义且合理，可以测试程序是否满足规格说明书的功能和性能。

（2）无效等价类：对于程序的规格说明书来说，输入数据无意义且不合理，可以检测程序是否能对错误数据进行捕捉并给出相应的提示。

在进行等价类划分时，可以参考以下的划分方法。

（1）如果输入项为某个范围值，那么划分 1 个有效等价类和 1 个或 2 个无效等价类。

例如在读者类型编辑中，要求输入的借阅天数为 30 至 60 天，其有效值为 30<=maxdays<=60。那么等价类划分如下。

有效等价类：30<=maxdays<=60　①

无效等价类：maxdays<30　②

maxdays>60　③

测试对应的测试用例。

测试用例 1：maxdays =45　覆盖等价类①

测试用例 2：maxdays =20　覆盖等价类②

测试用例 3：maxdays =90　覆盖等价类③

（2）如果输入值为某个特定值，则可以划分 1 个有效等价类和 1 个无效等价类。

例如读者信息编辑中性别的输入值为“男”和“女”，那么有效等价类就是这两个值，而其他字符则是无效等价类。在测试时，需要对有效等价类中的每个值进行测试，即性别需要分别取值为“男”和“女”进行测试；而无效等价类中则选取几个其他字符作为测试数据。

（3）如果输入值为某个集合中的某个值，可以划分 1 个有效等价类和 1 个无效等价类。

例如如果图书管理系统中差异性数据备份必须在每周的星期天完成，那么星期天就是有效等价类，而其他的星期几则是无效等价类。

（4）如果输入值是布尔值，那么定义 1 个有效等价类和 1 个无效等价类。

参照以上的实例，在确立了等价类后，可建立等价类表，列出所有划分出的等价类输入条件：有效等价类、无效等价类，然后从划分出的等价类中按以下 3 个原则设计测试用例。

① 为每一个等价类规定一个唯一的编号；

② 设计一个新的测试用例，使其尽可能多地覆盖尚未被覆盖地有效等价类，重复这一步，直到所有的有效等价类都被覆盖为止；

③ 设计一个新的测试用例，使其仅覆盖一个尚未被覆盖的无效等价类，重复这一步，直到所有的无效等价类都被覆盖为止。

例如在读者信息编辑中需要在文本编辑控件中输入该读者的出生年月，具体要求如下

① 输入值包含年份 year，其有效值为 1900<=year<=2080。

② 包含月份 month，有效值为 1<=month<=12。

③ 其中 year 和 month 值中间使用“/”隔开。

例如当前某位读者的出生年月是 2001 年 1 月，那么此时 year=2001，month=3，具体输入时的有效格式应该为 2001/3。根据题目要求并参照等价类相应的划分方法，其等价类划分的结果如表 7-18 所示。

表 7-18　等价类划分

输入条件	有效等价类	无效等价类
year	1990<=year<=2080　①	year<1990　④ year>2080　⑤
month	1<=month<=12　②	month<1　⑥ month>12　⑦
分隔符	“/”　③	除“/”之外的其他字符　⑧

测试用例 1：year=2001，month=3，输入值为 2001/3　覆盖等价类①②③

测试用例 2：year=1880，month=3，输入值为 1880/3　覆盖等价类④

测试用例 3：year=2085，month=3，输入值为 2085/3　覆盖等价类⑤

测试用例 4：year=2001，month=0，输入值为 2001/0 覆盖等价类⑥

测试用例 5：year=2001，month=14，输入值为 2001/14 覆盖等价类⑦

测试用例 6：year=2001，month=3，输入值为 2001-3 覆盖等价类⑧

等价类划分方法是穷尽测试的一种替代，高效且现实；它使测试者利用等价类中的少量代表性数据就能覆盖输入或输出域；而且经验丰富的测试人员能确定不同的数据子集来更好地暴露程序缺陷。当然，等价类划分方法也存在一些不足，例如该技术使用的前提是假设同一等价类中所有数据在系统中都是相同的处理；它的使用往往需要辅以边界值分析方法。

2. 边界值分析

长期的开发经验表明，程序经常出错的地方在于输入值或输出值的边界处理上，例如上文中计算一个数组中正数、负数和零的总个数程序中，输入参数 size 表明了数组元素的个数，循环体中的循环条件 i<size 很有可能就写成了 i<=size，这样程序就无法得到正确的结果。因此边界值的测试也是非常重要的。

边界值分析方法是对输入或输出的边界值进行测试的一种黑盒测试方法，是对等价类划分的补充。等价类划分方法是在确定了等价类之后，挑选若干具有代表性的数据；而边界值分析方法是在确定了等价类之后，选取等价类的每个边界值。

例如读者类型编辑程序的借阅天数输入值为变量 a，有效范围为 30<=a<=60，使用前面介绍的等价类划分可以得到 1 个有效等价类和两个无效等价类。使用边界值分析方法，则可以得到以下的测试用例。

测试用例 1：a=29

测试用例 2：a=30

测试用例 3：a=31

测试用例 4：a=59

测试用例 5：a=60

测试用例 6：a=61

测试用例 7：a=45

在选择测试用例上，边界值分析方法与等价类划分方法比较类似。

- 如果输入值是一个范围值，则应取边界值，稍大于边界值，稍小于边界值作为测试数据。例如上面的输入值 30<=a<60。
- 如果输入值规定了值的个数，则应取个数的上限或下限、稍大于上限或下限 1 个、稍小于上限或下限 1 个作为测试数据。例如图书馆系统中读者书籍最大借阅数为 6 本，那么测试数据可以为 0，1，5，6，7。
- 根据程序的规格说明书中的输出条件，来确定输入值的边界值。例如超市收银系统中对应付款角以下的金额四舍五入，那么需要使得输入值经过计算后的金额有类似于 12.34,12.35,12.36 的边界值。又例如 web 程序中数据查询，每页显示最多 10 条记录，因此边界值可以取 0，1，9，10，11。
- 如果程序中使用了内部数据，也需要考虑其边界值的设定。例如程序中保存中间结果的数组。
- 根据系统规格说明书，找出其他可能的边界条件。

例如输入 1 个有效日期，求该日期的后一天，即 nextdate 问题，现在应用边界值分析设计测试用例。首先进行等价类划分。

有效等价类：1900<=year<=2020；1<=month<=12；1<=day<=31

无效等价类：year<1900； year>2020
month<1； month>12

day<1； day>31

然后在等价类划分的基础上进行边界值分析：

year=1889,year=1990,year=1991,year=1960,year=2019,year=2020,year=2021

month=1,month=2,month=6,month=11,month=12

day=1,day=2,day=15,day=28,day=29,day=30,day=31

3. 错误推测法

测试人员基于以往的经验和直觉，列举出程序中所有可能有的错误和容易发生错误的特殊情况，参照之前所发现的程序缺陷，推测程序中可能存在的缺陷，从而有针对性地设计测试用例。错误推测法的特点在于没有确定的步骤，很大程度上依赖测试人员的经验进行的。例如输入数据时，数据类型不正确，整型输入为浮点型，字符型输入为整型；输入数据时的顺序与程序功能逻辑处理没有保持一致；没有输入必填项；系统意外终止重启后等等这些情况下系统的处理能力。

例如在一个整型数组中删除某个数值，可推测以下 6 项需要特别测试的情况。

- 数组为空或者数值为空；
- 数组中只含有 1 个元素；
- 数组中不包含重复元素；
- 数组中包含重复元素；
- 输入的数值包含在该数组中；
- 输入的数值不在该数组中。

错误推测法不是一种系统的测试方法，因此作为黑盒测试的辅助方法，即先使用其他方法设计测试用例，再使用此方法补充一些测试用例。错误推测法能够帮助测试人员在规格说明书的帮助下能快速熟悉程序，但是难以确定测试的覆盖率，有可能会忽略其他大的代码段，而且这种测试行为带有一定的主观性。错误推测法是基于程序的规格说明书所进行的，如果规格说明书本身存在缺陷，那将影响错误推测法的效果。

7.2.3 结构化集成测试

集成测试是测试和组装技术的系统化技术，是把模块按照设计要求组装起来的同时进行测试。由模块组装成程序时有非渐增式测试方法和渐增式测试；而渐增式测试方法又可分为自顶向下集成和自底向上集成。在实际的集成测试中，可将功能层次树转化为根据系统数据的前趋图来进行集成测试，以图书管理系统为例来进一步描述。

假设图书管理系统有读者类型表、图书分类表、读者信息表、书籍信息表、借阅表；功能模块有主菜单操作界面、读者类型设置、图书分类设置、读者信息标记、书籍信息编辑、图书借阅、图书归还、图书续借及各类信息查询。结合模块具体功能和数据表的设计，得到该系统的数据前趋图，如图 7-10 所示。

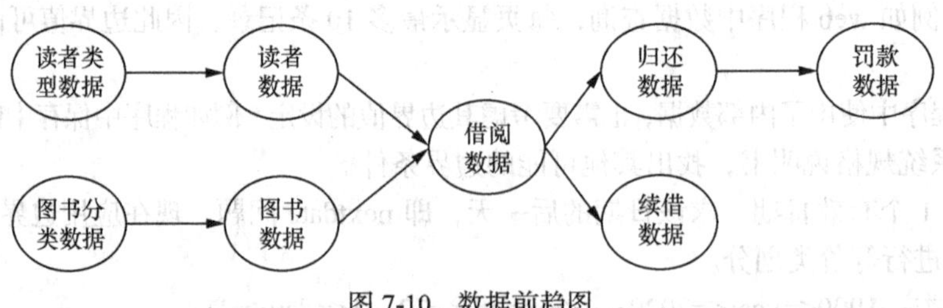

图 7-10 数据前趋图

从图 7-10 可以看出系统数据产生的先后次序及相互制约关系，例如要产生借阅数据，前提必须有某个读者的信息和某本书的存在。在此基础上进行集成测试，这里使用到了成对集成和相邻集成，如图 7-11 所示。

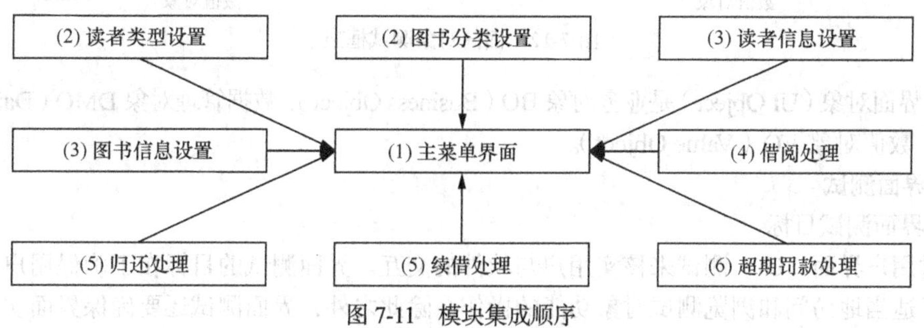

图 7-11　模块集成顺序

图 7-11 中数字表示集成的顺序，例如主菜单界面是最早进行测试的；读者类型设置和图书分类设置可以同时组装并进行测试，在集成测试的第 2 个步骤完成；读者信息设置和图书信息设置则在第 3 个步骤完成，依次类推。观察图 7-11 可以发现读者类型数据和图书分类数据并没有前趋的制约关系，因此在集成测试中可以成对集成，即采用 BigBang 方式，在图 7-11 中一次性组装和测试读者类型设置和图书分类设置。观察图 7-11 的借阅数据和归还数据，两者之间存在前趋关系，因此在集成测试中可以相邻集成，即采用渐增式集成，先组装和测试借阅功能，而后将其相邻的归还处理再组装与测试。

基于数据的前趋关系实施的集成测试符合分析阶段产生的数据流图所表达的数据方向，大大减轻了桩程序和驱动成的开发，降低了测试工作量。但也存在一定缺陷，例如如果一次同时集成多个数据不相关的模块，则会使得测试和调试工作变得更为复杂。

7.3　面向对象测试

面向对象程序的基本构成单元是类，所以面向对象的测试就是对类的测试。从面向对象的结构层次出发，我们可以将面向对象测试分为 3 个层次：类方法测试、类对象测试和集成测试。

7.3.1　类方法测试

类方法的测试主要考察封装在类中的一个方法对数据进行的操作，类方法的测试等同于结构化方法下的模块内测试。该部分的测试与结构化方法下的模块内测试相似，多采用传统的白盒测试方法。

7.3.2　类对象测试

类对象的测试主要采用基于状态的测试和基于响应状态的测试。类是通过消息的传递来实现彼此之间的交互的，在接受和发出消息的时候，类都会出现相应的状态。基于状态的测试根据这些状态，进行逐个的测试，并设计出相应的测试用例。常用的基于状态的类对象测试方法有分片测试、所有转换测试、状态标识测试等。基于响应状态的测试则从类和对象的责任出发，以对象接受消息时发出的响应为基础进行的测试。

面向对象设计，采用的是三层/四层设计框架，见图 7-12。

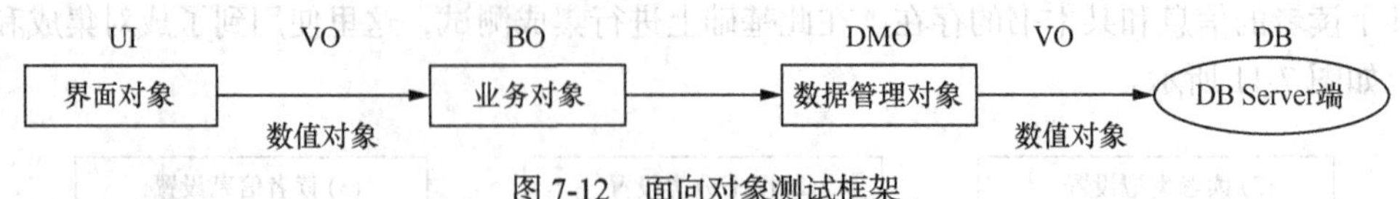

图 7-12 面向对象测试框架

其中界面对象（UI Object）是业务对象 BO（Business Object）、数据管理对象 DMO（Data Manage Object）、数值对象 VO（Value Object）。

1. 界面测试

A. 界面测试目标

通过用户界面（UI）测试来核实用户与软件的交互。界面测试的目标在于确保用户界面向用户提供了适当地访问和浏览测试对象功能的操作。除此之外，界面测试还要确保界面功能内部的对象符合预期要求，并遵循公司或行业的标准。通常会有以下要求。

① 通过浏览测试对象可正确反映业务的功能和需求，这种浏览包括窗口与窗口之间、字段与字段之间的浏览，以及各种访问方法（Tab 键、鼠标移动和快捷键）的使用。

② 窗口的对象和特征（例如菜单、大小、位置、状态和中心）都符合标准。

B. 界面测试时需考虑的因素

（1）直观性。主要从以下方面考虑。

① 用户界面是否洁净，不唐突，不拥挤。

② 界面的组织和布局是否直观。

③ 是否有多余功能。

④ 系统的帮助功能是否有效。

（2）一致性。测试软件产品是否有一个标准，若有就要遵守它；若没有，就要注意软件的特性，确保相似的操作以相似的方式进行。

① 菜单前的图标能直观地代表要完成的操作。

② 菜单深度一般要求最多控制在 3 层以内。

③ 工具栏要求可以根据用户的要求自己选择定制。

④ 相同或相近功能的工具栏放在一起。

⑤ 工具栏中的每一个按钮要有即时提示信息。

⑥ 系统常用的工具栏设置默认放置位置。

⑦ 工具栏太多时可以考虑使用工具箱。

⑧ 工具箱要具有可增减性，由用户自己根据需求定制。

（3）易用性。对于各功能点的描述应该通俗易懂，用词准确，内容不要模棱两可。

① 填写必填字段时是否有相关的标识。

② 可为控制项检测到非法输入后再给出说明并能自动获得焦点。

③ 同一界面上的控件数最好不要过多，过多时可以考虑使用分页界面显示。

④ 默认按钮要支持 Enter 即选操作，即按 Enter 后自动执行默认按钮对应操作.

⑤ Tab 键的顺序与控件排列顺序要一致，一般是从上到下或从左到右的方式。

（4）合理性。界面的设计要合情合理，以便于用户使用起来舒适、方便，不能给用户在使用过程中制造障碍和困难。

① 重要的命令按钮与使用较频繁的按钮要放在界面上引人注目的位置。

② 对非法的输入或操作应有相应的提示说明。

③ 提示、警告或错误说明应该清楚、明了、恰当。

（5）美观与协调性。界面大小应该适合美学观点，感觉协调舒适，能在有效的范围内吸引用户的注意力。

① 长宽接近适当比例，切忌长宽比例失调、或宽度超过长度。

② 布局要合理，不宜过于密集，也不能过于空旷，合理的利用空间。

③ 按钮大小基本相近，忌用太长的名称，免得占用过多的界面位置。

④ 按钮的大小要与界面的大小和空间要协调。

⑤ 避免空旷的界面上放置很大的按钮。

⑥ 放置完控件后界面不应有很大的空缺位置。

⑦ 字体的大小要与界面的大小比例协调。

⑧ 界面风格要保持一致，字体的大小、颜色相同，特殊要求的地方除外。

⑨ 如果窗体支持最小化和最大化时，窗体上的控件也要随着窗体大小而缩放。

C. 常见 B/S 系统用户界面测试

我们在实际工作当中，针对 Web 应用程序，也就是经常所说的 B/S 系统，可以从如下方面来进行用户界面测试。

（1）导航测试。导航描述了用户在一个页面内操作的方式，在不同的用户接口控制之间，例如按钮、对话框、列表和窗口等，不同的链接页面之间，通过考虑下列问题。

① 可以决定一个 Web 应用系统是否易于导航；导航是否直观。

② Web 系统的主要部分是否可通过主页存取。

③ Web 系统是否需要站点地图、搜索引擎或其他的导航帮助。

当然，这些同美观以及客户需求有关。我们根据已经确认的页面进行测试即可。

（2）图形测试。图形包括图片、动画、边框、颜色、字体、背景、按钮等。

① 要确保图形有明确的用途，图片或动画不要胡乱地堆在一起，以免浪费传输时间，Web 应用系统的图片尺寸要尽量地小，并且要能清楚地说明某件事情。一般都链接到某个具体的页面。

② 验证所有页面字体的风格是否一致，背景颜色与字体颜色要和背景色相搭配。

③ 图片一般采用 jpg 或 gif 压缩，最好能使图片的大小减小到 30K 以下。

④ 演示文字回绕是否正确，如果说明文字指向右边的图片，应该确保该图片出现在右边，不要因为使用图片而使窗口和段落排列古怪。

（3）内容测试。内容测试用来检验 Web 应用系统提供信息的正确性、准确性和相关性。信息的正确性是指信息是可靠的还是误传的。信息的相关性是指在当前页面是否可以找到与当前浏览信息相关的信息列表或入口，也就是一般 Web 站点中的所谓“相关文章列表”。

（4）表格测试。

① 需要验证表格是否设置正确，用户是否需要向右滚动页面才能看见产品的价格。

② 把价格放在左边，产品细节放在右边是否更有效。

③ 每一栏的宽度是否足够宽，表格里的文字是否都有折行。

④ 是否因为某一格的内容太多，而将整行的内容拉长。

（5）整体界面测试。整体界面是指整个 Web 应用系统的页面结构设计，是给用户的一个整体感。例如，当用户浏览 Web 应用系统时是否感到舒适，是否凭直觉就知道要找的信息在什么地方：整个 Web 应用系统的设计风格是否一致等。

对整体界面的测试过程，其实是一个对最终用户进行调查的过程。一般 Web 应用系统采取在主页上做个调查问卷的形式，来得到最终用户的反馈信息。

对所有的用户界面测试来说，都需要有外部人员（与 Web 应用系统开发没有联系或联系很少的人员）的参与，最好是最终用户的参与。

2. 业务对象测试

每个 BO 类都继承 BusinessObject 类。BO 对象通过操纵 DMO 对象和其他 BO 对象完成业务逻辑。业务对象测试需注意的内容，如表 7-19 所示。

表 7-19　业务对象测试内容

序号	测 试 项	测 试 内 容
BO1	BO 类是否存在名称相同且参数个数相同的方法	一个 BO 类中不能有名称相同且参数个数相同的两个方法同时存在，因为目前中间件生成工具处理此情况存在问题
BO2	事件监听器和处理事件	不建议使用可视化进行事件处理，请手工注册事件监听器和处理事件
BO3	打印异常	所有异常应打印出来，可使用下述语句：e.printStackTrace(System.err)
BO4	抛出异常	BO 的所有业务方法都必须抛出异常：java.rmi.RemoteException；否则将不能生成 EJB 辅助代码
BO5	BO 对象中使用其他 BO 对象或环境变量时	在 BO 对象中如要使用其他 BO 对象或环境变量，必须使用 getBeanHome() 和 getEnvProperty()方法获得，不要直接使用 JNDI 查询。使用其他 BO 对象的方法代码示例如下：BO2Home home=getBeanHome("BO2Name", BO2Home.class);BO2 bo2=BO2Home.create()
BO6	EJB 规范	基类 BusinessObject 包含了 SessionBean 接口中的 setSession-Context()、ejbCreate()、ejbActive()、ejbRemove()方法。这是提供给 EJB Server 的调用接口，不要在 BO 类中调用这几个方法
BO7	工具生成代码是否可用	在 CodeSeed 为一个数据库表生成代码时，可选择包含 BO 类以及 home、remote 接口、BO_Client（客户端代理）。所有这些代码演示系统各层之间的调用关系，这些类是否根据业务要求加以调整
BO8	BO 类的设计要遵循大粒度（coarse-gra ined）的原则	即尽量将一项业务的所有方法放入同一个 BO 类中。这是设计 EJB（尤其是 Stateless Session Bean）的一项原则，它能有效地提高对系统资源的利用。具体到我们的编码实践中，虽然 CodeSeed 针对每个 DMO 类生成了一个 BO 类，但我们要将相关的 BO 类整合成一个 BO 类
BO9	BO 类中方法的命名是否反映该方法的业务含义	虽然 CodeSeed 生成的代码中将方法命名为 insert()、update( ) 等，还应将它们更名为 addBill()、auditBill()等业务名称
BO10	BO 类是否生成供客户端调用 BS 端的代码	当设计完 BO 类后，需调用 NC EJB 开发工具集生成和部署代码，生成瘦客户端，供客户端调用 BS 端的代码
BO11	在 BO、DMO 类中调用另一个 BO 对象时是否保证一个事务内的正确实现	在 BO 和 DMO 类中，如要使用其他 BO 对象，必须使用 getBeanHome() 方法获得。不可直接新建一个 BO 对象的实例，否则中间件将无法控制和确保其事务属性的正确客观
BO12	向数据库插入一条记录时，是否为它获得唯一主键（OID）	提供 OID 的算法由系统管理统一处理，通过在 DMO 基类的两个接口方法 getOID（String pk_corp）和 getOIDs（String pk_corp,int amount）提供给业务模块使用。其中，参数 pk_corp 是此记录所属的公司的主键。如果参数 pk_corp 为 null，则默认为集团公司的数据

3. 数据管理对象测试

数据管理对象（DMO）测试通常需测试表 7-20 中所示内容。

表 7-20　DMO 测试内容

序号	测 试 项	测 试 内 容
DM1	继承类	每个 DMO 类是否都继承 DataManageObject
DM2	数据库的利用效率	为了提高数据库的利用效率，尽量使用 PreparedStatement 执行 SQL 操作，不要使用 Statement

续表

序号	测 试 项	测 试 内 容
DM3	DMO 类中方法的完整性	通常 DMO 类中应包含 insert()、delete()、update()方法，还可以包括其他的查询方法；对一些特殊的继承类，如处理参数设置的 DMO 类，可能不需要 insert()和 delete()方法
DM4	数据库连接	在 DMO 类中，数据库连接必须通过 getConnection()方法获得，不允许直接使用 JNDI 查询
DM5	数据库资源的获得和释放	应在 DMO 类每个方法的获得 Connection、PreparedStatement 两种数据库资源，并在方法的结束位置释放数据库资源
DM6	库表主键值	在 DMO 类中的一个方法中向数据库插入 insert 数据时，是否使用 getOID()方法获得一个自动产生的库表主键值
DM7	是否尽力使用 VO 数组	如果 DMO 类中的方法需要返回业务数据，则通常是 VO 对象或 VO 对象的数组（或集合）；当客户端需要多个 VO 对象时，是否尽量使用 VO 数组的形式返回，以提高数据库和网络效率，不要将多个 VO 一个一个地查询和返回
DM8	DMO 对象调用另一个 BO 对象时	如果你在 DMO 对象中需要使用 BO 对象（通常是提供公共服务的 BO），必须使用 getBeanHome 获得 BO 对象的 home 接口
DM9	自动生成代码的调整	在 CodeSeed 生成的代码中包含了 delete(VO)、insert(VO)、update(VO)、insertArray(VO[])、queryAll()等方法，是否根据业务需要增加、删除、调整 DMO 类中的方法
DM10	条件拼写语句	条件拼写语句是否符合业务逻辑
DM11	DMO 类的查询、增加、修改方法	查询：执行完查询 Sql 语句 ResultSet rs=stmt.executeQuery()后，是否对查询 VO 对象正确地赋值，且赋值属性是否有遗漏 增加：执行完插入 Sql 语句 stmt=con.prepareStatement(sql);是否对 stmt 正确地赋值，且赋值属性是否有遗漏，然后执行 stmt.executeUpdata()更新数据库 更新：执行完更新 Sql 语句 stmt= con.prepareStatement(sql)；是否对 stmt 正确地赋值，且赋值属性是否有遗漏，然后执行 stmt.executeUpdata()更新数据库

4. 数值对象测试

一个数值对象为（VO）类包装一组代表业务含义的数据，负责在系统各层之间传递业务数据。通常一个数值对象对应一个数据库表，但也可以对应多个数据库表，或对应一个数据库表的部分字段。对数值对象的测试通常考虑如表 7-21 所示的测试项。

表 7-21　数值对象测试项

序号	测 试 项	测 试 内 容
V01	继承性	该类是否继承于 VO 类
V02	get()和 set()方法是否齐全	VO 类是否包含每个需要持久化属性的 set()和 get()的方法；在 set 方法中是否对属性进行合格性校验，校验失败抛出 ValidationException 异常
V03	参数	全参构造子中参数的顺序是否与 set 语句的顺序一致
V04	语句体	在每个 set 方法中是否有修改对应属性的语句体
V05	语句体	在每个 get 方法中是否有返回对应属性的语句体
V06	空值问题	所有为保存操作员录入数据而创建的 VO 对象的类属性应初始化为 null，直到操作员录入数据时才为相应属性分配空间和赋值；在保存到数据库时，把空属性（null）映射为数据库相应字段的 null
V07	Integer、Double 包装类型	由于 Java 的 Primitive Type 类型（如 int、double）不是对象，所以不能使用它们作为类属性类型，应该采用对应的 Integer、Double 等相应的包装类型

7.3.3 面向对象的集成测试

面向对象的集成测试，是将在类测试中通过的单个类，以一定的规则组装起来以后，进行整体功能的测试。面向对象的集成测试步骤应包含以下步骤。

- 按照设计阶段的说明画出对象图；
- 开发端口输入事件所驱动的类；
- 开发与主类直接相关的类；
- 将与主类直接相关联的类集成；
- 对新集成的模块进行测试；
- 从已集成的模块中选一个新类作为下一步的集成类。

对于用例级的集成测试，可以用场景法进行测试用例设计。场景法的核心是事件流和场景，其中事件流包括基本流和备选流。用例场景用于描述流经用例的路径，从用例开始到用例结束应遍历该路径上所有的基本流和备选流。

（1）基本流

基本流从系统某个初始态开始，经一系列状态后到达终止状态的过程中最主要的一个业务流程。基本流涉及的业务规则并不一定很复杂，但它一般包含多数用户最经常操作的系统功能，应能反映绝大多数用户操作系统的特征。对于一个事件流程图而言，基本流只有一个。

（2）备选流

备选流是以基本流为基础，在经过的每个判定节点处满足不同的触发条件而导致的其他事件流。与基本流不同的是，基本流是一条从初始状态到终止状态的完整业务流程，而备选流仅是业务流程中的一个执行片段。备选流的起始和终止节点具有多种形式。备选流的数目则取决于基本流上判定节点的数目与事务分析的颗粒度，颗粒度越细，考虑越周全，得到的备选流数目就越多。

① 起始节点从基本流的某个判定节点开始。

② 起始节点从其他备选流的某个判定节点开始。

③ 终止节点是基本流上的某个状态。

④ 终止节点是其他的系统终止状态。

对于一个时间流图而言，备选流可以有多个。

（3）场景

所谓场景，可以看作是基本流与备选流的有序集合。场景中应至少包含一条基本流。

场景法进行测试用例设计的一般步骤如下。

① 构造基本流和备选流。

② 根据基本流和备选流构造场景。

③ 根据场景设计测试用例。

④ 对每个测试用例补充必要的测试数据。

下面用 ATM 系统的取款用例来简要说明场景法的测试过程。ATM 系统的取款用例流程如图 7-13 所示。用例包括已知的基本流和 4 个备选流，共 4 个分支点，其中备选流 1、2 和 4 涉及的是条件判定节点，而备选流 3 涉及的是循环的情况。

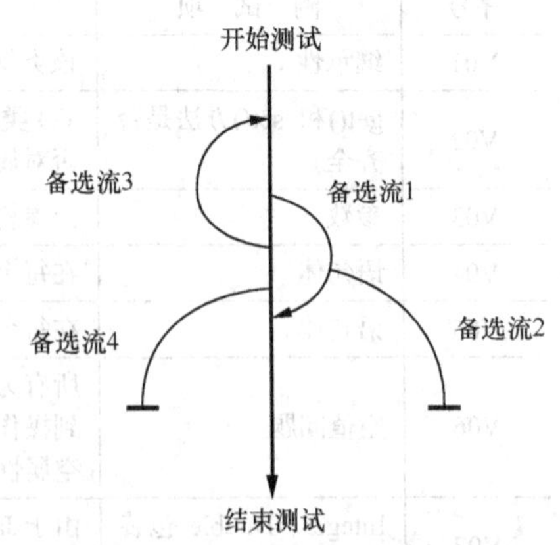

图 7-13 ATM 系统的取款用例流程

结合基路径测试的思想，由图可得到以下场景。

- 场景 1：基本流

- 场景 2：基本流 + 备选流 1
- 场景 3：基本流 + 备选流 3
- 场景 4：基本流 + 备选流 4
- 场景 5：基本流 + 备选流 1 + 备选流 2
- 场景 6：基本流 + 备选流 3 + 备选流 1
- 场景 7：基本流 + 备选流 3 + 备选流 1 + 备选流 2
- 场景 8：基本流 + 备选流 3 + 备选流 4

从以上场景中我们可以发现，每个场景中可以包含的备选流数目并不确定，而且可以多次包含相同的备选流。当然，场景中包含的事件流数目越大，则场景越复杂，测试越困难。

场景的设计其实就是业务执行路径的构造，备选流越多，特别是包含循环情况的备选流越多，则生成的场景数量就越多，可能会引发场景数量的爆炸。因此，为了控制测试工作量，应参考基路径测试选择最少的场景展开测试。

① 分析基本流和备选流。

基本流：正常的取款。

备选流：考察几种特定情况，包括 ATM 内没有现金；ATM 内现金不足；密码有误（3 次机会）；账户不存在或账户类型有误；账户余额不足。

② 分析各场景。

场景 1：成功的提款—基本流

场景 2：ATM 内没有现金—基本流备选流

场景 3：ATM 内现金不足—基本流备选流

场景 4：PIN 有误（第一次错）—基本流备选流

场景 5：PIN 有误（第二次错）—基本流备选流

场景 6：PIN 有误（第三次错）—基本流备选流

场景 7：账户不存/在账户类型有误—基本流备选流

场景 8：账户余额不足—基本流备选流

③ 构造测试用例设计矩阵

v 表示有效，i 表示无效，n 表示无关。如表 7-22 所示。

表 7-22　测试用例设计矩阵

编号	场景	密码	账户	输入余额	账面金额	ATM 现金	预期结果
1	场景 1	v	v	v	v	v	正常提款
2	场景 2	v	v	v	v	i	提款功能不能用
3	场景 3	v	v	v	v	i	警告重新输入余额
4	场景 4	i	v	n	v	v	警告重新输入密码
5	场景 5	i	v				警告重新输入密码
6	场景 6	i	v	n	v	v	警告没有机会重新输入密码
7	场景 7	n	i	n	i	v	警告账户不能用
8	场景 8	v	v	v	i	v	警告账户余额不足

④ 设计测试用例实施矩阵

测试用例实施矩阵如表 7-23 所示。

表 7-23　　测试用例实施矩阵

编号	场景	密码	账户	输入余额	账面金额	ATM 现金	预 期 结 果
1	场景 1	888	80900	1000	1000	2000	正常提款
2	场景 2	888	80900	1000	1000	0	提款功能不能用
3	场景 3	888	80900	1000	1000	50	警告重新输入余额
4	场景 4	999	80900	n	1000	2000	警告重新输入密码
5	场景 5	000	80900	n	1000	2000	警告重新输入密码
6	场景 6	777	80900	n	1000	2000	警告没有机会重新输入密码
7	场景 7	888	80900	100	1000	2000	警告账户不能用
8	场景 8	888	80900	2000	1000	20000	警告账户余额不足

7.4 软件测试文档

软件测试需要把测试的过程和结果写成文档，作为测试活动的基础；也需要对发现的问题和缺陷进行分析，为纠正软件存在的质量问题提供依据，同时为软件验收和交付做铺垫。利用之前的读者类型编辑功能来完成如表 7-24 和表 7-25 所示的软件测试计划文档内容和测试总结报告文档内容。

表 7-24　　测试计划标准文档

1. 引言

1.1　编写目的

本测试计划是为了使读者类型编辑模块是否与系统需求规格说明书中所描述的功能一致，并且检验该功能是否运行稳定。

本测试计划涉及的人员有系统分析师、程序员和测试人员。

1.2　背景

a）本测试计划是图书馆借阅管理系统开发文档的组成部分。

b）执行本测试计划之前确保界面搭建、代码书写、数据完整性已经完成。

1.3　定义

读者群体分析：结合图书馆的性质，对于来馆借阅的读者从年龄、学历、身份等个体特征进行研究分析。

1.4　参考资料

a）图书馆借阅管理系统需求规格说明书

b）图书馆借阅管理系统总体设计和详细设计

2. 计划

2.1　软件说明

本测试计划针对于读者类型功能。

测试的功能	输入	处理	输出
读者类型增加	类型名称、最大借阅数量、最大借阅天数和续借天数	判断数据合法性和完整性，而后添加入库	读者类型表及提示信息
读者类型修改	待修改类型编号及需修改的新值	用新值替换旧值，且同步修改与其有外键关系的数据表	读者类型表、关联表、提示信息
读者类型删除	待删除类型编号	将其有关键关系的数据做相应处理，而后删除	读者类型表及提示信息

续表

2.2　测试内容

测试内容	测试进度安排	测试内容	测试目的
模块功能测试	2015.3.1～2.15.3.3	软件说明书中的描述内容与该模块实现的功能是否一致	保证该模块的正确运行
接口正确性测试	2015.3.4～2015.3.5	测试模块间的通信是否运行正确	及时纠正错误，保证接口通信正确
运行时间的测试	2015.3.6～2015.3.6	该功能模块实际运行所花的时间	保证功能的性能需求

2.3　模块功能测试

被测的模块功能是图书馆借阅系统中基本信息设置下的读者类型编辑功能。

2.3.1　进度安排

测试时间	测试内容
2015.3.1	阅读系统规格说明书中该模块功能的描述，准备好测试数据
2015.3.2	测试读者类型新增功能，记录过程、分析结果
2015.3.3	测试读者类型更新功能，记录过程、分析结果

2.3.2　条件

a）PC 终端和服务器

b）操作系统和数据库的安装

c）网络连接

2.3.3　测试资料

读者类型编辑模块中，需要输入读者类型名、书本最大借阅量、最长借阅期限和续借天数；输出则是读者类型表，并显示操作结果。性能要求则是能能快速判断用户所填各种值，并做出相应的操作。

测试的输入和输出举例；

测试数据	读者类型 typename，最大借阅量 maxcount，最大借阅天数 maxdays，续借天数 renewdays				
操作步骤	操作描述	数据	期望结果	实际结果	测试状态
1	依次选择或输入读者类型、最大借阅量、最大借阅天数和续借天数	typename=学生，maxcount=8，maxdays=45，renewdays=30	数据库中 t_readertype 新增一条记录	数据库中 t_readertype 新增一条记录	覆盖语句为（1）（2）（4）（5）（6）（7）（8）
2	依次选择或输入读者类型、最大借阅量、最大借阅天数和续借天数	typename=学生，maxcount=-8，maxdays=45，renewdays=30	由于最大借阅量为负数，因此操作失败	未能入库并出现提示信息	覆盖语句为（1）（2）（4）（5）（6）（7）（9）（10）

2.4　接口正确性测试

测试的对象为读者类型编辑模块中含通信接口设计的部分程序。

2.4.1　测试安排

测试时间	测试内容
2015.3.4	阅读系统规格说明书中该模块功能的描述，测试用户接口
2015.3.5	准备好测试数据，进行内部接口即过程调用的测试

2.4.2　测试资料

在读者类型编辑模块中，主要针对用户接口和内部接口做测试。

续表

用户接口	对读者类型数据的添加、修改与删除命令按钮的设置；对所有类型数据的显示；数据输入框及验证控件的设置；操作提示的设置等等
内部接口	与数据库交互的过程调用

测试的输入和输出举例

方法名	传入参数	返回数据	说明
Query	读者类型名的字符	一个结果集	根据输入的类型名进行检索，结果集有可能为空
Edit	读者类型名、最大借阅数量、最大借阅天数、续借天数	返回操作是否成功的布尔值	根据操作判断，分别执行添加、删除和修改的功能

2.5 运行时间的测试

可以通过增加辅助测试代码计算读者类型编辑功能中各个数据操作的执行时间。

2.5.1 进度安排

2015.3.6 上午——掌握时间测试代码、明确测试要点，准备测试数据

2015.3.6 下午——实例测试、记录过程并分析结果

2.5.2 测试资料

图书馆借阅系统中关于数据库服务器对于数据请求的响应需求，例如查询结果返回的时间。测试用例无特殊输入和输出，主要通过执行各个数据操作，获得实际运行时间。

3. 测试设计说明

3.1 模块功能测试

本测试在完成代码编写基础上进行，及时发现错误并进行调试，保证模块功能的正确性和稳定性。

3.1.1 控制

对于本测试的控制方式，输入主要是人工方式。记录测试结果并配以必要的截图。

3.1.2 输入

所选择的输入数据是符合用户的工作场景，即实际数据。而且为保证模块功能的健壮性，不仅有正确数据，也有异常数据。例如：

测试步骤编号	所使用的测试数据	选择策略
1	符合条件的读者类型各项数据	测试模块功能的正确性和有效性
2	不符合条件的读者类型各项数据	测试模块功能对于错误数据的捕捉和提示
3	存在空值的数据	测试模块功能对于空值的处理
4	使用重复的正确数据	测试模块功能对于重复数据的处理

3.1.3 输出

输出内容主要是操作是否成功，以及各类数据错误的相关提示。例如：

测试步骤编号	所使用的测试数据	期望的输出
1	符合条件的读者类型各项数据	返回成功信息，且在数据显示区进行显示
2	不符合条件的读者类型各项数据	返回错误信息，并能进行错误定位
3	存在空值的数据	对于非空数据进行提示
4	使用重复的正确数据	重复数据由于主键约束，无法入库，说明原因

3.1.4 过程

使用白盒测试过程和黑盒测试过程，一一进行测试。

续表

3.2　接口正确性测试

本次是主要针对的是用户接口和过程调用来进行测试，在编码实现基础上，进行实例测试，及时发现接口通信异常，确保模块功能的质量。

3.2.1　控制

本测试的输入方式是人工输入。

3.2.2　输入

所选择的输入数据分若干种情况进行一一测试，例如：

测试步骤编号	所使用的测试数据	选择策略
1	符合条件的读者类型各项数据	用户接口的各个数据项的正确显示
2	不符合条件的读者类型各项数据	输入控件是否设置正确，例如只能输入整数的控件。输入控件与数据证控件是否正确一一对应
3	输入值与过程定义参数个数的比较	过程调用中两者的个数是否保持一致
4	输入值与过程定义参数顺序的比较	过程调用中两者的前后顺序是否保持一致
5	输入值与程定义参数类型上的比较	过程调用中两者类型是否兼容，是否长度保持一致

3.2.3　输出

由于是数据库操作，因此输出内容除了表明操作是否成功，以及各类数据错误的捕捉与提示，还有可能出现数据库自定义的提示信息。

3.2.4　过程

界面测试、白盒测试、黑盒测试均可应用在此测试设计中。

3.4　运行时间测试

依据图书馆借阅系统规格说明书，在编码实现基础上，进行实例测试，记录并分析模块功能的执行时间，对异常运行或超长运行时间部分作出修改和优化。

3.4.1　控制

本测试活动的输入方式有人工，也有由数据生成器产生的大量批量数据。并且需要添加必要的计算运行时间的代码。

3.4.2　输入

本测试活动无特殊输入数据，主要执行模块功能。

3.4.3　输出

本测试活动无特殊输出，主要输出为运行时间值。

4. 评价准则

4.1　范围

实施本测试计划所得到的结论适用于保证模块功能与系统规格说明书上的一致，保证模块功能的实用性、正确性和相应的性能要求。

4.2　数据整理

数据的记录均采用手动形式，且加以截图表示。

4.3　尺度

测试大类标识符	评价尺度
模块功能测试	符合系统规格说明书中的功能需求和性能需求
接口正确性测试	各接口符合期望值，无差错
运行时间测试	操作时间在 1s 以内

表 7-25　　测试总结报告标准文档

1. 引言

1.1　编写目的

针对读者类型编辑功能的测试，编写该测试总结报告主要有以下 4 个目的。

（1）通过对测试结果的分析，得到该模块功能的质量评估。

（2）分析测试的过程、资源和信息，为之后的测试活动提供参考。

（3）分析该功能模块的缺陷，为之后的维护活动提供建议。

（4）主要读者为系统分析师、程序员和测试人员。

1.2　背景

在对读者类型编辑模块功能执行各项测试后所做的测试总结，在实验室环境下由项目开发人员所完成的，因此与实际运行环境下用户的操作结果会有所偏差。

1.3　定义

1.4　参考资料

（1）图书馆借阅系统的各种规格说明书。

（2）该模块功能的测试计划和测试用例记录。

2. 测试概要

按照测试计划一一完成各项测试内容。

测试大类标识符	测试内容	计划与实施差别	说明
模块功能测试	使用正确数据、错误数据、边界数据等进行测试；采用的方法主要是白盒测试和黑盒测试	时间比计划延长一天	在实施过程中，测试用例更加丰富了一些
接口正确性测试	对用户接口进行测试，对接口的参数进行细致测试	按计划完成	由于用户接口的简单性，使的测试的重心放在了内部接口即过程调用上
运行时间测试	加入测试代码获取运行时间	按计划完成	模块代码量不大，运行时间的优化放在了数据库这边

3. 测试结果及发现

对读者类型编辑功能进行了完整的测试，白盒测试中的逻辑覆盖法已经全部完成，基本路径测试完成；黑盒测试中的等价类划分、边界值分析测试完成；用户接口运行良好；过程调用封装性较好；运行时间在预期范围之内。在测试过程中，没有发现灾难性错误。基于这种结果，可以认为该模块各功能是合格的。

但由于是在实验室环境下由开发人员和测试人员共同完成，缺乏对该模块功能在实际用户和实际应用环境下的有效测试和处理。因此在下一步的测试中，需要更多地考虑到实际应用的各种因素，例如用户的操作习惯等等。

3.1　模块功能测试

把本项测试中实际得到的动态输出结果同对于动态输出的要求进行相应的比较和陈述。

所使用的测试数据	预期输出	实际输出	比较发现
符合条件的读者类型各项数据	成功执行完操作应该有提示信息	出现提示信息	提示信息正确，但位置未能居中，而且图示不适用
不符合条件的读者类型各项数据	数据验证控件即时起作用	数据验证控件起作用，字体偏小	字体需要调整，而且颜色需要调亮
存在空值的数据	有所判断并提示	有所判断并提示	
使用重复的正确数据	在重复输入读者类型名是应该有所提示	在单击添加按钮是才有所提示	进行代码调整

3.2　接口正确性测试

用户接口和外部接口较为简单，测试步骤较少，且以静态测试为主；内部的过程调用测试工作量更大些。

续表

所使用的测试数据	预期输出	实际输出	比较发现
输入值与过程定义参数个数的比较	个数相等，成功执行	不必所有操作个数都相同	开发人员将数据的增删改放在一个过程中，因此参数包含了全部，具体执行时则各不相同，因此参数最好有默认值
输入值与过程定义参数顺序的比较	严格按照定义顺序，成功执行	出现执行错误	执行过程中是按照位置将各个参数赋值的，因此必须保持位置一致
输入值与程定义参数类型上的比较	有些类型可以兼容，成功执行	非全部数据兼容，且长度受影响，会有截断现象	数据库和编程语言之间的差异性导致，建议严格按照数据库中过程定义的类型和长度

3.3　运行时间测试

由于良好的结构设计和高效的代码实现，运行时间测试符合要求。

4. 对软件功能的结论

4.1　无效数据的判断与定位

4.1.1　能力

该功能是防止用户误操作而产生的错误数据进入到数据库中，破坏数据的有效性和完整性。它能够及时判断、及时定位，给予了清晰的提示和纠错信息。

4.1.2　限制

该功能对数字判断非常好，但对于超长字符串所做的处理不够，无提醒，无限制。

4.2　读者类型编辑

4.2.1　能力

该功能将用户所输入的信息快速有效地存入数据库中，并对此信息做必要的修改和删除。之后的读者信息编辑模块、借阅归还模块以及续借功能都需要用到该数据。

4.2.2　限制

由于之后较多模块功能都需要用到该功能模块所产生的数据，因此如果该数据发生变动，那么数据影响的范围是比较大的，建议该数据设置为系统字典，一旦形成就较少改动。

5. 分析摘要

5.1　能力

经过充分而仔细的测试，该模块功能的正确性、健壮性和时间性都得到了较好的保证。由于测试环境的不同，会导致一定的误差，但本测试过程中所用到的各种测试用例仍旧适用另一环境下，并且测试用例可以做适当的调整与扩充。

5.2　缺陷和限制

（1）界面细节需要进一步的调整，例如对齐、图标、色彩等。

（2）提示消息对话框更加统一且清晰，例如区分成功、警告、报错等。

（3）报错内容尽量简单易懂，否则易造成用户的紧张。

（4）设置字符串的输入，要求要明确。

5.3　建议

（1）界面设计可参照系统规格说明书，进行微调。

（2）提示消息对话框需要统一，不同的消息显示需要不同的语句、图标和标点。

（3）报错内容可以请实际用户来体验，以他们的角度和行业用语进行调整。

（4）限定字符输入上限。

以上的调整工作量都不大，可以立即实施。

5.4　评价

该模块功能已经达到预期目标，可以交付使用。

6. 测试资源消耗

由于该模块功能在整个系统中是比较小的一个组成部分，因此消耗的测试资源较少，例如参与人员较少、所用时间较短，数据准备较为充分。

7.5 本章小结

本章介绍了系统测试的主要工作，包括测试的基本概念、测试步骤、测试的方法、测试用例的形式，并结合相应的实例分别介绍了结构化测试和面向对象测试的各种技术，并通过实例介绍了测试计划和测试总结的标准文档结构。

习题

1. 列举5条软件测试中应当遵循的原则。
2. 单元测试、集成测试和系统测试各自的主要目标是什么？
3. 什么是黑盒测试与白盒测试？它们都适应哪些阶段的测试？
4. 黑盒测试有哪几种方法？并简要描述各种方法的特点。
5. 叙述V测试模型，说明局限性。
6. 简述集成测试的过程。结构化集成测试的策略有哪些？
7. 常见的逻辑覆盖法有哪些？
8. 面向对象测试分为哪三个层次的测试？
9. 界面测试需要考虑哪些因素？
10. 常见的B/S用户界面测试包含哪些内容？
11. 请简述自顶向下和自底向上两种集成测试方法，并比较两者的优点和缺点。
12. 分析比较面向对象的软件测试与传统的软件测试的异同。
13. 以下代码是判断输入的年份是否为闰年，设计判定覆盖和条件覆盖的测试用例。

```
if (year<0)
return -1;
  if ((year%4==0&&year%100!=0)||(year%400==0))
    return 1;
  else
    return 0;
```

14. 设计下面代码的语句覆盖、判定覆盖、条件覆盖、判定/条件覆盖、条件组合覆盖、路径覆盖的测试用例。

```
void DoWork(int x,int y,int z)
{   int  k=0,j=0;
    if((x>3)&&(z<10))
    {         k=x*y-1;          //语句块1
            j=sqrt(k);
    }
    if((x= =4)||(y>5))
    {           j=x*y+10;       //语句块2
    }
    j=j%3;                      //语句块3
}
```

15. 以下代码用于判断闰年，由C语言书写。其对应的控制流图如图7-14所示。请按要求回答问题。

```
int isLeap(int year)
{   int leap;
    if (year % 4 = = 0)
    {
      if (year % 100 = =0)
      {
          if (year % 100 = =0)
              leap = 1;
          else
              leap = 0;
      }
      else
          leap = 1;
    }
    else
        leap = 0;
    return leap;
}
```

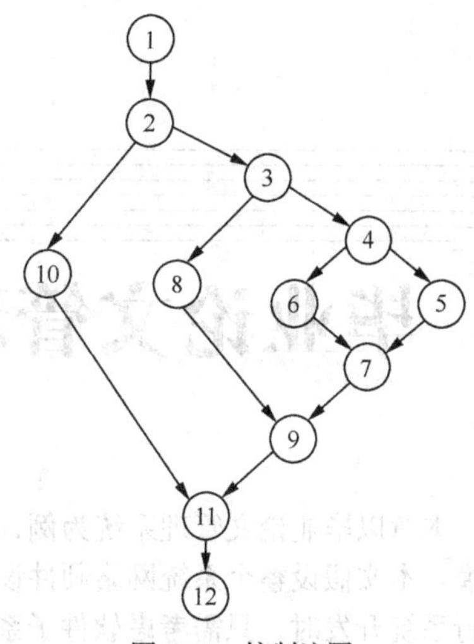

图 7-14　控制流图

（1）请计算上述控制流图的圈复杂度 V（G）。

（2）找出独立路径。

（3）假设输入的取值范围是 1000 < year < 2001，请使用基本路径测试法为变量 year 设计测试用例，使其满足基本路径覆盖的要求。

16. 某公司招聘人员，其要求为学历本科及以上，专业为计算机、通信、自动化，年龄 22～30 岁。请划分出各条件的有效等价类和无效等价类。

17. 有二元函数 f(x,y)，其中 x 的取值范围为[1,12]，y 的取值范围为[1,31]。请写出该函数采用边界值分析法设计的测试用例。

18. 在图书借阅系统中，读者可以在线完成预借，流程如下：用户登录到网站后，进行书籍的选择，当选好自己想借的书籍后进行预借登记，可以在“我的预借”看到预借信息，一般情况下只能预借 2 本。使用场景法设计测试用例。

19. 按自顶向下深度优先集成测试方法，画出图 7-15 的集成测试过程。

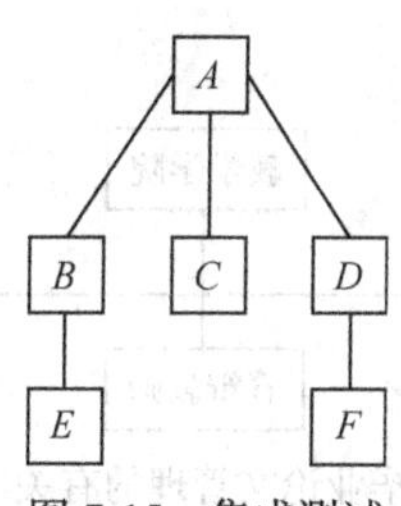

图 7-15　集成测试

20. 你认为一个优秀的测试工程师应该具备哪些基本素质和专业素质？

第 8 章 毕业论文管理系统——结构化方法

本章以毕业论文管理系统为例，介绍结构化方法下开发人员在项目各个阶段如何进行相应的建模。本文假设整个系统网络硬件设施已经存在，且能够满足用户对于硬件设施上的需求。因此进行系统开发时，只需考虑软件子系统的开发。本章重点介绍如何采用结构化方法，实现从项目前期到详细设计阶段的建模。

8.1 项目前期

毕业论文是大学教学或科研活动的重要组成部分之一，学生需要在学业完成前写作并提交毕业论文。撰写毕业论文是检验学生在校学习成果的重要措施，也是提高教学质量的重要环节。大学生在毕业前都必须完成毕业论文的撰写任务。各个教学学院直接负责各自学院学生毕业论文的指导、评阅和答辩。

8.1.1 组织分析

根据毕业论文现有管理的实际情况，各教学学院的论文管理情况基本相同；各教学学院与毕业论文管理有关的岗位职能见图 8-1。

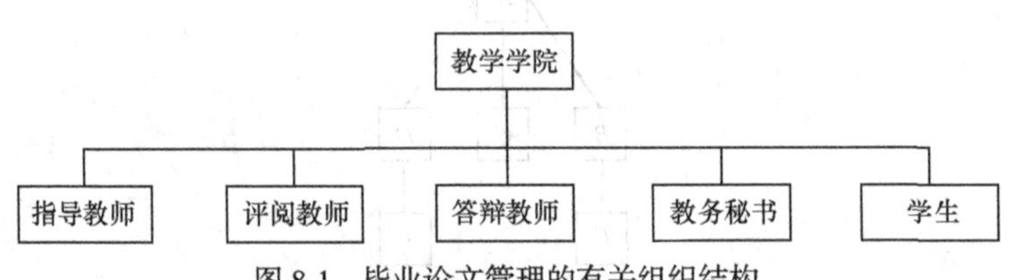

图 8-1 毕业论文管理的有关组织结构

学生：参与论文撰写、答辩的毕业学生。

职能：选择论文题目；论文上交、论文修改；申请答辩、成绩查询；

与指导教师交流、咨询。

指导教师：全面负责毕业学生的论文指导。

职能：负责论文题目出题、题目修改、协商选题；负责学生论文指导和评分。

评阅教师：负责毕业论文的评分。

职能：负责论文评阅、打分。

答辩教师：负责毕业论文的答辩。

职能：负责论文答辩；负责毕业论文的答辩评估；负责毕业论文的毕业论文成绩总评。

教学秘书：负责学生毕业论文的过程管理协调。

职能：负责毕业论文题目审核和发布；负责指导教师和毕业学生的调配；论文答辩成绩审核、汇总统计和上报。

8.1.2　业务分析

现有的手工毕业论文系统，主要为毕业学生的毕业论文管理提供服务。为保证毕业学生的毕业论文环节需要，各学院的指导教师/评阅教师/答辩教师和教学秘书必须协同工作。

为学生提供的业务服务包括 TopicSelction（选题）、PaperDefense（论文答辩）Conselling（导师交流）、ResultQuery（结果查询）。

为指导教师提供的业务服务包括 TopicPropose（论文出题）、Conselling（导师交流）、ResultQuery（结果查询）、PaperCheck（论文评阅）。

为评阅教师和答辩老师提供的业务服务包括 PaperCheck（论文评阅）。

为教务秘书提供的业务服务包括 ResultReport（结果上报）、ResultQuery（结果查询）。

下面分别描述各个业务的详细过程。

1. 学生选题业务

学生选题业务由学生、指导老师和教学秘书协同完成，其业务流程步骤如下。

（1）学生进行选题；

（2）如果一个论文题目只有一个学生选择，指导教师确认；

（3）如果论文题目有多个学生选择，教务秘书进行协调。

学生选题的业务流程图如图 8-2 所示。

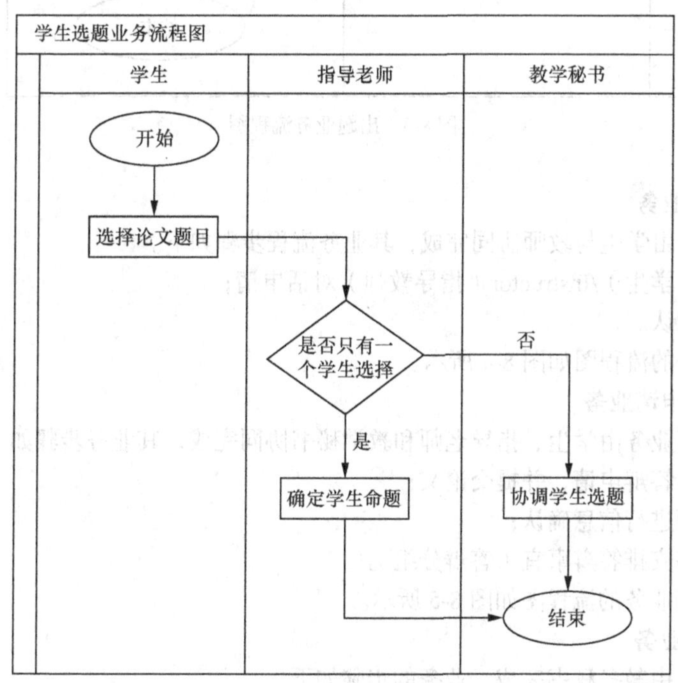

图 8-2　学生选题业务流程图

2. 出题业务

出题业务由指导老师和教学秘书协同完成，其业务流程如下。

（1）指教教师出题；

（2）教学秘书审核确认；

（3）教务秘书发布。

出题业务的流程图如图 8-3 所示。

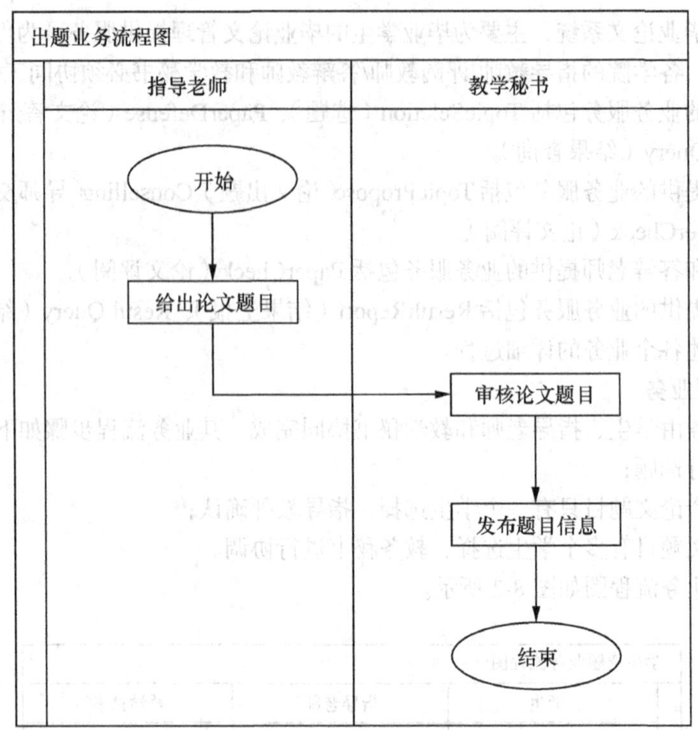

图 8-3　出题业务流程图

3. 师生交流业务

师生交流业务由学生与教师协同完成，其业务流程步骤如下。

（1）Student（学生）/Instructor（指导教师）对话申请；

（2）对话者确认。

师生交流业务的流程图如图 8-4 所示。

4. 论文答辩申请业务

论文答辩申请业务由学生、指导老师和教学秘书协同完成，其业务步骤如下。

（1）学生提出答辩申请，并提交论文；

（2）指导教师进行信息确认；

（3）教务秘书安排答辩事宜（答辩分组）。

论文答辩申请业务的流程图如图 8-5 所示。

5. 汇总上报业务

汇总上报业务由教务秘书完成，业务的步骤如下。

（1）教务秘书汇总所有学生成绩；

（2）教务秘书审核成绩；

（3）教务秘书发布论文成绩。

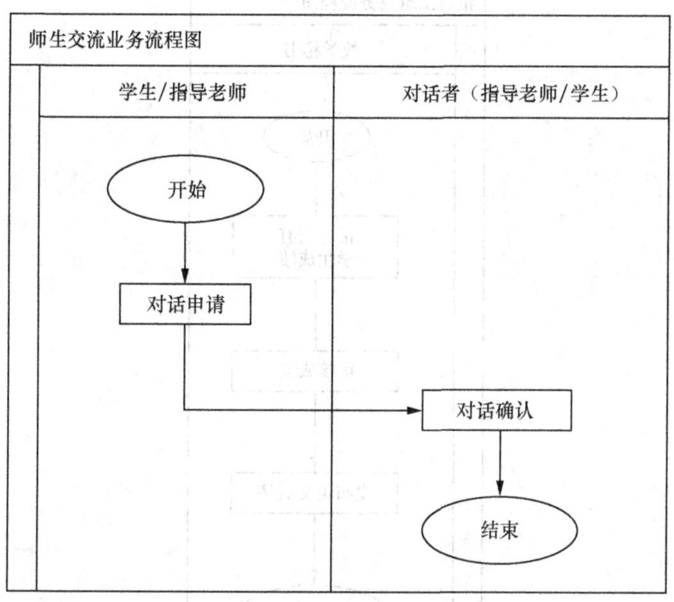

图 8-4　师生交流业务流程图

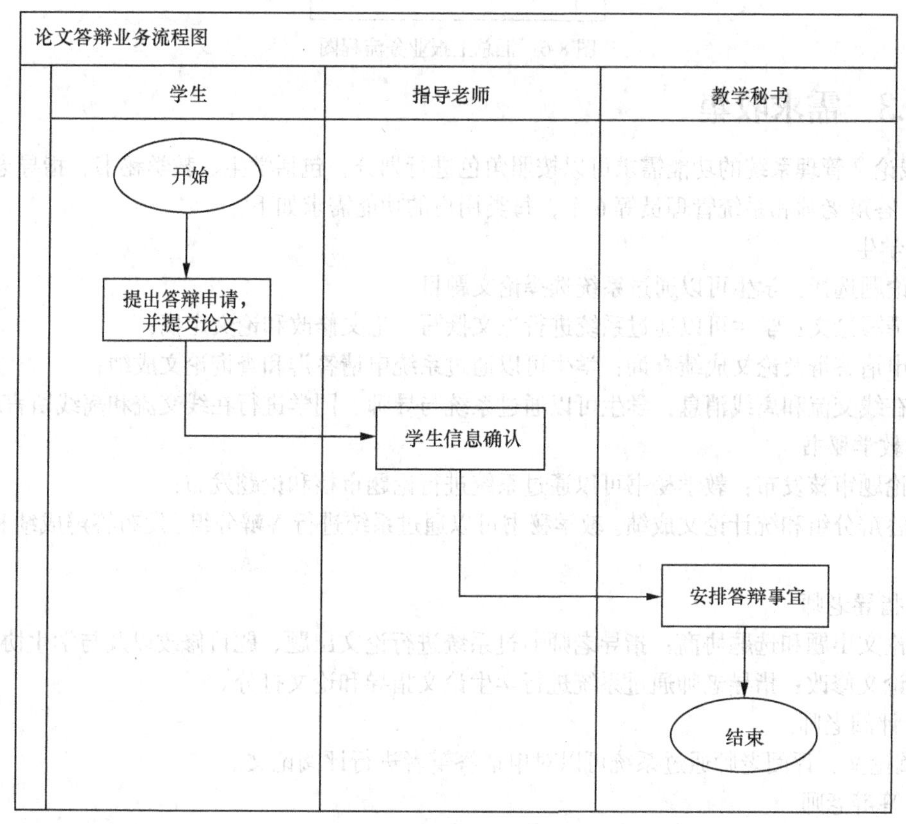

图 8-5　论文答辩业务流程图

业务的流程图如图 8-6 所示。

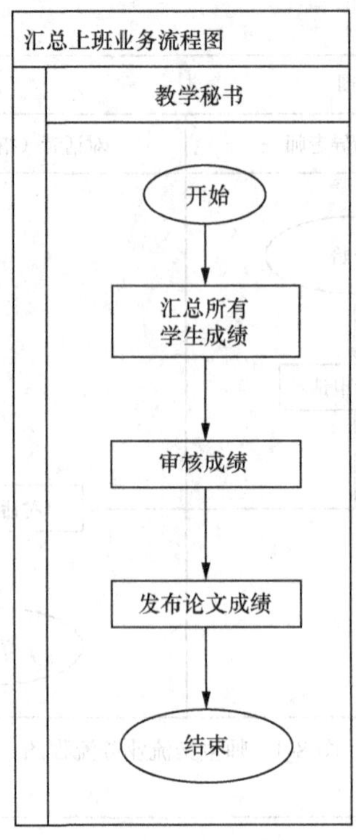

图 8-6　汇总上报业务流程图

8.1.3　需求收集

在线论文管理系统的功能需求可以按照角色进行划分，包括学生、教学秘书、指导老师、评阅老师、答辩老师和系统管理员等 6 个，每类用户的功能需求如下。

A. 学生

- 论题选择：学生可以通过系统选择论文题目；
- 撰写论文：学生可以通过系统进行论文撰写、论文修改和论文定稿；
- 申请答辩及论文成绩查询：学生可以通过系统申请答辩和查询论文成绩；
- 在线交流和离线消息：学生可以通过系统与导师、同学进行在线交流和离线留言/回复。

B. 教学秘书

- 论题审核发布：教学秘书可以通过系统进行论题审核和论题发布；
- 答辩分组和统计论文成绩。教学秘书可以通过系统进行答辩分组、发布答辩成绩和统计论文分数。

C. 指导老师

- 论文出题和选题协商：指导老师通过系统进行论文出题、题目修改以及与学生协商选题；
- 论文修改：指导老师通过系统进行学生论文指导和论文打分。

D. 评阅老师

评阅论文：评阅老师通过系统可以对申请答辩者进行评阅论文。

E. 答辩老师

论文答辩：答辩老师通过系统可以对答辩学生进行答辩提问、论文修改建议和答辩评分。

F. 系统管理员

- 基础数据管理：系统管理员通过系统可以对包括教师、教室、学生等基础数据进行管理；
- 用户管理：系统管理员通过系统可以进行角色管理、用户权限设置等管理。

8.1.4　粗略设计（略）（见 9.1.3）

8.1.5　可行性分析（略）

8.2　需求分析

8.2.1　顶层数据流图

以项目前期的现状分析（包括组织分析、业务分析）结果为基础，可以绘制学生毕业论文管理系统的顶层数据流图。

从顶层数据流图图 8-7 中可以看出，在线毕业论文管理系统的参与者主要分为 6 类，包括学生、指导老师、教学秘书、评阅教师、答辩老师和系统管理员。其中，学生通过论题管理部分来选题，在论文管理部分进行撰写论文和修改论文，在答辩管理部分进行答辩分组；指导老师通过论题管理部分制定论文题目，在论文管理部分提出论文修改意见和论文定稿；评阅老师在论文管理部分中评阅论文；答辩老师在答辩管理部分中进行查看答辩分组、查看论文评阅记录、论文答辩和给出答辩意见及成绩。

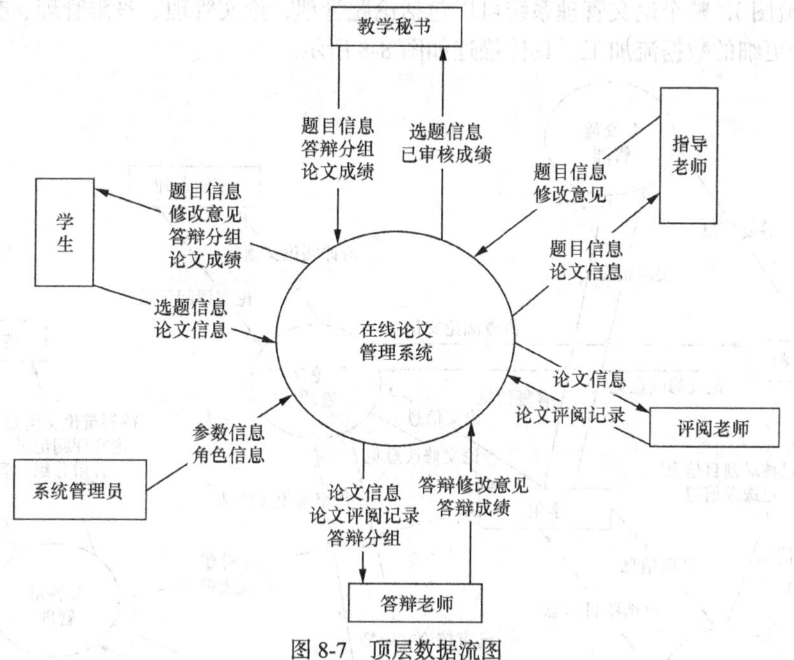

图 8-7　顶层数据流图

图 8-7 的顶层数据流图中对应的源点词条描述如表 8-1 ~ 表 8-6 所示。

表 8-1　“学生”源点词条描述

名称：学生
简述：进行论文选题、论文撰写和论文答辩的用户

表 8-2　“教学秘书”源点词条描述

名称：教学秘书
简述：进行题目发布、答辩分布和技术论文分数的用户

表 8-3 “指导老师”源点词条描述

名称：指导教师
简述：进行论文题目制定、提出修改论文和论文定稿的用户

表 8-4 “评阅老师”源点词条描述

名称：评阅教师
简述：进行论文（申请答辩）评阅的用户

表 8-5 “答辩老师”源点词条描述

名称：答辩教师
简述：进行论文答辩（含提问，提出修改意见和给出答辩成绩）的用户

表 8-6 “系统管理员”源点词条描述

名称：系统管理员
简述：进行系统参数设置和角色权限设置的用户

8.2.2 0层数据流图

为了进一步细化在线论文管理系统的各个加工步骤说明，下面给出了系统的低一层数据流图（即 0 层数据流图），整个论文管理系统可以包括论题管理、论文管理、答辩管理、交流管理和系统管理等 5 个更细的数据流加工，具体描述如图 8-8 所示。

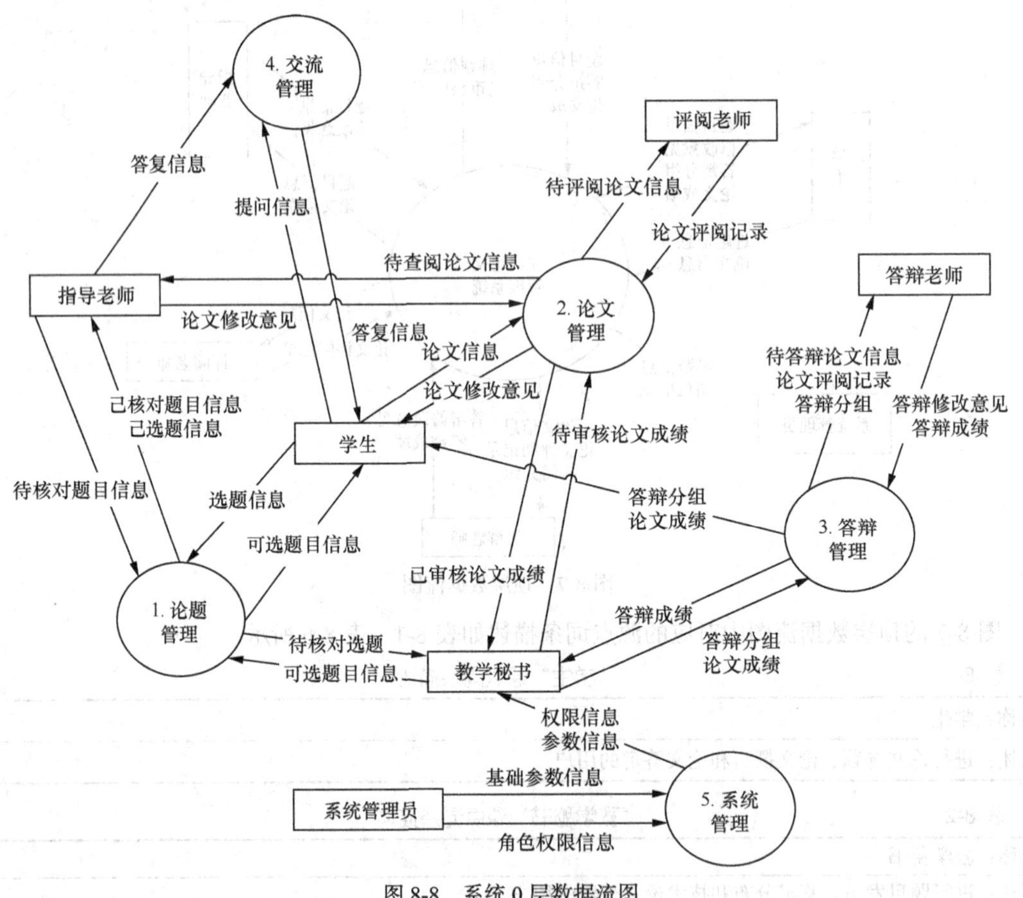

图 8-8 系统 0 层数据流图

8.2.3　1 层数据流图

在 0 层数据流图的基础上，本节将分析在线论文管理系统的 1 层数据流图。

1. 论题管理数据流

以下是图 8-9 中的论题管理的 1 层数据流图中对应的数据字典。

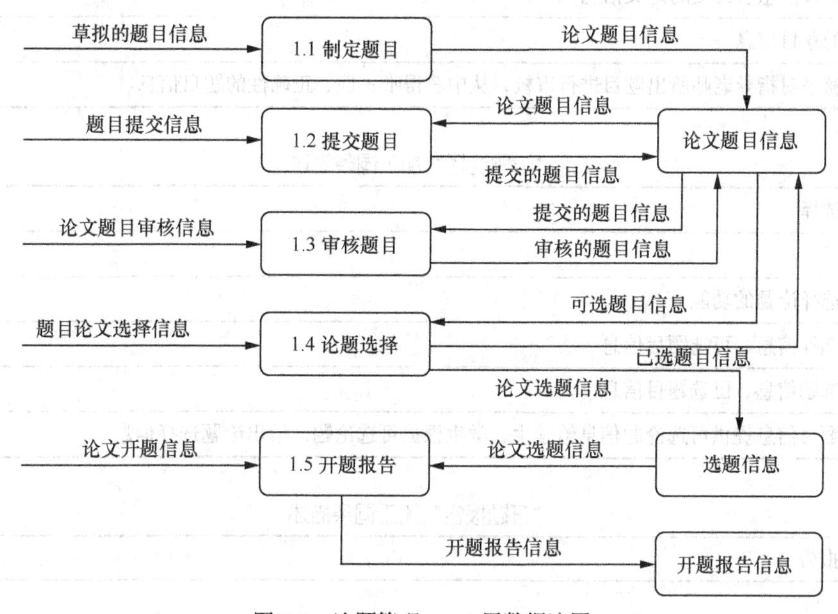

图 8-9　论题管理——1 层数据流图

（1）数据加工词条描述（表 8-7 ~ 表 8-11）

表 8-7　“制定题目”加工词条描述

名称：制定题目
编号：1.1
简述：制定供学生选择的论文题目信息
输入：草拟的论文题目信息
输出：论文题目信息
逻辑：教师制定论文的题目、内容要求和实现方式等信息。

表 8-8　“提交题目”加工词条描述

名称：提交题目
编号：1.2
简述：教师提交题目的功能
输入：题目提交信息、论文题目信息
输出：提交的题目信息
逻辑：教师将制定的多个题目提交给教学秘书，供其审核及发布。

表 8-9　　“审核题目”加工词条描述

名称：审核题目
编号：1.3
简述：教学秘书核对论文题目审核的功能
输入：题目审核信息、提交的论文信息
输出：审核的题目信息
逻辑：教学秘书对指导老师所出题目进行审核，从中获得唯一性、正确性的题目信息。

表 8-10　　“论题选择”加工词条描述

名称：论题选择
编号：1.4
简述：学生选择论题的功能
输入：题目选择信息、可选题目信息
输出：论文选题信息、已选题目信息
逻辑：论文题目信息提供可选论题信息给学生，学生根据可选论题，给出论题选择信息。

表 8-11　　“开题报告”加工词条描述

名称：开题报告
编号：1.5
简述：学生进行论文开题报告的功能
输入：论文开题信息、论文选题信息
输出：开题报告信息
逻辑：对学生选题的内容和意义进行报告、评价。

（2）数据流词条描述（表 8-12 ~ 表 8-21）

表 8-12　　“草拟的论文题目信息”数据流词条描述

名称：草拟的论文题目信息
简述：初步草拟的论文题目信息
来源：源点“指导老师”
去向：加工“1.1 制定题目”
组成：题目名称+ 可选人数+ 教工号 + 实现方式 + 内容要求

表 8-13　　“论文题目信息”数据流词条描述

名称：反馈题目的信息
简述：返回给指导老师制定题目的结果信息
来源：加工“1.1 制定题目”
去向：存储“论文题目信息”
组成：题目名称+可选人数+教工号+实现方式+内容要求 + 最近编辑时间

表 8-14　“题目提交信息”数据流词条描述

名称：题目提交信息
简述：提交可供学生选择的论文题目信息
来源：源点“指导老师”
去向：加工“1.2 提交题目”
组成：题目名称+ 是否决定提交

表 8-15　“提交的题目信息”数据流词条描述

名称：提交的题目信息
简述：存储指导老师提交题目的结果信息
来源：加工“1.2 提交题目”
去向：存储“论文题目信息”
组成：“论文题目信息”数据流+是否提交信息 + 提交时间

表 8-16　“题目审核信息”数据流词条描述

名称：题目审核信息
简述：审核老师提交的题目信息
来源：源点“教学秘书”
去向：加工“1.3 审核题目”
组成：题目名称 + 是否决定通过审核

表 8-17　“审核的题目信息”数据流词条描述

名称：审核的题目信息
简述：已通过审核的论文题目信息
来源：加工“1.3 审核题目”
去向：存储“论文题目信息”
组成：“提交的题目信息”数据流 + 审核通过标志 + 审核时间

表 8-18　“题目选择信息”数据流词条描述

名称：题目选择信息
简述：学生选择题目的信息
来源：源点“学生”
去向：加工“1.4 论题选择”
组成：题目名称+ 是否选择决定

表 8-19　“论文选题信息”数据流词条描述

名称：论文选题信息
简述：学生选择的题目信息
来源：加工“1.4 论题选择”
去向：存储“选题信息”
组成：题目名称+学生名称+选择时间

表 8-20　“论文开题信息”数据流词条描述

名称：论文开题信息
简述：学生的论文开题信息
来源：源点“学生”
去向：加工“1.5 开题报告”
组成：题目名称+学生名称+研究目的 ＋ 研究内容 ＋ 创新点

表 8-21　“开题报告信息”数据流词条描述

名称：开题报告信息
简述：开题报告的记录信息
来源：加工“1.5 开题报告”
去向：存储“开题报告信息”
组成：论文开题信息 ＋ 开题时间 ＋ 开题地点 ＋ 专家名称+ 问题和意见

（3）数据存储词条描述（表 8-22～表 8-24）

表 8-22　“论文题目信息”存储词条描述

名称：论文题目信息
简述：系统中论文题目的相关信息
组成：论题 ID+题目名称+可选人数+出题教师+选题学生+实现方式要求+最终作品要求+审核情况
存储方式：以论文 ID 为关键字

表 8-23　“选题信息”存储词条描述

名称：选题信息
简述：系统中老师指导学生的关系信息
组成：选题关系 ID+学生名称+教工名称+关系确认状态
存储方式：以选题关系 ID 为关键字

表 8-24　“开题报告信息”存储词条描述

名称：开题报告信息
简述：存储论文开题的相关信息
组成：论文 ID+ 选题关系 ID+开题时间 +开题地点+ 专家名称+ 问题和意见
存储方式：以论文 ID 为关键字

2. 论文管理数据流

以下是图 8-10 的论题管理——1 层数据流图数据字典描述。

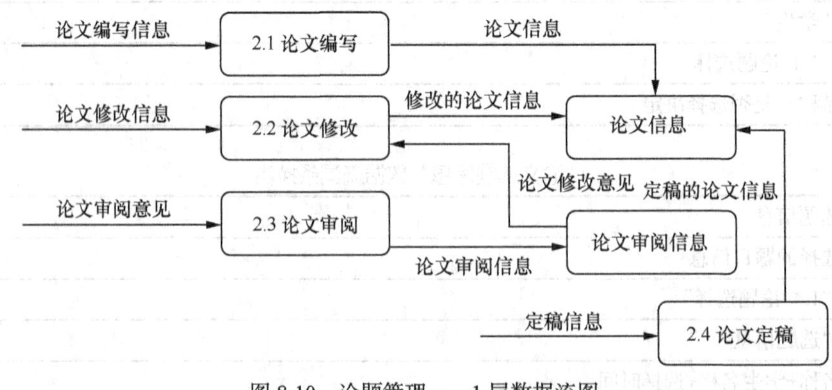

图 8-10　论题管理——1 层数据流图

（1）数据加工词条描述（表 8-25～表 8-28）

表 8-25 “论文编写”加工词条描述

名称：论文编写
编号：2.1
简述：论文编写的功能
输入：论文编写信息
输出：论文信息
逻辑：保存学生论文的内容信息

表 8-26 “论文修改”加工词条描述

名称：论文修改
编号：2.2
简述：论文修改的功能
输入：论文修改信息，论文修改意见
输出：修改的论文信息
逻辑：完成学生修改论文的处理

表 8-27 “论文查阅”加工词条描述

名称：论文查阅
编号：2.3
简述：指导老师查阅论文的功能
输入：论文审阅意见
输出：论文审阅信息
逻辑：指导老师审阅学生论文，并给出论文的修改意见

表 8-28 “论文定稿”加工词条描述

名称：论文定稿
编号：2.4
简述：论文定稿的功能
输入：定稿信息
输出：定稿的论文信息
逻辑：指导老师根据学生论文及说明信息，给出论文的定稿信息

（2）数据流词条描述（表 8-29～表 8-36）

表 8-29 “论文编写信息”数据流词条描述

名称：论文编写信息
简述：学生撰写论文的信息
来源：源点“学生”
去向：加工“2.1 论文编写”
组成：学生名称+论文 ID+论文名称+编写时间+论文内容

表 8-30 “论文信息”数据流词条描述

名称：论文信息
简述：添加撰写的论文信息
来源：加工“2.1 论文编写”
去向：存储“论文信息”
组成：学生名称+论文 ID+论文名称+编写时间+论文内容+保存时间 + 版本号

表 8-31 “论文修改信息”数据流词条描述

名称：论文修改信息
简述：论文的修改信息
来源：源点“学生”
去向：加工“2.2 论文修改”
组成：论文 ID+修改的论文内容 + 修改说明

表 8-32 “修改的论文信息”数据流词条描述

名称：修改的论文信息
简述：修改后的论文内容信息
来源：加工“2.2 论文修改”
去向：存储“论文信息”
组成：“论文信息”数据流+修改的论文内容 + 修改说明 + 提交时间

表 8-33 “论文审阅意见”数据流词条描述

名称：论文审阅意见
简述：论文的审阅意见
来源：源点“指导老师”
去向：加工“2.3 论文审阅”
组成：论文 ID + 教工号+修改要求+审阅情况

表 8-34 “论文审阅信息”数据流词条描述

名称：论文审阅信息
简述：添加的论文审阅信息
来源：加工“2.3 论文审阅”
去向：存储“论文审阅信息”
组成：“论文信息”数据流 + 教工号+修改要求+审阅情况 + 提交时间

表 8-35 “定稿信息”数据流词条描述

名称：定稿信息
简述：给出的论文定稿意见
来源：源点“指导老师”
去向：加工“2.4 论文定稿”
组成：教工号+论文 ID + 定稿意见

表 8-36 “定稿的论文信息”数据流词条描述

名称：定稿的论文信息
简述：论文定稿后的信息
来源：加工“2.4 论文定稿”
去向：存储“论文信息”
组成：“论文信息”数据流 + 教工号 + 定稿时间+定稿状态

（3）数据存储词条描述（表 8-37 ~ 表 8-38）

表 8-37 “论文信息”数据流词条描述

名称：论文信息
简述：存储学生论文及老师指导的信息
组成：论文 ID+学生名称+论文名称+ 论文内容+ 修改内容 + 版本号 + 创建时间+ 最后编辑时间+ 指导老师 + 定稿时间 + 定稿状态
存储方式：以论文 ID 为关键字

表 8-38 “论文审阅信息”数据流词条描述

名称：论文审阅信息
简述：存储指导老师对论文的审阅信息
组成：论文 ID+版本号 + 教工号 + 修改要求+审阅情况 + 提交时间
存储方式：以论文 ID 和版本号为关键字

3. 答辩管理数据流

以下是图 8-11 的答辩管理——1 层数据流图数据字典描述。

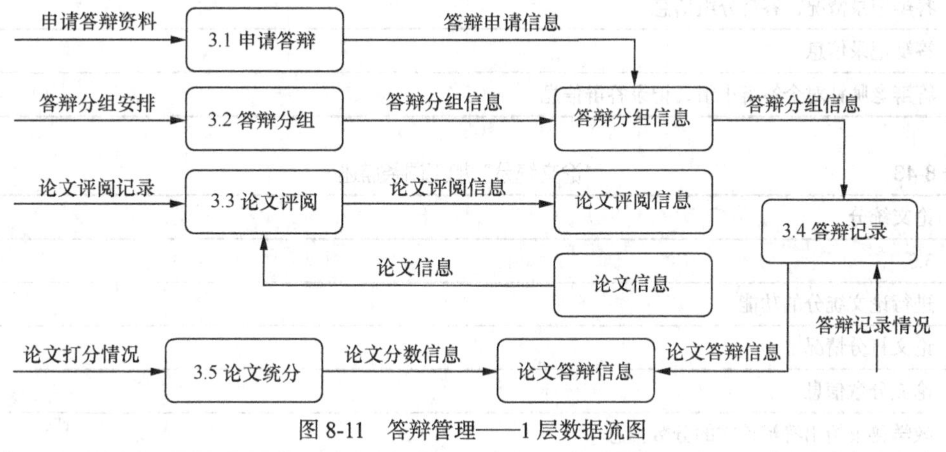

图 8-11 答辩管理——1 层数据流图

（1）数据加工词条描述（表 8-39 ~ 表 8-43）

表 8-39 “申请答辩”加工词条描述

名称：申请答辩
编号：3.1
简述：学生申请论文答辩的功能
输入：申请答辩资料
输出：答辩申请信息
逻辑：学生申请论文答辩处理

表 8-40　“答辩分组”加工词条描述

名称：答辩分组
编号：3.2
简述：进行答辩学生分组的功能
输入：答辩分组安排
输出：答辩分组信息
逻辑：教学秘书设置答辩分组

表 8-41　“论文评阅”加工词条描述

名称：论文评阅
编号：3.3
简述：进行论文评阅的功能
输入：论文评阅记录
输出：论文评阅信息
逻辑：评阅老师给出论文评阅的结果

表 8-42　“答辩记录”加工词条描述

名称：答辩记录
编号：3.4
简述：进行答辩记录的功能
输入：答辩记录情况，答辩分组信息
输出：答辩记录信息
逻辑：答辩老师针对个答辩小组，记录答辩信息

表 8-43　“论文统分”加工词条描述

名称：论文统分
编号：3.5
简述：进行论文统分的功能
输入：论文打分情况
输出：论文分数信息
逻辑：教学秘书给出答辩论文的分数信息

（2）数据流词条描述（表 8-44 ~ 表 8-52）

表 8-44　“申请答辩资料”数据流词条描述

名称：申请答辩资料
简述：进行申请答辩的相关资料
来源：源点“学生”
去向：加工“3.1 申请答辩”
组成：学生名称+论文 ID+论文名称

表 8-45　　“答辩申请信息”数据流词条描述

名称：答辩申请信息
简述：申请答辩加工后的信息
来源：加工“3.1 申请答辩”
去向：存储“答辩分组信息”
组成：学生名称+论文 ID+论文名称+申请时间+指导老师

表 8-46　　“答辩分组安排”数据流词条描述

名称：答辩分组安排
简述：论文答辩的分组安排
来源：源点“教学秘书”
去向：加工“3.2 答辩分组”
组成：学生名称+论文 ID +分组信息

表 8-47　　“答辩分组信息”数据流词条描述

名称：答辩分组信息
简述：答辩分组处理后的信息
来源：加工“3.2 答辩分组”
去向：存储“答辩分组信息”
组成：学生名称+论文 ID +分组信息+分组人+处理时间

表 8-48　　“论文评阅记录”数据流词条描述

名称：论文评阅记录
简述：论文评阅的记录信息
来源：源点“评阅老师”
去向：加工“3.3 论文评阅”
组成：论文 ID+论文名称+评阅内容+评阅老师

表 8-49　　“论文评阅信息”数据流词条描述

名称：论文评阅信息
简述：论文评阅处理后的信息
来源：加工“3.3 论文评阅”
去向：存储“论文评阅信息”
组成：论文 ID+论文名称+评阅内容+评阅老师+评阅时间+评阅结果

表 8-50　　“答辩记录情况”数据流词条描述

名称：答辩记录情况
简述：论文答辩的记录情况
来源：源点“答辩老师”
去向：加工“3.4 答辩记录”
组成：教工号+论文 ID+论文名称+答辩信息+记录信息

表 8-51 “论文打分情况”数据流词条描述

名称：论文打分情况
简述：答辩论文的打分记录
来源：源点“教学秘书”
去向：加工“3.5 论文统分”
组成：教工号+论文 ID+论文名称+答辩信息+分数信息

表 8-52 “论文分数信息”数据流词条描述

名称：论文分数信息
简述：论文统分处理后的分数信息
来源：加工“3.5 论文统分”
去向：存储“论文答辩信息”
组成：教工号+论文 ID+论文名称+答辩信息+分数信息+反馈信息

（3）数据存储词条描述（表 8-53 ~ 表 8-56）

表 8-53 “答辩分组信息”数据流词条描述

名称：答辩分组信息
简述：学生论文答辩的分组信息
组成：学生名称+教工号+分组号+论文 ID+论文名称
存储方式：以论文 ID 和分组号为关键字

表 8-54 “论文评阅信息”数据流词条描述

名称：论文评阅信息
简述：学生论文的评阅信息
组成：学生名称+教工号+论文 ID+论文名称+评阅信息
存储方式：以论文 ID 和评阅信息为关键字

表 8-55 “论文答辩信息”数据流词条描述

名称：论文答辩信息
简述：学生论文的答辩信息
组成：学生名称+教工号+论文 ID+论文名称+答辩信息
存储方式：以论文 ID 和答辩信息为关键字

表 8-56 “论文信息”数据流词条描述

名称：论文信息
简述：学生论文的统分信息
组成：学生名称+教工号+论文 ID+论文名称+分数信息
存储方式：以论文 ID 和分数信息为关键字

4. 交流管理数据流

以下是图 8-12 的交流管理——1 层数据流图数据字典描述。

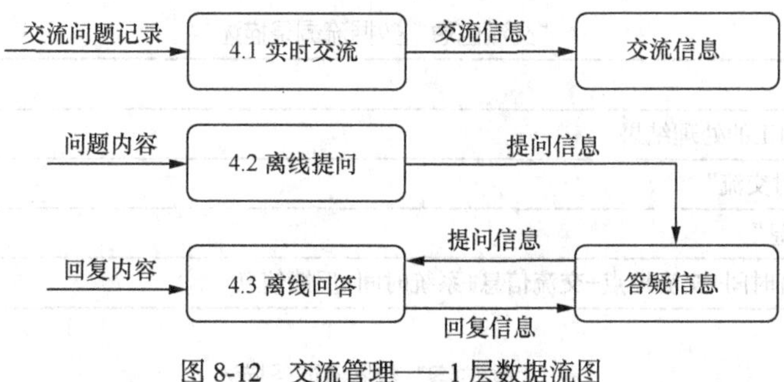

图 8-12　交流管理——1 层数据流图

（1）数据加工词条描述（表 8-57 ~ 表 8-59）

表 8-57　“实时交流”加工词条描述

名称：实时交流
编号：4.1
简述：实时交流的功能
输入：交流问题记录
输出：交流信息
逻辑：学生根据反馈提交的结果，提交交流的信息

表 8-58　“离线提问”加工词条描述

名称：离线提问
编号：4.2
简述：学生离线提问的功能
输入：问题内容
输出：提问信息
逻辑：学生根据反馈提问的结果，提交问题的信息

表 8-59　“离线回答”加工词条描述

名称：离线回答
编号：4.3
简述：教师离线回答的功能
输入：提问信息、回复内容
输出：回复信息
逻辑：教师根据学生提问信息，给出回复

（2）数据流词条描述（表 8-60 ~ 表 8-65）

表 8-60　“交流问题记录”数据流词条描述

名称：交流问题记录
简述：设置提交的交流信息
来源：源点“学生”
去向：加工“4.1 实时交流”
组成：学生名称+交流时间+交流地点+交流信息+系统时间

表 8-61 “交流信息”数据流词条描述

名称：交流信息
简述：“实时交流”加工的处理结果
来源：加工“4.1 实时交流”
去向：存储“交流信息”
组成：学生名称+交流时间+交流地点+交流信息+系统时间+反馈信息

表 8-62 “问题内容”数据流词条描述

名称：问题内容
简述：学生的提问问题内容
来源：源点“学生”
去向：加工“4.2 离线提问”
组成：学生名称+提交时间+问题信息+系统时间

表 8-63 “提问信息”数据流词条描述

名称：提问信息
简述：“离线提问”处理后的提问信息
来源：加工“4.2 离线提问”
去向：存储“答疑信息”
组成：学生名称+提交时间+问题信息+反馈信息+系统时间

表 8-64 “回复内容”数据流词条描述

名称：回复内容
简述：教师的对提问的回复内容
来源：源点“老师/教学秘书”
去向：加工“4.3 离线回答”
组成：学生名称+提交时间+问题信息+解答信息+系统时间

表 8-65 “回复信息”数据流词条描述

名称：回复信息
简述：离线回答的信息
来源：加工“4.3 离线回答”
去向：存储“答疑信息”
组成：学生名称+提交时间+问题信息+反馈信息+系统时间

（3）数据存储词条描述（表 8-66～表 8-67）

表 8-66 “交流信息”数据流词条描述

名称：交流信息
简述：学生互相交流的信息
组成：学生名称+教工号+论文 ID+论文名称+交流时间+交流信息
存储方式：以论文 ID 和交流信息为关键字

表 8-67　　“答疑信息”数据流词条描述

名称：答疑信息
简述：提出问题与解答问题的信息
组成：学生名称+教工号+论文 ID+论文名称+问题信息+答疑信息
存储方式：以论文 ID 和答疑信息为关键字

5. 系统管理数据流

以下是图 8-13 的系统管理——1 层数据字典描述。

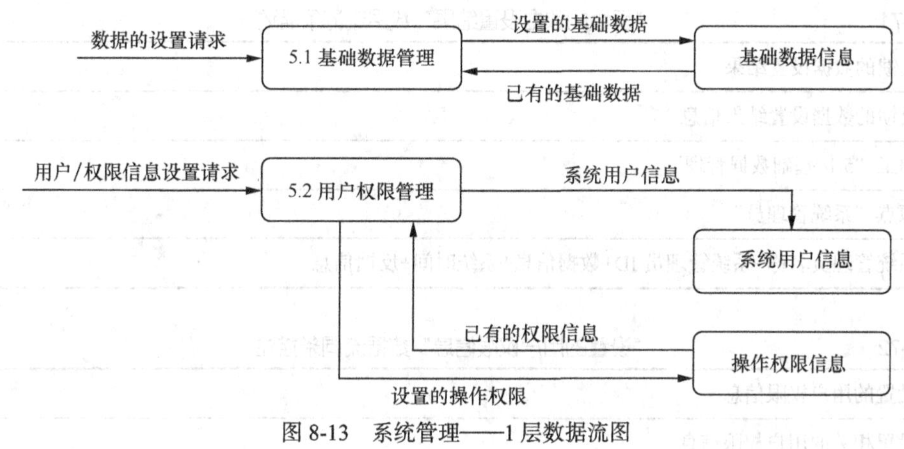

图 8-13　系统管理——1 层数据流图

（1）数据加工词条描述（表 8-68～表 8-69）

表 8-68　　“基础数据管理”加工词条描述

名称：基础数据管理
编号：5.1
简述：基础数据管理的功能
输入：数据设置请求，已有的基础信息
输出：设置的基础信息
逻辑：系统管理员根据反馈的数据设置结果，给出相应的设置的数据信息

表 8-69　　“用户权限管理”加工词条描述

名称：用户权限管理
编号：5.2
简述：用户权限信息设置请求
输入：设置的用户权限信息
输出：设置的操作权限，系统用户信息信息
逻辑：系统管理员根据反馈的数据设置结果信息，设置用户相应的权限信息

（2）数据流词条描述（表 8-70～表 8-73）

表 8-70　“数据的设置请求”数据流词条描述

名称：数据的设置请求
简述：基础数据的设置信息
来源：源点“系统管理员”
去向：加工“5.1 基础数据管理”
组成：系统管理员名称+系统管理员 ID+数据信息+系统时间

表 8-71　“反馈的数据设置结果”数据流词条描述

名称：反馈的数据设置结果
简述：反馈的数据设置结果信息
来源：加工“5.1 基础数据管理”
去向：源点“系统管理员”
组成：系统管理员名称+系统管理员 ID+数据信息+系统时间+反馈信息

表 8-72　“设置的用户权限信息”数据流词条描述

名称：设置的用户权限信息
简述：设置相关的用户权限信息
来源：源点“系统管理员”
去向：加工“5.2 用户权限管理”
组成：系统管理员名称+系统管理员 ID+用户信息+权限信息+系统时间

表 8-73　“反馈的设置结果信息”数据流词条描述

名称：反馈的设置结果信息
简述：反馈设置结果信息
来源：加工“5.2 用户权限管理”
去向：源点“系统管理员”
组成：系统管理员名称+系统管理员 ID+用户信息+权限信息+系统时间+反馈信息

（3）数据存储词条描述（表 8-74～表 8-76）

表 8-74　“基础数据信息”数据流词条描述

名称：基础数据信息
简述：基础数据的相关信息
组成：系统管理员名称+系统管理员 ID+数据信息
存储方式：以数据信息为关键字

表 8-75　　　　　　　　　　“系统用户信息”数据流词条描述

名称：系统用户信息
简述：系统用户的相关信息
组成：系统管理员名称+系统管理员 ID+用户信息
存储方式：以用户信息为关键字

表 8-76　　　　　　　　　　“操作权限信息”数据流词条描述

名称：操作权限信息
简述：操作权限的相关信息
组成：系统管理员名称+系统管理员 ID+用户信息+权限信息
存储方式：以用户信息和权限信息为关键字

8.3 总体设计

8.3.1 总体功能结构

依据顶层与 0 层数据流图，在线论文管理系统可以划分为 5 个功能模块，分别是论题管理、论文管理、答辩管理、交流管理和系统管理。其中，论题管理模块包含制定题目、提交题目、审核题目、论题选择和开题报告等 5 个子模块。论文管理模块包括论文编写、论文审阅、论文修改和论文定稿等 4 个子模块。答辩管理模块则包括申请答辩、答辩分组、论文评阅、答辩记录和论文统计等 5 个子模块。交流管理模块包括实时交流、离线提问和离线回复等 3 个子模块。系统管理模块则包括基础数据管理、用户管理和系统权限设置等 3 个子模块。在线论文管理系统的总体功能结构图如图 8-14 所示。

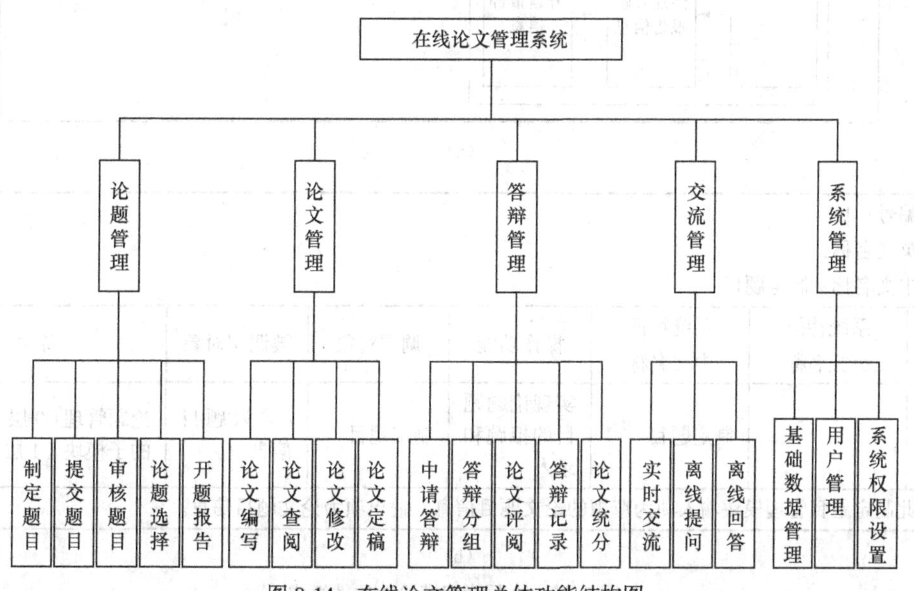

图 8-14　在线论文管理总体功能结构图

8.3.2 系统软件构成

软件构成是程序开发人员所关心的，系统组织表中子系统软件构成图设计如下。论题管理的软件构成如图 8-15 所示。

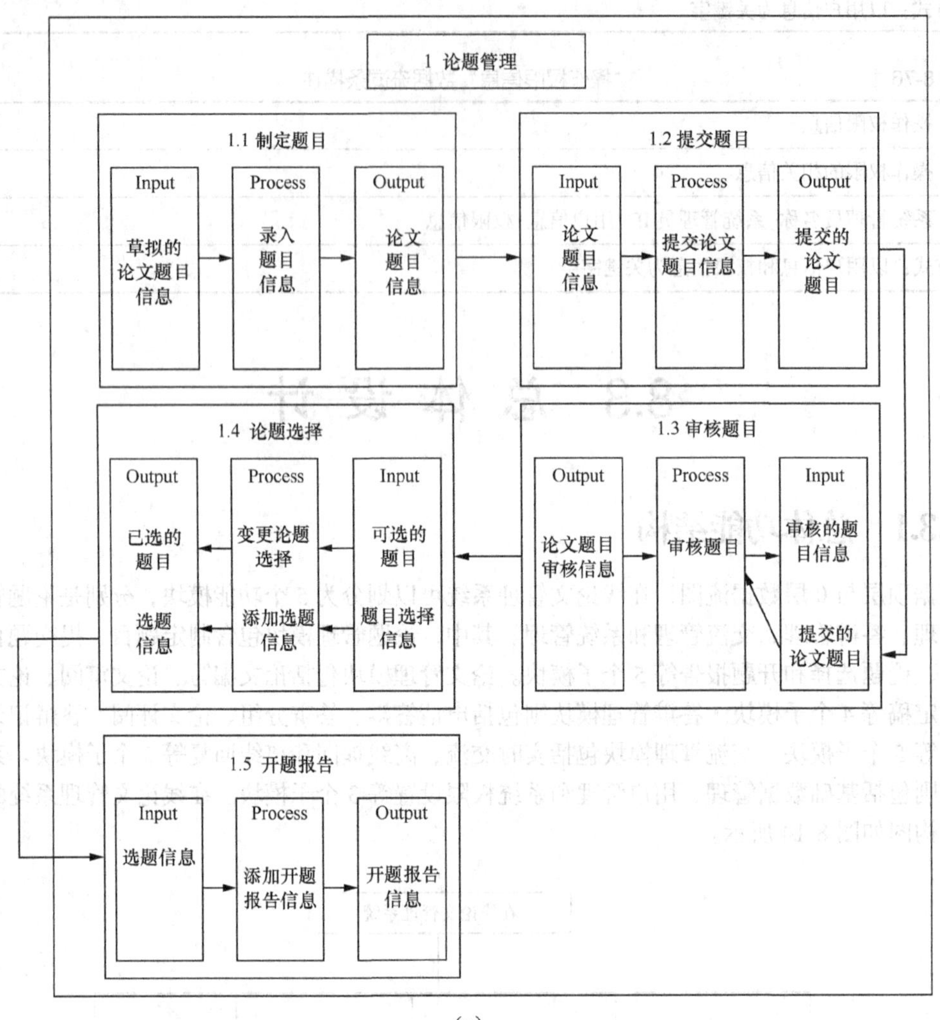

（a）

子系统编号：1.1

子系统英文名称：

子系统中文名称：制定题目

特性编号	系统特征英文名称	系统特征中文名称	操作功能	调用对象	被调用对象	备注
N1-1		制定题目	实现论题题目的拟题和录入	制定题目	# 录入题目信息	论题管理（0 层）模块下的子模块（1 层）

说明：此制定题目管理模块输入项为草拟的论文题目信息，输出项为论文题目信息。

（b）

图 8-15　论题管理模块的软件组成

子系统编号：1.2

子系统英文名称：

子系统中文名称：提交题目

特性编号	系统特征英文名称	系统特征中文名称	操作功能	调用对象	被调用对象	备注
N1-2		提交题目	实现提交论题的自动化管理	提交题目	#提交论文题目信息	论题管理（0 层）模块下的子模块（1 层）

说明：此提交题目管理模块输入项为论文题目信息，输出项为提交的论文题目。

（c）

子系统编号：1.3

子系统英文名称：

子系统中文名称：审核题目

特性编号	系统特征英文名称	系统特征中文名称	操作功能	调用对象	被调用对象	备注
N1-3		审核题目	实现论题审核的自动化管理	审核题目	#审核题目	论题管理（0 层）模块下的子模块（1 层）

说明：此审核题目管理模块输入项为论文题目审核信息和提交的论文题目，输出项为审核的题目信息。

（d）

子系统编号：1.4

子系统英文名称：

子系统中文名称：论题选择

特性编号	系统特征英文名称	系统特征中文名称	操作功能	调用对象	被调用对象	备注
N1-4		论题选择	实现论题选择的自动化管理	论题选择	#变更论题选择 #添加选题信息	论题管理（0 层）模块下的子模块（1 层）

说明：此论题选择管理模块输入项为可选的题目和题目选择信息，输出项为已选的题目和选题信息。

（e）

图 8-15　论题管理模块的软件组成（续）

子系统编号：1.5

子系统英文名称：

子系统中文名称：开题报告

特性编号	系统特征英文名称	系统特征中文名称	操作功能	调用对象	被调用对象	备注
N1-5		开题报告	实现开题报告的自动化管理	开题报告	#添加开题报告信息	论题管理（0层）模块下的子模块（1层）
说明：此开题报告管理模块输入项为草拟的论文开题信息，输出项为开题报告信息。						

（f）

图 8-15　论题管理模块的软件组成（续）

论文管理的软件构成图如图 8-16 所示。

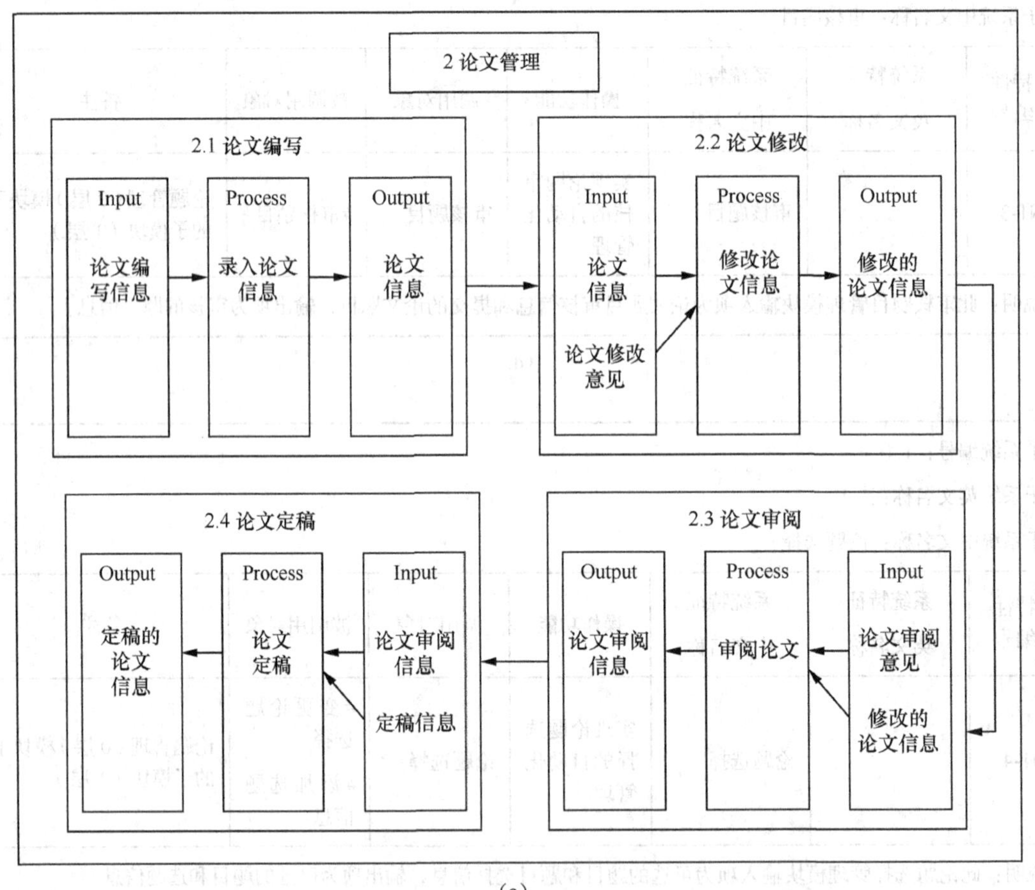

（a）

图 8-16　论文管理模块的软件组成

子系统编号：2.1
子系统英文名称：
子系统中文名称：论文编写

特性编号	系统特征英文名称	系统特征中文名称	操作功能	调用对象	被调用对象	备注
N2-1		论文编写	实现论文编写的自动化管理	论文编写	#录入论文信息	论文管理（0 层）模块下的子模块（1 层）

说明：此论文编写管理模块输入项为论文编写信息，输出项为论文信息。

（b）

子系统编号：2.2
子系统英文名称：
子系统中文名称：论文修改

特性编号	系统特征英文名称	系统特征中文名称	操作功能	调用对象	被调用对象	备注
N2-2		论文修改	实现修改论文的自动化管理	论文修改	#修改论文信息	论文管理（0 层）模块下的子模块（1 层）

说明：此论文修改管理模块输入项为论文信息和论文修改意见，输出项为修改的论文信息。

（c）

子系统编号：2.3
子系统英文名称：
子系统中文名称：论文审阅

特性编号	系统特征英文名称	系统特征中文名称	操作功能	调用对象	被调用对象	备注
N2-3		论文审阅	实现审阅论文的自动化管理	论文审阅	#审阅论文	论文管理（0 层）模块下的子模块（1 层）

说明：此论文审阅管理模块输入项为论文审阅意见，输出项为论文审阅信息。

（d）

子系统编号：2.4
子系统英文名称：
子系统中文名称：论文定稿

特性编号	系统特征英文名称	系统特征中文名称	操作功能	调用对象	被调用对象	备注
N2-4		论文定稿	实现论文定稿的自动化管理	论文定稿	#定稿论文	论文管理（0 层）模块下的子模块（1 层）

说明：此论文定稿管理模块输入项为定稿信息，输出项为定稿的论文信息。

（e）

图 8-16　论文管理模块的软件组成（续）

答辩管理的软件构成图如图 8-17 所示。

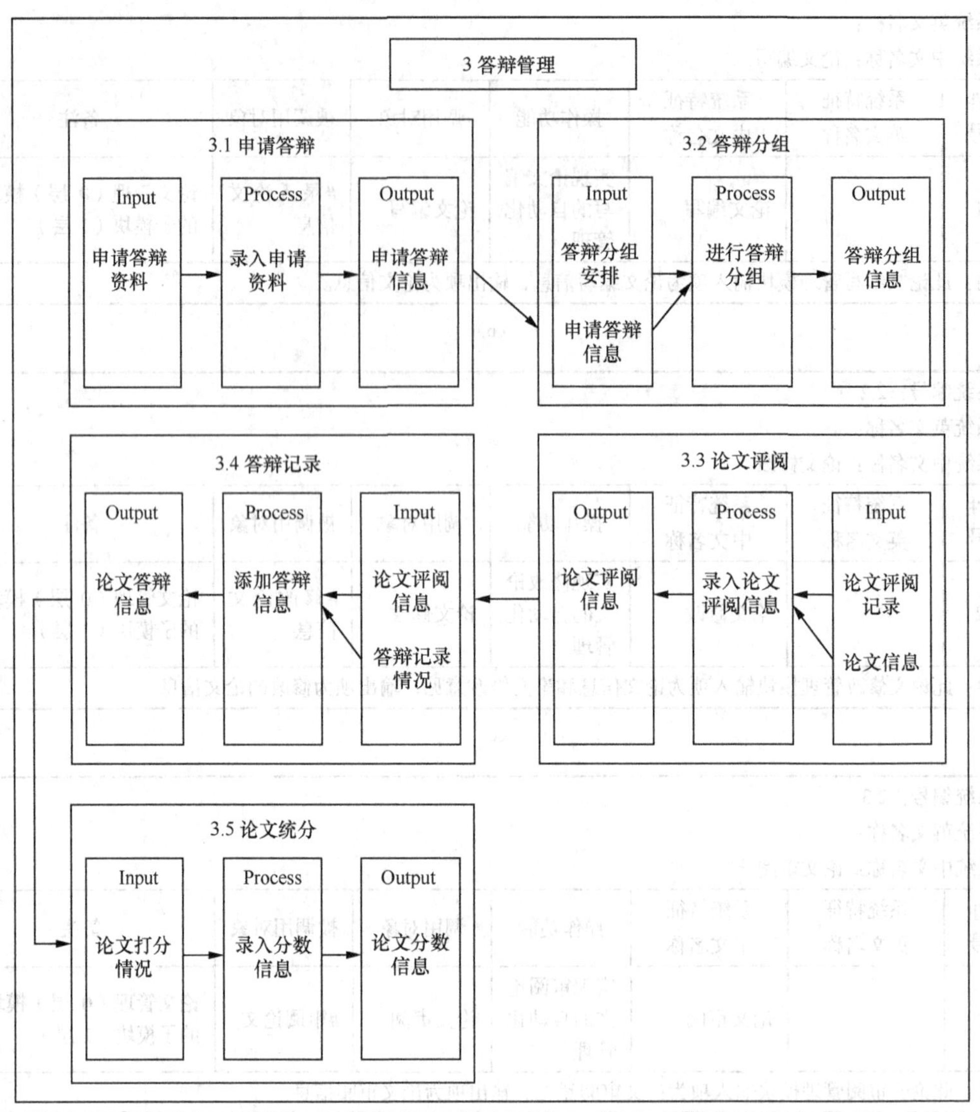

（a）

子系统编号：3.1

子系统英文名称：

子系统中文名称：申请答辩

特性编号	系统特征英文名称	系统特征中文名称	操作功能	调用对象	被调用对象	备注
N3-1		申请答辩	实现申请答辩信息的录入	申请答辩	#录入申请信息	答辩管理（0层）模块下的子模块（1层）

说明：此申请答辩管理模块输入项为申请答辩，输出项为申请答辩信息。

（b）

图 8-17　答辩管理模块的软件组成

子系统编号：3.2
子系统英文名称：
子系统中文名称：答辩分组

特性编号	系统特征英文名称	系统特征中文名称	操作功能	调用对象	被调用对象	备注
N3-2		答辩分组	实现答辩分组的自动化管理	答辩分组	#进行答辩分组	答辩管理（0 层）模块下的子模块（1 层）
说明：此答辩分组管理模块输入项为答辩分组安排，输出项为答辩分组信息。						

（c）

子系统编号：3.3
子系统英文名称：
子系统中文名称：论文评阅

特性编号	系统特征英文名称	系统特征中文名称	操作功能	调用对象	被调用对象	备注
N3-3		论文评阅	实现论文评阅信息的录入	论文评阅	#录入论文评阅信息	答辩管理（0 层）模块下的子模块（1 层）
说明：此论文评阅管理模块输入项为论文评阅记录和论文信息，输出项为论文评阅信息。						

（d）

子系统编号：3.4
子系统英文名称：
子系统中文名称：答辩记录

特性编号	系统特征英文名称	系统特征中文名称	操作功能	调用对象	被调用对象	备注
N3-4		答辩记录	实现答辩信息的自动化管理	答辩记录	#添加答辩信息	答辩管理（0 层）模块下的子模块（1 层）
说明：此答辩记录管理模块输入项为答辩信息分组和答辩记录情况，输出项为论文答辩信息。						

（e）

子系统编号：3.5
子系统英文名称：
子系统中文名称：论文统分

特性编号	系统特征英文名称	系统特征中文名称	操作功能	调用对象	被调用对象	备注
N3-5		论文统分	实现分数信息的录入	论文统分	#录入分数信息	答辩管理（0 层）模块下的子模块（1 层）
说明：此论文统分管理模块输入项为论文打分情况，输出项为论文分数信息。						

（f）

图 8-17　答辩管理模块的软件组成（续）

交流管理的软件构成图如图 8-18 所示。

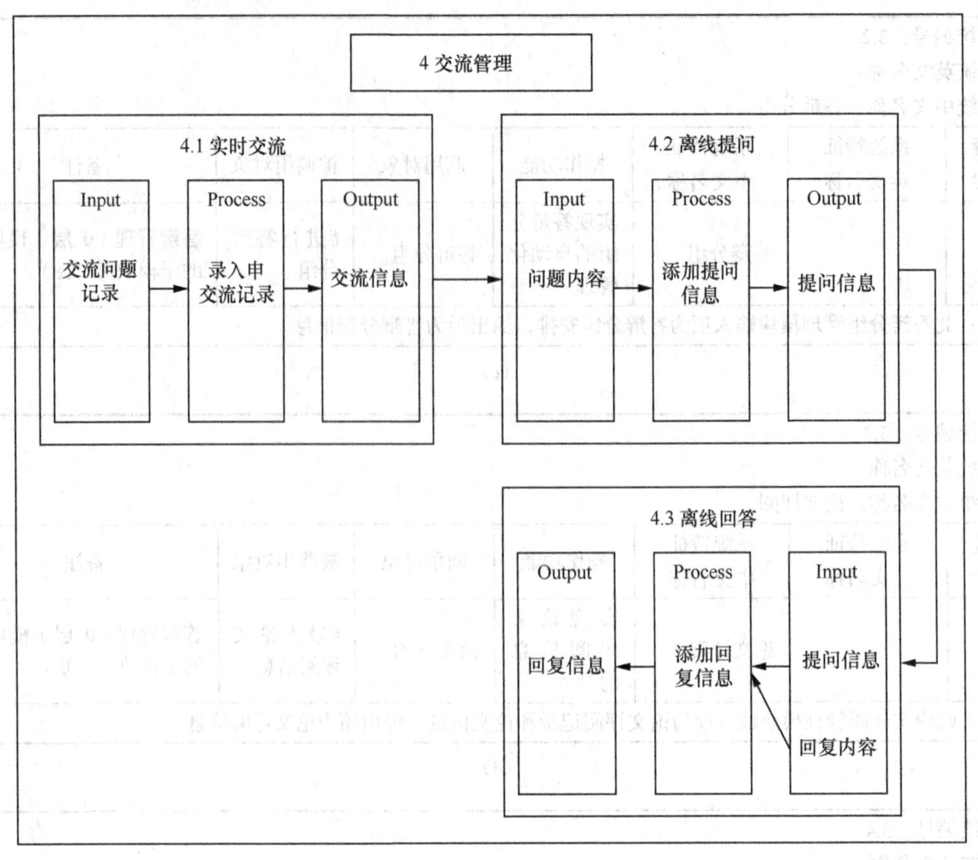

（a）

子系统编号：4.1
子系统英文名称：
子系统中文名称：实时交流

特性编号	系统特征英文名称	系统特征中文名称	操作功能	调用对象	被调用对象	备注
N4-1		实时交流	实现交流记录的录入	实时交流	#录入分数信息	交流管理（0层）模块下的子模块（1层）

说明：此实时交流管理模块输入项为交流问题记录，输出项为交流信息。

（b）

子系统编号：4.2
子系统英文名称：
子系统中文名称：离线提问

特性编号	系统特征英文名称	系统特征中文名称	操作功能	调用对象	被调用对象	备注
N4-2		离线提问	实现离线信息的添加	离线提问	#添加离线消息	交流管理（0层）模块下的子模块（1层）

说明：此离线提问管理模块输入项为问题内容，输出项为提问信息。

（c）

图 8-18　交流信息实体属性图

子系统编号：4.3

子系统英文名称：

子系统中文名称：离线回答

特性编号	系统特征英文名称	系统特征中文名称	操作功能	调用对象	被调用对象	备注
N4-3		离线回答	实现回复信息的自动化管理	离线回答	#添加信息回复	交流管理（0层）模块下的子模块（1层）
说明：此离线回答管理模块输入项为提问信息和内容回复，输出项为回复信息。						

（d）

图 8-18　交流信息实体属性图（续）

系统管理的软件构成图如图 8-19 所示。

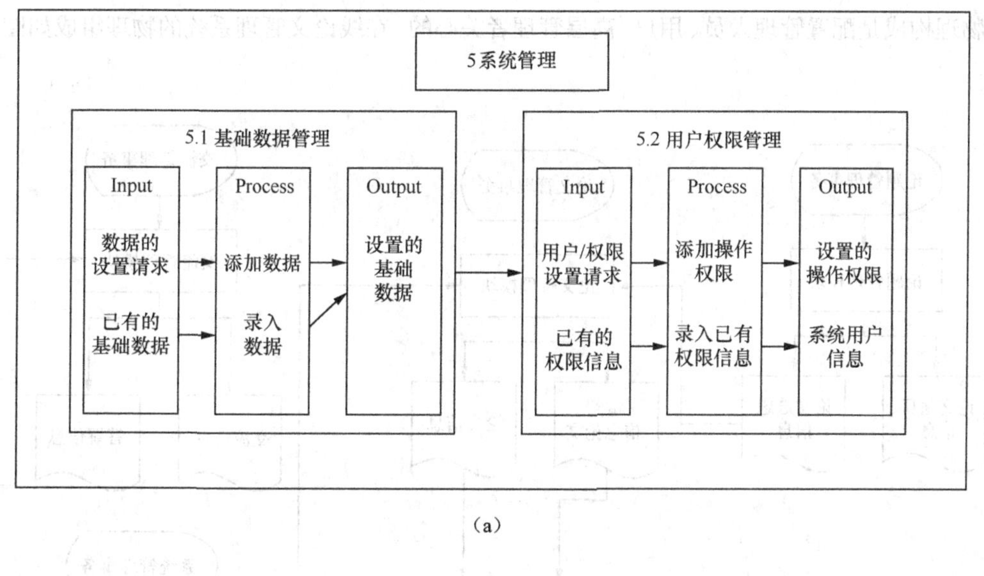

（a）

子系统编号：5.1

子系统英文名称：

子系统中文名称：基础数据管理

特性编号	系统特征英文名称	系统特征中文名称	操作功能	调用对象	被调用对象	备注
N5-1		基础数据管理	实现数据的添加与录入	基础数据管理	#添加数据 #录入数据	系统管理（0层）模块下的子模块（1层）
说明：此基础数据管理管理模块输入项为添加数据和录入数据，输出项为设置的基础数据。						

（b）

图 8-19　系统管理软件组成图

子系统编号：5.2

子系统英文名称：

子系统中文名称：用户权限管理

特性编号	系统特征英文名称	系统特征中文名称	操作功能	调用对象	被调用对象	备注
N5-2		用户权限管理	实现权限设置的自动化管理	用户权限管理	#添加操作权限 #录入已有权限信息	系统管理（0 层）模块下的子模块（1 层）
说明：此用户权限管理管理模块输入项为用户/权限请求设置和已有的权限信息，输出项为设置的操作权限和系统用户信息。						

（c）

图 8-19　系统管理软件组成图（续）

8.3.3　系统物理构成

物理构成是配置管理人员、用户、高层管理者关心的。在线论文管理系统的物理组成如图 8-20 所示。

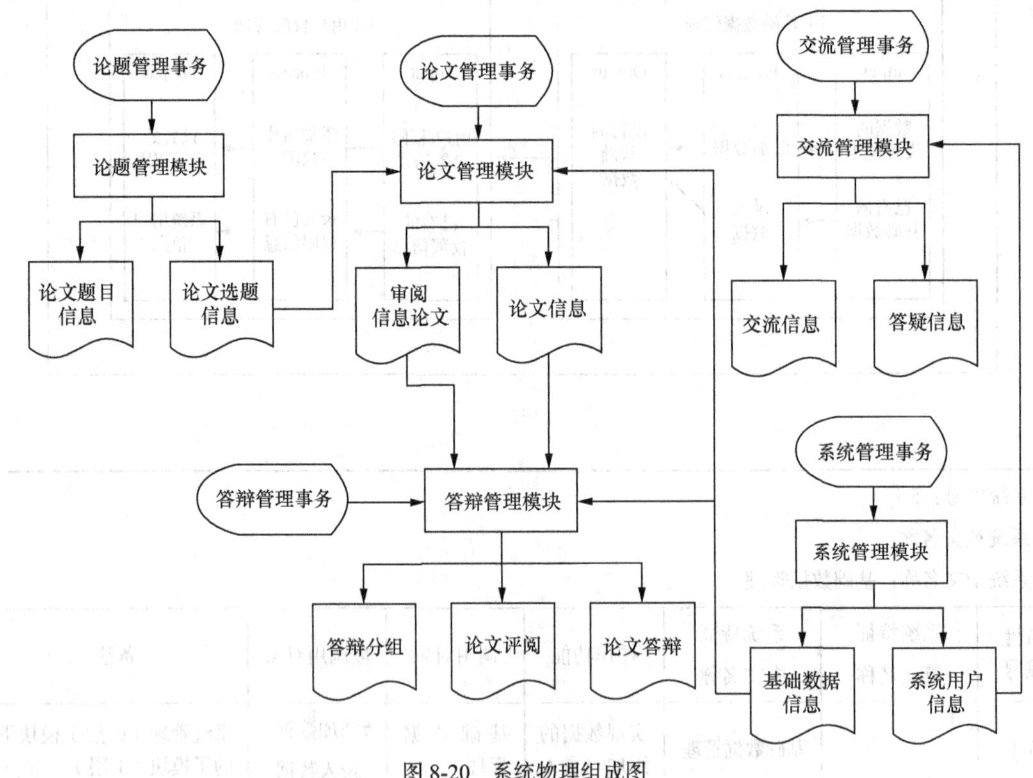

图 8-20　系统物理组成图

8.3.4　系统配置

在线论文管理系统的系统配置如图 8-21 所示。

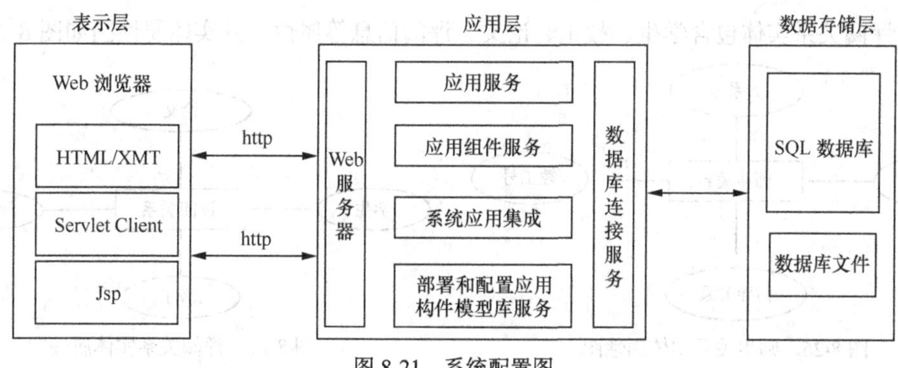

图 8-21　系统配置图

8.3.5　数据库设计

1. 主要实体属性图

在线论文管理系统主要包括这些实体：论题、论文、教师、学生、师生关系、答辩分组、交流信息、权限组、评阅关系等实体，下面对它们进行详细设计。

（1）论题信息实体包含题目名称、关系号、可选人数、教工号、论题介绍、审核情况、论题号等属性，其实体属性图如图 8-22 所示。

（2）论文实体包含学生学号、论文编号、论文名称、审核情况、出题老师、文件内容、版本号、提交日期、论文类型等属性，其实体属性图如图 8-23 所示。

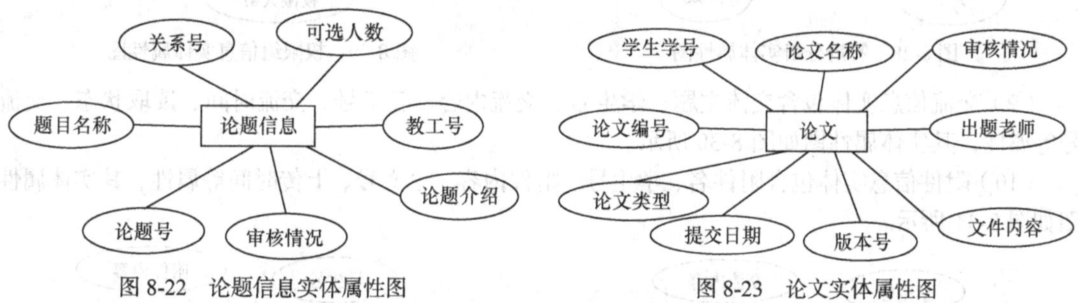

图 8-22　论题信息实体属性图　　图 8-23　论文实体属性图

（3）教师实体包含教工号、教师类型、密码、姓名、联系方式、年龄、权限组号等属性，其实体属性图如图 8-24 所示。

（4）学生实体包含学号、密码、学生姓名、电话、毕业年份、年龄、入学年份、班级、所在学院等属性，其实体属性图如图 8-25 所示。

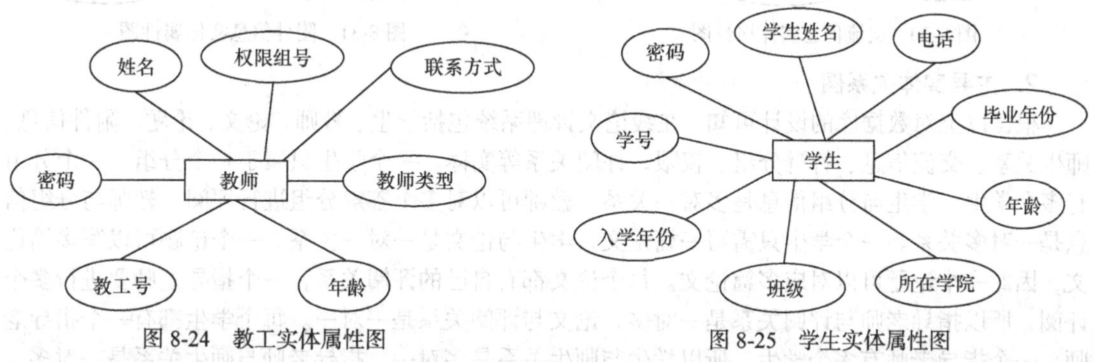

图 8-24　教工实体属性图　　图 8-25　学生实体属性图

（5）师生关系实体包学生号、教工号、论文号、指导关系等属性，其实体属性图如图 8-26 所示。

（6）评阅关系实体包含学生、教工、论文、评阅信息等属性，其实体属性图如图 8-27 所示。

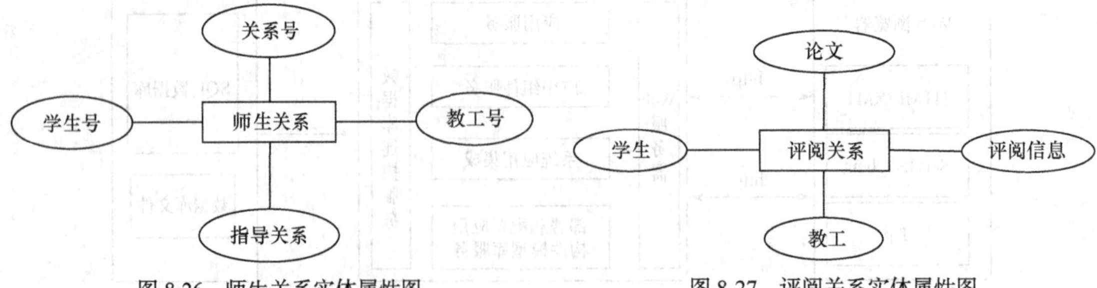

图 8-26　师生关系实体属性图　　　图 8-27　评阅关系实体属性图

（7）答辩分组实体包含教工、学生、论文、点评、分数、通过情况等属性，其实体属性图如图 8-28 所示。

（8）权限组实体包含组号、权限级别、权限内容和权限人数等属性，其实体属性图如图 8-29 所示。

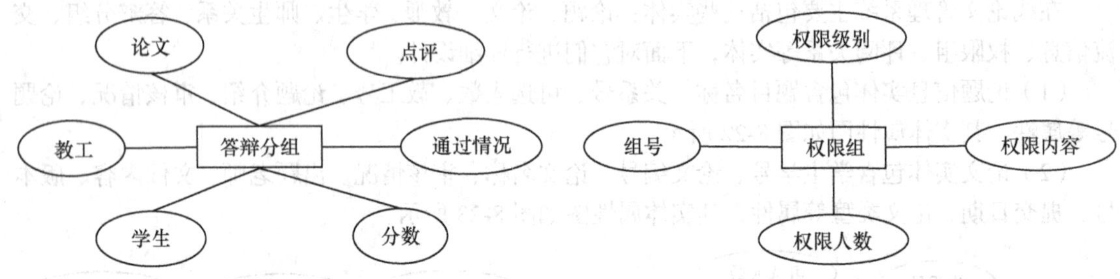

图 8-28　答辩分组实体属性图　　　图 8-29　权限组信息实体属性图

（9）交流信息实体包含交流主题、学生号、交流内容、教工号、交流时间、读取状态、交流号等属性，其实体属性图如图 8-30 所示。

（10）附件信息实体包含附件名、学生号、附件内容、论文号、上传时间等属性，其实体属性图如图 8-31 所示。

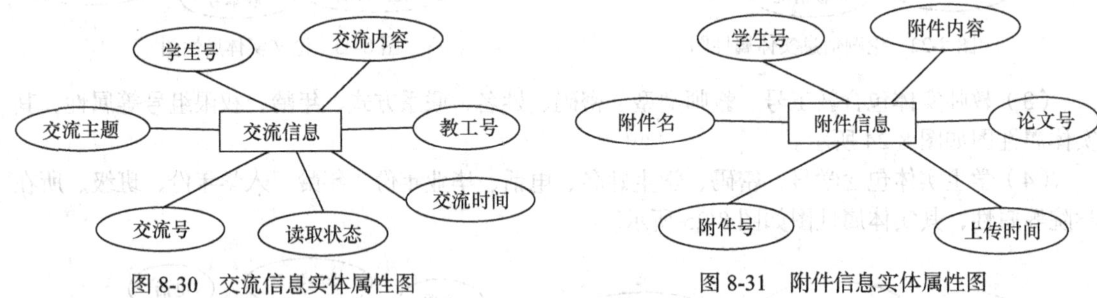

图 8-30　交流信息实体属性图　　　图 8-31　附件信息实体属性图

2. 主要实体关系图

根据以上对数据库的设计可知，在线论文管理系统包括学生、教师、论文、论题、附件信息、师生关系、交流信息、答辩分组、权限、评阅关系等实体。一个学生只属于一个分组，一个分组有多个学生，学生与分组信息是多对一关系。教师可以对多个答辩分组进行评阅，教师与分组信息是一对多关系。一个学生只需写一篇论文，学生与论文是一对一关系。一个论题可以写多篇论文，因此一个论题可以对应多篇论文。每个论文都有自己的评阅关系，一个指导老师要进行多个评阅，所以指导老师与评阅关系是一对多，论文与评阅关系是一对一。每个学生都有一个指导老师，一个指导老师有多个学生，所以学生与师生关系是多对一，指导老师与师生关系是一对多。一篇论文可能有多个附件，因此一篇论文对应多个附件。一个用户可以产生多条交流信息，因此学生和指导老师对交流信息是一对多的关系。据此，在线论文管理系统总体 E-R 图如图 8-32 所示。

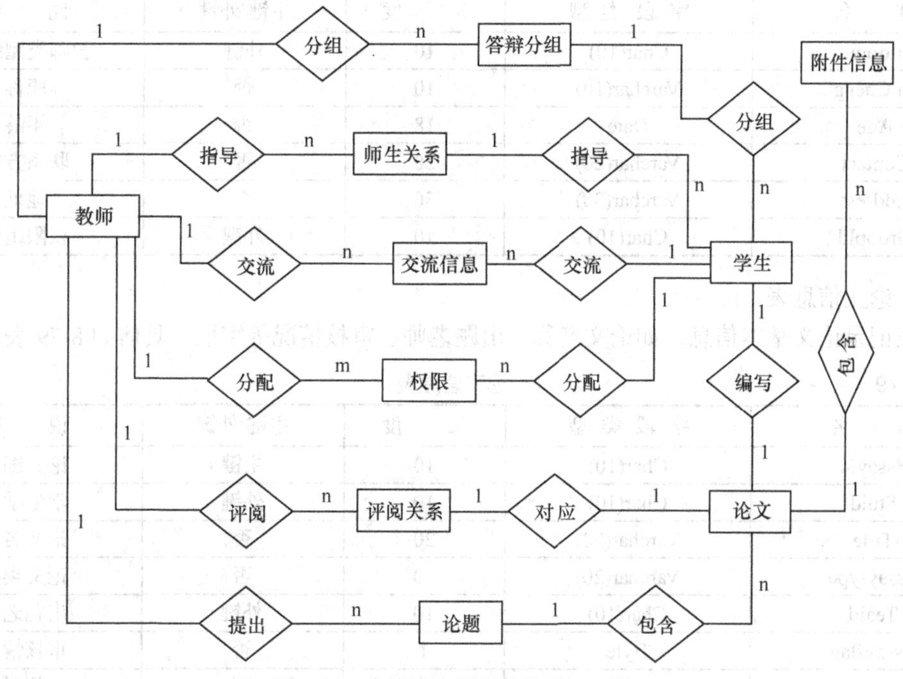

图 8-32　在线论文管理系统总 E-R 图

3. 主要数据库表设计

（1）学生信息表

该表用于存储学生的基本信息，如学号、姓名和年份等字段。学生信息表的结构如表 8-77 所示。

表 8-77　学生信息表

列　名	字 段 类 型	长　度	主键/外键	说　明
StuId	Char(10)	10	主键	学号
Pwd	Varchar(20)	20	否	密码
Stuname	Varchar(20)	20	否	学生姓名
Tele	Varchar(20)	20	否	电话
Gratime	Date	8	否	毕业年份
Born	Datetime	18	否	年龄
Apartment	Varchar(20)	20	否	所在学院
Ruxuetime	Date	8	否	入学年份
Class	Varchar(20)	20	否	班级

（2）教师信息表

该表记录教师基本信息，如教工号、姓名、密码和职称等基本信息。教师信息表的结构如表 8-78 所示。

表 8-78　教师信息表

列　名	字 段 类 型	长　度	主键/外键	说　明
Teaid	Char(10)	10	主键	教工号
Teaname	Varchar(20)	20	否	姓名
Pwd	Varchar(20)	20	否	密码

续表

列　　名	字 段 类 型	长　　度	主键/外键	说　　明
Groupid	Char(10)	10	外键	教师类型编号
zhiCheng	Varchar(10)	10	否	职称
Age	Date	18	否	年龄
Contact	Varchar(20)	20	否	联系方式
Address	Varchar(30)	30	否	地址
GroupId	Char(10)	10	外键	权限组号

（3）论文信息表

该表记录论文基本信息，如论文名称、出题老师、审核情况等字段，具体如 8-79 表所示。

表 8-79　　论文信息表

列　　名	字 段 类 型	长　　度	主键/外键	说　　明
Essayid	Char(10)	10	主键	论文编号
Stuid	Char(10)	10	外键	学生学号
Title	Varchar(20)	20	否	论文名称
Essaytype	Varchar(20)	20	否	论文类型
Teaid	Char(10)	10	外键	出题老师
Essayflag	Byte	1	否	审核情况
UploadDate	Date	18	否	上传时间
EssayVersion	Char(5)	5	否	论文版本
EssayDept	Varchar(20)	20	否	论文标签

（4）师生关系表

记录师生关系，如关系编号、学生号和教工号等字段，其表结构如表 8-80 所示。

表 8-80　　师生关系表

列　　名	字 段 类 型	长　　度	主键/外键	说　　明
Relaid	Char(10)	10	主键	关系号
Stuid	Char(10)	10	外键	学生号
Teaid	Char(10)	10	外键	教工号
RelaFlag	Byte	1	否	关系确认
Extra	Varchar(50)	50	否	额外信息

（5）评阅关系表

记录评阅关系基本信息，它包括学生号、教工号、论文编号和评阅信息等字段，其关系表的结构如表 8-81 所示。

表 8-81　　评阅关系表

列　　名	字 段 类 型	长　　度	主键/外键	说　　明
Stuid	Char(10)	10	主键	学生号
Teaid	Char(10)	10	主键	教工号
EssayId	char(10)	10	外键	论文编号
Advice	Varchar(50)	50	否	评阅信息
Extra	Varchar(50)	50	否	额外信息
readTime	Date	8	否	评阅时间

（6）答辩分组表

该表记录答辩分组信息，包括答辩分组号、答辩时间、答辩地点、答辩教工等字段。其结构如表 8-82 所示。

表 8-82　答辩分组表

列　名	字 段 类 型	长　度	主键/外键	说　明
Gid	Char(10)	20	主键	组号
Stuid	Char(10)	20	外键	学生号
Teaid	Char(10)	20	外键	教工号
AnsTime	Date	8	否	答辩时间
Ansroom	Varchar(20)	20	否	答辩地点
Essayid	Char(10)	10	外键	论文编号
Extra	Varchar(50)	50	否	额外信息
Titleid	Char(10)	10	外键	论题号

（7）权限组信息表

详细权限组信息，包括权限级别、权限内容等字段，其结构如表 8-83 所示。

表 8-83　权限组信息表

字 段 名	数 据 类 型	长　度	主 键 否	描　述
Groupid	Char(10)	10	主键	组号
PowType	Char(10)	10	否	权限级别
PowCont	Varchar(50)	50	否	权限内容
PowPeople	Int		否	权限人数
Extra	Varchar(50)	50	否	额外信息

（8）论题信息表

该表记录详细论文题目信息，包括题目名称、可选人数等信息。论题信息表的结构如表 8-84 所示。

表 8-84　论题信息表

列　名	字 段 类 型	长　度	主键/外键	说　明
Titlid	Char(10)	10	主键	论题号
TitleName	Char(10)	10	否	题目名称
RelaId	Char(10)	10	外键	关系号
StuNum	Int		否	可选人数
Teacherid	Char(10)	10	外键	教工号
Titleinro	Varchar(50)	50	否	论题介绍
TitleFlag	Byte	1	否	审核情况

（9）交流信息表

记录师生交流信息，包括主题、交流时间、地点等字段。交流信息表的结构如表 8-85 所示。

表 8-85　交流信息表

列　名	字 段 类 型	长　度	主键/外键	说　明
Contactid	Char(10)	10	主键	交流号
ContactName	Varchar(50)	50	否	交流主题
Stuid	Char(10)	10	外键	学生号
ContactInfo	Varchar(50)	50	否	交流信息

续表

列　　名	字 段 类 型	长　　度	主键/外键	说　　明
Teacherid	Char(10)	10	外键	教工号
ContactTime	Date	18	否	交流时间
ContactArea	Varchar(50)	50	否	交流地点
ContactFlag	Byte	1	否	审核情况

（10）附件信息表

该表记录论文系统中上传的详细附件信息，其表结构如表 8-86 所示。

表 8-86　　附件信息表

列　　名	字 段 类 型	长　　度	主键/外键	说　　明
Upid	Char(20)	20	主键	附件号
StuId	Char(10)	10	外键	学号
OthName	Varchar(20)	20	否	附件名
OthSize	bigint	4	否	附件大小
OthTime	Date	18	否	提交时间
TitleId	Char(10)	10	外键	论文号

8.4 详 细 设 计

本节对论文管理和答辩管理的详细设计进行介绍。

8.4.1 论文管理详细设计

下面以添加论文处理流程为例，介绍论文管理的详细设计，如图 8-33 所示。

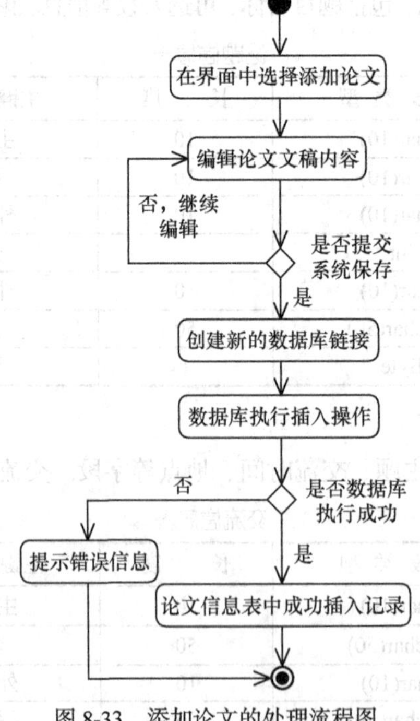

图 8-33　添加论文的处理流程图

8.4.2　答辩管理详细设计

下面以添加答辩分组子模块的程序流程为例，介绍答辩管理的详细设计，其模块的程序流程图如图 8-34 所示。

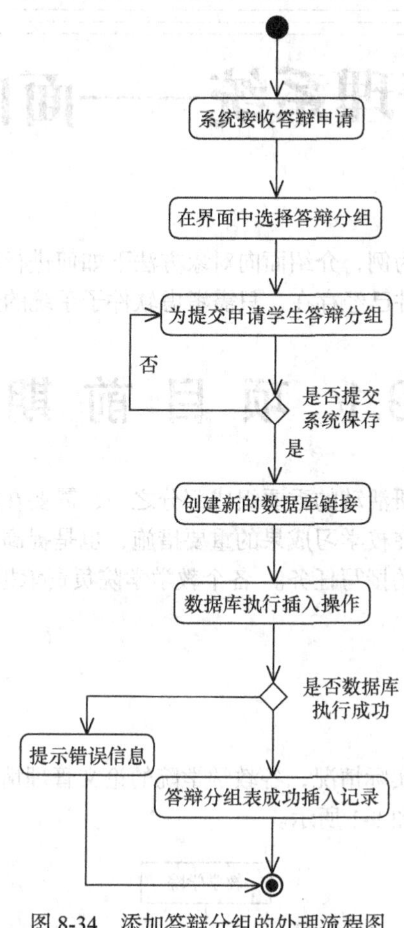

图 8-34　添加答辩分组的处理流程图

8.5　本 章 小 结

本章以一个论文管理系统为例，在一个由项目前期—需求分析—总体设计—详细设计组成的相对完整开发过程中，介绍了结构化方法下软件项目开发需要在各个阶段建立的模型。

第9章 毕业论文管理系统——面向对象方法

本章以毕业论文管理系统为例，介绍面向对象方法下如何进行项目开发，主要针对面向对象的建模。假设整个系统网络硬件已经存在，只需考虑软件子系统的开发。

9.1 项目前期

毕业论文是大学教学或科研活动的重要组成部分之一，需要在学业完成前写作并提交毕业论文。撰写毕业论文是检验学生在校学习成果的重要措施，也是提高教学质量的重要环节。大学生在毕业前都必须完成毕业论文的撰写任务。各个教学学院负责承担各自学院论文的指导、评阅和答辩。

9.1.1 软件分析

1. 组织分析

根据毕业论文现有管理的实际情况，各教学学院的论文管理情况基本相同；各教学学院与毕业论文管理有关的岗位职能如图9-1所示。

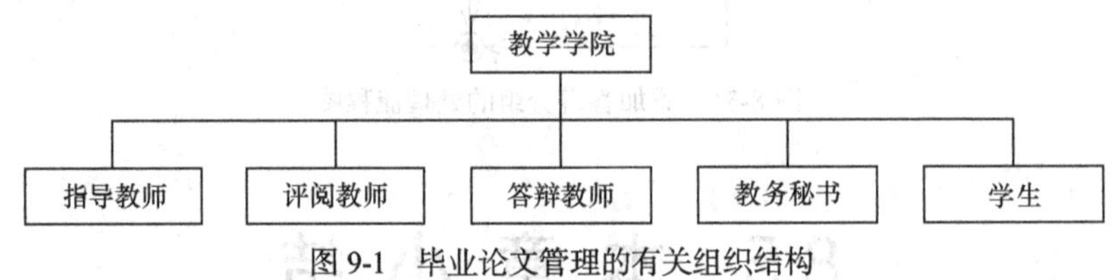

图9-1 毕业论文管理的有关组织结构

- 学生：参与论文撰写、答辩的毕业学生。
  职能：选择论文题目；
  论文上交、论文修改；
  申请答辩、成绩查询；
  与指导教师交流、咨询。
- 指导教师：全面负责毕业学生的论文指导。
  职能：负责论文题目出题、题目修改、协商选题；
  负责学生论文指导和评分。
- 评阅教师：负责毕业论文的评分。
  职能：负责论文评阅、打分。

- 答辩教师：负责毕业论文的答辩。

  职能：负责论文答辩；

  　　　负责毕业论文的答辩评估；

  　　　负责毕业论文的毕业论文成绩总评。

- 教学秘书：负责学生毕业论文的过程管理协调。

  职能：负责毕业论文题目审核和发布；

  　　　负责指导教师和毕业学生的调配；

  　　　论文答辩成绩审核、汇总统计和上报。

2. 业务分析

现有的手工毕业论文管理系统，主要为毕业学生的毕业论文管理提供服务。为保证毕业学生的毕业论文环节需要，各学院的指导教师/评阅教师/答辩教师和教学秘书必须协同工作。图 9-2 所示的业务用例图反映了现有的手工毕业论文系统提供的业务服务。

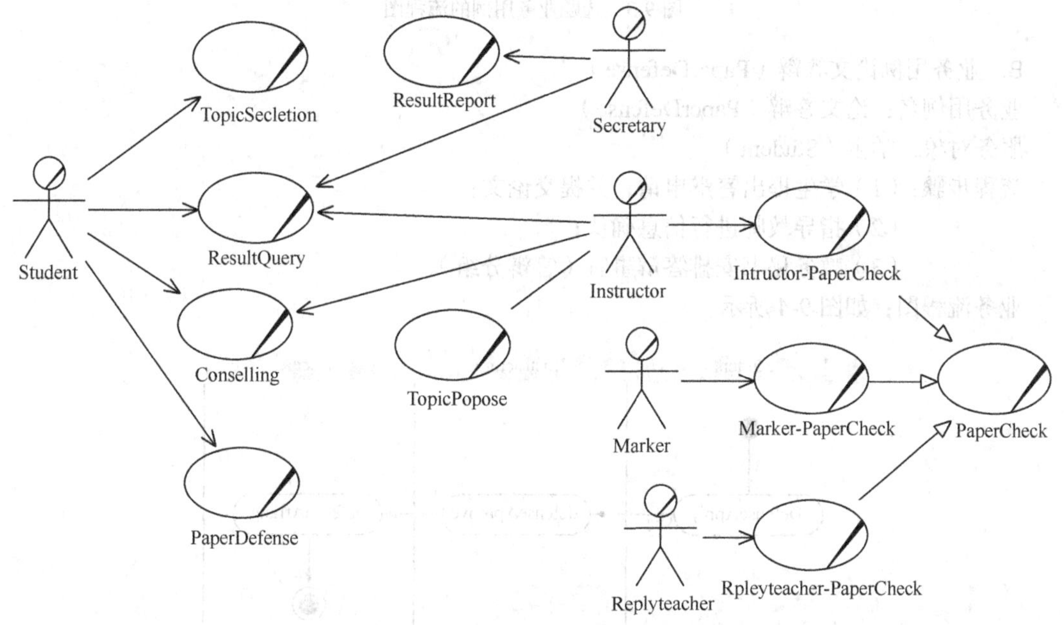

图 9-2　毕业论文管理的业务用例图

为学生提供的业务服务包括选题（TopicSelection）、论文答辩（PaperDefense）导师交流（Conselling）、结果查询（ResultQuery）。

为指导教师提供的业务服务包括论文出题（TopicPropose）、导师交流（Conselling）、结果查询（ResultQuery）、论文评阅（PaperCheck）。

为评阅教师和答辩老师提供的业务服务包括 PaperCheck（论文评阅）。

为教务秘书提供的业务包括结果上报（ResultReport）、结果查询（ResultQuery）。

A. 业务用例选题（TopicSelction）

业务用例名：选题（TopicSelction），也称论文选题

服务对象：学生（Student）

流程步骤：（1）学生进行选题；

　　　　　（2）如果一个论文题目只有一个学生选择，指导教师确认；

　　　　　（3）如果论文题目有多个学生选择，教务秘书进行协调。

业务流程图：如图 9-3 所示。

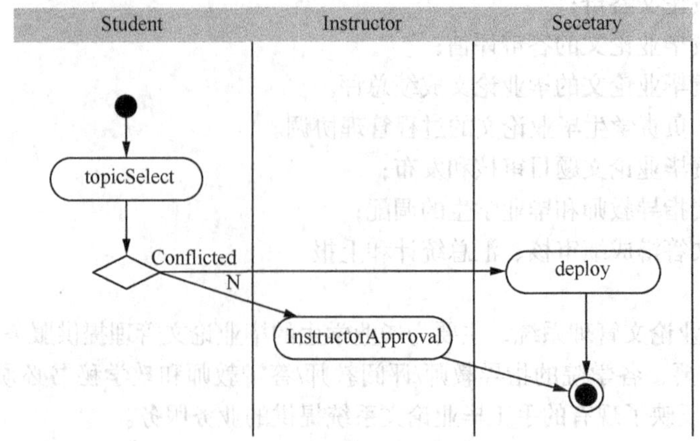

图 9-3 选题业务用例的流程图

B. 业务用例论文答辩（PaperDefense）

业务用例名：论文答辩（PaperDefense）

服务对象：学生（Student）

流程步骤：（1）学生提出答辩申请，并提交论文；

（2）指导教师进行信息确认；

（3）教务秘书安排答辩事宜（答辩分组）。

业务流程图：如图 9-4 所示。

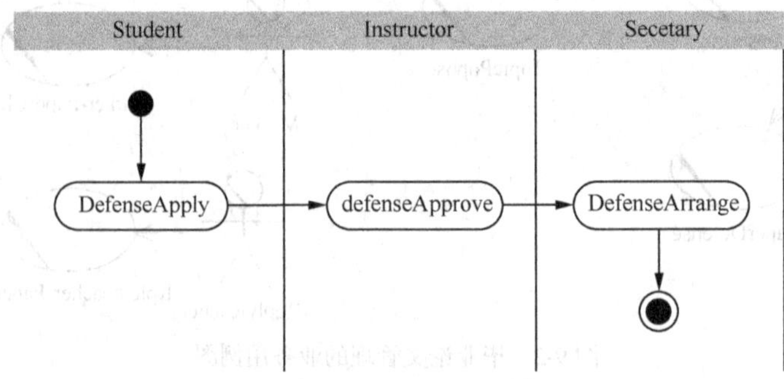

图 9-4 论文答辩业务用例的流程图

C. 业务用例导师交流（Conselling）

业务用例名：导师交流（Conselling）

服务对象：学生（Student）/指导教师（Instructor）

流程步骤：（1）学生（Student）/指导教师（Instructor）对话申请；

（2）对话者确认。

业务流程图：如图 9-5 所示。

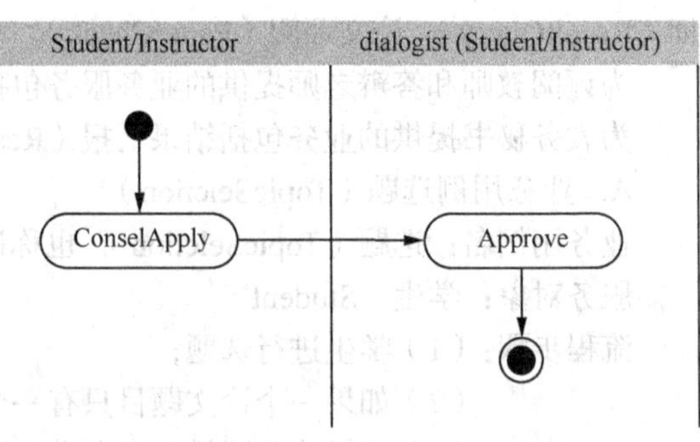

图 9-5 业务用例 Conselling 的流程图

D. 业务用例结果查询（ResultQuery）

业务用例名：结果查询（ResultQuery）

服务对象：学生（Student）/指导教师

（Instructor）/教务秘书（Secetary）

流程步骤：略（步骤只有一步）

业务流程图：略

E. 业务用例名：论文出题（TopicPropose）

服务对象：指导教师（Instructor）

流程步骤：（1）指教教师出题；

（2）教务秘书审核确认；

（3）教务秘书发布。

业务流程图：如图 9-6 所示。

F. 业务用例名：论文评阅（PaperCheck）

服务对象：指导教师（Instructor）/评阅教师（Marker）/答辩教师（ReplyTeacher）

流程步骤：略（步骤只有一步）

流程图：略

G. 业务用例名：结果上报（ResultReport）

服务对象：教务秘书（Secetary）

流程步骤：（1）教务秘书汇总所有学生成绩；

（2）教务秘书审核成绩；

（3）教务秘书发布论文成绩。

流程图：见图 9-7 所示。

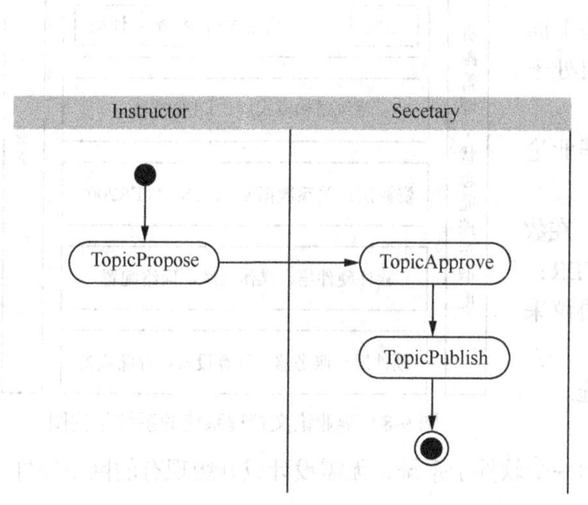

图 9-6 业务用例论文出题（TopicPropose）流程图

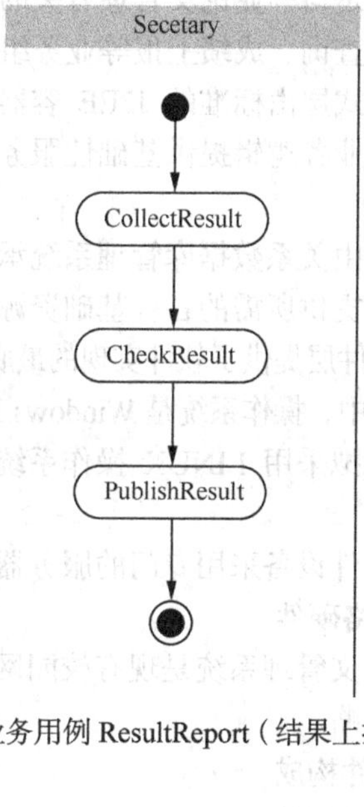

图 9-7 业务用例 ResultReport（结果上报）的流程图

9.1.2 系统需求收集

在线论文管理系统的功能需求可以按照角色进行划分，包括学生、指导老师/评阅老师/答辩老师、系统管理员等，每类用户的功能需求如下。

1. 学生

论题选择：学生可以通过系统选择论文题目。

论文提交：学生可以通过系统进行论文撰写、论文修改和论文定稿后的论文提交。

申请答辩及论文成绩查询：学生可以通过系统申请答辩和查询论文成绩。

在线交流和离线消息：学生可以通过系统与导师、同学进行在线交流和离线留言/回复。

2. 指导老师/评阅老师/答辩老师

论文出题和选题协商：指导老师通过系统进行论文出题、题目修改。

评阅论文：指导老师/评阅老师/答辩老师通过系统可以对申请答辩者进行评阅论文。

查询论文成绩：指导老师通过系统可以对论文成绩进行查询。

3. 教学秘书/系统管理员

基础数据管理：系统管理员通过系统可以对包括教师、学生等基础数据进行管理。

用户管理：系统管理员通过系统可以进行角色管理、用户权限设置等管理。

论题审核发布：教学秘书可以通过系统与学生协商选题、进行论题审核和论题发布。

答辩分组和统计论文成绩：教学秘书可以通过系统进行答辩分组、发布答辩成绩和统计论文分数。

9.1.3 粗略设计

1. 系统体系结构

根据大学毕业论文的实际情况、现实需要，设计毕业论文管理系统的系统架构如图 9-8 所示。

其中表示层是 JSP 表示的操作和浏览界面；学生、指导教师、评阅教师、答辩教师和教务秘书可以通过表示层进行相应的信息浏览和功能操作。

应用层是与毕业论文管理有关的出题、答辩、评阅、成绩查询、成绩上报等业务组件。

结构模式层由标准的 J2EE 容器提供，为上面的毕业论文业务逻辑提供基础性服务；应用层处于容器中。

资源层由关系数据库管理系统承担，为毕业论文管理系统提供所需的各种基础资源。

软件硬件层提供了软件实现的最底层描述。在数据库服务器中，操作系统是 Windows XP SERVER；应用服务器拟采用 LINUX 操作系统；网络协议采用 IPv4。

底层硬件设备采用专门的服务器硬件设施。

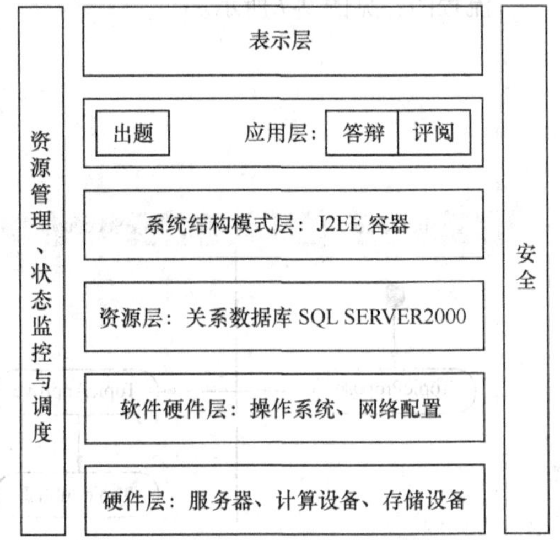

图 9-8 毕业论文管理系统的系统架构图

2. 网络硬件

毕业论文管理系统是现有校园网系统中的一个软件子系统，无需设计或升级现有的网络硬件，网络拓扑图略。

3. 软件构成

A. 功能模块

根据收集的用户需求，大致可知道整个系统有三个子系统构成，包括为学生服务的学生子系统、为教师服务的教师子系统和为教务秘书服务的系统管理子系统。整个毕业论文管理系统的功能结构图如图 9-9 所示。

B. 系统构成

毕业论文管理系统的系统构成可以由三部分构成，包括反映系统各个部件组成的系统构成图、反映系统计算模式的系统架构图和系统部件构成在网络硬件设施上配置的系统配置图。

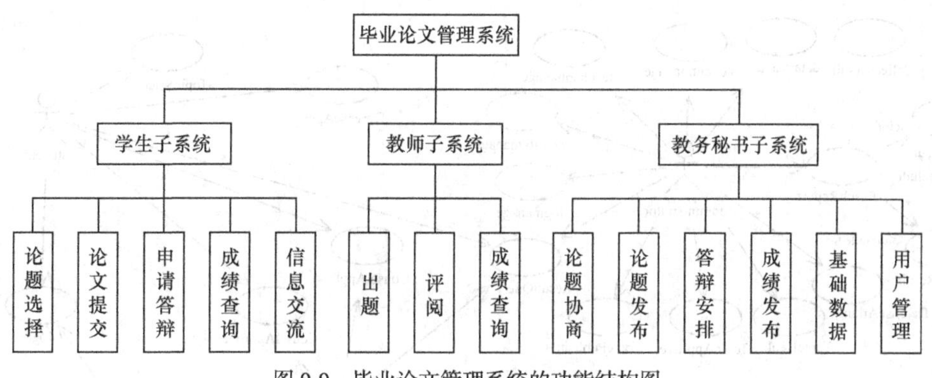

图 9-9　毕业论文管理系统的功能结构图

毕业论文管理系统主要由三部分构成：数据中心（由关系数据库管理系统进行集中管理）、业务组件和表示层页面（应用服务器负责管理）和部分静态网页（网页服务器进行管理）。

毕业论文管理系统采用 B/S 的计算架构进行开发。

主要的硬件设施包括安装浏览器的客户机器、安装配置网页服务器和应用服务器的硬件、安装配置数据库服务器的硬件。

将三部分信息综合在一起，得到图 9-10 所示的毕业论文管理系统的系统配置图。

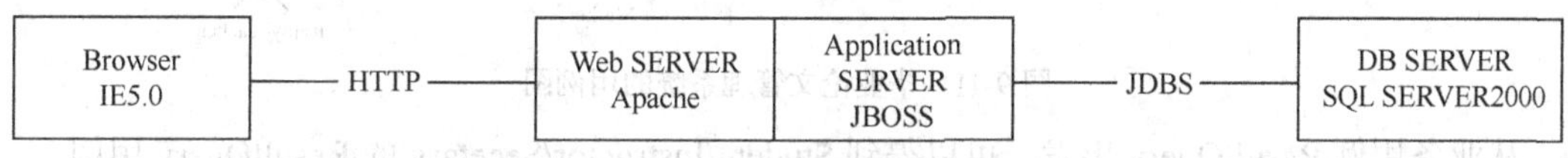

图 9-10　毕业论文管理系统的系统配置图

4. 安全设计（略）

5. 配套设计（略）

9.1.4　可行性分析（略）

9.2　需求分析

毕业论文管理系统是基于互联网的应用软件。此系统可以实现权限分配，管理和导师上传课题，学生选择毕业设计课题等核心业务，实现学生毕业论文设计过程在线管理与控制，达到高效、方便的毕业论文设计管理流程，为学院毕业生工作提供高效优质的服务。

9.2.1　用例图

根据项目前期毕业论文管理的相关业务用例及其流程图，可以得到毕业论文管理系统的用例图，如图 9-11 所示。

从业务用例 TopicSelction 出发，可以得到 Student 的 TopicSelct、Instructor 的 Topic-instructorApprove、Secetary 的 TopicDeploy 三个用例。

从业务用例 PaperDefense 出发，可以 Student 的 DefenseApply、Instructor 的 DefenseApprove、Secetary 的 DefenseArrange 三个用例。

从业务用例 Conselling 出发，可以得到 Student/Instructor 的 ConselApply、Student/Instructor 的 ConselApprove 两个用例。

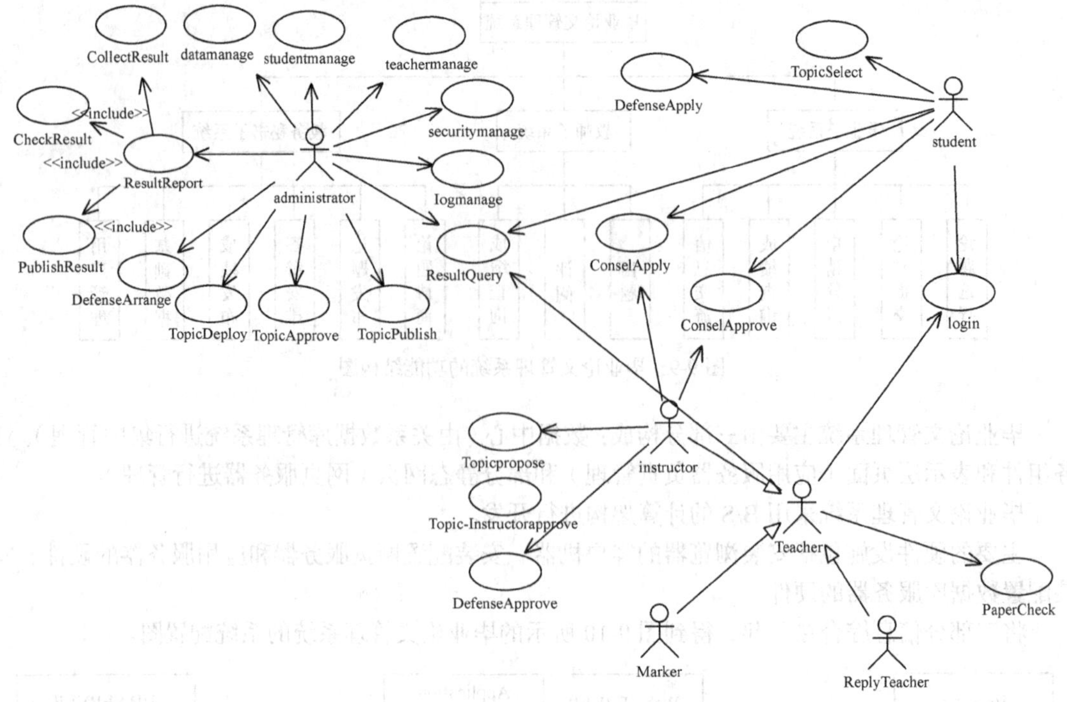

图 9-11　毕业论文管理系统的用例图

从业务用例 ResultQuery 出发，可以得到 Student/Instructor/Secetary 的 ResultQuery 用例。

从业务用例 TopicPropose 出发，可以得到 Instructor 的 TopicPropose、Secetary 的 TopicApprove 和 TopicPublish 等三个用例。

从业务用例 PaperCheck 出发，可以得到 Instructor/Marker/ReplyTeacher 的 PaperCheck 用例。

从业务用例 ResultReport 出发，可以得到 Secetary 的 ResultCollect、ResultCheck、ResultPublish 三个用例。

根据用户需求收集，可以有 datamanage、studentmanage、teachermanage 等三个用例。

此外，还有所有用户使用的 login 用例、用户管理 usermanage 用例、权限管理 securitymanage 用例、系统操作日志用例 logmanage。

9.2.2　用例描述

A. 登录

1. 用例描述

（1）角色：用户（学生、教师、管理员、超级管理员）

（2）前提条件：拥有管理员权限的注册用户

（3）主事件流

① 用户登录该网站的登录页面（E1）

② 显示登录页面信息，如用户名，密码

③ 输入用户名和密码单击登录按钮（E2）

④ 验证登录信息

⑤ 加载用户所拥有的权限信息，并显示在页面

（4）异常事件流

E1：键入非法的标识符，指明错误

E2：账号无效或被管理员删除，无法操作，提示重新激活账号

2. 用户界面图

用户在首页登录，如图 9-12 所示。

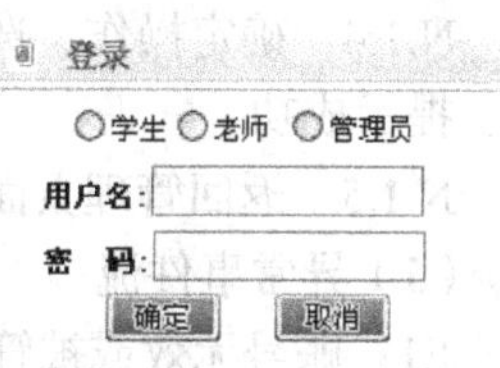

图 9-12　登录界面

输入正确的用户名和密码后进入系统管理的入口页面，如图 9-13 所示。

B. 数据管理

该模块主要是对系统数据库的管理，实现对系统数据库的备份和恢复功能，便于系统数据的维护。

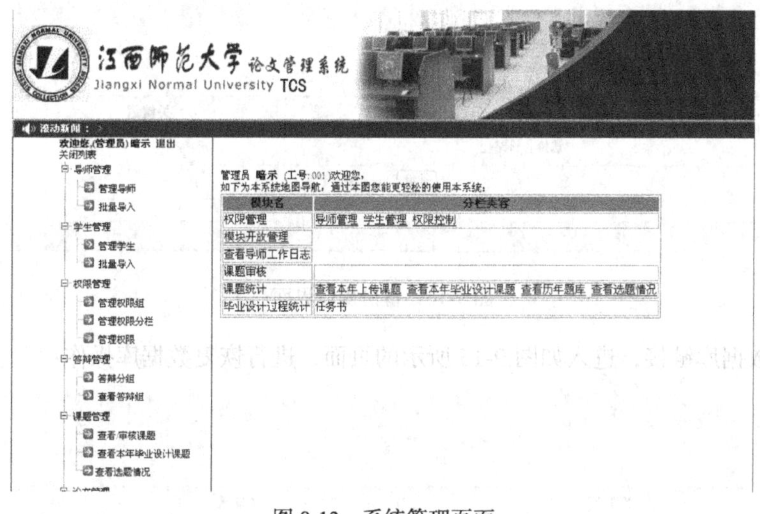

图 9-13　系统管理页面

1. 用例描述

（1）角色：用户（管理员、超级管理员）

（2）前提条件：拥有管理员权限的注册用户

（3）主事件流：

① 当用户登录该网站（E1），单击数据库管理；

② 单击备份数据库链接（S）、恢复数据库链接（N）；

③ 单击备份（S1）、恢复（N1）；

④ 返回管理页面。

（4）分支事件流

S1：备份数据库

S.1.1　单击备份数据库链接

S.1.2　进入备份数据库页面

S.1.3　单击备份，填写备份路径

S.1.4　确定操作

S.1.5　返回管理页面

N1：恢复数据库

N.1.1　单击恢复数据库链接

N.1.2　进入恢复数据库页面

N.1.3　选择要恢复的备份数据库文件（.sql 类型）

N.1.4　确定操作，选择的文件类型必须为.sql类型且不能为空，否则提示错误；当操作成功后，提示成功

N.1.5　返回管理页面

（5）异常事件流

E1：账号无效或被管理员屏蔽、删除，无法操作，提示重新激活账号。

E2：键入非法的标识符，指明错误。

2. 用户界面图

单击备份数据库链接，进入如图9-14所示页面，进行备份操作：

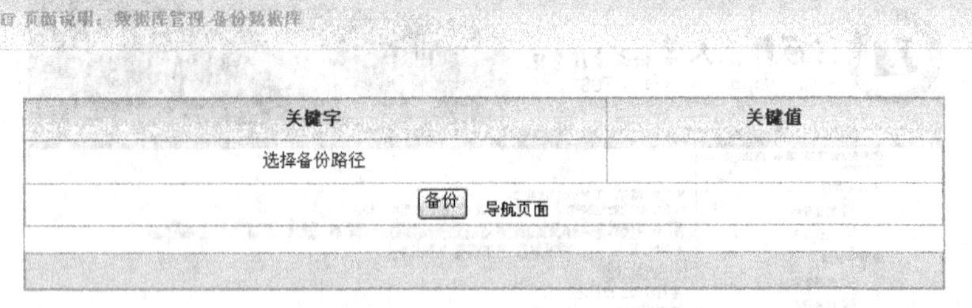

图9-14　备份操作界面

单击恢复数据库链接，进入如图9-15所示的页面，进行恢复数据库操作：

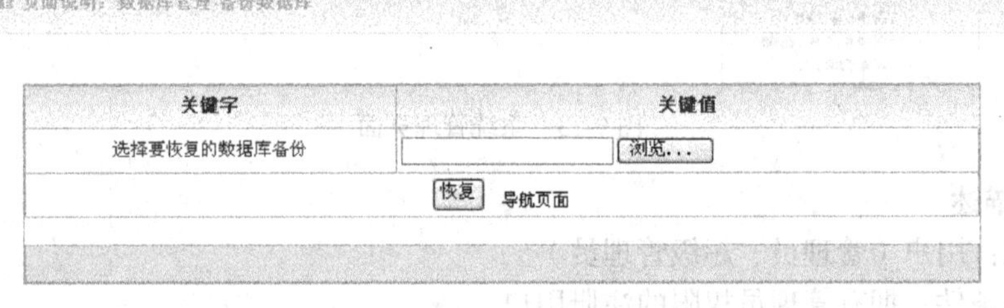

图9-15　恢复数据库操作界面

C. 教师管理

该模块主要是对老师信息的管理。模块操作有可批量导入导师信息到数据库，但是excel必须符合模板；可以批量删除、批量设置导师带学生人数的最大值、增加漏填或者临时加入的导师、编辑更新导师信息（如职称、密码等）、查看和查找导师等。

1. 用例描述

（1）角色：管理员

（2）前提条件：用户必须完成登录的用例

（3）主事件流：

① 当用户登录该网站（E1），单击导师管理；

② 单击管理导师链接、批量导入链接；

③ 单击设置带学生最大值、职称（S1）、添加（S2）、删除（S3）、编辑（S4）、查看（S5）、查找（S6），导入（S7）；

④ 返回管理页面。

（4）分支事件流

S1：设置带学生最大值、职称

S.1.1　单击设置链接

S.1.2　进入设置页面

S.1.3　填写数据

S.1.4　确定操作，当数据符合至少 1 位短整型数据时，提示操作成功；否则，提示数据错误

S.1.5　返回管理页面

S2：添加

S.2.1　单击添加链接

S.2.2　进入添加页面

S.2.3　输入数据

S.2.4　确定操作，教工号、姓名、密码、带学生最大人数为必填项且分别为 3～4 位短整型、2～8 个字符、至少 3 个字符、至少 1 位短整型，性别默认为男、职称默认为讲师，当其中任一项不符合时，提示错误；当操作成功后，提示成功

S.2.5　返回管理页面

S3：删除

S.3.1　选择导师

S.3.2　单击删除

S.3.3　确定删除，如果没有选择导师而单击批量删除，提示“请选择要删除的导师”；选择了导师，单击删除后，提示操作成功

S.3.4　返回管理页面

S4：编辑

S.4.1　单击编辑链接

S.4.2　进入编辑页面

S.4.3　输入数据

S.4.4　确定操作，教工号、姓名、密码、带学生最大人数为必填项且分别为 3～4 位短整型、2～8 个字符、至少 3 个字符、至少 1 位短整型，性别默认为男、职称默认为讲师，当其中任一项不符合时，提示错误；当操作成功后，提示成功

S.4.5　返回管理页面

S5：查看

S.5.1　单击查看链接

S.5.2　进入结果页面

S.5.3　返回管理页面

S6：查找

S.6.1　输入查询数据

S.6.2　单击查找链接

S.6.3　返回查询结果

S.6.4　确定操作

S.6.5　返回管理页面

S7：导入

S.7.1　单击浏览按钮

S.7.2　选择 Excel 文件

S.7.3　确定导入，当文件类型不是 xls 类型时，提示“请导入 excel 表格”；没有选择文件

直接单击导入，提示“请选择要导入的文件”；选择了导入的 excel 表格，成功导入后，提示操作成功

S.7.4　返回管理页面

（5）异常事件流

E1：账号无效或被管理员屏蔽、删除，无法操作，提示重新激活账号

E2：键入非法的标识符，指明错误

2. 用户界面图

导师管理页面如图 9-16 所示。

页面说明：导师管理-管理导师

□ 全选　删除　设置带学生最大值　添加　　搜索条件：姓名　搜索　[高级搜索]

□	教号	姓名	性别	职称	基本操作
□	0000	唐权华	男	讲师	编辑　查看
□	1074	黄明和	男	教授	编辑　查看
□	1321	尹红	女	高级实验师	编辑　查看
□	1888	汪洁	男	教授	编辑　查看
□	1902	郭斌	男	副教授	编辑　查看
□	2954	薛峰	男	副教授	编辑　查看
□	2960	唐劼	男	讲师	编辑　查看
□	3135	蒋长根	男	讲师	编辑　查看

图 9-16　导师管理界面

单击设置链接，进入如图 9-17 所示页面，进行设置操作：

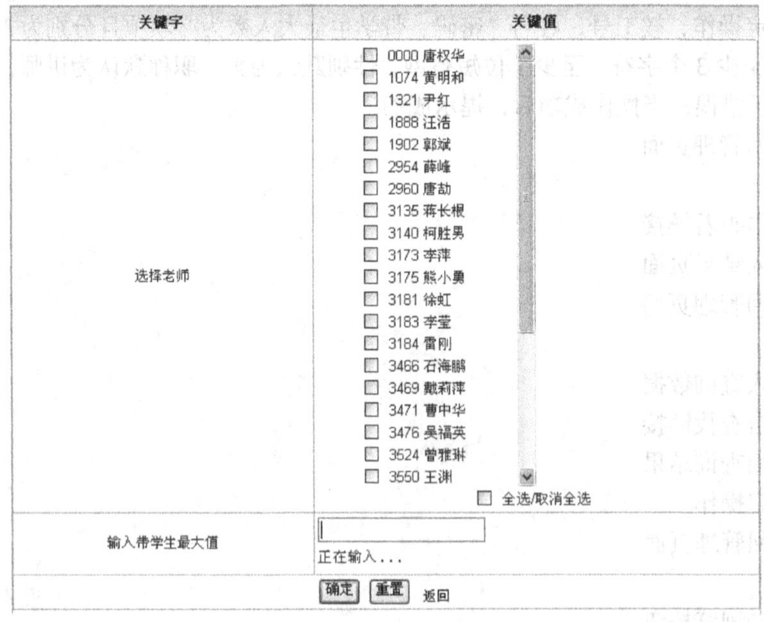

图 9-17　设置操作界面

单击添加链接，进入如图 9-18 所示页面，输入数据，添加老师。

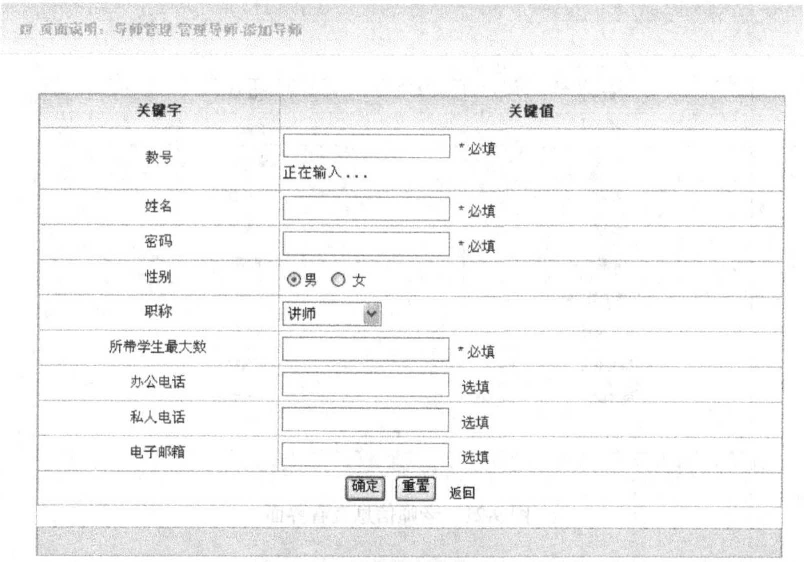

页面说明：导师管理 管理导师 添加导师

关键字	关键值
教号	* 必填 正在输入...
姓名	* 必填
密码	* 必填
性别	◉男 ○女
职称	讲师
所带学生最大数	* 必填
办公电话	选填
私人电话	选填
电子邮箱	选填
	确定 重置 返回

图 9-18　添加老师界面

选择要删除的老师，单击删除，将选择的老师删除，如图 9-19 所示。

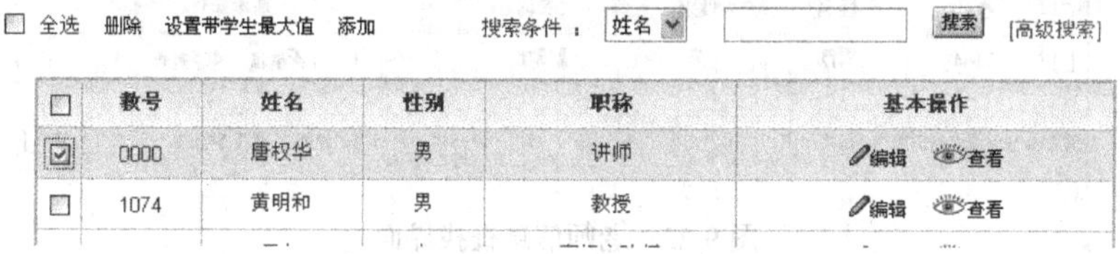

☐ 全选　删除　设置带学生最大值　添加　　搜索条件：姓名　搜索　[高级搜索]

☐	教号	姓名	性别	职称	基本操作
☑	0000	唐权华	男	讲师	编辑 查看
☐	1074	黄明和	男	教授	编辑 查看

图 9-19　删除老师界面

单击编辑，进入编辑页面，输入改变的数据，并确定操作，如图 9-20 所示。

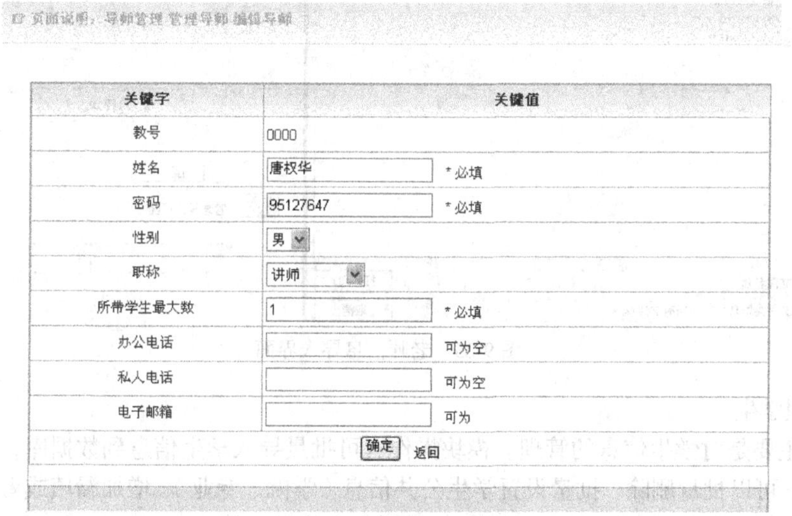

页面说明：导师管理 管理导师 编辑导师

关键字	关键值
教号	0000
姓名	唐权华 * 必填
密码	95127647 * 必填
性别	男
职称	讲师
所带学生最大数	1 * 必填
办公电话	可为空
私人电话	可为空
电子邮箱	可为
	确定 返回

图 9-20　老师编辑界面

单击查看，进入老师个人信息页面，如图 9-21 所示。

页面说明：唐权华 的详细信息

关键字	关键值
教号	0000
姓名	唐权华
密码	95127647
性别	男
职称	讲师
所带学生最大数	1
办公电话	可为空
私人电话	可为空
电子邮箱	可为空
返回	

图 9-21　老师信息查看界面

输入数据，单击查找，返回结果，如图 9-22 所示。

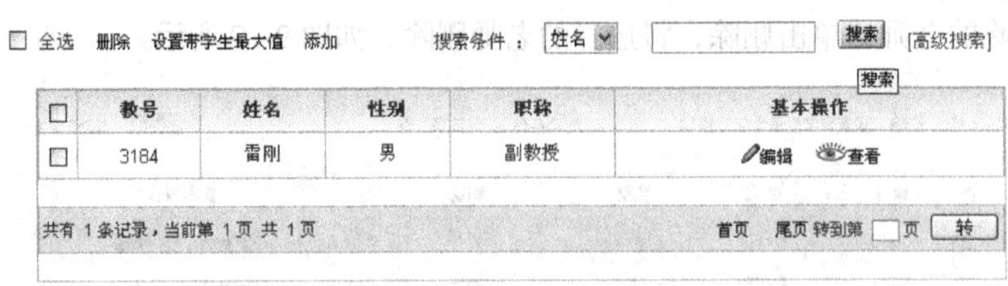

图 9-22　老师信息查找界面

单击浏览，选择老师信息的 Excel 文件，提交导入数据，如图 9-23 所示。

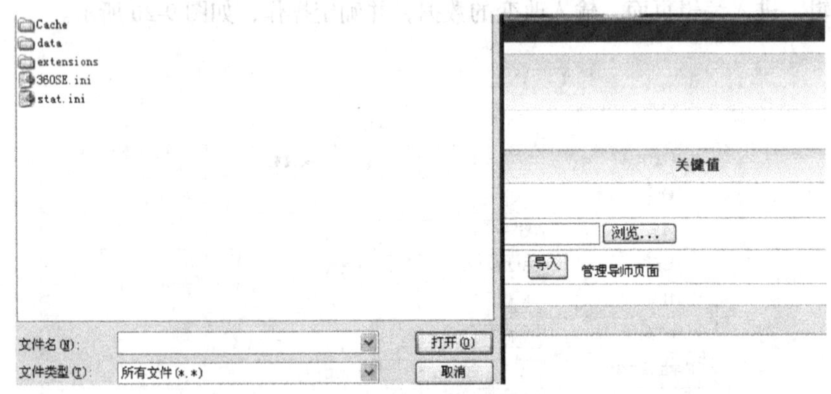

图 9-23　老师信息导入界面

D. 管理学生

该模块主要是对学生信息的管理。模块操作有可批量导入学生信息到数据库，但是 excel 必须符合模板；可以批量删除、批量设置学生公共信息（学院、专业）、增加漏填或者临时加入的学生、编辑更新学生信息（如姓名、密码等）、查看和查找学生等。

1. 用例描述

（1）角色：管理员

（2）前提条件：用户必须完成登录的用例

（3）主事件流：

① 当用户登录该网站（E1），单击导师管理；

② 单击管理导师链接、批量导入链接；

③ 单击设置学生公共信息（S1）、添加（S2）、删除（S3）、编辑（S4）、查看（S5）、查找（S6）、授权（S7），导入（S8）；

④ 返回管理页面

（4）分支事件流

S1：设置学生公共信息

S.1.1　单击设置链接

S.1.2　进入设置页面

S.1.3　填写数据

S.1.4　确定操作，填写的学院、专业要符合至少 4 个字符，否则提示错误；操作成功后，提示成功

S.1.5　返回管理页面

S2：添加

S.2.1　单击添加链接

S.2.2　进入添加页面

S.2.3　输入数据

S.2.4　确定操作，学号、姓名、密码、学院、专业、年级、班级、届别且分别为 10 位短整型、2～8 个字符、至少 3 个字符、至少 4 个字符、至少 4 个字符、4 位短整型、1 位短整型、4 位短整型，性别默认为男，当其中任一项不符合时，提示错误；当操作成功后，提示成功

S.2.5　返回管理页面

S3：删除

S.3.1　选择导师

S.3.2　单击删除，如果没有选择学生而单击批量删除，提示“请选择要删除的学生”；选择了学生，单击删除后，提示操作成功

S.3.3　确定删除

S.3.4　返回管理页面

S4：编辑

S.4.1　单击编辑链接

S.4.2　进入编辑页面

S.4.3　输入数据

S.4.4　确定操作，学号不可更改，姓名、密码、学院、专业、年级、班级、届别且分别为 2～8 个字符、至少 3 个字符、至少 4 个字符、至少 4 个字符、4 位短整型、1 位短整型、4 位短整型，性别默认为男，当其中任一项不符合时，提示错误；当操作成功后，提示成功

S.4.5　返回管理页面

S5：查看

S.5.1　单击查看链接

S.5.2　进入结果页面

S.5.3　返回管理页面

S6：查找

S.6.1　输入查询数据

S.6.2　单击查找链接

S.6.3　返回查询结果

S.6.4　确定操作

S.6.5　返回管理页面

S7：授权

S.7.1　单击授权按钮

S.7.2　选择特殊权限

S.7.3　确定授权

S.7.4　返回管理页面

S8：导入

S.8.1　单击浏览按钮

S.8.2　选择 Excel 文件

S.8.3　确定导入，当文件类型不是 xls 类型时，提示“请导入 excel 表格”；没有选择文件直接单击导入，提示“请选择要导入的文件”；选择了导入的 excel 表格，成功导入后，提示操作成功

S.8.4　返回管理页面

（5）异常事件流

E1：账号无效或被管理员屏蔽、删除，无法操作，提示重新激活账号

E2：键入非法的标识符，指明错误

2. 用户界面图

学生管理页面如图 9-24 所示。

图 9-24　学生信息管理界面

单击设置学生公共信息，进入设置页面，选择学生并设置学院、专业，确定设置，如图 9-25 所示。

单击添加，进入添加学生页面，输入数据并确定添加，如图 9-26 所示。

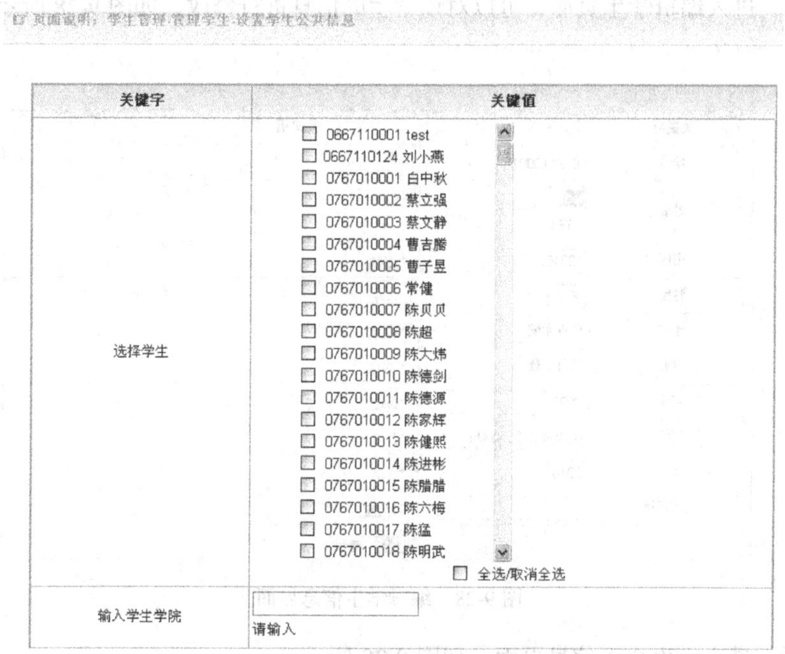

页面说明：学生管理-管理学生-设置学生公共信息

关键字	关键值
选择学生	☐ 0667110001 test ☐ 0667110124 刘小燕 ☐ 0767010001 白中秋 ☐ 0767010002 蔡立强 ☐ 0767010003 蔡文静 ☐ 0767010004 曹吉腾 ☐ 0767010005 曹子昱 ☐ 0767010006 常健 ☐ 0767010007 陈贝贝 ☐ 0767010008 陈超 ☐ 0767010009 陈大炜 ☐ 0767010010 陈德剑 ☐ 0767010011 陈德源 ☐ 0767010012 陈家辉 ☐ 0767010013 陈健熙 ☐ 0767010014 陈进彬 ☐ 0767010015 陈腊腊 ☐ 0767010016 陈六梅 ☐ 0767010017 陈猛 ☐ 0767010018 陈明武 ☐ 全选/取消全选
输入学生学院	请输入

图 9-25 设置学生公共信息界面

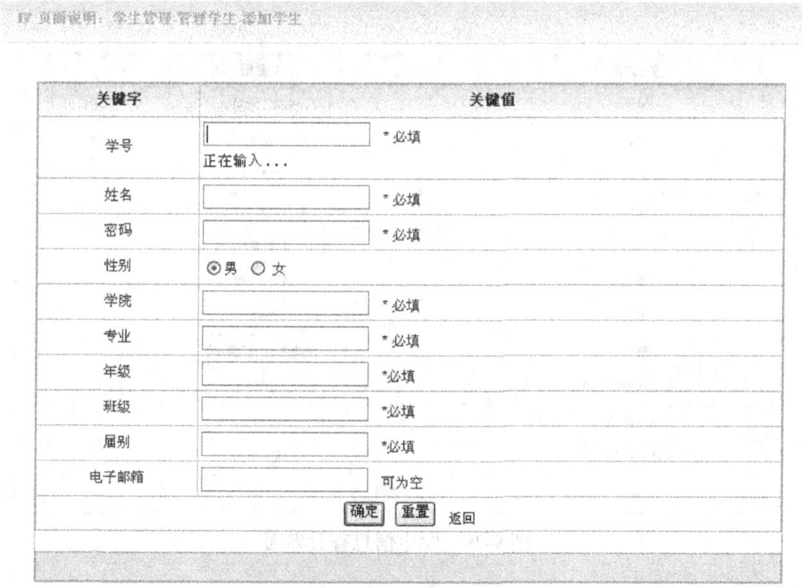

页面说明：学生管理-管理学生-添加学生

关键字	关键值
学号	* 必填 正在输入...
姓名	* 必填
密码	* 必填
性别	⊙男 ○女
学院	* 必填
专业	* 必填
年级	*必填
班级	*必填
届别	*必填
电子邮箱	可为空
	确定 重置 返回

图 9-26 学生添加界面

选择要删除的学生，单击删除，即删除选择的学生，如图 9-27 所示。

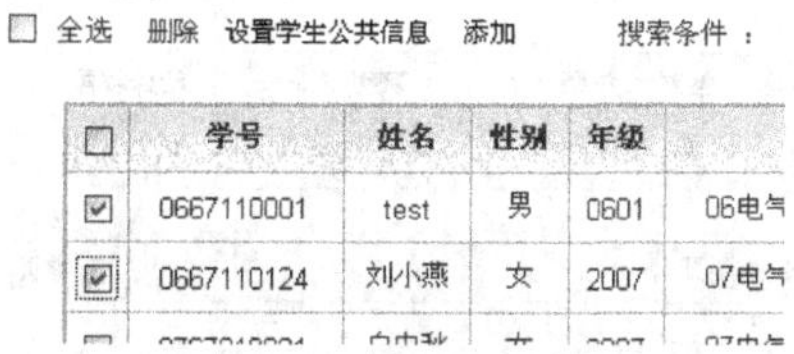

☐ 全选 删除 设置学生公共信息 添加 搜索条件 ：

☐	学号	姓名	性别	年级	
☑	0667110001	test	男	0601	06电气
☑	0667110124	刘小燕	女	2007	07电气

图 9-27 删除学生界面

单击编辑，进入编辑学生页面，可以对该学生的信息进行修改，如图 9-28 所示。

页面说明：学生管理-管理学生-编辑学生

关键字	关键值
学号	0667110001
姓名	test * 必填 正在输入...
密码	123456 * 必填
性别	男
学院	软件学院 * 必填
专业	软件工程 * 必填
年级	0601 *必填
班级	06电气信息2类4班 *必填
届别	2010 *必填
电子邮箱	可为空
	确定 返回

图 9-28　编辑学生信息界面

单击查看，进入学生个人信息页面，如图 9-29 所示。

页面说明： test 的详细信息

关键字	关键值
学号	0667110001
姓名	test
密码	123456
性别	男
学院	软件学院
专业	软件工程
年级	0601
班级	06电气信息2类4班
届别	2010
电子邮箱	可为空
特殊权限	填写手册
	返回

图 9-29　学生信息查看界面

输入查询信息，单击查找，列出查询结果，如图 9-30 所示。

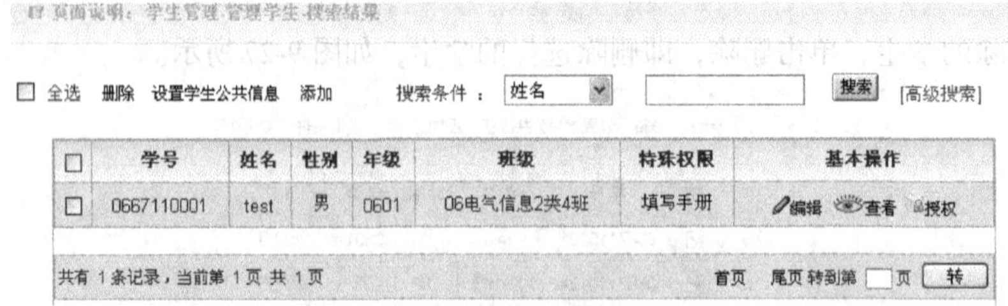

页面说明：学生管理-管理学生-搜索结果

☐ 全选　删除　设置学生公共信息　添加　　搜索条件：姓名　　搜索　[高级搜索]

☐	学号	姓名	性别	年级	班级	特殊权限	基本操作
☐	0667110001	test	男	0601	06电气信息2类4班	填写手册	编辑 查看 授权

共有 1 条记录，当前第 1 页 共 1 页　　首页　尾页 转到第 页 转

图 9-30　学生检索界面

单击授权，进入授权页面，选择权限，确定授予该学生选择的权限，如图 9-31 所示。

页面说明：学生管理 管理学生 学生授权

关键字	关键值
学号	0667110001
姓名	test
权限	○无 ○选题 ⊙填写手册
	确定 返回

图 9-31　学生授权界面

单击浏览，选择学生信息的 Excel 文件，提交导入数据，如图 9-32 所示。

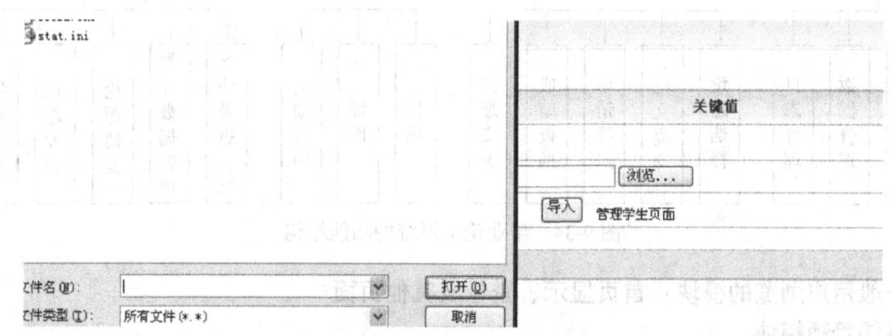

图 9-32　学生信息导入界面

……

9.2.3　系统类

系统类是问题域相关概念的描述。系统类主要来源于问题域的各种表单、表格，用于描述领域的各种数据。系统类图通常不反映类之间的调用关系，只反映类之间的包含关系、抽象继承关系。图 9-33 所示的是论文管理系统的部分系统类图。

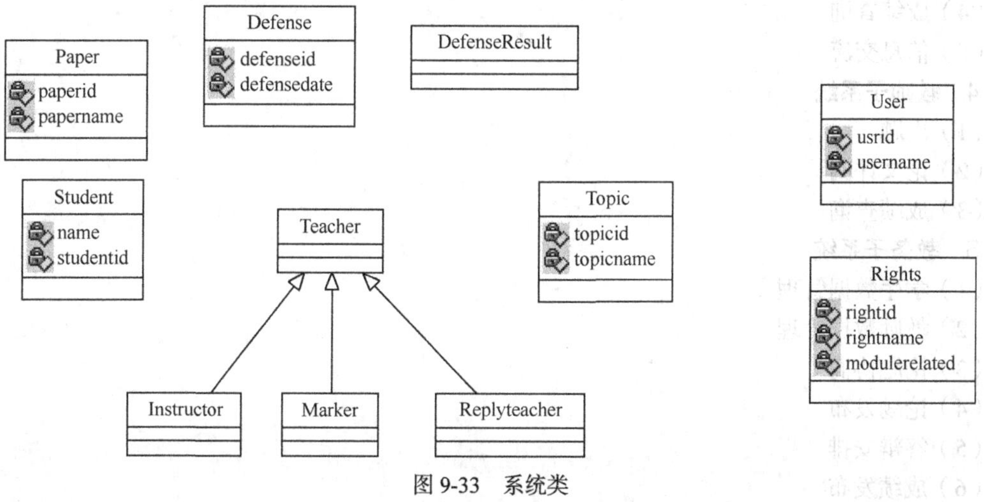

图 9-33　系统类

9.3 总体设计

9.3.1 功能结构设计

根据用例模型，可以设计毕业论文系统的功能结构，如图 9-34。

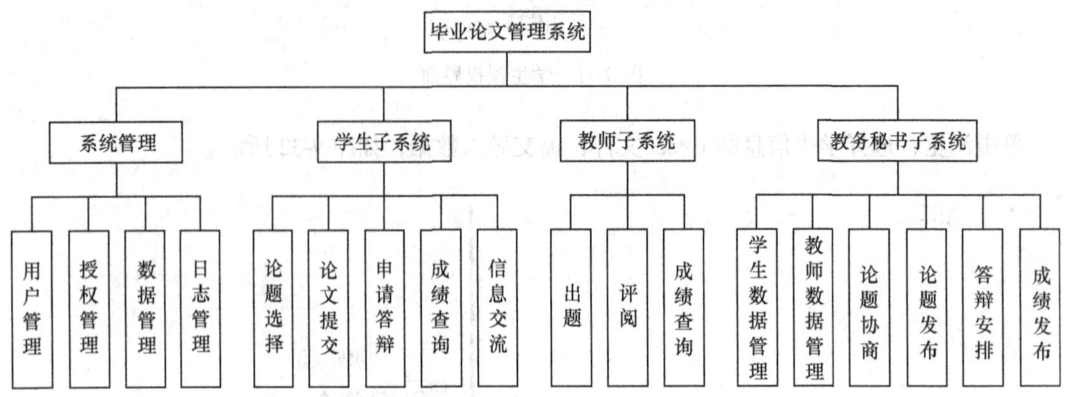

图 9-34 毕业论文系统的功能结构

1. 一般用户浏览的模块：首页显示、登录及其他页面

2. 系统管理模块

（1）用户管理

（2）权限管理

（3）数据管理

（4）日志管理

3. 学生子系统

（1）论题选择

（2）论文提交

（3）申请答辩

（4）成绩查询

（5）信息交流

4. 教师子系统

（1）出题

（2）论文评阅

（3）成绩查询

5. 教务子系统

（1）学生数据管理

（2）教师数据管理

（3）论题协商

（4）论题发布

（5）答辩安排

（6）成绩发布

9.3.2　系统软件构成（部分）

毕业论文系统的设计类图如图 9-35 所示。

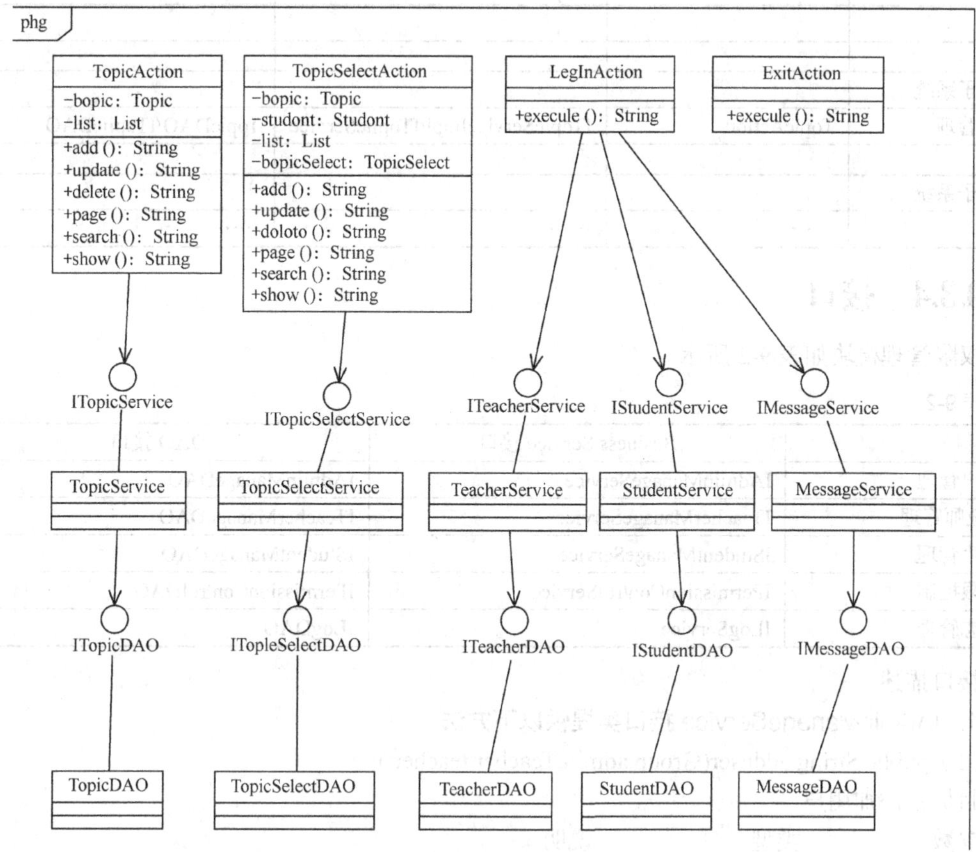

图 9-35　毕业论文系统的设计类图

9.3.3　功能模块与类程序的关系

各项功能需求的实现同各块程序的分配关系，如表 9-1 所示。

表 9-1

	程序 1（Action）	程序 2（Business Service）	程序 3（DAO）
系统管理			
权限管理模块			
1 用户管理	AdminManageAction	IAdminManageService	IAdminManageDAO/ AdminManageDAO
2. 教师管理	TeacherAction	ITeacherService	ITeacherDAO/ TeacherDAO
3 学生管理	StudentAction	IStudentService	IStudentDAO/ StudentDAO
4 权限管理	PermissionControlAction	IPermissionControlService	IPermissionControlDAO/ PermissionControlDAO
5 日志管理	LogAction	ILogService	ILogDAO/ LogDAO
学生子系统	……	……	……

续表

	程序 1（Action）	程序 2（Business Service）	程序 3（DAO）
选题	TopicSelectAction	ITopicSelectServiceImpl/ ITopicSelectService	ITopicSelectDAO/TopicSelectDAO
			……
教师子系统			
课题管理	TopicAction	ITopicServiceImpl/ITopiicService	TopicDAO/ITopiicDAO
教务子系统			
	……	……	……

9.3.4 接口

权限管理模块如表 9-2 所示。

表 9-2

	Business Service 接口	DAO 接口
1 用户管理	IAdminManageService	IAdminManageDAO
2. 教师管理	ITeacherManageService	ITeacherManageDAO
3 学生管理	IStudentManageService	IStudentManageDAO
4 权限控制	IPermissionControlService	IPermissionControlDAO
5 日志管理	ILogService	ILogDAO

接口描述

1. IAdminManageService 接口类提供以下方法

（1）public String adduser(Group admin,Teacher teacher);

目标：添加用户

参数	类型	说明
admin	class	权限组管理员对象
teacher	class	老师/学生对象

主要流程描述：

超级管理员提交添加请求，在 Action 中调用该方法，传入权限组类中管理员组及要添加的用户对象，添加新用户。

（2）public List show (Map<String actor, String actor_id>);

目标：超级管理员查看角色信息

参数	类型	说明
actor	String	角色
actor_id	String	角色编号

主要流程描述：

用户提交请求，在 Action 中调用该方法，传入一个 Map，到数据库查找（调用 IAdminManageDAO）获取相关用户及权限记录。

（3）public List show_all ();

目标：超级管理员查看所有管理员记录

参数	类型	说明
teacher	class	Teacher 类的对象

主要流程描述：

用户提交请求，在 Action 中调用该方法，调用 IAdminManageDAO 执行。

（4）public void update (User user);

目标：更改记录

参数	类型	说明
user	class	Student/Teacher 类的对象

主要流程描述：

用户提交请求，在 Action 中调用该方法，传入 Student/Teacher 类的一个对象，调用 IAdminManageDAO 执行更新。

（5）public void delete(User user);

目标：删除记录

参数	类型	说明
user	class	Student/Teacher 类的对象

主要流程描述：

用户提交请求，在 Action 中调用该方法，传入 Student/Teacher 类的一个对象，调用 IAdminManageDAO 执行删除。

2. ITeacherManageService 接口类提供以下方法

（1）public String addTeacher (Group teach,Teacher teacher);

目标：添加导师

参数	类型	说明
teach	class	权限组管理员对象
teacher	class	老师对象

主要流程描述：

超级管理员提交添加请求，在 Action 中调用该方法，传入权限组类中教师组及要添加的老师对象，添加教师记录。

（2）public List show (Map<String actor, String actor_id>);

目标：超级管理员查看教师信息

参数	类型	说明
actor	String	角色
actor_id	String	角色编号

主要流程描述：

用户提交请求，在 Action 中调用该方法，传入一个 Map，到数据库查找（调用 ITeacherManageDAO）获取相关教师记录。

（3）public List show_all ();

目标：超级管理员查看所有教师记录

参数	类型	说明
teacher	class	Teacher 类的对象

主要流程描述：

用户提交请求，在 Action 中调用该方法，调用 TeacherManageDAO 执行。

（4）public void update (Teachet teacher);

目标：更改记录

参数　　　类型　　　说明

teacher　　class　　Teacher 类的对象

主要流程描述：

用户提交请求，在 Action 中调用该方法，传入 Teacher 类的一个对象，调用 ITeacherManageDAO 执行更新。

（5）public void delete(Teachet teacher)；

目标：删除记录

参数　　　类型　　　说明

teacher　　class　　Teacher 类的对象

主要流程描述：

用户提交请求，在 Action 中调用该方法，传入 Teacher 类的一个对象，调用 ITeacherManageDAO 执行删除。

3. IStudentManageService 接口类提供以下方法

（1）public String addStudent (Group study,Teacher student)；

目标：添加学生

参数　　　类型　　　说明

study　　　class　　权限组管理员对象

student　　class　　老师对象

主要流程描述：

超级管理员提交添加请求，在 Action 中调用该方法，传入权限组类中学生组及要添加的学生对象，添加学生记录。

（2）public　List　show (Map<String actor, String actor_id>)；

目标：超级管理员查看学生信息

参数　　　类型　　　说明

actor　　　String　　角色

actor_id　　String　　角色编号

主要流程描述：

用户提交请求，在 Action 中调用该方法，传入一个 Map，到数据库查找（调用 IStudentManageDAO）获取相关学生记录。

（3）public List　show_all ()；

目标：超级管理员查看所有学生记录

参数　　　类型　　　说明

Student　　class　　Student 类的对象

主要流程描述：

用户提交请求，在 Action 中调用该方法，调用 StudentManageDAO 执行。

（4）public void update (Student student)；

目标：更改记录

参数　　　类型　　　说明

student　　class　　Student 类的对象

主要流程描述：

用户提交请求，在 Action 中调用该方法，传入 Student 类的一个对象，调用 IStudentManageDAO 执行更新。

（5）public void delete(Student student);

目标：删除记录

参数	类型	说明
student	class	Student 类的对象

主要流程描述：

用户提交请求，在 Action 中调用该方法，传入 Student 类的一个对象，调用 IStudentManageDAO 执行删除。

……

9.3.5　系统的物理构成与配置

系统架构图如图 9-36 所示。

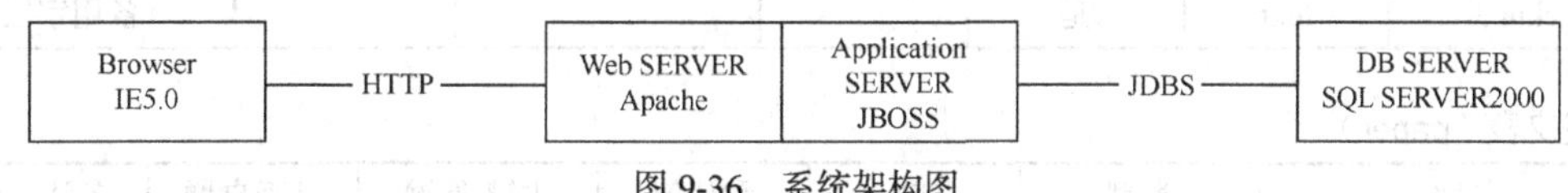

图 9-36　系统架构图

9.3.6　系统数据结构设计

1. 概念结构设计

根据需求分析的系统类信息，可以得到 ER 模型。如图 9-37 所示。

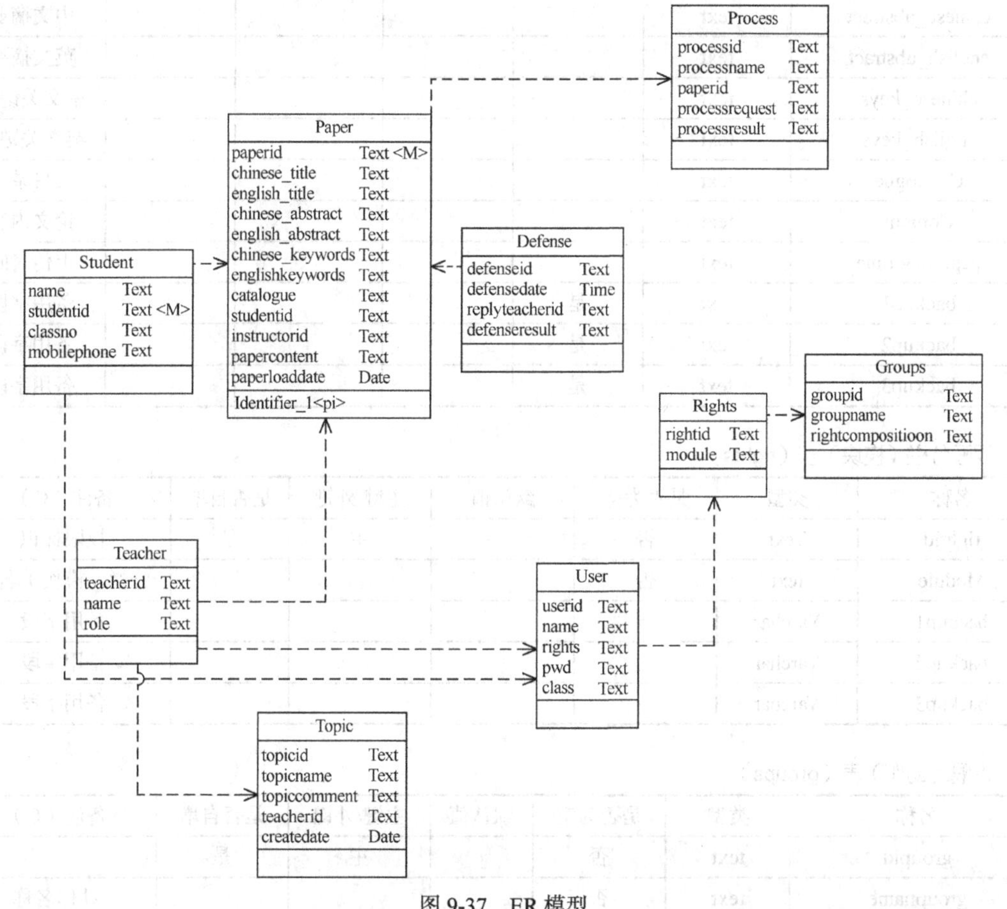

Process	
processid	Text
processname	Text
paperid	Text
processrequest	Text
processresult	Text

Paper	
paperid	Text <M>
chinese_title	Text
english_title	Text
chinese_abstract	Text
english_abstract	Text
chinese_keywords	Text
englishkeywords	Text
catalogue	Text
studentid	Text
instructorid	Text
papercontent	Text
paperloaddate	Date
Identifier_1<pi>	

Defense	
defenseid	Text
defensedate	Time
replyteacherid	Text
defenseresult	Text

Student	
name	Text
studentid	Text <M>
classno	Text
mobilephone	Text

Rights	
rightid	Text
module	Text

Groups	
groupid	Text
groupname	Text
rightcompositioon	Text

Teacher	
teacherid	Text
name	Text
role	Text

User	
userid	Text
name	Text
rights	Text
pwd	Text
class	Text

Topic	
topicid	Text
topicname	Text
topiccomment	Text
teacherid	Text
createdate	Date

图 9-37　ER 模型

2. 逻辑结构设计

课题表（topic）

名称	类型	是否为空	默认值	主键/外键	是否自增	备注（C）
topicid	text	否		主键	是	选题记录编号
topicname	text	否	'			课题名
techerid	text	否		外键		出题者
createdate	date					添加课题时间
topiccomment	text	否				课题简介
backup1	text	是				备用字段
backup2	text	是				备用字段
backup3	text	是				备用字段

论文表（paper）

名称	类型	空	默认值	主键/外键	是否自增	备注（C）
paperid	text	否		主键	是	论文编号
title	text		'			中文题目
studentid	text			外键	否	学号
instructor_id	text			外键	否	老师编号
chinese_abstract	text					中文摘要
english_abstract	text					英文摘要
chinese_keys	text					中文关键字
english_keys	text					英文关键字
Catalogue	text					目录
Content	text					论文内容
paperloadtime	text					上传时间
backup1	text	是				备用字段
backup2	text	是				备用字段
backup3	text	是				备用字段

权限分栏（模块）表（rights）

名称	类型	是否为空	默认值	主键/外键	是否自增	备注（C）
rightid	Text	否		主	是	权限标识
Module	text	否				分栏（模块）名称
backup1	Varchar					备用字段
backup2	Varchar					备用字段
backup3	Varchar					备用字段

权限（动作）表（groups）

名称	类型	是否为空	默认值	主键/外键	是否自增	备注（C）
groupid	text	否		主	是	
groupname	text	否				动作名称

续表

名称	类型	是否为空	默认值	主键/外键	是否自增	备注（C）
rightcomposition	test	否				动作字符串
backup1	Varchar					备用字段
backup2	Varchar					备用字段
backup3	Varchar					备用字段

老师表（teacher）

名称	类型	是否为空	默认值	主键/外键	是否自增	备注©
teacherid	Varchar	否		主		工号
name	Varchar	否				姓名
password	Varchar	否				密码
sex	Varchar	否				性别
office_phone	Varchar					办公室电话
mobile	Varchar					私人电话
email	Varchar	否				电子邮箱
max_number	Integer					老师所带学生最大值
team_id	integer			外		所属答辩组
debate_team_id	Integer			外		所属学生被该答辩组答辩
backup1	Varchar					备用字段
backup2	Varchar					备用字段
backup3	Varchar					备用字段

……

3. 物理结构设计

由于目前关系数据库广泛被采用，DBMS 提供了各种数据库模式/子模式的创建语句，用户无须关心底层文件系统和模式/子模式的关系。因此直接列出拟开发系统的模式/子模式创建语句。

```
Create database papermanage;
Create table topic (
     Topicid text primarykey,
     Topicname text,
     Teacherid text,
     Createddate date,
     Topiccomment text,
     Backup1 text,backup2 text,backup3 text)
Create table paper(
     Papered  text primarykey,
     Studentid text,
     Instructorid text,
     Chinese_abstract text,
     English_abstract text,
     chinese_keys text,
     english_keys  text,
     Catalogue text,
     Content text,
```

```
paperloadtime date,
backup1text,
backup2text,
backup3text)
```
……

9.4 详细设计

A. 课题查找

1. 功能：实现教师、学生查找课题
2. 输入项：访问教师，访问学生，添加课题
3. 输出项：显示课题信息
4. 算法：判断该学生隶属哪一届学生，则查找出该届的应用课题，教师提交课题时，取出教师当年上传的课题数并比较其中新旧课题的百分比
5. 流程逻辑

（1）学生查看课题信息（见图 9-38）。

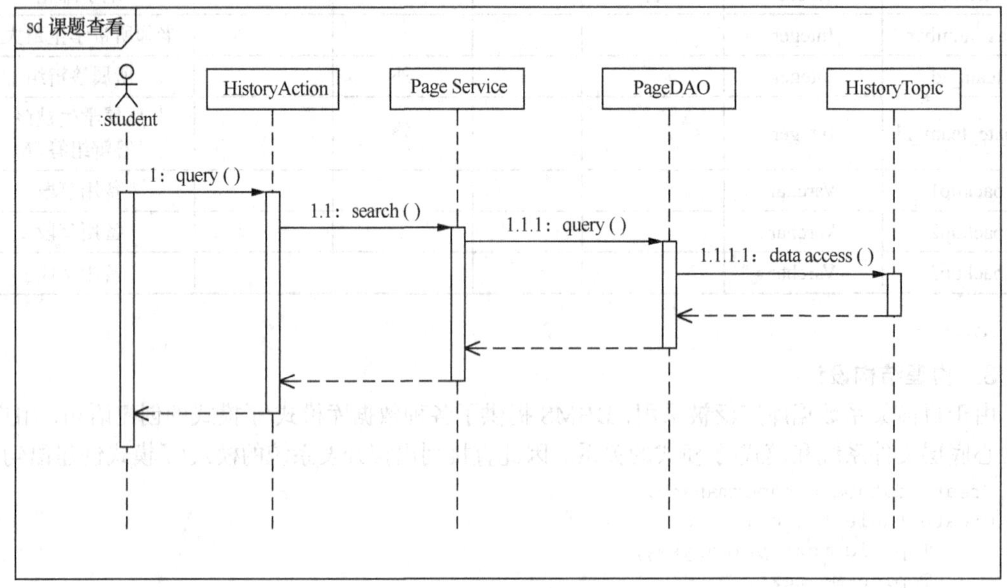

图 9-38　学生查看课题

（2）导师查看历届所有课题信息（见图 9-39）。

6. 接口：IHistoryTopicDAO.java,IHistoryTopicService,ITopicDAO ,ITopicService, IPageService,IPageDAO
7. 界面设计：进入可以进行课题管理
8. 测试要点
9. 涉及的数据库表：课题 topic
10. 注释设计：无
11. 限制条件：无
12. 测试计划：无
13. 尚未解决的问题：无

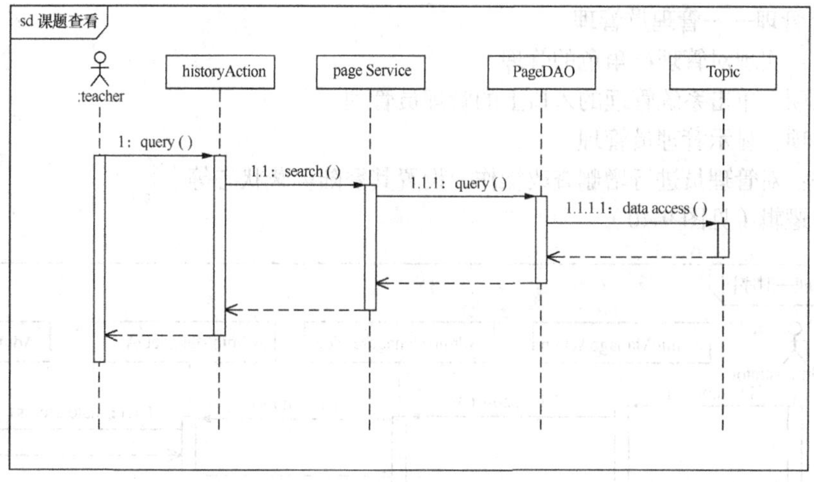

（a）

sd 课题管理
:Teacher
topicAction
HistoryTopicService
HistoryTopicDAO
HistoryTopic
1：query ( )
1.1：query ( )
1.1.1：query ( )
1.1.1.1：data access ( )
2：add ( )
2.1：add ( )
3：data access ( )
4：load ( )
4.1：load ( )
4.1.1：data access ( )
5：update ( )
5.1：update ( )
5.1.1：data access ( )
6：load ( )
6.1：load ( )
6.1.1：data accesss ( )
7：delete ( )
7.1：delete ( )
7.1.1：data access ( )

（b）

图 9-39　教师查看课题

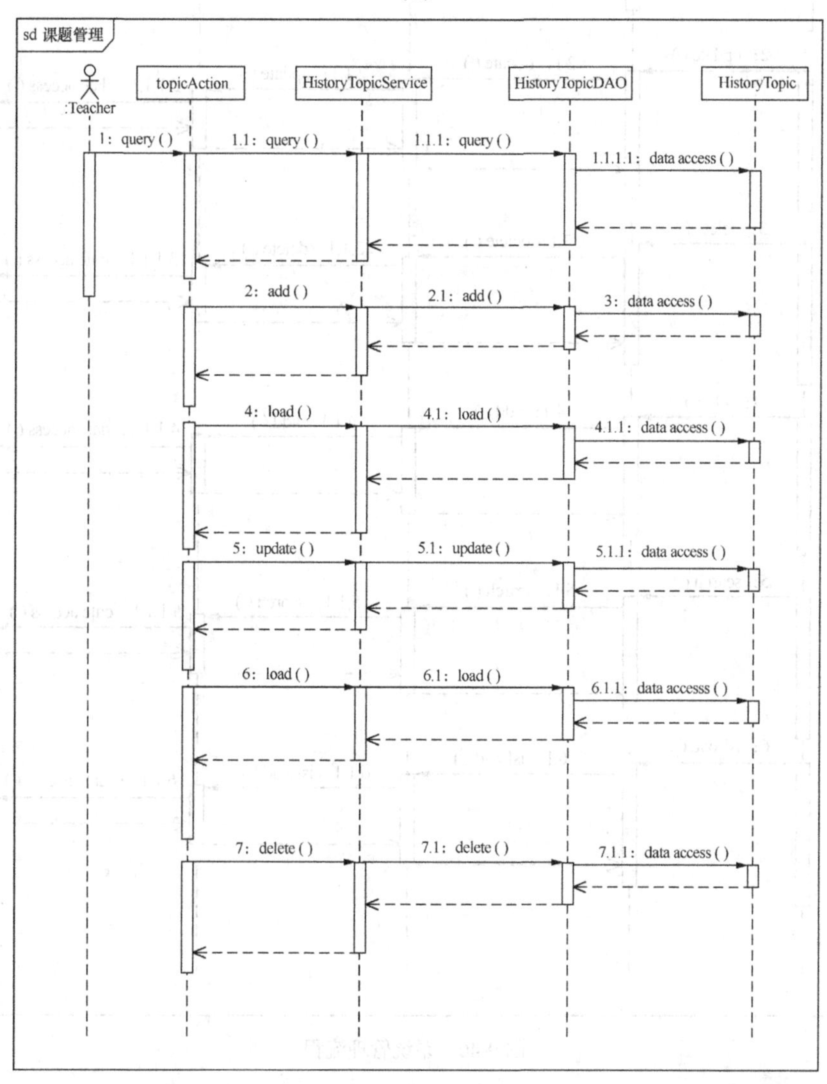

B. 系统管理——管理员管理

1. 功能：实现对管理员角色的管理
2. 输入项：单击系统管理的入口上的管理员管理
3. 输出项：显示管理员管理
4. 算法：对管理员进行增删查改操作，设置其登陆屏蔽状态等
5. 流程逻辑（见图 9-40）

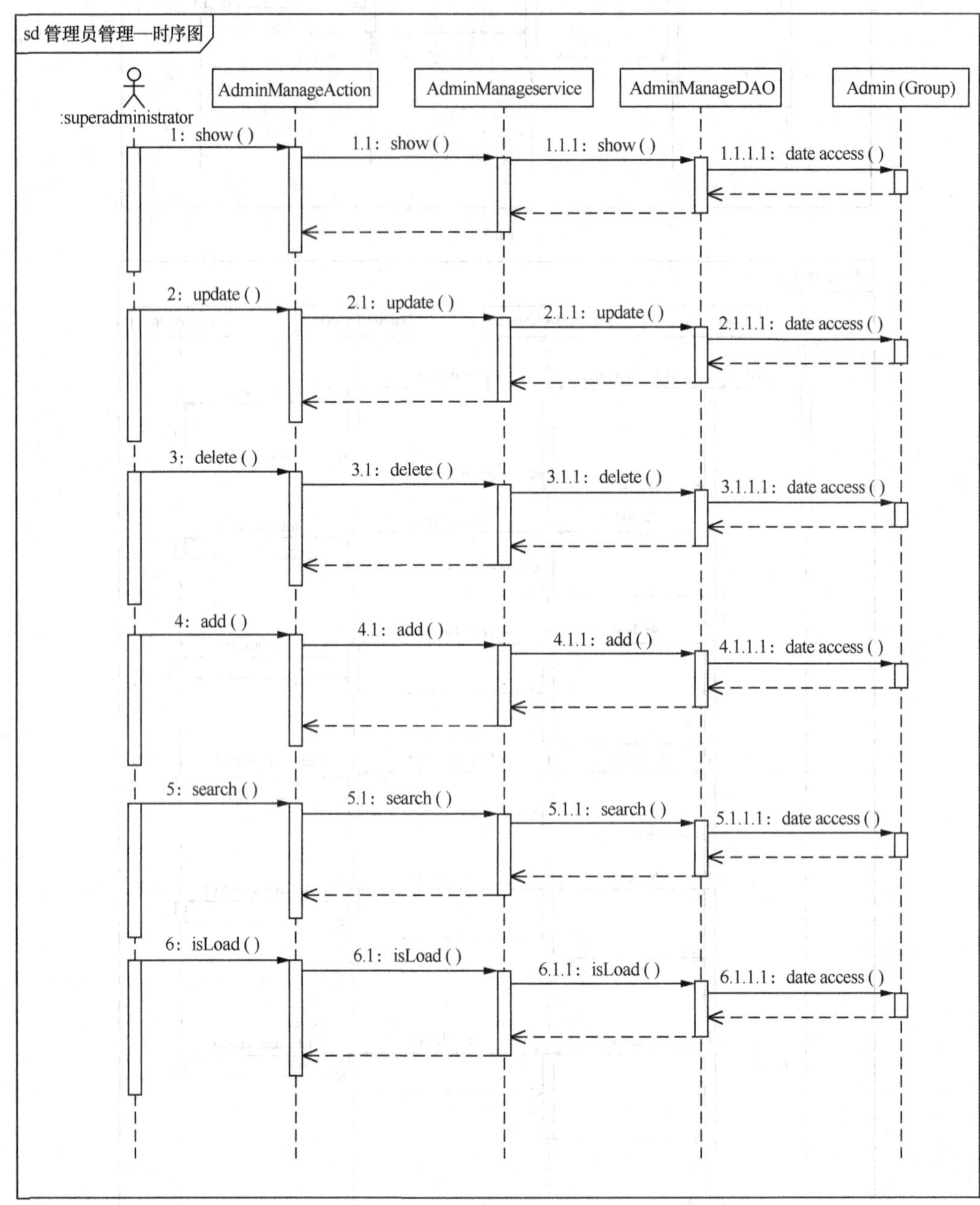

图 9-40 系统管理流程

6. 接口：IAdminManageService.java，IAdminManageDAO.java

7. 用户界面设计：进入，可以进行增删查改等操作（见图 9-41）

图 9-41　系统员管理

8. 测试要点
9. 涉及的数据库表：权限组（即角色）表 rights、权限组映射表 group、老师表 teacher
10. 注释设计：无
11. 限制条件：无
12. 测试计划：无
13. 尚未解决的问题：无

C. 系统管理——导师管理

1. 功能：实现用户对于导师角色的管理
2. 输入项：单击系统管理的入口上的导师管理
3. 输出项：显示导师管理
4. 算法：对导师进行增删查改操作，设置其登录屏蔽状态，分答辩组等
5. 流程逻辑（图 9-42）
6. 接口：ITeacherManageService.java，ITeacherManageDAO.java
7. 用户界面设计：进入，可以对老师进行操作，如添加、分组等（图 9-43）
8. 测试要点
9. 涉及的数据库表：Teacher（教师表）
10. 注释设计：无
11. 限制条件：无
12. 测试计划：无
13. 尚未解决的问题：无

……

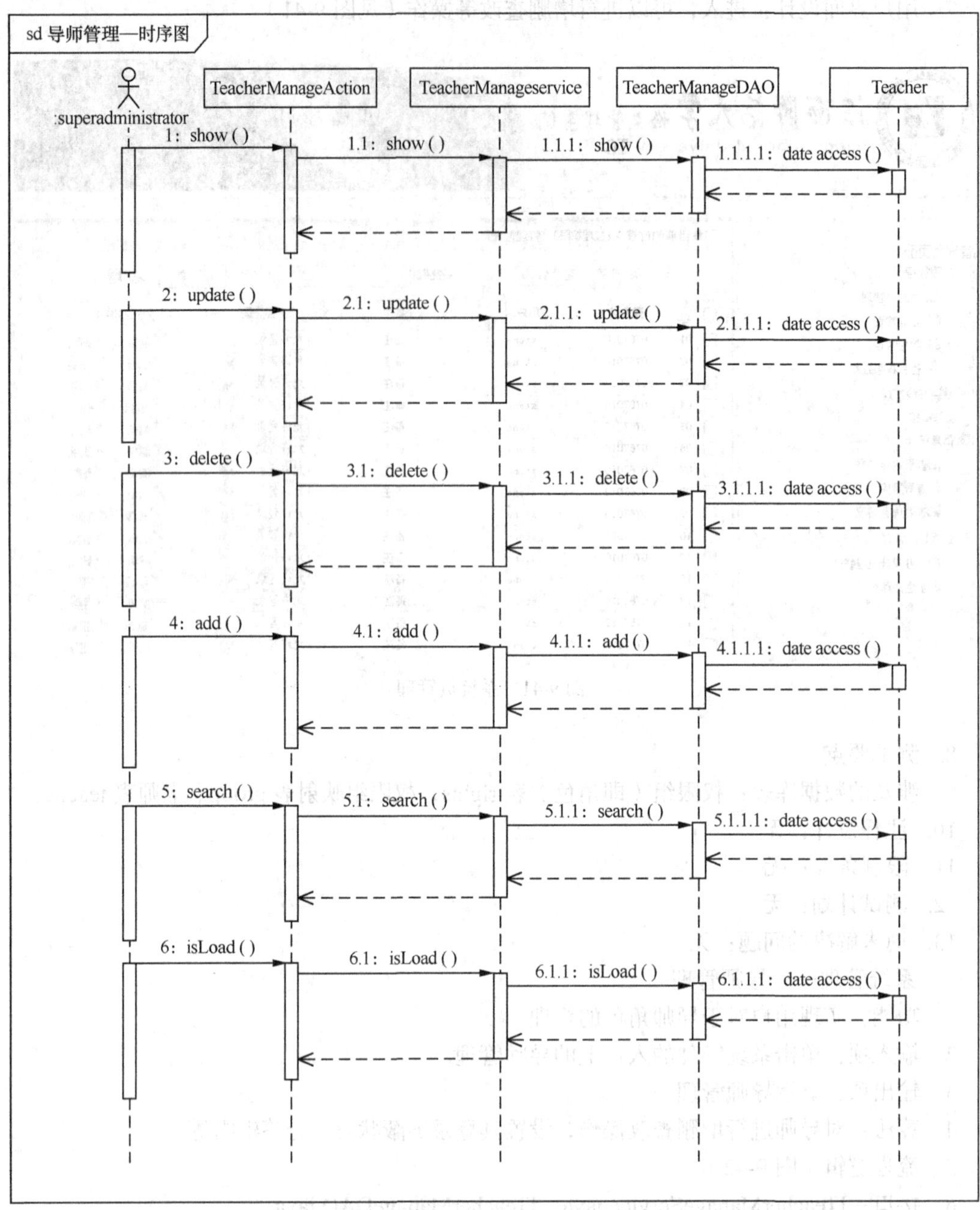

图 9-42　导师管理

你当前的位置：[权限管理]-[导师管理]

请选择关键字：登录名　　关键值：　　查 看　　新增

	序号	登录名	用户名	备注	是否登录	基本操作
□	01	0767010	stone	备注	允许登录	编辑 删除
□	02	0767010	stone	备注	允许登录	编辑 删除
□	03	0767010	stone	备注	允许登录	编辑 删除

图 9-43

9.5　系统测试用例

1. **管理员角色**

A. 登录测试用例

用例名称	登录		用例编号	
测试目的	验证当用户单击登录按钮，是否能够登录系统，并提示用户输入用户名和密码			
步骤	操作描述	输入	期待输出	
1	直接按确定	用户名为空，密码为空	显示警告信息“请输入用户名和密码!”	
2	输入用户名，按确定	用户名为 1231	显示警告信息“请输入密码!”	
3	输入用户名和密码，按确定	用户名为 1321，密码为 111111	显示警告信息“输入密码错误，请重新输入!”	
4	输入用户名和密码，按确定	用户名为 1321，密码为 123456		

B. 管理导师测试用例

用例名称	验证是否符合导师管理要求		用例编号	
测试目的	验证用户登录后，当单击管理导师时，显示导师列表			
步骤	操作描述		期待输出	
1	用户登录后，单击管理导师		显示导师列表	
2	单击下一页/上一页/首页/尾页		显示下一页/上一页/首页/尾页的导师信息	
3	在转到第几页输入想要跳转的页数（大于 1 小于总页数）		显示相应页的信息	
4	在转到第几页输入小于 1 的页数		显示第一页的信息	
5	在转到第几页输入大于总页数的页数		显示末页的信息	
6	在转到第几页输入非法数据（除数字外的数据）		显示“请输入整形数据”	

用例名称	验证是否符合删除导师要求		用例编号	
测试目的	验证用户登录，单击管理导师显示导师列表后，测试删除功能			
步骤	操作描述		期待输出	
1	勾选导师，单击删除		跳转到导师列表	
2	直接单击删除		显示“至少选择 1 项删除”	

用例名称	验证是否符合添加导师要求		用例编号	
测试目的	验证用户登录，单击管理导师显示导师列表后，测试添加功能			
步骤	操作描述		期待输出	
1	单击添加，输入导师信息		根据输入的导师信息，判断并提示结果或者跳转到导师列表	

用例名称	验证是否符合设置带学生最大值要求		用例编号	
测试目的	验证用户登录，单击管理导师显示导师列表后，测试批量设置导师带学生最大值功能			
步骤	操作描述		期待输出	
1	单击设置带学生最大值，选择导师，输入带学生最大值		跳转到导师列表	

用例名称	验证是否符合查询导师要求		用例编号	
测试目的	验证用户登录，单击管理导师显示导师列表后，测试查询功能			
步骤	操作描述		期待输出	
1	选择关键字，输入关键值，单击查看		列出查询结果	

用例名称	验证是否符合查看导师信息要求		用例编号	
测试目的	验证用户登录，单击管理导师显示导师列表后，测试查看导师信息功能			
步骤	操作描述		期待输出	
1	单击查看		跳转到导师信息页面	

用例名称	验证是否符合编辑导师要求		用例编号	
测试目的	验证用户登录，单击管理导师显示导师列表后，测试编辑功能			
步骤	操作描述		期待输出	
1	单击编辑，输入编辑的信息		根据输入判断并显示提示或者跳转到导师列表	

C. 管理学生测试用例

用例名称	验证是否符合学生管理要求		用例编号	
测试目的	验证用户登录后，当单击管理学生时，显示学生列表			
步骤	操作描述		期待输出	
1	用户登录后，单击管理学生		显示学生列表	
2	单击下一页/上一页/首页/尾页		显示下一页/上一页/首页/尾页的信息	
3	在转到第几页输入想要跳转的页数（大于 1 小于总页数）		显示相应页的信息	
4	在转到第几页输入小于 1 的页数		显示第一页的信息	
5	在转到第几页输入大于总页数的页数		显示末页的信息	
6	在转到第几页输入非法数据（除数字外的数据）		显示“请输入整形数据”	

用例名称	验证是否符合删除学生要求		用例编号	
测试目的	验证用户登录，单击管理学生显示学生列表后，测试删除功能			
步骤	操作描述		期待输出	
1	勾选学生，单击删除		跳转到学生列表	
2	直接单击删除		显示“至少选择 1 项删除”	

用例名称	验证是否符合添加学生要求	用例编号	
测试目的	验证用户登录，单击管理学生显示学生列表后，测试添加功能		
步骤	操作描述		期待输出
1	单击添加，输入学生信息		根据输入的学生信息，判断并提示结果或者跳转到学生列表页面

用例名称	验证是否符合设置学生公共信息要求	用例编号	
测试目的	验证用户登录，单击管理学生显示学生列表后，测试批量设置学生公共信息功能		
步骤	操作描述		期待输出
1	单击设置学生公共信息，选择学生，输入带学生最大值		跳转到学生列表

用例名称	验证是否符合查询学生要求	用例编号	
测试目的	验证用户登录，单击管理学生显示学生列表后，测试查询功能		
步骤	操作描述		期待输出
1	选择关键字，输入关键值，单击查看		列出查询结果

用例名称	验证是否符合查看学生信息要求	用例编号	
测试目的	验证用户登录，单击管理学生显示学生列表后，测试查看学生信息功能		
步骤	操作描述		期待输出
1	单击查看		跳转到学生信息页面

用例名称	验证是否符合编辑学生要求	用例编号	
测试目的	验证用户登录，单击管理学生显示学生列表后，测试编辑功能		
步骤	操作描述		期待输出
1	单击编辑，输入编辑的信息		根据输入判断并显示提示或者跳转到学生列表

……

9.6 本章小结

本章以一个论文管理系统为例，在一个从项目前期——需求分析——总体设计——详细设计——测试的相对完整项目开发过程中，介绍了面向对象方法下开发过程各个阶段需要建立的各种模型。

第 10 章 综合实验

某电器生产公司为了顺因信息化潮流，建立了覆盖全公司的计算机网络。实现了内部信息与外部信息的顺畅交流。为了进一步发挥现有计算机网络的威力，提高生产效率、降低生产成本，公司高层下定决心决定实施内部物料/半成品/成品/小件物品的管理自动化、信息化。虽然有公司高层的全力支持，由于业务繁忙和部分员工的惰性使然，项目开发成员与公司员工的交流很不顺畅，仅收集到该公司与仓库管理有关的各种表单。

假如你是项目系统分析师和设计师，请根据这些收集到的表单，分别用结构化方法和面向对象方法，完成项目前期的技术工作（组织分析、业务分析、需求收集）、需求分析、总体设计和详细设计。

購 物 申 請 單

部門：　　　　　　　　　　　　年　　月　　日

名　　稱	規　　格	單位	數量	申請理由
申請人：	審核：		批準：	

第一聯 請購　第二聯 會計　第三聯 存根

备注：小件物品、物料、外购半成品在购买之前必须进行申请。

家用电器有限公司

编号：LY-CG-009/A

订 购 单

№ 0702015

厂商：＿＿＿＿＿＿　　　　下单日期：＿＿年＿＿月＿＿日

项目	品　名	规　　格	制令单号	单位	数量	单价	交货日期
1							
2							
3							
4							
5							
6							
7							
8							
备注：							

1. 我司之"订购单"必须经采购以上最少二人核签方可是有效订单。

第一联：采购　第二联：仓库　第三联：IQC

备注：购物申请批准后，可以向外部购买物料、半成品和小件物品。

家用电器有限公司 №0003529

入库单 LY-SC-048/A

线别： 年 月 日

P.O#	订单量	品名规格	颜色	入库数	累计数	单位	备注

一联生产 二联BKD 三联仓库 四联存根

审核： 仓管： 品管： 制表：

备注：物料、本成品、成品、小件物品入库，需要填写入库单。

小仓库物品领用单 №1601548

部门： 年 月 日

名称	规格	数量	单位

一联：留底 二联：采购 三联：仓库

部门课长： 领用人： 仓管：

家用电器有限公司

样品测试申请单

线　别：　　　　　　　　　　　　　　　　　　　　LY-QA-011/A

送检数量		送检单位		送检日期	
样品型号		样品订单号			
样品名称					
样品材质					
测试内容以及要求					
ROHS标准					
安全IEC标准					

审核：　　　　　　检验员：　　　　　　完成日期：

备注：产品生产完成后，如果需要确定品质的产品，则需要申请测试。

家用电器有限公司

成品报验单

LY-SC-020A

线别：　　　　　　　　　　填表日期：　　年　　月　　日

订单号	产品名称	批量	验货日期	报验柜号	报验数量	流水号
备注：						

第一联生产白　第二联品管红

品管：　　　　　　生产课长：　　　　　　填表：

备注：需要测试质量的产品，申请后，可以报品管部分进行检验。

有限公司

样品存档清单 YK-JS-012

序号	样板名称	编号	存放部门	负责人	备注
1	FS-40A型方盘落地扇	000001FFS-40A	技术部	蔡军仔	
2					
3					
4					
5					
6					
7					
8					
9					
10					
11					
12					
13					
14					
15					
16					
17					
18					
19					
20					
21					
22					
23					
24					
25					
26					
27					
28					

核准： 审核： 制表：

备注：部分产品的样品，因为工作需要，需要在内部相关部门少量存放。

有限公司

样品记录

YK-JS-0020

样品单号：________________ 样品型号：________________

客户名称：________________ 日　期：________________

1. 样品物料清单

序号	物料名称	规格、型号	数量	单位	备注
1					
2					
3					
4					
5					
6					
7					
8					
9					
10					
11					
12					
13					
14					

备注：赠送客户的样品记录。

领 / 补料申请单

领料□　补料□

LY-CK-010/A

序号	凭证号码 / 批号	品　名	规　格	单位	数量	实发数	备　注

申请原因：

审核意见：

批示：

①留底联　②仓库联

采購副理：________ 采購課長：________ 生產課長：________ 申領人：________

备注：生产部门满足生产需要，要事先申请物料。

家用电器有限公司

生产一课退/领料单

NO. 0010378

日期：　　组别：　　批量：　　LY-SC-042/A

制令单号	物料代码	物料名称	单位	退料数			应领数	实领数	仓管签字
				来料不良	自损	良品			
备注（仓管签字栏内指领料数量的认可）									

一联计划白　二联BKD红　三联仓库黄　四联存根绿

副总：　　生产主管：　　计划：　　品管：　　仓管：　　制单：

备注：物料申请批准后，生产部门可以到仓库领料。

家用电器有限公司

生产线每日领料记录表

LY-CK-012/A

日期：　　组别：　　订单号：　　批量数：

序号	物料名称	当日领数	累计数量	备注
1				
2				
3				
4				
5				
6				
7				
8				
9				
10				
11				
12				
13				
14				
15				

一联：仓库（白）　二联：生产（黄）

审核：　　仓管：　　物料员：

备注：生产部门每日领料汇总记录。

有限公司

物 料 管 制 卡

-CK-005/A

物料编码：________________ 库区：________________

品名规格：________________ 单位：________________

日期	凭证号码	摘要	制令单号	收入数量	发出数量	结存	备注

制卡须知：

1. 字体清晰、工整，不得涂改；如有错，用红笔划掉此行。
2. 保持物、卡、数据随时相符。
3. 物料进、出注明单据编号、制令单号以及厂商名称。

制表：

备注：计划部门给予生产部门的物料控制对比。

生产异常停线反馈确认表(欠料)

TO: 表单编号：LY-SC-056A

部门		线别		日期	
制令单号		机型名称		欠料名称1	
				欠料名称2	
				欠料名称3	
开始停线时间		问题部门		问题部门确认	
				计划确认	
物料供应时间		停线时间长度		影响工时	
其它情况说明：					

1留底联 2计划联 3问题部门联

线别组长： 部门课长： 计划确认：

备注：生产部门物料需求预警。

用电器有限公司

物料报废申请单

表单编号：LY-CK-004/A

申请部门： 部门签名： 日期： 年 月 日

	物料代码	名称规格	数量	单重(KG)	原因	责任部门
申请报废项目						
				总单重	KG	
申请与审批	工程部门	签名： 日期：				
	品管部门	签名： 日期：				
	(副)总经理	签名： 日期：				
仓库课验收		签名： 日期：				

第一联：仓库课 第二联：BKD数据小组 第三联：保安队长

注：1. 《物料报废申请单》必须经申请部门负责人签名确认，品质管理部门复核，经（副）总经理批准后方可生效.
2. 《物料报废申请单》须一式三联，一联交仓库课；二联交BKD数据管理小组；三联交保安队长.
3. 仓库课验收完毕后交保安队签收，保安队未签收的报废单，由仓库课承担责任.

清尾欠料情况统计表

批量生产完成时间：		机型名称：		计划要求到料时间：
成品欠数：		生产线别：		
订单数量：		制令单号：		

序号	物料名称	欠数（未含一课库存数量）	一课实物库存数量	不良品具体原因			欠料具体原因							仓库库存实物数量（需签名）
				一课	三课/四课/马达/仓库		三课		马达课		仓库		一课	
				自损	来料不良	签名	欠送货数量	三课签名	欠送货数量	马达课签名	欠送货数量	仓库签名	开补料数量	
1														
2														
3														
4														
5														
6														
7														
8														
9														
10														
11														
12														
13														
14														
15														
16														
17														
18														
19														
20														
21														

制表： 部门课长审核：

物料盘点表

序号	物料名称	[illegible]	[illegible]	[illegible]	[illegible]		[illegible]		[illegible]			仓库		[illegible]	[illegible]	[illegible]	[illegible]	合计	[illegible]	[illegible]	[illegible]
									良品												
					良品	不良品	良品	不良品	[illegible]	[illegible]	不良品	良品	不良品								
1														0		0		0		0	
2														0		0		0		0	
3														0		0		0		0	
4														0		0		0		0	
5														0		0		0		0	
6														0		0		0		0	
														0		0		0		0	
7														0		0		0		0	
8														0		0		0		0	
9														0		0		0		0	
10														0		0		0		0	
														0		0		0		0	

单位负责人： 会计机构负责人： 盘点人：

电器有限公司存货（成品、半成品、小件物品）清查明细表

填报单位:

序号	名称	规格及型号	计量单位	面数		盘点数		盈利数		盈亏数		报数	
				数量	金额	数量	金额	数量	金额	数量	金额	数量	金额
合计													

单位负责人:　　　　　　　　　　会计机构负责人:　　　　　　　　　　盘点人:

根据电器公司提供的有关表单表格，完成以下练习。

1. 在项目前期，依据所有有关仓库管理的表单表格，进行组织分析和业务分析。

提示：要顺利进行项目前期的各项工作，首先要检查表单的完整性、再进行组织分析和业务分析。

检查表单完整性，可以根据以下步骤进行。

（1）区分现有物资类别。根据现有的这些表单表格，可以明确仓库储存管理了成品、半成品、物料和小件物品等四类物资；

（2）明确每类物资存储的位置（成品半成品库、小物品库、物料库、生产科室、其他科室）；

（3）每类物资都应有正常入库、出库、异常出库等物流，相应地各类物资应有申请购买、购买、入库、出库、盘整等业务。

进行组织分析，可按照以下步骤进行。

（1）检查表单表格中尾部或右边缘罗列的子单位或岗位，明确这个单位子单位和岗位的部门归属；

（2）对罗列出来的所有子单位和岗位，进行归类；

（3）绘制该公司与仓库业务有关的组织机构图，并用文字进行更详细描述。

进行业务分析，可以按照以下步骤进行。

（1）每种表单都是一个与仓库管理有关的业务，找出该业务的服务对象或发起者；

（2）每个业务的活动就是表单中的一个子单位或岗位职能；

（3）绘制每个业务的业务流程图（结构化方法），或绘制所有业务的业务用例图以及每个业务用例的流程图（面向对象方法）。用文字对绘制的模型进行更详细的描述。

2. 根据组织分析和业务分析结果，进行功能性需求的收集。

提示：根据业务分析得到的业务流程图或业务用例图，对应找出其中需要自动化实现的活动，即构成大部分与实际业务有关的功能性需求；此外，对应系统管理员，补充与数据管理（基础数据生成、数据备份、数据恢复）、安全管理（操作员增补、权限授予和回收、日志管理等）相关的需求。

3. 以目前期的组织分析、业务分析和需求收集结果为基础，进行仓库管理系统的粗略总体设计。

提示：仓库管理系统的粗略总体设计，应从多个视角反映系统的构成。包括系统体系结构、网络硬件结构、系统部件构成、功能模块结构、部署结构等。

4. 以项目前期的组织分析、业务分析和需求收集结果为基础，进行仓库管理系统的需求分析。

提示：以项目前期的业务分析结果为基础，进行仓库管理系统的需求分析。用数据流图和数据字典（结构化方法）、用例模型（含用例图和用例流程图）和分析类图反映需求分析的结果。

5. 以需求分析结果为基础，进行仓库管理系统的总体设计。

提示：需求分析之后的总体设计，应在反映系统部件构成、功能模块结构、部署结构、数据库等 4 个方面加以体现。

6. 以总体设计结果为基础进行部分模块的详细设计。

附录1 安全设计

A. 主要依据

ISO/IEC 17799(BS7799)
SSE-CMM
ISO/IEC 15408(GB/T18336)
ISO/IEC 13335
其他相关法规和政策

B. 安全设计原则

1. 采用校园网一致的信任服务体系

图书馆是为学校师生提供科技信息服务的职能部门，图书馆信息系统的安全设计需要采用与校园网相同的安全体系架构。

2. 统一采用与校园办公系统、教务在线系统和后勤管理系统一致的密码体系

图书馆信息系统通过校园网实现与学校各个职能部门、后勤辅助部门的互联，因此，必须采用一致的密码体系，包括密码算法和密码设备。

3. 符合规范的安全与应用支撑平台

图书馆信息系统是校园网的重要组成部分，实现了全程全网的互联互通。应规范设计、建设互联互通、信息共享的基础设施。

4. 继承与发展原则

系统安全的设计和实施应充分利用校园网现有的信息化基础设施，充分继承系统在网络、应用、数据、安全等方面的成果，节约投资，避免重复建设。

5. 快速部署原则

学校经过多年的信息化建设，积累了一些信息化成果，为了使原应用系统以及将要开发的新应用系统快速地与安全系统整合，在安全设备选型和继承中，必须坚持快速部署的原则。

C. 安全保障系统设计目标

全系统设计的总体目标是，针对图书馆系统可能遇到的各种安全威胁和风险，采取行之有效的安全措施，保证系统中信息完整性、高可用性和抵抗依赖性，确保系统能够安全、稳定、可靠的运行，为实现系统建设的目标提供安全保障。

安全系统设计的具体目标如下。

1. 健全校园网信息系统安全体系。

包括物理安全体系、网络安全体系、网络安全防御体系、应用安全体系、安全管理体系和安全服务体系等，建立完善的安全防护体制。

2. 全面的监控、评审。

针对校园网系统的建设和发展，全面、定期监督评审系统安全措施实施及保障状况，确保系统安全系统有效运转。

D. 安全系统风险分析

1. 物理层安全威胁分析

物理层指的是整个网络中存在的所有通信路线、网络设备、安全设备等，保证计算机信息系统各种设备的物理安全，是保障整个网络系统安全的前提，然而，这些设备都面临着地震，火灾，水灾，等环境事故以及人为操作失误或错误及各种计算机犯罪行为导致的破坏过程，设备安全威胁主要包括设备的被盗、恶意破坏、电磁信息辐射泄漏、线路截获监听、电磁干扰、电源掉电、服务器机以及物理设备的损坏等等。这些都对整个网络的基础设备及上层的各个应用有着严重的安全威胁，这些事故一旦出现，就可以使整个网络不可用，给信息系统造成极大的损失。

2. 网络层安全威胁分析

网络层是网络入侵者进攻信息系统的渠道和通路。许多安全问题都集中体现在网络的安全方面。网络入侵者一般采用预攻击探测、窃听等手段收集信息，然后利用 IP 欺骗、重放或重演、拒绝服务攻击（SYN FLOOD, PING FLOOD 等）、分布式拒绝服务攻击、篡改、堆栈溢出等手段进行攻击。大型网络系统在运行的 tcp/ip 协议并非专为安全通信而设计，所以网络系统存在大量的安全隐患和威胁。

（1）网络安全域与安全级别分析。

根据信息系统的要求，按照“系统功能和应用相似性原则、资产价值相似性原则、安全要求相似性原则和威胁相似性原则”，对校园网系统进行安全域划分，确定了校外网、校园网、图书馆内部业务等不同的安全域。在各个安全域中，根据业务边界划分了网络接入区、业务数据区和安全设备区 3 个安全子域，其中在网络接入区主要针对网络边界的保护规划安全策略，在业务数据区主要针对数据和应用系统的保护以及用户的控制管理规划安全策略，在安全设备区主要针对安全设备的保护规划安全策略。

（2）网络访问行为的不可见。

缺乏有效的监视手段。作为管理员，没有相应的工具及时地了解网络中正在发生的和已经发生的访问行为，这样至少从两点增加了网络的威胁。

- 当网络被攻击时，无法在第一时间获知网络被攻击情况，而及时响应并采取措施更无从谈起。造成的后果经常是攻击行为发生后好几天仍没有被发现，造成重大损失。

- 管理员无法获得网络运行情况的一手资料，也就谈不上对网络安全状况做出判断和评估，更不知道系统内部网络安全的趋势，无法从宏观上提供决策的依据。

（3）信息的访问安全。

信息的存储安全主要是指信息访问的可控性，即只有被授权的、安全级别与数据机密性要求一致的用户才被允许访问相应的数据。而所有未经授权的用户，如黑客、恶意的内部用户，则不能对信息有任何的操作，包括读取、删除、复制等。

（4）外来的攻击企图。

随着网络的发展，各种攻击技术员呈现迅速发展的趋势，攻击行为的自动化攻击工具获得的简单化，使得发起一次攻击所需要的技术水平急剧下降，使得黑客攻击的门槛越来越低，从而造成网络系统时时刻刻都需要面对来自外部的威胁，如 DDOS、非法扫描、IP 欺骗等，严重威胁着网络的安全。

（5）无法及时获知网络中的安全漏洞。

网络中的各种漏洞层出不穷，而且由于网络中存在非常多的应用和系统平台，单靠手工检查的方式无法准确的获知网络中究竟存在哪些安全漏洞，因此无法及时的采取措施进行漏洞的修补，从而造成了安全隐患，一旦有人想要非法访问信息系统中的机密信息，或是对网络中的重要服务器发起攻击，这些漏洞就成为攻击的突破口。

3. 系统层安全威胁分析

系统层的安全威胁主要从操作系统平台的安全威胁进行分析。

操作系统安全也称主机安全，由于现代操作系统的代码庞大，从而在不同程度上都存在一些安全漏洞。一些广泛应用的操作系统，如 Unix, Window NT/2000，其安全漏洞更是广为流传。另外，系统管理员或使用人员对于复杂的操作系统和其自身的安全机制了解不够，配置不当也会造成安全隐患。操作系统自身的脆弱性将直接影响到其上所有的应用系统的安全性。

在图书馆信息系统的建设过程中，必须加强与安全操作系统为基础的整体安全保障基础设施的建设。

4. 应用层安全威胁分析

应用层安全是指用户在网络上的应用系统的安全，包括邮件系统、WEB、DNS 以及各种业务系统等。

应用层安全的解决目前往往依赖于网络层、操作系统、数据库的安全，虽然应用系统复杂多样，但都存在一些广为人知的漏洞，容易被人作为攻击的切入点，成为侵入内网的跳板。

（1）数据安全性。数据安全性包括数据传输的安全性、完整性和数据存储的安全性。

由于校园网内的公务系统通过校园网向教育主管部门、财政部门、招生考试部门等相关行政机关传送各种重要信息，其中许多都是敏感信息，因此需要考虑对其进行保护。

（2）资源可信性。中办发【2003】27 号文件明确提出，要加强以密码技术为基础的信息保护和网络信任体系建设；要规范和加强以身份证、授权管理、责任认定等为主要内容的网络信任体系建设。

通过密码服务系统、PKI 基础设施、责任认定系统完成网络信任体系基础设施的构建；通过业务代理系统、注册服务系统、鉴权服务系统等实现安全域内部用户和跨安全域用户实现“注册上网、鉴权通行”，进一步保证网络资源的可信性，并体现快速部署原则。

5. 管理层安全威胁分析

- 机房进入制度不够完善
- 没有完善的网络与安全人员管理制

- 没有定期对现有的操作管理人员进行安全培训
- 网络或安全设备的登录密码安全策略强度不符合要求
- 没有及时获知安全状态及最新安全漏洞的途径
- 对于可能出现的安全问题，没有一套完整的处理流程

E. 安全体系框架

安全体系框架是对电子信息系统提供保护的整体策略集合，包括运行管理安全、物理环境保障、数据安全、资源可信和网络及系统安全 5 个层面的内容，如下图所示。

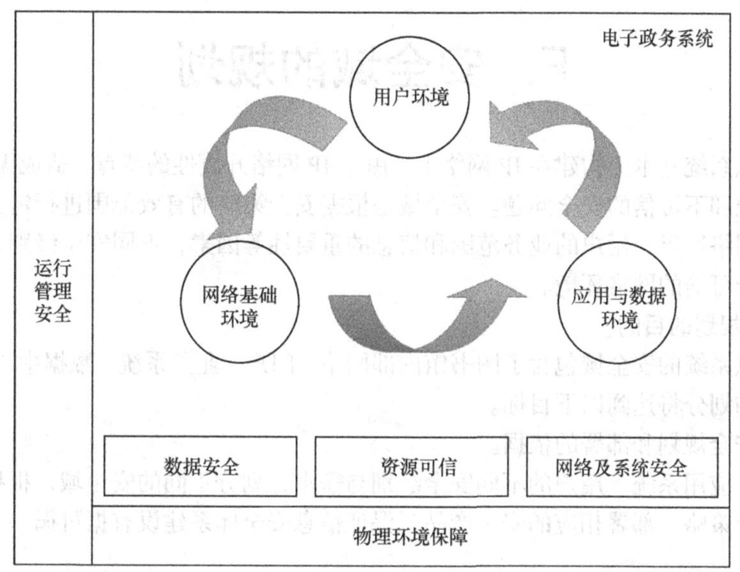

在物理环境安全的保障下，提供数据安全、资源可信和网络及系统安全三大类安全支撑，确保用户环境、应用于数据环境和网络基础环境的安全，同时运行管理安全贯穿其中，共同为信息系统提供多级别、多层面的保护。各部分内容具体如下。

（1）物理环境安全

主要是指机房的物理保护方面，包括一般机房、屏蔽机房、门禁、防辐射、防静电等方面的内容；

（2）数据安全

主要是指数据在其使用和传输过程中的保密性、防篡改性、抗抵赖性以及数据备份等方面的内容；

（3）资源可信

为实体提供身份识别、访问控制和审计等信任服务，既包括应用系统自定义的用户名/口令、基于角色的授权管理等弱安全手段，也包括基于证书的身份认证和授权管理等强安全手段；

（4）网络及系统安全

主要指传统的入侵检测，病毒防治，系统漏洞扫描，网络冗余设计，用户终端控制管理等手段，也包括基于强安全机制的网络边界保护；

（5）运行管理安全

主要是指，安全体系要按照国家相关的法规，国家标准进行建设和运行，同时据此制定合适

本地本部门实际情况的管理规章制度。

安全体系框架 5 个层面的主要安全策略如下表所示。

保护层面	安全策略
物理环境安全	机房建设、门禁、防静电、防电磁辐射等
数据安全	保密性、完整性、抗依赖性、备份、灾难恢复等
资源可信	身份识别、访问控制、审计等
网络及系统安全	网络边界保护及防御、病毒防治、漏洞扫描、用户终端控制管理、网络冗余等
运行管理安全	国家信息安全相关法规、标准、电子信息系统安全管理制度等

F. 安全域的规划

目前的信息系统基本上构建在 IP 网络上，由于 IP 网络开放性的特点，造成无中心、无管理、不安全、不可控和不可信的安全问题。安全域是根据安全策略的有效范围进行定义和划分，划分的依据主要有网络边界、用户的业务范围和信息的重要性等因素，不同安全级别采用相应的安全手段来实现安全可信的网络环境。

1. 安全与规划的目的

图书馆信息系统的安全域包含了图书馆内部网络、门户、业务系统、数据中心、用户等要素。通过对安全域的划分将达到以下目标。

（1）明确安全规划和部署的依据。

根据网络、应用系统、用户的不同安全级别与需求，划分不同的安全域，根据不同的安全域制定相应的安全策略、部署相应的安全产品，保证信息安全体系建设有据可循、全面统一、保障有效。

（2）通过安全域的划分实现可信的网络环境。

通过建立安全域，划分安全边界，可以有效防止非法攻击与入侵对整个信息系统的层层渗透，当局部网络出现安全灾难时，可以大大降低向整个网络扩散的可能性，减少影响，降低损失。

（3）通过安全域的划分保障用户和应用的可信可管。

图书馆业务的办理具有局限性特点，通过对安全域的划分，可以有效地对本域内的用户和应用系统进行管理和边界控制，通过加强管理来保证用户和应用的安全。

（4）跨多个安全域实现用户对可信应用的业务操作。

随着网络边界的扩大，安全域的划分有助于明确各个域的边界，在保障各个安全域自身安全性的同时需要解决信息孤岛和安全孤岛的问题，确保实现多个安全域之间应用系统的互联互通、信息共享，实现用户跨域访问与权限相对应的业务，跨多个安全域实现用户对可信应用的业务操作。

2. 安全域的划分

安全域的规划是通过对业务资源的分析，确定其保护的范围和等级，并采取相应的保护措施，主要包括安全定级、安全域划分和安全策略配置 3 个部分内容。

（1）安全定级

安全定级是指定制图书馆信息系统的安全等级，根据图书馆系统在校园网中的重要程度，结合系统面临的风险等因素，将其划分为不同的安全等级，采取相应的安全措施，保障安全。

因为校园网系统具有涉及部门多、范围和地域广，应用系统多且复杂，图书馆信息系统是校园网中的一个子网络系统。整个校园网同时覆盖了专网和外网的特点，包括业务系统软硬件、系统软件、机房环境以及管理制度等多个层面，形成了一个多层面的信息应用环境。因此要进行安全定级就需要先对其进行系统划分。

在校园网中纵向上覆盖了学校和图书馆两个级别，在横向上，学校和图书馆又有各自的网络接入区、业务数据区和安全服务区。其中网络接入区是指本地局域网与广域专网连接的边界区域设备；业务数据区是指业务系统及其数据所在网络区域，安全服务区是指核心安全设备所在的网络区域。

由于网络接入区域互联网相连，面临潜在的威胁较大，因此安全级别较高，业务数据区存放来自互联网上提交的全部敏感信息，由于这些信息来自互联网，且未经筛选和过滤，其安全级别低于网络接入区，安全服务区域安全级别最高。

因此，图书馆信息系统安全级别定级如下表所示。

第一层保护对象	第二层保护对象	第三层保护对象	安全等级
校园网	图书馆信息系统	业务区	1
		网络接入区	1
		安全服务区	2

根据《电子政务信息安全等级保护措施指南（试行）》的规定，第三级是监督保护级，必须在主管部门的监督下，按国家标准严格落实各项保护措施进行保护；第二级是指导保护级，必须在主管部门的指导下按照国家标准自主进行保护；第一级是自主保护级，必须参照国家标准自主进行保护。系统整体安全等级是系统中各类信息和服务安全等级的最大值。

（2）安全域的划分

安全域划分是指从安全的角度出发，对电子政务系统进行结构化分解，划分成为不同类别的保护对象，形成不同的安全区域，保证网络中用户的可信、设备的可信和服务的可信，并以可管为目的实现多个安全域之间的互联互通和业务协同。

根据图书馆信息系统的安全定级，依据《电子政务信息安全等级保护实施指南（试行）》的要求，按照“系统功能和应用相似性原则、资产价值相似性原则、安全要求相似性原则和威胁相似性原则”，采用“对政务机构整体进行安全域划分”的方法。

规划安全域的主要依据是网络边界。网中规划校园网安全域和图书馆网安全域。在安全域中还规划网络接入区，业务\数据区和安全服务区等安全子域，采用不同的安全策略，保障信息安全。

（3）安全策略配置

根据安全体系框架以及校园网及图书馆子网的安全定级、安全域划分，图书馆信息系统各安全域配置安全策略如下。

增强保护能力，满足图书馆信息系统对于保密性、完整性和可用性的要求，运行管理符合国家信息安全相关法规、标准，制定适合本地本地区的管理规章制度。

① 网络接入区。采用数据可信传输、边界预防、实时监控等措施，防止非法用户和非法数据进入网络；

② 业务数据区。采用信息保密、注册鉴权、强身份认证、访问控制和病毒防护等措施，保护数据和应用的安全；

③ 安全服务区。采用符合国家规定的机房物理保护措施。

G. 安全技术体系设计

1. **概述**

图书馆信息系统安全技术体系由安全支撑平台和安全应用支撑平台两部分构成。

（1）安全支撑平台的地位和作用。

安全支撑平台移密码技术为基础，为安全应用支撑平台和业务系统提供信息保护、身份认证、访问控制的安全服务，是电子政务健康发展的重要安全保障。

（2）安全应用支撑平台的地位和作用。

安全应用支撑平台呼叫控制，业务控制，媒体控制和业务管理为主要内容，安全支撑平台为业务系统提供可信的呼叫控制、应用整合、媒体控制和资源管理等应用支撑服务，并以用户为中心提供基本网络业务服务。

（3）安全支撑平台和安全应用支撑平台的关系。

安全支撑平台和安全应用支撑平台是构建有中心、有管理、可信、可控、安全的电子政务支撑环境的重要基础措施，共同为应用和网络提供支撑服务。

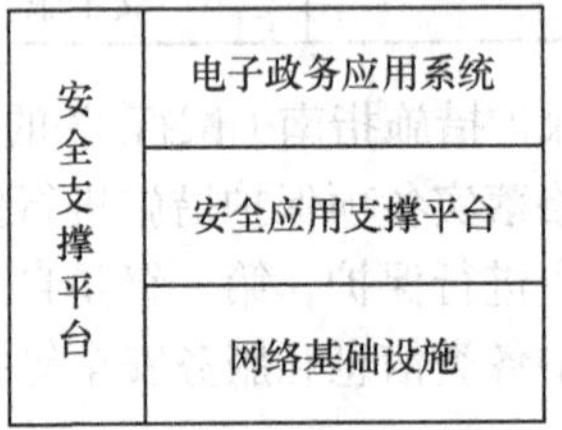

安全应用支撑平台通过调用安全支撑平台底层密码服务、信任服务为应用系统和终端用户提供可信的注册、鉴权等服务。安全应用支撑平台等相关系统可以为安全支撑平台的责任认定系统提供用户即时状态和消息通信记录等信息，是责任认定进行数据分析的重要依据。

2. **安全支撑平台体系设计**

安全支撑平台包括密码支撑体系、信任服务体系、安全接入体系以及安全防御体系，安全支撑平台结构如下图所示。

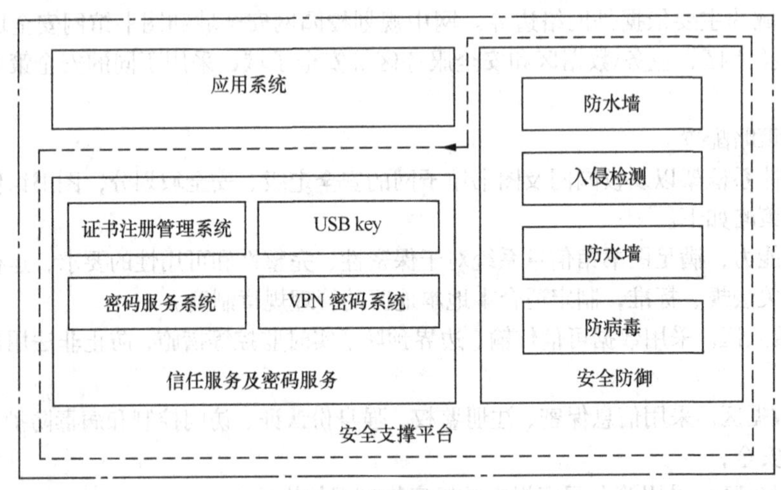

安全支撑结构平台

（1）信任服务及密码服务

信任服务及密码服务是安全支撑平台的基础，提供密码运算以及身份认证服务，包括密码服务系统，vpn 密码系统，证书注册管理系统，USB key 等。

a. 密码服务系统

密码服务系统主要提供加解密、签名验证的密码服务，为信道和信源的数据机密性、完整性、非否认性提供保障。密码服务系统采用国家密码主管部门审批通过的密码算法和密码设备。

密码服务系统具有以下功能。

① 数据加解密的运算功能，提供对数据的加密和解密的运算功能，包括对称加解密，非对称加解密运算。

② 数字签名和签名验证的运算功能，提供对数据的签名和签名验证等运算功能。

③ 数字信封，提供对数据的数字信封（包括多证书的数字信封）封装和解封装等运算功能。

④ 数据摘要和完整性验证，提供对数据进行专有运算功能，并具有验证数据完整性功能。

⑤ 会话密钥生成和储存功能，提供指定长度的随机数功能，可以作为对称密钥和会话密钥。

⑥ 分布式计算功能，采用分布式计算技术，随着业务量的逐渐增加，灵活地增加密码服务模块，实现性能动态按需平滑扩展，且不影响上层的应用系统。

b. 证书注册管理系统

证书注册管理系统（RA）用户注册审核机构，主要完成用户的信息注册和审核功能，并将用户的注册和审核资料上传到证书签发系统，同时为用户向证书签发系统申请数字证书，并提供数字证书下载服务。

证书注册管理系统提供以下功能。

① 操作员管理，对 RA 的管理员（包括系统管理员，业务员，业务操作员）信息进行查询和修改，并增加操作员、注销操作员、设置操作员权限和修改操作员权限等。

② 用户管理，完成用户信息注册功能。由 RA 操作员完成用户信息注册、审核、修改、注销和查询等服务。

③ 用户审核，审核用户的注册信息。自动向用户反馈有关信息记。记录每次审核日志，提供工作量统计，处理跟踪分析，处理异常情况分析。

④ 业务请求受理功能，证书申请受理：受理用户的证书申请，将合法申请转发至 CA，请求 CA 为合法用户签发证书。

⑤ 证书注销受理：负责将用户申请注销证书的申请转发至 CA，当得到用户确认后注销该证书。

⑥ 用户证书更新受理：受理各种证书更新申请，负责将申请转发至 CA。

⑦ 密钥恢复受理：通过一定的审查验证策略，为用户向 CA 请求恢复和加密密钥，提供加用户加密密钥恢复功能。

⑧ 服务管理：执行在后台可是适时运行的服务程序，包括用户审核服务、证书请求服务及同步由 GA 制定的证书服务模板信息等操作。

⑨ 证书模板定制功能，提供人员证书、设备证书、机构证书的模板定制义功能，用户可以根据需求，增加扩展属性。

⑩ 流程定制功能，可以根据业务的需要定制不同的操作流程。

⑪ 日志管理，日志管理包括日志记录、查询和日志备份。

⑫ 证书下载受理，受理用户的证书下载请求，此类用户必须是由 CA 签发的用户，RA 将证书下载请求转发给 CA，CA 首先区 KM 取得用户私钥（由临时密钥进行保护），然后连同此用户证书一并传给 RA，由 RA 下载到用户的实体密码鉴别器中。

⑬ 证书下载方式，在线方式，即用户通过网络登录到注册系统下载证书；离线方式，即用户到指定的注册机构下载证书。

c. USB key

USB key 是对客户端实体（包括用户和设备等）进行唯一性身份识别的便携式硬件设备。

USB key 应具备以下功能。

① 完整性验证。

② 签名\签名验证。

③ 产生签名公/私钥对。

④ 非对称密钥管理功能。

⑤ 证书储存管理功能。

d. VPN 密码系统

VPN 密码系统基于国家密码主管部门审批的加密算法构建个网络节点的广域网信道，并对该信道上所有业务数据进行加密保护，以保证各网络节点之间信息传输安全性，你防止非授权用户读懂、篡改传输的数据。

VPN 密码系统具备以下功能。

① 采用 IP 层加密模式，支持 IPSEC 等协议。

② 支持国家密码主管部门审批的对称加密算法。

③ 设备已完全透明模式接入网络环境，不更改现有网络拓扑结构和配置。

④ 支持证书签发系统签发的数字证书。

VPN 密码系统部署

在校园网数据中心部署一台 VPN 密码服务系统。VPN 密码服务系统部署在接入防火墙的前面，为广域网系统提供加密；VPN 密码管理系统部署在安全服务区，用于对 VPN 密码服务系统的管理和控制。

（2）安全防御服务

为了防御来自内部、外部的各类网络攻击行为，需要对网络安全防御体系进行完善，解决以上问题，将采用以下设备予以保障。

a. 防火墙

部署防火墙是保障网络边界安全的重要手段之一。网络安全方案中通过在各网络边界部署防火墙，对访问进行控制，对网络进行隔离。防火墙不存在单点故障，要有备份。核心部分采用双机热备。

衡量防火墙产品的优劣可以从产品的性能、功能、自身安全性、可管理性和售后服务等几个方面综合考虑。

防火墙功能具体要满足以下技术标准。

① 数据包过滤：根据地址、端口、IP 包标识、TCP 包标识确定是否允许数据包通过。

② 实时连接状态检测：记录会话状态，建立状态监测表，将属于同一会话的所有数据包作为一个整体的数据流看待，通过规则表与状态监测表的共同配合，大大提高防火墙的性能和安全性。

③ 提供基于网段，协议的网络流量控制，防止线路资源滥用。

④ 支持静态和动态双向 NAT 转换：可以在内部地址和合法外网地址之间做一对一或一对多的地址转换，隐藏用户内部网络结构，节省合法 IP 地址提高系统的安全性。

⑤ 提供对 HTTP 和 FTP 高层应用协议的代理功能，并可以控制允许执行的命令。

⑥ 支持对 URL 级信息过滤及 WEB 内容过滤。

⑦ 安全到网络结构，将用户网络从物理上划分为内网、外网、DMZ 区等不同安全区域。

⑧ 支持路由和透明网桥两种接入模式。

⑨ 支持 IP 与 MAC 地址绑定、多 IP 绑定、网卡与网段绑定及网卡与 URL 绑定，抵抗 IP 地址欺骗。

⑩ 灵活、方便的规则设置，支持网络别名定，简化过滤规则的设置，并可根据用户的需要设定规则的生效时间段，上班时间、周末、晚上等。

⑪ 支持网络别名复用，多个具有相同访问控制规则的网可以共享同一个网络别名，形成一个安全域。

⑫ 提供双机热备功能，防止网络出现单点故障。

⑬ 提供负载均衡功能，为应用服务提供高可用性。

⑭ 支持 VPN 功能，通过安装 VPN 软件模块，可以支持网关—网关、客户端—网关的 VPN 连接。

⑮ 提供直观的 WEB 管理界面，全中文的图形化用户管理，友好且易于操作，支持本地和远程两种管理方式，采用用户口令和一次性口令两种方式鉴别管理员。

⑯ 支持分权管理，不同级别的管理员具有不同的管理权限，防止非法或误操作。

⑰ 安全的日志管理与审计，提供详细的日志记录、备份、查询功能。

⑱ 配置的备份与恢复。

⑲ 具有良好的抗攻击性，能够抵御常见攻击，主要包括：IP 地址欺骗、木马、DOS/DDOS 攻击、Ping of death、SYN Flood 等。

⑳ 支持状态监控，管理员可随时查询防火墙的运行状态。

b. 入侵检测

入侵检测系统是安全系统重要组成部分，可以对流经的数据包进行数据分析，过滤掉含有攻击指令和操作的数据包，保护网络的安全。提供对内部攻外、部攻击和误操作的实时保护。入侵检测系统功能包括

① 引擎集中管理功能。管理员在中央控制台可以直接控制各个引擎的行为，包括启动、停止、添加，删除引擎，也可以按照引擎查看、删除、查询实时警报。

② 实时入侵侦测功能。能够实时识别各种基于网络的攻击及其变形，包括 DOS 攻击、CGI 攻击、溢出攻击、后门探测和活动等。可以通过深入的应用协议分析去除干扰并还原攻击本来面目，成功的降低了误报率和漏报率。

③ 防火墙互动开放接口。为了提高网络安全产品之间协同工作、动态防护的互操作性，入侵侦测系统提供与防火墙互动的开放接口。

④ 报表统计和数据库维护功能。入侵侦测系统提供了非常简便的全中文入侵警报系统和报表工具。

⑤ 策略库的在线升级支持。系统支持在线远程升级策略库，使系统的策略库时刻保持防范在最前沿。

⑥ 引擎稳定高效。网络引擎软件由 3 个部分组成，保证了网络数据处理和警报处理相对独立，不致阻塞，同时引擎管理代码逻辑简单，能保证长时间稳定运行。

c. 防病毒系统

由于计算机病毒对网络的危害日益增大，网络安全方案将采用防病毒网关与防病毒服务器系统相互结合的方式，建立完整的防病毒体系。病毒防护产品的选型原则如下。

① 完整性。多层次、全方位的防病毒体系，具有跨平台的技术及功能，可以在网络的每个层次包括网关一级，集群服务器一级，服务器一级，客户端一级，针对病毒进行防护。

② 防护能力。要能够有效的查杀各种病毒、未知病毒和已知病毒，能对病毒防范于未然。

③ 防病毒策略和相应配置的强制管理机制。提供对防病毒策略和相应配置的强制执行或锁定功能，确保客户端不会因为人为因素而造成防病毒策略的更改、破坏等。

④ 紧急处理能力和对新病毒的响应能力。在新病毒出现时具有紧急处理能力和快速响应机制。同时提供自动化的响应手段和机制迅速对新病毒做出反应。病毒定义码和扫描引擎升级方式、途径：提供集中和方便的病毒定义码和扫描引擎升级更新的方式和途径。

⑤ 统一、集中、智能和自动化的管理。具有统一的、集中的、智能的自动化的管理手段和管理工具，包括客户端自动化的安装、维护、配置、病毒定义码和扫描引擎的升级、定时调度、实时防护、防病毒策略地分发等，同时可以根据用户的需要灵活地进行多级管理机制。

⑥ 病毒事件报警、综合日志分析及报表功能。提供方便、全面、友好的病毒报警和报表系统管理机制。

⑦ 灵活安装。提供多种安装方式，以便用户在安装实施的过程中采用灵活的方式。

⑧ 尽量少占用网络资源、系统资源。尽量少占有现有的网络资源和系统资源，以便不影响用户现有网络、系统和应用的正常运转。

⑨ 稳定性、兼容性和易用型。

⑩ 良好的服务与强大支持。

d. 防水墙

防水墙系统是综合利用密码、访问控制和审计跟踪等技术手段，对涉密信息，重要业务数据和技术专利的敏感信息的存储，传播，和处理过程实时取安全保护的软件系统，我的 boss，能最大限度地防止敏感信息的泄露，被破坏和违规外传，并完整记录涉及敏感信息的操作日志，以便事后审计和追究泄密责任。

从以下 5 个方面保障内部安全。

① 失泄密防护：失泄密防护是防水墙系统重要功能之一。个人计算机信息外传时可能发生的泄密途径，主要有网络传输、移动储存带出和打印到纸介质文稿三种情况。防水墙系统针对这 3 种泄密途径做了全面的防护，可以根据实际情况选择启用或禁用，同时还可以记录，日志以备事后追踪。除了针对以上 3 种泄密途径做出了全面防护以外，还针对可能造成泄密的外设接口，提供了启用和禁用主机外设接口的功能（例如允许/禁止计算机通过各种接口接入 Internet 等），作为实施失泄密防护在硬件层面上的辅助手段。

② 文件安全服务：文件安全服务提供了对敏感文件的安全防护，采用了非对称算法，用户、小组和安全域具有各自独立的密钥对，用户可以根据实际需要对不同范围用户群采用不同的加密方式。

③ 运行状况监控：记录了受监控主机的运行状况历史日志，以便审计和监控。

④ 系统资源管理：提供了在线受监控主机的资源信息和运行状况的快照。系统操作员和安全审计员能登录控制台查看所管理部门节点下所有在线主机的系统资源信息，并且能随时刷新以获取当前的系统信息快照。

⑤ 扩展身份认证：可接管 Windows 身份认证。如果接管 Windows 身份认证只需输入合法的防水墙用户名和口令即可登录 windows 系统。

3. 安全应用支撑平台体系设计

安全应用支撑平台，包括呼叫控制体系、业务控制体系、媒体控制体系，平台结构如下图所示。

（1）呼叫控制

呼叫控制主要解决安全登录和通行问题，通过采用注册鉴权的机制，实现一次注册、全网通行，主要部署的系统有注册服务系统和鉴权服务系统。

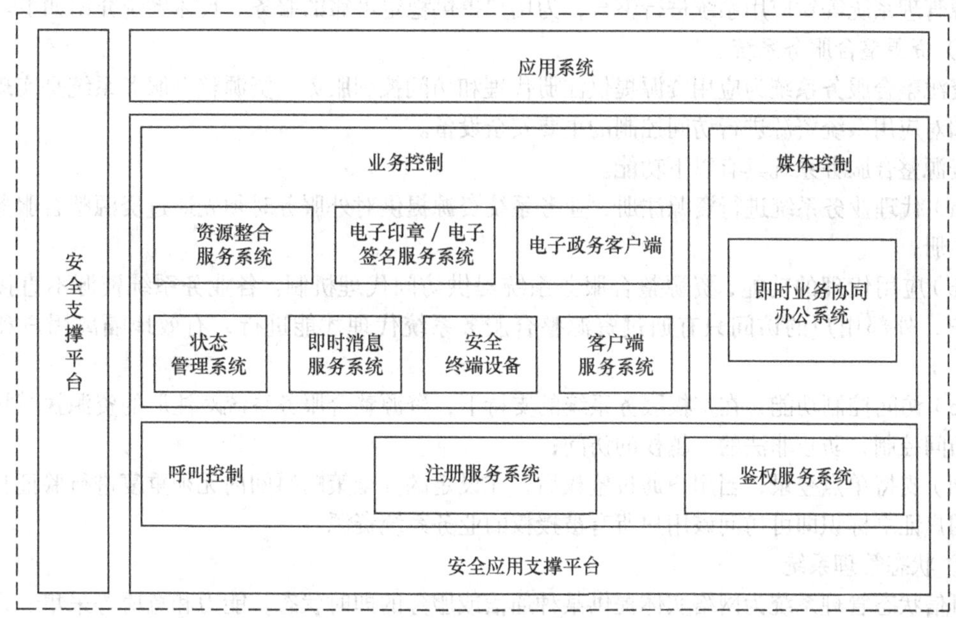

① 注册服务系统。

在校园网信息系统信令控制体系中，对全网用户提供基于数字证书的本地和异地注册服务，提供用户代理、定位、重定向服务，其用户必须通过数字证书注册认证后才能在信息系统内进行各种操作，实现一次注册全网通行。注册服务系统提供以下功能。

（a）实体代理，代理实体进行注册、定位、重定向等服务。

（b）实体注册，提供实体（用户、应用）注册服务，基于数字证书对实体原始信息进行注册。

（c）提供位置注册服务，无论用户在何时何地登录，都能够通过客户端软件在注册服务系统上注册自己的当前位置。

（d）实体定位，向用户提供访问对象的定位服务，确保用户在希望与访问对象通信时能迅速、便捷的找到对方。

（e）实体重定向，向实体提供将呼叫请求重新定向到其他目标地址的服务，当定位服务器不能提供定位时，或实体地址信息发生了变化需要重定向时，系统自动启动重定向服务。

② 鉴权服务系统。

鉴权服务系统为所有用户及应用系统等网络实体提供限权注册、实体鉴权、服务鉴权。权限注册使网络实体实现权限发布，实体鉴权控制网络实体对网络资源的访问，服务鉴权将用户享有的服务自动推到用户桌面。鉴权服务系统提供以下功能。

（a）权限注册，鉴权服务系统向用户及业务系统提供权限注册服务，用户可以通过管理支撑体系注册，具有与其他用户互通的权限，业务系统可以通过资源整合服务系统注册系统资源的访问权权限；

（b）实体鉴权，实际鉴权服务负责管理网络实体的互通权限，并向网络实体提供鉴权服务，互通权限指用户可以和其他哪些用户通信，业务系统可以和其他哪些业务系统互通；

（c）服务鉴权，服务鉴权服务负责管理业务系统发布的资源授权列表，并向用户和业务系统访问提供鉴权服务；

（d）权限信息维护管理，对网络实体及业务系统的权限配置信息进行管理和维护。

（2）业务控制

通过资源整合服务系统、即时消息系统、电子印章/签名系统，客户端、客户端服务系统和可信资源管理系统等对应用系统进行整合，为用户提供稳定可靠的服务。具体系统介绍如下。

① 资源整合服务系统。

资源整合服务系统为应用资源提供注册代理和访问控制服务，资源整合服务系统是实现业务注册和对应用系统资源进行访问控制的重要安全设备。

资源整合服务系统具有以下功能。

（a）代理业务系统进行资源注册，业务系统资源提供对外服务时须先通过资源整合服务系统进行注册；

（b）应用代理的功能，资源整合服务系统提供访问代理机制。各业务系统资源不直接暴露于用户，外部用户的访问只有通过资源整合服务系统代理才能进行，有效地隔离用户和业务系统；

（c）访问控制功能，在鉴权服务系统的支持下，资源整合服务系统对注册的资源执行权限裁决和访问控制，防止非法的、越权的访问；

（d）支持单点登录，当用户通过鉴权后，在设定的安全策略时间内无须重复进行验证身份，通过用户证书标识即可访问该用户所有被授权的业务系统资源。

② 状态管理系统。

可信状态管理系统为网络实体提供某种通信或服务的即时状态，能力和意愿等采集、订阅和查询，提供更灵活多样的服务，使信息系统可信通信实体间能更方便联系，更容易使用资源。同时，提供用户或应用的关键行为状态信息，为责任认定提供依据。

状态管理服务系统具有以下功能。

（a）提供用户的即时状态信息收集功能，能将用户的即时状态信息进行收集和记录，作为历史数据，为责任认定、智能审计等提供证据；

（b）提供状态信息订阅和设置功能，用户可个性化地对状态信息订阅、设置，系统按用户订阅与设置的内容及时的提供给用户状态信息；

（c）提供状态信息及时更新功能，对用户接收到状态信息及时更新；

（d）提供状态信息分类查询，按用户的需要，可以对所需的状态信息分类查询。

③ 即时消息系统。

即时消息服务系统基于信令技术，为信息系统信息安全体系提供实时信息交换，完成信息安全系统内部的信息通信，并通过与信任服务的有机结合，为用户提供用户状态信息交互、可信在线交谈、消息提醒和报警等功能。

即时消息系统具备以下功能。

（a）即时通信功能，提供网络端到端的即时消息通信服务；

（b）灵活的预定和通知功能，即时消息服务系统可以实现即时消息与即时状态的紧密结合，用预定机制可以为呼叫方提供预先制定的服务；

（c）消息多方收发通讯功能，提供同时进行多方即时消息的收发功能；

（d）支持其他应用系统的调用，为业务系统提供在线交流、消息管理、消息提醒和报警等接口。

④ 电子印章/签名服务系统。

电子印章/签名服务系统主要是电子印章、签名加盖、信息鉴别、防伪系统，主要解决信息的不可抵赖性，以及显示的直观性。电子印章服务系统独立于应用系统，基于 PKI 技术对信息数据进行数字签名，保证电子印章的真实性和完整性，并提供直观的电子印章图案。

电子印章服务系统具备以下功能。

（a）管理功能，包括制作印章、印章管理、用户管理、印章授权、日志管理；

（b）盖章功能，包括列举印章、印章定位、加盖印章、盖多个章、验证印章；

（c）辅助功能，包括支持公章和私章，支持打印和打印控制，支持印章雾化处理，支持多种文档类型。

⑤ 客户端。

客户端是信息安全体系的客户端部分，主要包括客户端软件和安全通信设备等。客户端不仅支持用户登录本地安全域，最大特点是支持跨域安全登录和单点登录。

客户端软件是用户进行注册鉴权的入口，同时为用户在终端使用密码服务和身价认证服务提供支持。

安全通信设备具有终端加密功能，支持文本、音频和视频等格式的数据，提供点对点的安全传输服务。

⑥ 客户端服务系统。

客户端服务系统通过整合信息安全体系中的其他功能，统一为用户客户端提供个性化服务、版本自动更新服务和内容管理服务，同时还与其他系统进行交互。

客户端服务系统具备以下功能。

（a）客户端软件版本自动更新，当新版本的客户端软件发布之后，提醒用户进行升级，并支持客户端依据安全策略，自动安全升级和更新；

（b）支持客户端个性化配置，为用户提供浏览页面的分区功能，并支持用户进行个性化的页面定制；

（c）提供可信联系人信息的查询以及管理服务，可以订阅可信联系人的及时状态信息、更新状态信息等，以及对可信联系人的添加、删除、查询等管理服务功能。

⑦ 可信资源管理系统。

提供本安全域或跨安全域注册资源的统一管理，包括：资源分类、资源目录、资源授权、资源发布等管理服务。

（3）媒体控制

媒体控制支持用户基于安全支撑平台开展数据、语音、视频会话等综合的多媒体业务，提供媒体内容和格式的处理、转换等控制以及可信的即时协同等服务，媒体控制体系由即时业务协同系统组成。

可信业务协同系统主要为用户提供点对点安全可信的文字交流、文件传输等协同办公服务。

可信业务协同系统具备以下功能。

（a）支持信令流穿越私有网络，并通过信令消息控制媒体流穿越私有网络。

（b）支持媒体流穿越私有网络的功能，并提供不同网络环境下媒体数据的处理和转换。

（c）支持用户进行点对点地安全通信。

4. 物理安全体系设计

物理安全的建设包括屏房的建设，主要有布线、动力、空调、通风、防磁、防静电、消防等设施的建设，另外还包括机房规章制度等日常维护工作，机房物理环境的建设。

H. 安全产品部署

图书馆专网需要按照一致的技术框架来建设信息安全体系。

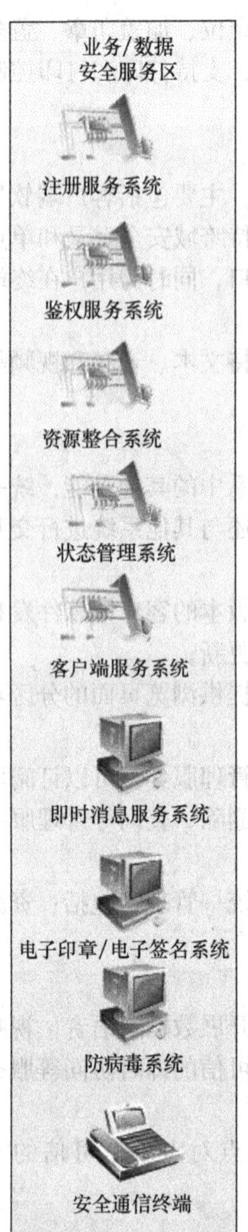

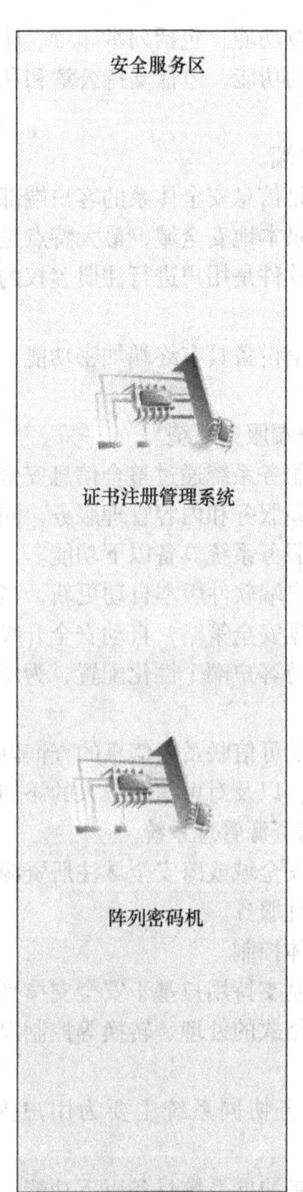

I. 安全管理体系设计

在图书馆信息系统中，仅仅靠技术手段难以防范所有的安全隐患，还需要建立相应的图书馆信息系统的安全管理体系。安全管理是整个安全建设的核心环节。一个有效的安全组织会在安全策略的指导下，在安全技术和安全产品的保障下，保证日常的安全运维工作简明高效。

安全管理体系主要包括：安全策略、安全组织、安全制度为了加强对客户网络的安全管理，确保重点设施的安全，应该加强安全管理体系的建设。这里分别从安全策略、安全组织、安全制度三个方面阐述。

1. 安全策略

安全策略是管理体系的灵魂，要做到全面、灵活、实用，必须在对信息系统进行细致的调查、评估之后，结合信息系统的业务流程，制定出符合信息系统实际情况的安全策略体系。

安全策略体系包括安全方针、主策略和子策略和信息系统日常管理所需要的制度。

安全方针是整个体系的主导，是安全策略体系基本结构的最高层，它指明了安全策略所要达到的最高安全目标及其管理和适用范围。

在安全方针的指导下，主策略定义了信息系统信息安全组织体系及其岗位职责，明确了子策略的管理和实施要求，它是子策略的上层策略，子策略内容的制定和执行不能与主策略相违背。

子策略是安全策略体系基本结构的最低层，也是用于指导组成安全保障体系的各项安全措施正确实施的指导方针。

另外，为了管理员工安全行为，根据策略体系制定了必要的安全管理制度。

2. 安全组织

由于信息安全对于整个信息系统的安全建设非常重要。这就需要在条件合适的时候建立合适的安全管理组织框架，以保证在组织内部开展和控制信息安全的实施。

建立具有管理权的适当的信息安全管理委员会来批准信息安全方针、分配安全职责并协调组织内部信息安全的实施。如有必要，应在组织内建立提供信息安全建议的专家小组并使其有效。应建立和组织外部安全专家的联系，以跟踪行业趋势，监督安全标准和评估方法，并在处理安全事故时提供适当的联络渠道。另外应鼓励多学科的信息安全方法的发展，如：管理层、用户、行政人员、应用软件设计者、审核人员和保安人员以及行业专家（如法律和风险管理领域）之间的协作。

作为一个网络安全组织，会渗透到信息系统的各个网络相关部门。很多人员都会之间或者间接地参与网络安全工作。可能包括以下这些人。

① 高层管理人员。以高层管理的身份，负责整个信息系统的网络安全的成功。

② 网络安全委员会。由相关高层领导组成的委员会，对于网络安全方面的重大问题做出决策，并支持和推动网络安全工作在整个信息系统范围内的实施。

③ 网络安全管理者。以一个专门的网络安全中心部门的领导者的身份，负责整个信息系统的组织和系统的安全，负责网络安全的整体协调工作，负责网络安全的日常管理。

④ 网络专家组。

聘请业内专家作为信息系统的支持资源。

⑤ 技术提供者。

（a）系统管理人员——负责具体系统的安全。

（b）网络管理人员——负责网络的安全。

（c）通信管理人员——负责通信系统的安全。

（d）Help Desk——随时解答各方面的问题。

⑥ 支持组织和功能人员。

（a）审计。

（b）物理安全人员。

（c）灾难恢复和意外处理人员。

（d）质量保证人员。

（e）培训人员。

（f）人事部门。

⑦ 用户。

（a）信息的用户。

（b）系统的用户。

⑧ 第三方人员。

3. 安全制度

图书馆信息系统是一个安全性要求非常高的单位，所以安全制度要求也很严格。由管理层负责制定切实可行的日常安全保密制度、审计制度、机房管理、操作规程管理、系统维护管理等，明确定义日常安全审计的例行制度、实施日程安排与计划、报告的形式及内容、达到的目标等。

技术层指安全保密、安全审计、操作规程、系统维护等流程，明确定定义安全审计所涉及的过程及技术要求，包括用户确认制度和签字验收制度、扫描代价分析的方法与原则、扫描工具选择的原则、扫描方案的原则、扫描的实施技术要求、安全修补方案制定原则、安全修补的实施原则及技术要求等。确定安全审计服务范围，包括：确定需要进行审计的网段、在需要审计的网段内，确定需要进行安全审计的网络设备、主机系统、应用系统，列出需要审计的服务清单，进行扫描风险性评估；确定最终的安全扫描方案，包括需要检查的项目，扫描的时间安排、从整体上进行的扫描风险评估及风险对策等。

信息系统建成后，需要针对各系统制定完善的运作体系，保证系统的安全运行。

（1）风险管理

① 威胁评估。

需要对安全威胁进行详细的分析，需要考虑威胁来源，针对不同威胁来源考虑可能存在的威胁类型，并对安全威胁的可能性进行等级赋值。威胁的赋值需要考虑安全事件分析、国际机构统计数据等信息。

对威胁的可能性和影响的分析可以（但不限于）从以下 3 个方面考虑。

（a）国际权威机构的数据。

（b）历史安全事件统计分析。

（c）通过安全事件发生的后果来间接衡量等等。

② 弱点评估。

定期的脆弱性评估和报告形成一种制度，并制定形成相关的制度文件。

制度文件可以包括（但不限于）如下内容。

（a）确定定期脆弱性评估的时间。

（b）确定进行脆弱性评估的责任部门和相关人员。

（c）脆弱性评估结果的报告上报流程和程序。

（d）脆弱性评估报告中应包括新发现的漏洞、已修补的漏洞、漏洞趋势分析等。

③ 风险分析和控制。

风险分析和控制需分以下 6 个步骤。

（a）风险计算。根据“风险值=威胁可能性 × 资产价值 × 弱点严重性”，计算出安全风险的值。

（b）风险处理。对评估的安全风险按照风险值排序，并对各条风险进行分析，选择安全风险的处理方式，例如降低安全风险、消除安全风险、接受安全风险等等。

（c）风险控制措施的选择。选择合适的安全控制措施对抗安全风险，并引出安全需求，再对引出的安全需求进行归纳和总结，编写整体安全需求分析报告。

（d）风险控制措施的实施。根据安全需求分析报告，编写详细的安全解决方案，通过安全管理、部署安全产品和安全技术进行风险控制措施的实施。

（e）残余风险评估。在风险控制措施实施后，进行残余风险评估，确认残余风险的可接受范围。

（f）应将风险评估中的信息资产、威胁、脆弱性、防护措施等评估项综合到一个数据库中进行管理。各机构应当在后续的项目和工程中持续地维护数据库。

（2）配置和变更管理

配置和变更管理主要包括配置管理计划、配置管理能力和变更控制。

① 配置管理计划。

配置管理计划主要包括以下内容。

（a）制定配置管理计划，以保证配置管理计划的可行性以及确定有关部门具有完成配置管理计划的能力。

（b）定期检查配置管理计划。

（c）配置管理自动化。配置管理自动化部分主要完成以下 3 个部分：应确保信息系统的配置管理是通过自动方式控制；应确保配置信息的变化是经过授权；应对所有的配置变更进行测试，测试通过后正式执行。

② 配置管理能力。

配置管理能力主要指的是以下内容。

（a）配置管理计划应描述系统是如何使用的，并说明运行中的配置管理系统与配置管理计划的一致性。

（b）配置管理文档应足以说明已经有效地维护了所有的配置项。

（c）配置管理系统应确保对配置项只进行授权修改。

③ 变更控制

制订正式的管理责任和程序以确保满足对设备、软件或程序的所有改变的控制。可行的情况下，应把操作和应用的变更控制程序整合起来。特别应考虑以下控制措施。

（a）重大变更的识别和记录。

（b）评估此类变更的潜在影响。

（c）建议更改的正式审批程序。

（d）变更细节通知给所有相关人员。

（e）确定中止和恢复不成功变更的责任和程序。

（f）在程序变更时，应该保留包括所有相关信息的审计日志。

（g）任何变更必须经过严格的审批流程，经过正式的审批后才可以进行变更。

（3）网络系统监控

① 性能监测。

（a）定期监测系统性能参数，主要是反映线路质量、通信设备的处理能力和网络服务质量的参数，如误码率，设备的 CPU、内存、端口的使用率，吞吐量，传输时延，响应时间等。

（b）性能监测可以通过网管软件或人工统计收集反映系统设备性能的参数。

（c）根据收集到的数据进行性能分析，预测可能出现的故障，采取改变系统配置、工作参数、工作状态等措施调整系统性能。

（d）要记录性能异常时产生的告警。及时确定当前系统中哪些部件的性能正在下降或已经降低，哪些部分在超负荷或未满负荷运行。

（e）应按规定填写“系统性能记录”，作为分析、改进系统性能的依据。

② 安全监控。

需要随时监控安全监控设备主控台信息，发现异常信息要及时上报并做记录，对系统有影响的故障应及时报告相关系统管理员，填写故障记录。

（a）建立安全监控日志制度，每日填写安全监控信息，并对可疑的安全事件进行报告。

（b）定期对监控信息、报告以及相关工作进行审查。

③ 监控强度。

每天 24 小时不间断地监控。

（4）日常运行管理

① 操作程序。

操作程序应详细规定每项工作的操作指导步骤，至少包括以下内容。

（a）信息的加工和处理。

（b）日程要求，包括和其他系统的依存关系，最早的工作开始时间和最晚的工作完成时间。

（c）对在工作执行过程中出现的错误或其他意外情况的处理指导，包括对系统功能使用的限制。

（d）在发生意外的操作或技术困难时的支持联络程序。

（e）特殊输出处理指导，诸如特殊工具的使用或保密输出的管理，包括失败作业输出的安全处理程序。

（f）在系统失效时使用的系统重启和恢复程序。

② 操作记录。

为了严格日常运行的安全管理，便于落实和检查，运行部门应做记录和登记。

（a）值班日志。

（b）非运行人员使用生产终端登记簿。

（c）外来人员进出主机房登记簿。

（d）操作员值班表。

（e）值守人员值班表。

（f）运行维护人员联系表。

（g）投诉记录簿。

（h）故障记录簿。

（i）应定期检查记录的完备性和准确性，并纳入考核。

③ 口令管理。

口令的使用在以下 5 个方面增强。

（a）口令长度。口令长度达到 1 2 位以上。

（b）口令内容。口令内容必须是大小写字母、数字以及特殊字符的组合，不允许采用用户名和常用单词。

（c）口令周期。每 2 周更换一次口令。

（d）口令保护。对于口令的保护需要采用加密的方式，应采用较强的加密算法。

（e）口令管理。建立密码使用的管理制度，并定期进行检查和监督。

④ 安全审批

制定审批制度，对用户的使用目的和使用情况进行授权。审批工作主要由相关部门主管来负责，以确保满足所有相关的安全方针和要求。以下是需要进行安全审批的项目内容。

（a）访问权限的安全审批。

（b）重要操作的安全审批。

（c）物理访问的安全审批。

（d）外来人员访问的安全审批。

（e）变更的安全审批。

（f）远程访问连接的安全审批。

（g）信息发布的安全审批。

（h）协同计算的安全审批。

（i）移动计算的安全审批。

⑤ 安全检查。

系统的安全性应由内部人员或者上级单位进行定期检查。检查的内容包括以下内容。

（a）信息安全组织机构的组成及运作。

（b）日常运行安全。
（c）数据备份安全。
（d）技术资料安全。
（e）防病毒。
（f）物理环境安全。
（g）设备物理安全。
（h）主机安全。
（i）数据库系统安全。
（j）应用系统安全。
（k）网络系统安全。
（l）信息安全应急。
（m）应急响应。
（n）黑客防范。

J. 安全服务体系设计

在本章，我们将详细分析和阐述安全服务厂商应该为图书馆信息系统所提供的安全服务目标、原则、规范、流程以及所涉及的服务内容。旨在提供高质量的服务水准，保障信息系统的整体安全性。

1. 安全服务体系框架

针对项目要求，我们设计以下安全服务内容，辅助各类安全产品或安全系统进一步加强信息系统的整体安全水平。

（1）安全评估审计服务

定期检查信息系统的安全现状，以便动态地调整安全防护策略，指导针对性安全增强和系统加固工作的开展。

安全评估审计服务一般建议周期性开展。

（2）安全增强加固服务

安全增强与系统加固服务是安全评估审计服务的延续，针对安全状况的动态变化，及时弥补最新出现的各类安全漏洞、安全隐患。

（3）安全信息通告服务

考虑到用户技术人员不能及时了解到最新的相关安全信息的情况，我们提供安全信息通告服务，通过邮件、Web 网站或电话等方式，为信息系统提供及时的、有针对性的各类安全信息，帮助信息系统维护人员及时了解最新安全动态，以便及时地做好安全调整，完善安全保护措施。

（4）安全应急响应服务

图书馆信息系统各业务网络安全系统建成之后，要针对信息系统随机出现的重大、疑难安全故障进行及时的专家安全响应和恢复，提高信息系统应对重大安全事故的能力，保障信息系统各业务网络的业务连续性。

考虑到信息系统的特殊需求，在必要的情况下，需要安全方面的专业厂商派出专门应急服务人员到信息系统现场进行安全值守，随时准备进行现场的应急安全响应服务。

应急安全服务也包括协助信息系统建设自身的应急安全响应队伍和应急安全响应规范，协助系统开展应急安全响应演练等。

（5）专业安全培训服务

信息系统的长期安全保障除了依靠先进的各类安全技术的应用之外，还必须依赖各类人员的安全技能和安全意识水平的提高。而接受专业安全培训无疑是提高人员安全技能和安全意识水平的最佳方式之一。

安全服务内容

2. 安全评估审计服务

信息系统全面安全评估的包括以下主要内容。

（1）物理环境评估

主要是评估信息生产设备所处的物理环境的安全性，包括防火、防盗、防腐蚀、防静电、防自然灾害的情况，同时评估访问控制（人为控制、电子控制）状况，以及布线合理性和电力保障等状况。

（2）网络体系评估

对网络体系的评估包括网络拓扑的安全性分析、核心设备冗余配置、链路冗余配置、网络流量与拥塞控制分析、VLAN 划分评估以及网络边界的安全控制等。

（3）服务器系统和网络设备安全

对主机和设备的评估包括对操作系统、数据库系统、应用系统、路由设备、交换设备、接入设备以及安全设备等的安全性综合分析。

（4）安全产品和技术应用状况

包括安全技术和产品的类型、应用前后的效果、目前安全功能的欠缺以及对新的安全技术和功能的需求。

（5）业务系统安全

包括对业务结构、业务流程评估，也包括对业务处理软件或系统平台的安全性检测，同时对于业务系统历史发生的安全案例，也要做深入的了解和分析，寻找问题的根源和根治的方法。

（6）网络安全管理状况评估

评估现行安全管理状况的不足，协助改进安全管理规范，并使之切实得到贯彻执行。

（7）网络安全策略状况评估

评估现行安全策略的不足，协助各业务部门改进安全策略，使之更适合各业务部门的运行维护和发展趋势。

3. 安全增强加固服务

建议在安全评估工作完成后，在部署各类安全子系统之前，对信息系统进行全面的手工安全加固和优化，主要包括以下对象。

① 各类关键的服务器操作系统。

② 各类关键的数据库系统。

③ 各类关键的应用系统。

④ 各类主干网络设备。

安全加固和优化服务的主要服务内容如下。

（1）针对各类主机操作系统主要从以下方面进行安全加固和优化。

① 安全补丁的选择性安装。

② 最小服务原则的贯彻，禁用不必要的系统服务。

③ 最小授权原则的贯彻，细化授权原则。

④ SSH 管理数据加密配置。

⑤ 账号、密码安全策略。

⑥ 文件、目录访问控制。

⑦ 关键系统服务安全配置。

⑧ 安全日志策略。

⑨ Solaris/AIX/Linux 等系统 R 系列服务禁用或安全配置。

⑩ Solaris/AIX/Linux 等系统 RPC 系列服务的禁用或安全配置。

⑪ Windows NT/2000 系统 RPC DCOM 安全配置。

⑫ Windows NT/2000 系统注册表安全配置。

（2）针对各类数据库系统主要从以下方面进行安全加固和优化。

① 安全补丁的选择性安装。

② 最小服务原则的贯彻，禁用不必要的服务模块。

③ 最小授权原则的贯彻，细化用户访问不同数据库、数据表的授权原则。

④ 据库系统默认帐号的禁用或调整。

⑤ 数据库系统帐号、密码安全策略。

⑥ 数据库系统认证和审核策略配置。

⑦ Oracle 缓冲区溢出隐患的安全加固。

（3）针对各类应用系统主要从以下方面进行安全加固和优化。

① 安全补丁的选择性安装。

② 最小服务原则的贯彻，禁用不必要的服务模块。

③ 最小授权原则的贯彻，尽量削弱应用系统服务的运行权限。

④ IIS 的针对性安全加固和优化。

⑤ IBM Http Server 的安全加固和优化。

⑥ Apache 的针对性安全加固和优化。

⑦ Bind 的针对性安全加固和优化。

⑧ NFS 的安全加固和优化。

（4）针对各类网络设备主要从以下方面进行安全加固和优化。

① 安全补丁的选择性安装。

② 最小服务原则的贯彻。

③ 最小授权原则的贯彻。

④ SSH 管理数据加密配置。

⑤ 配置身份认证、授权和统计（AAA）。

⑥ 对密码进行高级别的加密保护。

⑦ 加强对基于广播风暴攻击的防范。

⑧ 加强对内部地址欺骗的防范。

⑨ 加强对源路由欺骗的防范。

⑩ 加强对于 SNMP 的默认管理字符串的安全管理。

⑪ 依据需求提升访问控制规则的严格程度。

⑫ 设置明确的禁止非授权访问的警告提示。

4. 安全信息通告服务

考虑到信息系统的技术人员不能及时了解到最新的相关安全信息的情况，参与建设的安全厂商需要提供安全信息通告服务，通过邮件、WEB 网站或电话等方式，为信访信息系统提供及时的、针对性的各类安全信息，帮助业务部门及时了解最新安全动态，以便及时做好安全调整，完善安全保护措施。

我们主要通过以下方式为信息系统提供安全信息通告服务。

①（首选）电话通告方式：需要信息系统提供相关管理人员的电话联系方式。

② 电子邮件通告方式：需要信息系统提供相关管理人员的电子邮件联系方式。

5. 安全应急响应服务

应急安全服务是非常重要的安全服务环节。

在通用的安全模型中，安全保障的主要操作环节分为防护、检测、响应和恢复等主要部分。应急响应是安全保障工作中一个非常重要的环节。由于在防护和检测环节，通常比较成熟的应用都是针对已知特征来识别的，因此应急响应可以弥补前面各环节不足的部分。在攻击和防御的对抗中，攻击方通常掌握着主动性，而防御方只有应急响应这个环节可能具备能够和攻击方相抗衡的能力。

应急响应通常需要达到的目标首先是要确认或排除突发事件的发生。

应急响应服务的第一项任务就是要尽快恢复系统或网络的正常运转。在有些情况下，用户最关心的是多长时间能恢复正常，因为系统或网络的中断是带来损失的主要方面。这时候应急工作的一个首要任务就是尽快使一切能够相对正常地运行。

应急响应服务的第二项任务就是要使系统和网络操作所遭受的破坏最小化。通过收集积累准确的数据资料，获取和管理有关证据，在应急的过程中注意记。录和保留有关的原始数据资料，为下一阶段的分析和处理提供准确可信的资料。

最后应急响应要提供准确的分析统计报告和有价值的建议。在响应工作结束时提交的分析报告。

同时，应急安全服务还应该强调协助信息系统加强自身的安全应急响应能力，包括协助信息系统建设 CERT、完善应急响应流程和规范，以及协助信息系统进行定期的应急安全响应演练。

应急响应流程如下。

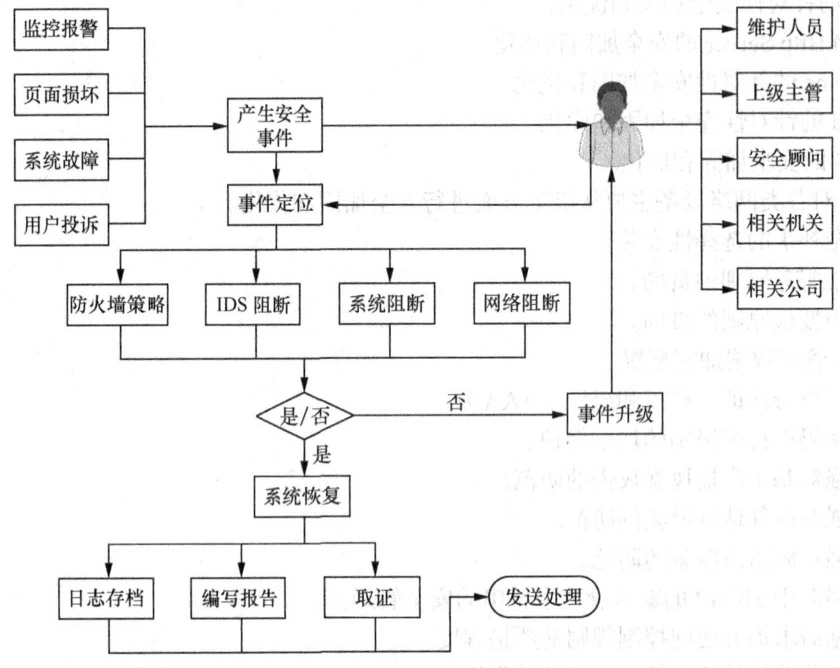

6. 现场监控值守服务

在重大节日期间，要安排专门的安全服务人员到现场提供 24 小时监控值守服务，随时处理可能出现的突发事件。

7. 专业安全培训服务

提供基于角色的网络安全技术培训（Role-based Network Security Technology Training）服务。针对不同参培人员的角色和职责提供相应的培训内容，充分考虑从领导决策层、技术管理到普通网络用户等各层次人员所需了解或掌握的网络安全知识和技术。

附录 2 设计模式

在面向对象程序设计过程中，经常会遇到很多重复出现的问题，总结解决这些问题的成功经验和最佳实践便形成了设计模式（Design Pattern）。与软件项目开发的总体设计（设计软件系统的概要框架，包括功能模块构成、软件系统构成、构件模块构成、数据库）、详细设计（单个模块或类方法的实现）不同，设计模式和项目本身没有直接的关系。研究设计模式的目的，在于帮助开发人员开发具有良好可复用性、高可读性和可修改性的软件系统，主要是面向开发人员的。设计模式将可重用的解决方案总结出来，并分门别类。从而指导设计，减少代码重复和优化体系结构。

设计模式共有 23 种，分为三种类型：创建型、结构型和行为型。创建型帮助设计者更好地组织、简化创建对象的代码；结构型加强代码重用，优化对象结构，使其职责分明、粒度合适，以松耦合的体系结构来减低代码的复杂性；行为型能够更好地定义对象间的协作关系，使复杂的程序流程变得清晰。

- 创建型：主要包括单例模式、抽象工厂模式、建造者模式、工厂模式、原型模式。
- 结构型：主要包括适配器模式、桥接模式、装饰模式、组合模式、外观模式、享元模式、代理模式。
- 行为型：主要包括模版方法模式、命令模式、迭代器模式、观察者模式、中介者模式、备忘录模式、解释器模式、状态模式、策略模式、职责链模式、访问者模式。

A. 抽象工厂模式

模式名	Abstract Factory（抽象工厂模式）
意图	提供一个创建一系列相关或相互依赖对象的接口，客户无需用 new 操作符进行类对象的创建。
适用性	• 一个系统要独立于它的产品的创建、组合和表示时。 • 一个系统要由多个产品系列中的一个来配置时。 • 当要强调一系列相关的产品对象的设计以便进行联合使用时。 • 当提供一个产品类库，而只想显示它们的接口而不是实现时。
类图	Product ConcreteProduct Creator FactoryMethod () AnOperation () ... product=FactoryMethod () ... ConcreleCreator FactoryMethod () return new ConcreteProduct

B. 建造者模式

模式名	Builder（建造者模式）
意图	将一个复杂对象的构建与它的表示分离，使得同样的构建过程可以创建不同的表示。
适用性	• 当创建复杂对象的算法应该独立于该对象的组成部分以及它们的装配方式时。 • 当构造过程必须允许被构造的对象有不同的表示时。
类图	Director / Construct () builder Builder / BuildPart () for all objects in structure { builder->BuildPart () } ConcreteBuilder / BuildPart () / GetResult () Product

C. 原型模式

模式名	Prototype（原型模式）
意图	用原型实例指定创建对象的种类，并且通过拷贝这些原型创建新的对象。
适用性	• 当要实例化的类是在运行时刻指定时； • 为了避免创建一个与产品类层次平行的工厂类层次时； • 当一个类的实例只能有几个不同状态组合中的一种时。
类图	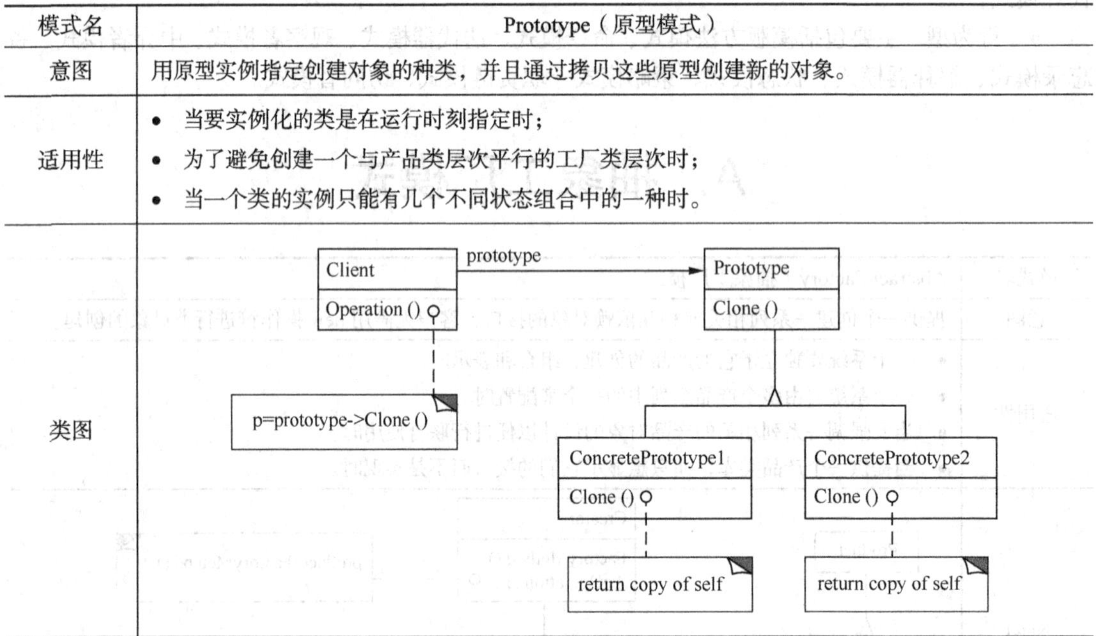

D. 单例模式

模式名	Singleton（单例模式）
意图	保证一个类仅有一个实例，并提供一个访问它的全局访问点。
适用性	• 当类只能有一个实例且客户可以从一个众所周知的访问点访问它时。 • 当这个唯一实例应该是通过子类化可扩展的，并且客户应该无需更改代码就能使用一个扩展的实例时。
类图	Singleton static Instance () SingletonOperation () GetSingletonData () static uniqueInstance singIstionData return uniqueInstance

E. 适配器模式

模式名	Adapter（适配器模式）
意图	将一个类的接口转换成另外一个客户希望的接口。Adapter 模式使得原本由于接口不兼容而不能一起工作的那些类可以一起工作。
适用性	• 想使用一个已经存在的类，而它的接口不符合开发者的需求。 • 想创建一个可以复用的类，该类可以与其他不相关的类或不可预见的类（即那些接口可能不一定兼容的类）协同工作。 • （仅适用于对象 Adapter）想使用一些已经存在的子类，但是不可能对每一个都进行子类化以匹配它们的接口。对象适配器可以适配它的父类接口。
类图	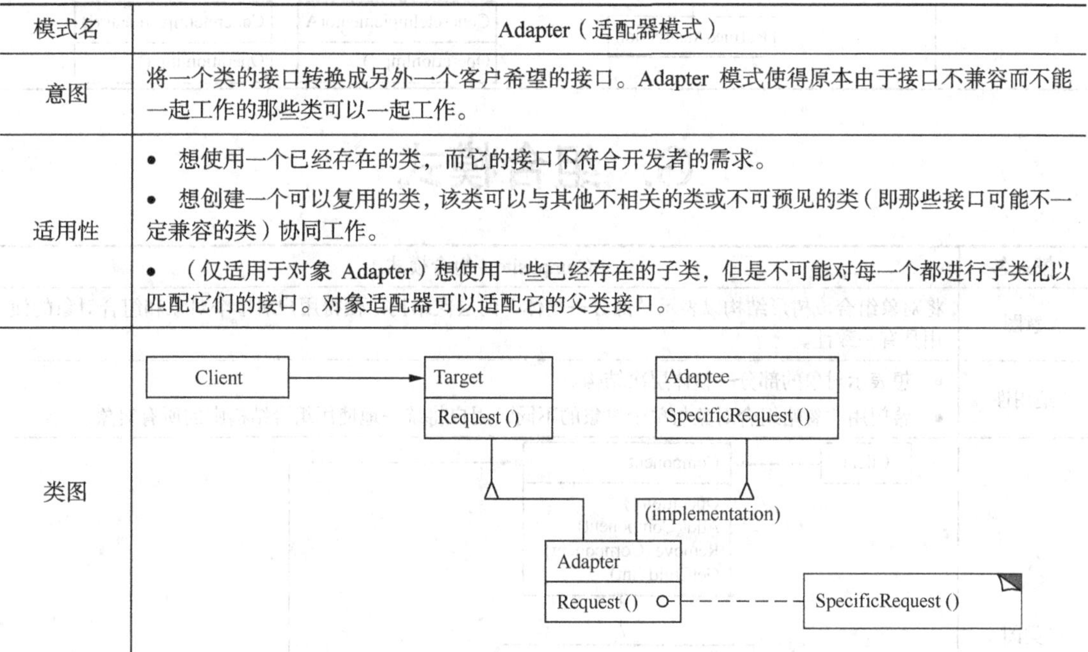

F. 桥接模式

模式名	Bridge（桥接模式）
意图	将抽象部分与它的实现部分分离，使它们都可以独立地变化。
适用性	• 不希望在抽象和它的实现部分之间有一个固定的绑定关系。例如这种情况可能是因为，在程序运行时刻实现部分应可以被选择或者切换。 • 类的抽象以及它的实现都应该可以通过生成子类的方法加以扩充。本模式使可以对不同的抽象接口和实现部分进行组合，并分别对它们进行扩充。 • 对一个抽象的实现部分的修改应对客户不产生影响，即客户的代码不必重新编译。 • （C++）想对客户完全隐藏抽象的实现部分。在 C++中，类的表示在类接口中是可见的。 • 有许多类要生成。这样一种类层次结构说明必须将一个对象分解成两个部分。Rumbaugh 称这种类层次结构为“嵌套的普化”（nested generalizations）。 • 想在多个对象间共享实现（可能使用引用计数），但同时要求客户并不知道这一点。一个简单的例子便是 Coplien 的 String 类，在这个类中多个对象可以共享同一个字符串表示（StringRep）。
类图	Client Abstraction Operation () imp imp->OperationImp (); Implementor OperationImp () RefinedAbstraction ConcreteImplementorA OperationImp () ConcreteImplementorB OperationImp ()

G. 组合模式

模式名	Composite（组合模式）
意图	将对象组合成树形结构以表示“部分—整体”的层次结构。使得用户对单个对象和组合对象的使用具有一致性。
适用性	• 想表示对象的部分—整体层次结构。 • 希望用户忽略组合对象与单个对象的不同，用户将统一地使用组合结构中的所有对象。
类图	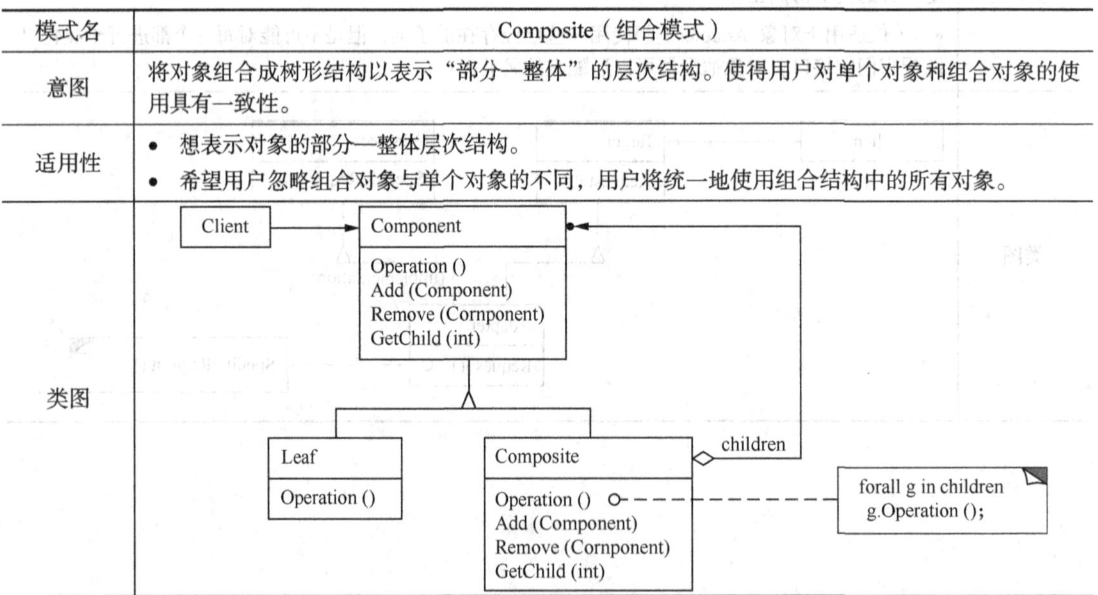

H. 装饰模式

模式名	Decorator（装饰模式）
意图	动态地给一个对象添加一些额外的职责。就增加功能来说，Decorator 模式相比生成子类更为灵活。
适用性	• 在不影响其他对象的情况下，以动态、透明的方式给单个对象添加职责。 • 处理那些可以撤销的职责。 • 当不能采用生成子类的方法进行扩充时。一种情况是，可能有大量独立的扩展，为支持每一种组合将产生大量的子类，使得子类数目呈爆炸性增长。另一种情况可能是因为类定义被隐藏，或类定义不能用于生成子类。
类图	Component Operation () component ConcreteComponent Operation () Decorator Operation () component->Operaiton () ConcreteDecoratorA Operation () addedState ConcreteDecoratorB Operation () AddedBehavior () Decorator::Operation (); AddedBehavior ();

I. 门面模式

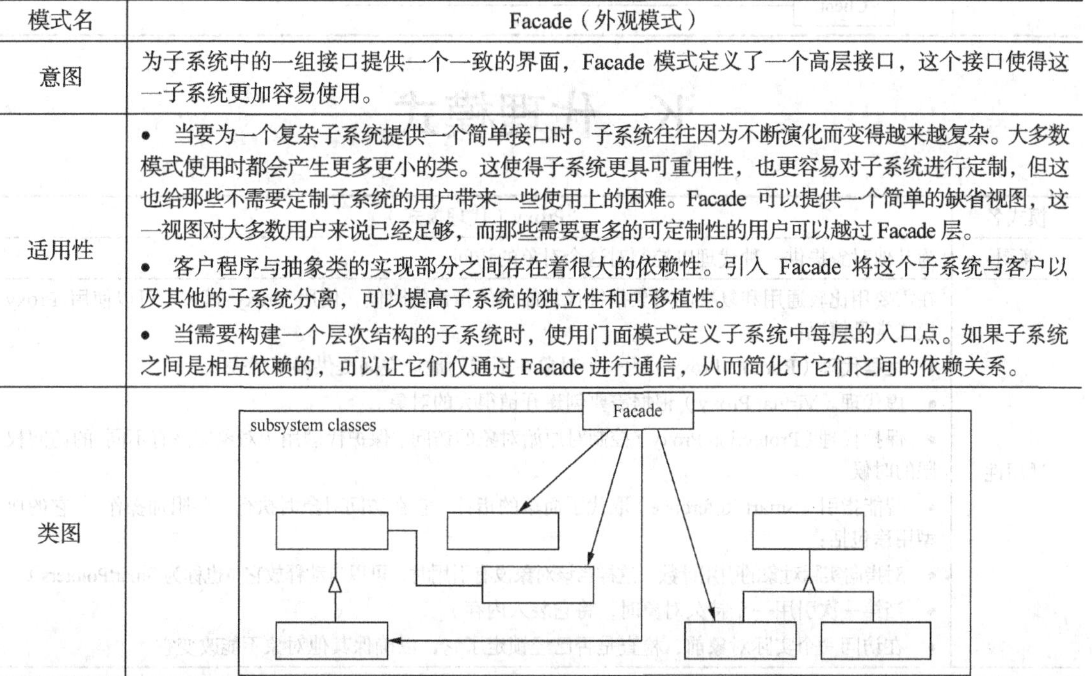

模式名	Facade（外观模式）
意图	为子系统中的一组接口提供一个一致的界面，Facade 模式定义了一个高层接口，这个接口使得这一子系统更加容易使用。
适用性	• 当要为一个复杂子系统提供一个简单接口时。子系统往往因为不断演化而变得越来越复杂。大多数模式使用时都会产生更多更小的类。这使得子系统更具可重用性，也更容易对子系统进行定制，但这也给那些不需要定制子系统的用户带来一些使用上的困难。Facade 可以提供一个简单的缺省视图，这一视图对大多数用户来说已经足够，而那些需要更多的可定制性的用户可以越过 Facade 层。 • 客户程序与抽象类的实现部分之间存在着很大的依赖性。引入 Facade 将这个子系统与客户以及其他的子系统分离，可以提高子系统的独立性和可移植性。 • 当需要构建一个层次结构的子系统时，使用门面模式定义子系统中每层的入口点。如果子系统之间是相互依赖的，可以让它们仅通过 Facade 进行通信，从而简化了它们之间的依赖关系。
类图	Facade subsystem classes

J. 享元模式

<table>
<tr><td>模式名</td><td>Flyweight（享元模式）</td></tr>
<tr><td>意图</td><td>运用共享技术有效地支持大量细粒度的对象。</td></tr>
<tr><td>适用性</td><td>• 一个应用程序使用了大量的对象。
• 完全由于使用大量的对象，造成很大的存储开销。
• 对象的大多数状态都可变为外部状态。
• 如果删除对象的外部状态，那么可以用相对较少的共享对象取代很多组对象。
• 应用程序不依赖于对象标识。由于 Flyweight 对象可以被共享，对于概念上明显有别的对象，标识测试将返回真值。</td></tr>
<tr><td>类图</td><td>FlyweightFactory
GetFlyweight (key)
flyweights
Flyweight
Operation (extrinsicState)
if (flyweight [key] existe) {
return existing flyweight;
} else {
creale new flyweight;
add it to pool of flyweights;
return the new flyweight;
}
ConcreteFlyweight
Operation (extrinsicState)
intrinsicState
UnsharedConcreteFlyweight
Operation (extrinsicState)
allState
Client</td></tr>
</table>

K. 代理模式

<table>
<tr><td>模式名</td><td>Proxy（代理模式）</td></tr>
<tr><td>意图</td><td>为其他对象提供一种代理以控制对这个对象的访问。</td></tr>
<tr><td>适用性</td><td>在需要用比较通用和复杂的对象指针代替简单的指针的时候，使用 Proxy 模式。可以使用 Proxy 模式常见情况：
• 远程代理（Remote Proxy）为一个对象在不同的地址空间提供局部代表。
• 虚代理（Virtual Proxy）根据需要创建开销很大的对象。
• 保护代理（Protection Proxy）控制对原始对象的访问。保护代理用于对象应该有不同 的访问权限的时候。
• 智能指引（Smart Reference）取代了简单的指针，它在访问对象时执行一些附加操作。 它的典型用途包括：
• 对指向实际对象的引用计数，这样当该对象没有引用时，可以自动释放它（也称为 SmartPointers）。
• 当第一次引用一个持久对象时，将它装入内存。
• 在访问一个实际对象前，检查是否已经锁定了它，以确保其他对象不能改变它。</td></tr>
</table>

续表

模式名	Proxy（代理模式）
类图	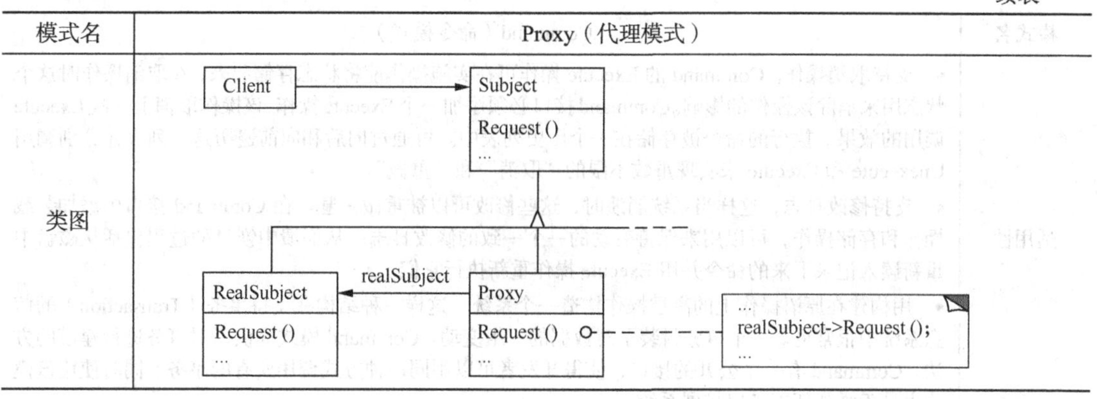

L. 职责链模式

模式名	Chain of Responsibility（职责链模式）
意图	使多个对象都有机会处理请求，从而避免请求的发送者和接收者之间的耦合关系。将这些对象连成一条链，并沿着这条链传递该请求，直到有一个对象处理它为止。
适用性	• 有多个的对象可以处理一个请求，哪个对象处理该请求运行时刻自动确定。 • 开发者想在不明确指定接收者的情况下，向多个对象中的一个提交一个请求。 • 可处理一个请求的对象集合应被动态指定。
类图	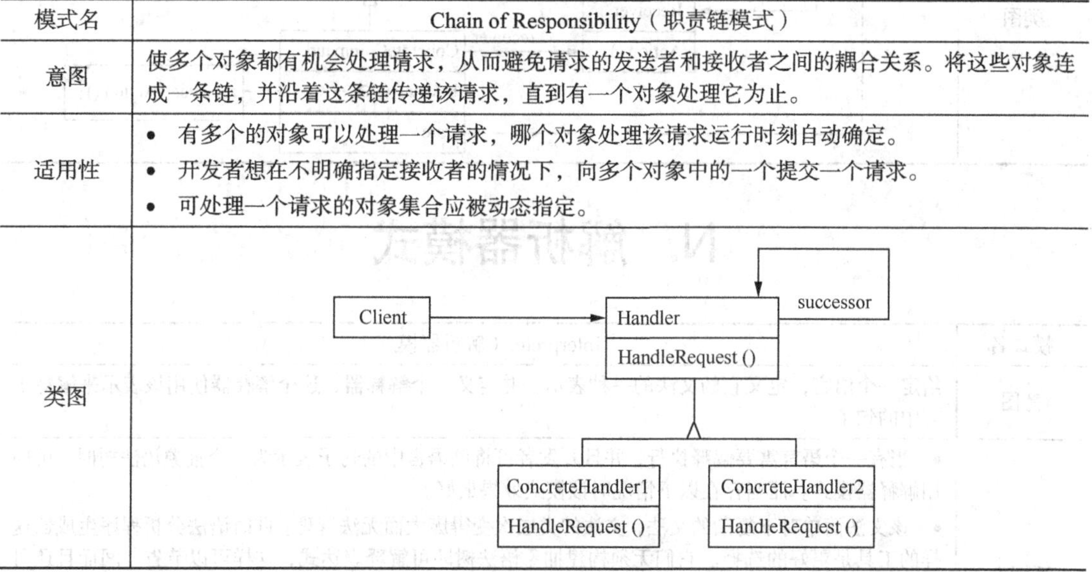

M. 命令模式

模式名	Command（命令模式）
意图	将一个请求封装为一个对象，从而使开发者可用不同的请求对客户进行参数化；对请求排队或记录请求日志，以及支持可取消的操作。
适用性	• 可以抽象出待执行的动作以参数化某对象。可用过程语言中的回调（callback）函数表达这种参数化机制。所谓回调函数是指函数先在某处注册，而它将在稍后某个需要的时候被调用。Command 模式是回调机制的一个面向对象的替代品。 • 在不同的时刻指定、排列和执行请求。一个 Command 对象可以有一个与初始请求无关的生存期。如果一个请求的接收者可用一种与地址空间无关的方式表达，那么就可将负责该请求的命令对象传送给另一个不同的进程并在那儿实现该请求。

续表

模式名	Command（命令模式）
适用性	• 支持取消操作。Command 的 Execute 操作可在实施操作前将状态存储起来，在取消操作时这个状态用来消除该操作的影响。Command 接口必须添加一个 Execute 操作，该操作取消上一次 Execute 调用的效果。执行的命令被存储在一个历史列表中。可通过向后和向前遍历这一列表并分别调用 Unexecute 和 Execute 来实现重数不限的“取消”和“重做”。 • 支持修改日志，这样当系统崩溃时，这些修改可以被重做一遍。在 Command 接口中添加装载操作和存储操作，可以用来保持变动的一个一致的修改日志。从崩溃中恢复的过程包括从磁盘中重新读入记录下来的命令并用 Execute 操作重新执行它们。 • 用构建在原语操作上的高层操作构造一个系统。这样一种结构在支持事务（Transaction）的信息系统中很常见。一个事务封装了对数据的一组变动。Command 模式提供了对事务进行建模的方法。Command 有一个公共的接口，使得开发者可以用同一种方式调用所有的事务。同时使用该模式也易于添加新事务以扩展系统。
类图	Client Invoker Command Execute () Receiver Action () receiver ConcreteCommand Execute () state receiver->Action ();

N. 解析器模式

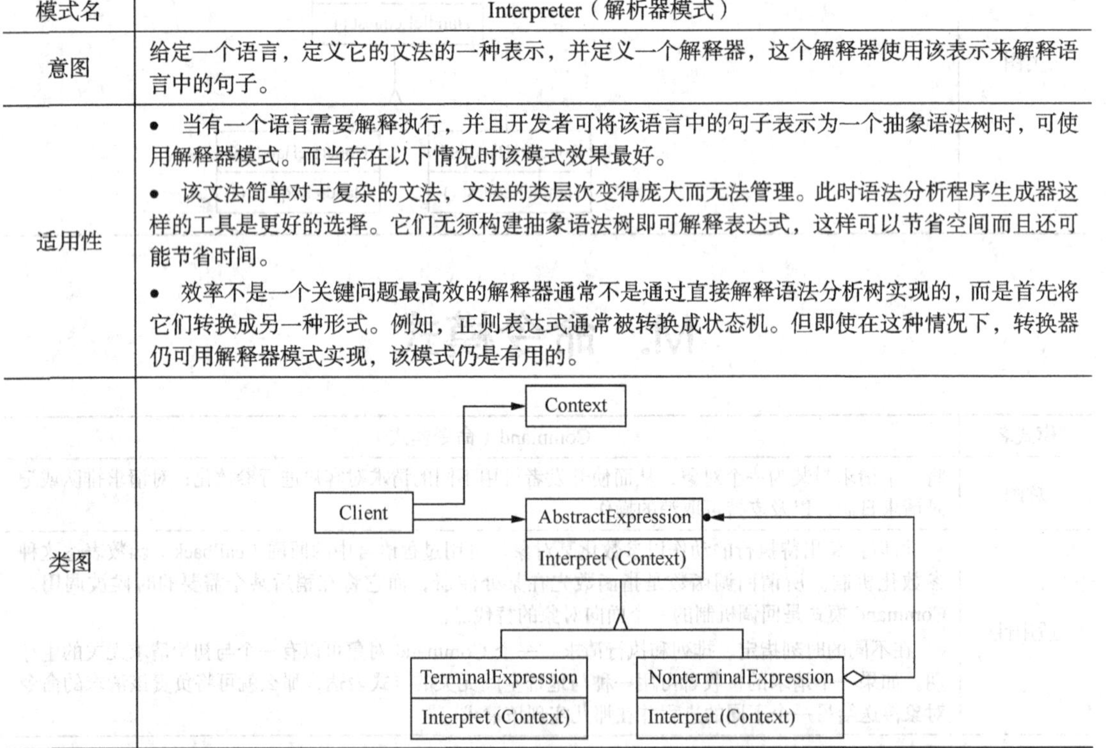

模式名	Interpreter（解析器模式）
意图	给定一个语言，定义它的文法的一种表示，并定义一个解释器，这个解释器使用该表示来解释语言中的句子。
适用性	• 当有一个语言需要解释执行，并且开发者可将该语言中的句子表示为一个抽象语法树时，可使用解释器模式。而当存在以下情况时该模式效果最好。 • 该文法简单对于复杂的文法，文法的类层次变得庞大而无法管理。此时语法分析程序生成器这样的工具是更好的选择。它们无须构建抽象语法树即可解释表达式，这样可以节省空间而且还可能节省时间。 • 效率不是一个关键问题最高效的解释器通常不是通过直接解释语法分析树实现的，而是首先将它们转换成另一种形式。例如，正则表达式通常被转换成状态机。但即使在这种情况下，转换器仍可用解释器模式实现，该模式仍是有用的。
类图	Context Client AbstractExpression Interpret (Context) TerminalExpression Interpret (Context) NonterminalExpression Interpret (Context)

O. 迭代器模式

模式名	Iterator（迭代器模式）
意图	提供一种方法顺序访问一个聚合对象中各个元素，而又不需暴露该对象的内部表示。
适用性	• 访问一个聚合对象的内容而无需暴露它的内部表示。 • 支持对聚合对象的多种遍历。 • 为遍历不同的聚合结构提供一个统一的接口（即支持多态迭代）。
类图	Aggregate: CreateIterator () Client Iterator: First (), Next (), IsDone (), CurrentItem () ConcreteAggregate: CreateIterator () ConcreteIterator return new ConcreteIterator (this)

P. 中介模式

模式名	Mediator（中介模式）
意图	用一个中介对象来封装一系列的对象交互。中介者使各对象不需要显式地相互引用，从而使其耦合松散，而且可以独立地改变它们之间的交互。
适用性	• 一组对象以定义良好但是复杂的方式进行通信。产生的相互依赖关系结构混乱且难以理解。 • 一个对象引用其他很多对象并且直接与这些对象通信，导致难以复用该对象。 • 想定制一个分布在多个类中的行为，而又不想生成太多的子类。
类图	Mediator mediator Colleague ConcreteMediator ConcreteColleague1 ConcreteColleague2

Q. 备忘录模式

模式名	Memento（备忘录模式）
意图	在不破坏封装性的前提下，捕获一个对象的内部状态，并在该对象之外保存这个状态。这样以后就可将该对象恢复到保存的状态。
适用性	• 必须保存一个对象在某一个时刻的（部分）状态，这样以后需要时它才能恢复到先前的状态。 • 如果一个用接口来让其他对象直接得到这些状态，将会暴露对象的实现细节并破坏对象的封装性。
类图	Orginator SetMernento (Memento m) CreateMemento () state Memento Getstate () SetState () state memento Caretaker return new Memento (state) state=m->GetState () Orginator SetMernento (Memento m) CreateMemento () state Memento Getstate () SetState () state memento Caretaker return new Memento (state) state=m->GetState ()

R. 观察者模式

模式名	Observer（观察者模式）
意图	定义对象间的一种一对多的依赖关系，当一个对象的状态发生改变时，所有依赖于它的对象都得到通知并被自动更新。
适用性	• 当一个抽象模型有两个方面，其中一个方面依赖于另一方面。将这二者封装在独立的对象中以使它们可以各自独立地改变和复用。 • 当对一个对象的改变需要同时改变其他对象，而不知道具体有多少对象有待改变。 • 当一个对象必须通知其他对象，而它又不能假定其它对象是谁。换言之，不希望这些对象是紧密耦合的。

类图	Subject
	Attach (Observer)
	Detach (Observer)
	Notify ()
	observers
	Observer
	Update ()
	for all o in observers{
	o->Update ()
	}
	ConcreteObserver
	Update ()
	observerState
	observerState=
	subject->GetState ()
	subject
	ConcreteSubject
	GetState ()
	SetState ()
	subjectState
	return subjectState

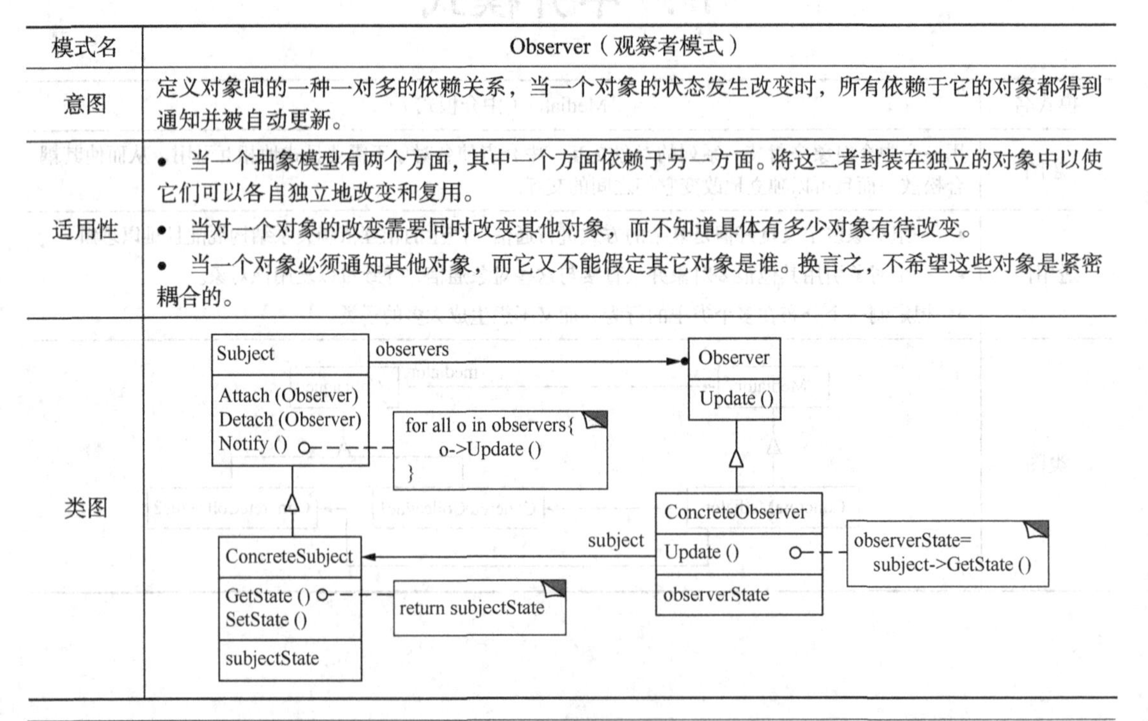

S. 状态模式

模式名	State（状态模式）
意图	允许一个对象在其内部状态改变时改变它的行为。对象看起来似乎修改了它的类。
适用性	• 一个对象的行为取决于它的状态，并且它必须在运行时刻根据状态改变它的行为。 • 一个操作中含有庞大的多分支的条件语句，且这些分支依赖于该对象的状态。这个状态通常用一个或多个枚举常量表示。通常，有多个操作包含这一相同的条件结构。State 模式将每一个条件分支放入一个独立的类中。这使得开发者可以根据对象自身的情况将对象的状态作为一个对象，这一对象可以不依赖于其他对象而独立变化。
类图	Context Request () state State Handle () state->Handle () ConcreteStateA Handle () ConcreteStateB Handle ()

T. 策略模式

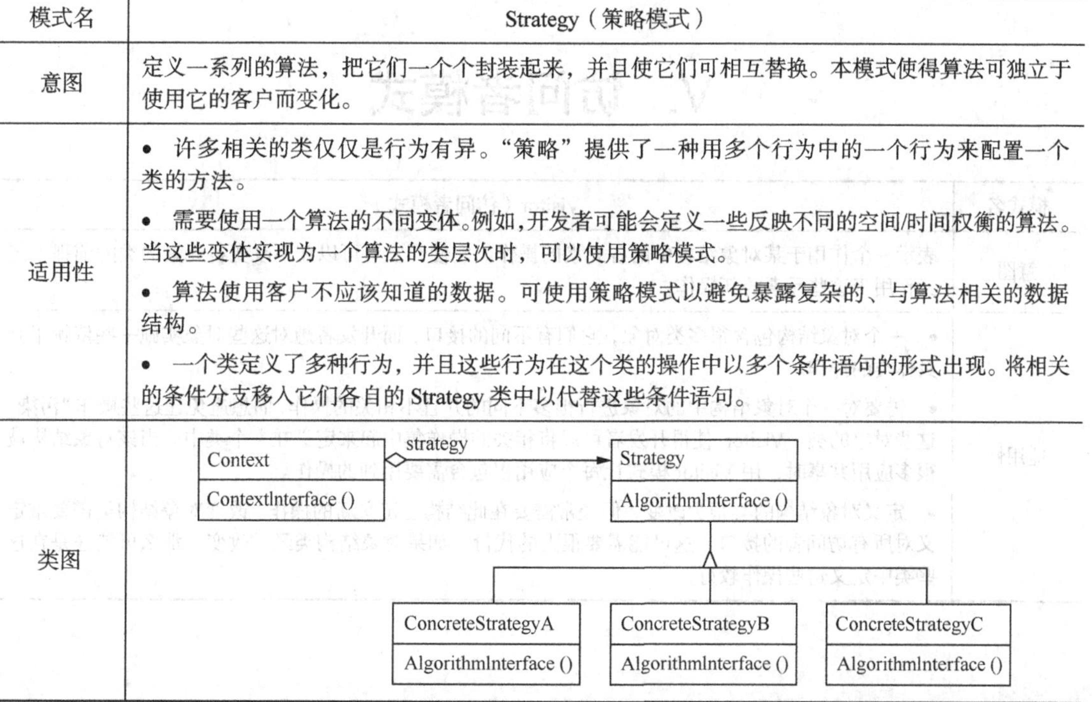

模式名	Strategy（策略模式）
意图	定义一系列的算法，把它们一个个封装起来，并且使它们可相互替换。本模式使得算法可独立于使用它的客户而变化。
适用性	• 许多相关的类仅仅是行为有异。“策略”提供了一种用多个行为中的一个行为来配置一个类的方法。 • 需要使用一个算法的不同变体。例如，开发者可能会定义一些反映不同的空间/时间权衡的算法。当这些变体实现为一个算法的类层次时，可以使用策略模式。 • 算法使用客户不应该知道的数据。可使用策略模式以避免暴露复杂的、与算法相关的数据结构。 • 一个类定义了多种行为，并且这些行为在这个类的操作中以多个条件语句的形式出现。将相关的条件分支移入它们各自的 Strategy 类中以代替这些条件语句。
类图	Context ContextInterface () strategy Strategy AlgorithmInterface () ConcreteStrategyA AlgorithmInterface () ConcreteStrategyB AlgorithmInterface () ConcreteStrategyC AlgorithmInterface ()

U. 模板模式

模式名	Template Method（模板方法模式）
意图	定义一个操作中的算法的骨架，而将一些步骤延迟到子类中。Template Method 使得子类可以不改变一个算法的结构即可重定义该算法的某些特定步骤。
适用性	• 一次性实现一个算法的不变的部分，并将可变的行为留给子类来实现。 • 各子类中公共的行为应被提取出来并集中到一个公共父类中以避免代码重复。这是 Opdyke 和 Johnson 所描述过的“重分解以一般化”的一个很好的例子。首先识别现有代码中的不同之处，并且将不同之处分离为新的操作。最后，用一个调用这些新的操作的模板方法来替换这些不同的代码。 • 控制子类扩展。模板方法只在特定点调用“hook”操作，这样就只允许在这些点进行扩展。
类图	AbstractClass TemplateMethod () PrimitiveOperation1 () PrimitiveOperation2 () ... PrimitiveOperation1 () ... PrimitiveOperation2 () ... ConcreteClass PrimitiveOperation1 () PrimitiveOperation2 ()

V. 访问者模式

模式名	Visitor（访问者模式）
意图	表示一个作用于某对象结构中的各元素的操作。它使开发者可以在不改变各元素的类的前提下定义作用于这些元素的新操作。
适用性	• 一个对象结构包含很多类对象，它们有不同的接口，而开发者想对这些对象实施一些依赖于其具体类的操作。 • 需要对一个对象结构中的对象进行很多不同的并且不相关的操作，而想避免让这些操作“污染”这些对象的类。Visitor 使得开发者可以将相关的操作集中起来定义在一个类中。当该对象结构被很多应用共享时，用 Visitor 模式让每个应用仅包含需要用到的操作。 • 定义对象结构的类很少改变，但经常需要在此结构上定义新的操作。改变对象结构类需要重定义对所有访问者的接口，这可能需要很大的代价。如果对象结构类经常改变，那么可能还是在这些类中定义这些操作较好。

续表

<table>
<tr><th>模式名</th><th>Visitor（访问者模式）</th></tr>
<tr><td>类图</td><td>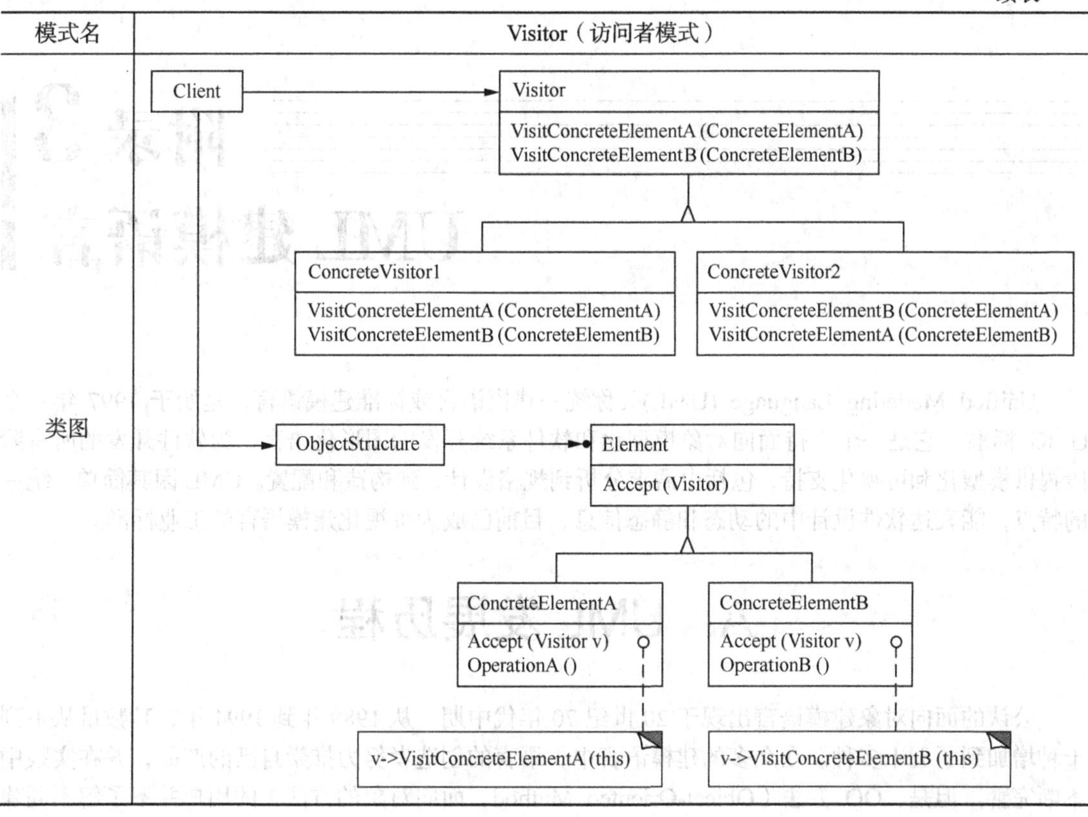
</td></tr>
</table>

附录 3 UML 建模语言

Unified Modeling Language (UML)又称统一建模语言或标准建模语言，是始于 1997 年一个 OMG 标准，它是一个支持面向对象模型化和软件系统开发的图形化语言，为软件开发的所有阶段提供模型化和可视化支持，包括由需求分析到规格设计，到构造和配置。UML 因其简单、统一的特点，能表达软件设计中的动态和静态信息，目前已成为可视化建模语言的工业标准。

A. UML 发展历程

公认的面向对象建模语言出现于 20 世纪 70 年代中期。从 1989 年到 1994 年，其数量从不到十种增加到了五十多种。在众多的建模语言中，语言的创造者努力推崇自己的产品，并在实践中不断完善。但是，OO 方法（Object-Oriented Method，面向对象的方法）的用户并不了解不同建模语言的优缺点及相互之间的差异，因而很难根据应用特点选择合适的建模语言，于是爆发了一场“方法大战”。20 世纪 90 年代中，一批新方法出现了，其中最引人注目的是 Booch 1993、OOSE 和 OMT-2 等。

Grady Booch 是面向对象方法最早的倡导者之一，他提出了面向对象软件工程的概念。1991 年，他将以前面向 Ada 的工作扩展到整个面向对象设计领域。Booch 1993 比较适合于系统的设计和构造。

James Rumbaugh 等人提出了面向对象的建模技术（OMT，一种软件开发方法）方法，采用了面向对象的概念，并引入各种独立于语言的表示符。这种方法用对象模型、动态模型、功能模型和用例模型，共同完成对整个系统的建模，所定义的概念和符号可用于软件开发的分析、设计和实现的全过程，软件开发人员不必在开发过程的不同阶段进行概念和符号的转换。OMT-2 特别适用于分析和描述以数据为中心的信息系统。

Jacobson 于 1994 年提出了 OOSE 方法，其最大特点是面向用例（Use-Case），并在用例的描述中引入了外部角色的概念。用例的概念是精确描述需求的重要武器，但用例贯穿于整个开发过程，包括对系统的测试和验证。OOSE 比较适合支持商业工程和需求分析。

此外，还有 Coad/Yourdon 方法，即著名的 OOA/OOD，它是最早的面向对象的分析和设计方法之一。该方法简单、易学，适合于面向对象技术的初学者使用，但由于该方法在处理能力方面的局限，截至 2013 年已很少使用。

面对众多的建模语言，用户由于没有能力区别不同语言之间的差别，因此很难找到一种比较适合其应用特点的语言；其次，众多的建模语言实际上各有千秋；第三，虽然不同的建模语言大多雷同，但仍存在某些细微的差别，极大地妨碍了用户之间的交流。因此在客观上，极有必要在精心比较不同的建模语言优缺点及总结面向对象技术应用实践的基础上，组织联合设计小组，根据应用需求，取其精华，去其糟粕，求同存异，统一建模语言。

1994 年 10 月，Grady Booch 和 Jim Rumbaugh 开始致力于这一工作。他们首先将 Booch 93 和 OMT-2 统一起来，并于 1995 年 10 月发布了第一个公开版本，称之为统一方法 UM 0.8（Unitied Method）。1995 年秋，OOSE 的创始人 Ivar Jacobson 加盟到这一工作。经过 Booch、Rumbaugh 和 Jacobson 三人的共同努力，于 1996 年 6 月和 10 月分别发布了两个新的版本，即 UML 0.9 和 UML 0.91，并将 UM 重新命名为 UML（Unified Modeling Language）。

1996 年，一些机构将 UML 作为其商业策略已日趋明显。UML 的开发者得到了来自公众的正面反应，并倡议成立了 UML 成员协会，以完善、加强和促进 UML 的定义工作。当时的成员有 DEC、HP、I－Logix、Itellicorp、IBM、ICON Computing、MCI Systemhouse、Microsoft、Oracle、Rational Software、TI 以及 Unisys。这一机构对 UML 1.0（1997 年 1 月）及 UML 1.1（1997 年 11 月 17 日）的定义和发布起了重要的促进作用。在美国，截止 1996 年 10 月，UML 获得了工业界、科技界和应用界的广泛支持，已有 700 多个公司表示支持采用 UML 作为建模语言。1996 年底，UML 已稳占面向对象技术市场的 85%，成为可视化建模语言事实上的工业标准。1997 年 11 月，OMG 采纳 UML 1.1 作为基于面向对象技术的标准建模语言。

1997 年，OMG 组织（Object Management Group 对象管理组织）发布了统一建模语言（Unified Modeling Language，UML）。然后成立任务组不断的修订，并产生了 UML1.2、1.3 和 1.4 版本，其中 UML1.3 是较为重要的修订版本。该组织正在对 UML 进行重大修订，其目标是推出 UML2.0，做为向 ISO 提交的标准方案。

2003 年，UML 已经获得了业界的认同。

B.　UML 的基本构成

UML 的目标之一就是为开发团队提供标准通用的分析设计语言来开发和构建计算机应用。UML 融入了软件工程领域的新思想、新方法和新技术，提出了一套 IT 专业人员期待多年的统一的标准建模符号。通过使用 UML，这些人员能够阅读和交流系统架构和设计规划——就像建筑工人多年来所使用的建筑设计图一样。

UML 是一种定义良好、易于表达、功能强大且普遍适用的建模语言。它的作用域不限于支持面向对象的分析与设计，还支持从需求分析开始的软件开发的全过程。UML 成为“标准”建模语言的原因之一在于与程序设计语言无关。而且，UML 符号集只是一种语言而不是一种方法学，不需要任何正式的工作产品。因为语言与方法学不同，它可以在不做任何更改的情况下很容易地适应任何公司的业务运作方式（结构化方法没有所谓的建模语言，是因为团体对结构化的建模元素、构图规则、逻辑含义没有做出统一、严格的规范化）。

UML 由 3 个要素构成：UML 的基本构造块（事物、关系）、图（支配基本构造块如何放置在一起的规则）和运用于整个语言的公用机制。

事物是对模型中最具有代表性的成分的抽象，包括类（Class）、接口（Interface）、协作（Collaboration）、用例（UseCase）、主动类（ActiveClass）、组件（Component）和节点（Node）；行为事物，如交互（Interaction）、状态机（Statemachine）；分组事物包（Package）；注释事物，如注解（Note）等等。关系则用来把事物结合在一起，包括依赖、关联、泛化和实现关系。下图是 UML 的基本构造块中的事物、关系元素的外观。

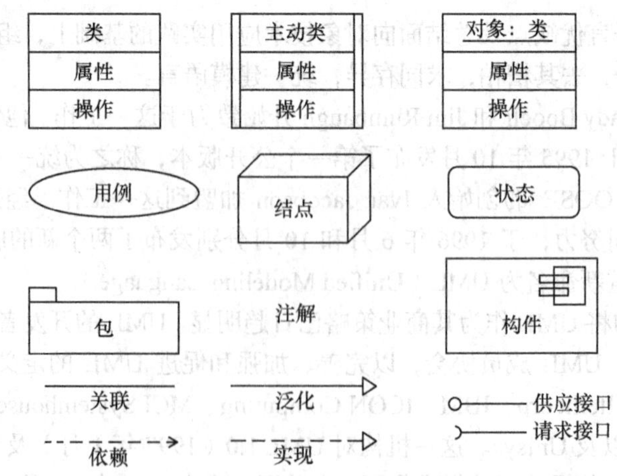

UML 的基本构造块中的事物、关系元素

图把事物和关系以可视化的形式呈现，UML 从考虑系统的不同角度出发，定义了用例图、类图、对象图、状态图、活动图、序列图、协作图、构件图、部署图等 9 种图。UML 的 9 种图的外观可参见 2.2.3 的 StarUML 示例。

通用机制（general mechanism）用于表示其他信息，比如注释，模型元素的语义等。扩展机制（Extensibility mechanisms）允许在不修改基础元模型的前提下对 UML 作有限的变化，以适应用户的不同需求。如提供了包括版型/构造（Stereotype）、标记值（Tagged value）和约束（Constraint）等用于对系统的描述。

版型是基于现有各类模型元素的外形，定义一种新的模型元素类型，它本质上是一种新元类（metaclass）。版型可以扩展语义，但不能扩展原元模型类的结构。用《 》标记版型。

标签值是贴在任何模型元素上的被命名的信息片。

约束应用于一种具有相应视图元素的模型元素，它可以出现在它所约束元素视图元素的旁边。如果一条约束涉及同一种类的多个元素，则要用虚线把所有受约束的元素框起来，并把该约束显示在旁边（如或约束）。通常一个约束由{constraint}表示，花括号中为约束内容。

下图是 UML 图中的版型、标签值和约束的描述。

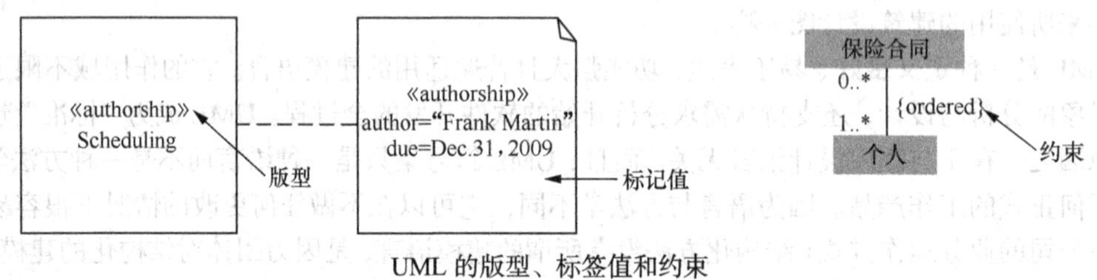

UML 的版型、标签值和约束

C. UML 的五种视图

对于同一个系统，不同人员所关心的内容并不一样.因此一个系统应从不同的角度进行描述，从一个角度观察到的系统称为一个视图（view），每个视图表示系统的一个特殊的方面。视图由多个图（Diagrams）构成，它不是在某一个抽象层上，对系统的抽象表示。

如果要为系统建立一个完整的模型图，需定义一定数量的视图。另外，视图还把建模语言和系统开发时选择的方法或过程连接起来。按照这些图本身具有的特点，可以把图形划分为五类视图，分别是用例视图、逻辑视图、进程视图、实现视图和发布视图，其中的用例视图居于中心地位。下图描述 UML 的不同视图。

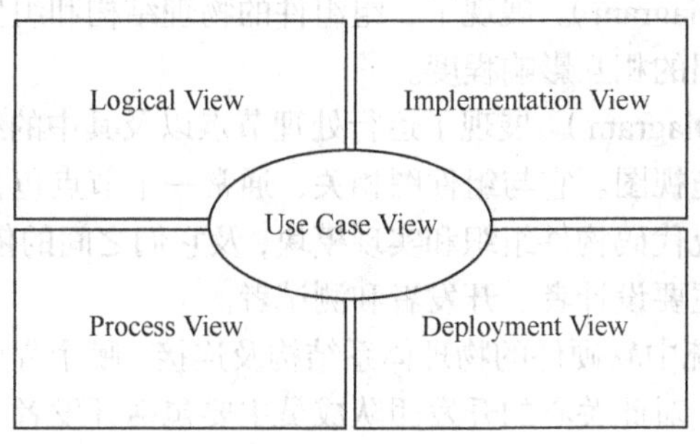

UML 的不同视图

分析人员和测试人员关心的是系统的行为，因此会侧重于用例视图；

最终用户关心的是系统的功能，因此会侧重于逻辑视图；

程序员关心的是系统的配置、装配等问题，因此会侧重于实现视图；

系统集成人员关心的是系统的性能、可伸缩性、吞吐率等问题，因此会侧重于进程视图；

系统工程师关心的是系统的发布、安装、拓扑结构等问题，因此会侧重于部署视图。

1. 用例视图：描述系统的功能需求，方便找出用例和执行者；它展示了一个外部用户能够观察到的系统功能模型，主要包括用例图。对此关心的开发团队成员主要包括客户、分析者、设计者、开发者和测试者。

用例图（Use case Diagram）：展现了一组用例、参与者以及它们之间的关系。

2. 逻辑视图：描述如何实现系统内部的功能；系统的静态结构和因发送消息而出现的动态协作关系。描述图类图和对象图、状态图、顺序图、合作图和活动图。对此关心的开发团队成员主要包括分析者、设计者、开发者。

类图（Class Diagram）：显示了一组类、接口、协作以及它们之间的关系，类图中还可以包含接口、包等元素。类图描述的是一种静态关系，在系统的整个生命周期都是有效的，是面向对象系统的建模中最常见的图。

对象图（Object Diagram）：显示了一组对象和它们之间的关系，一个对象图可看成一个类图的特殊实例，一个对象图可以显示某个类的多个对象实例。由于对象存在生命周期，因此对象图只能在系统某一时间段存在。通常使用对象图来说明数据结构，类图中的类或组件等的实例的静态快照。

活动图（Activity Diagram）：一种特殊的状态图，展现了系统内一个活动到另一个活动的流程。活动图有利于识别并行活动。活动图可用于描述业务用例、用例的工作流程，也可用于描述类方法的详细设计，起到类似于程序流程图的作用。

状态图（State Diagram）：由状态、转换、事件和活动组成，描述类的对象所有可能的状态以及事件发生时的转移条件。通常状态图是对类图的补充，仅需为那些有多个状态的、行为随外界环境而改变的类画状态图。

顺序图（Sequence Diagram）：其中序列图描述了以时间顺序组织的对象之间的的动态合作关系，强调对象发送消息的顺序，同时显示对象之间的交互。

协作图（Collaboration Diagram）：描述类之间或对象之间的协助关系，如对象是和合作图相联系，则合作图显示处于语境中的对象原型（类元角色）。

3. 进程视图：描述系统的并发性，并处理这些线程间的通信和同步；它将系统分割成并发执行的控制线程及处理这些线程的通信和同步。主要包括状态图、顺序图、合作图、活动图、构件图和配置图；对此关心的开发团队成员主要包括开发者和系统集成者。

组件图（Component Diagram）。展现了一组组件的物理结构和组件之间的依赖关系。部件图有助于分析和理解组件之间的相互影响程度。

部署图（Deployment Diagram）。展现了运行处理节点以及其中的组件的配置。部署图给出了系统的体系结构和静态实施视图。它与组件图相关，通常一个节点包含一个或多个构建。

4. 实现视图：描述系统代码构件组织和实现模块，及它们之间的依赖关系；主要包括构件图；对此关心的开发团队成员主要设计者、开发者和测试者。

5. 配置视图：定义系统中软硬件的物理体系结构及连接、哪个程序或对象驻留在哪台计算机上执行；主要包括配置图；对此关心的开发团队成员主要包括开发者、系统集成者和测试者。